科学出版社“十四五”普通高等教育本科规划教材
新工科·食品科学与工程类融合创新型系列教材

丛书主编　朱蓓薇　陈　卫

现代食品科学研究方法概论

主　　编　范大明
副 主 编　唐　鑫　夏书芹
参　　编　闫博文　金　星
王鸿超　田培郡
王琳琳　张程程
方志锋　于雷雷
陈　洋　肖　越
朱金林　张娜娜

科学出版社
北　京

内 容 简 介

本书以现代食品研究方法为主线，围绕食品结构、食品感知、食品营养、食品安全检测及食品科学研究的新方法，介绍食品的宏观、介观、微观、纳观等结构研究方法的原理及应用，阐述食品生理和心理感知及感官评定的方法原理和应用，讲解食品营养研究中的多种模型及现代生物技术的应用，讲述和食品安全相关的有害微生物、农药和天然毒素、有害金属的检测方法和应用，介绍大数据分析与挖掘、人工智能、计算机模拟仿真及增材减材制造等新方法及应用。

本书可作为高等院校食品科学与工程、食品营养与健康、食品质量与安全等专业方向的本科生及研究生教材，也可作为相关专业技术人员的参考书。

图书在版编目（CIP）数据

现代食品科学研究方法概论 / 范大明主编. -- 北京 : 科学出版社, 2025. 7. --(新工科 : 食品科学与工程类融合创新型系列教材 / 朱蓓薇, 陈卫主编)(科学出版社“十四五”普通高等教育本科规划教材). --ISBN 978-7-03-082222-2

I. TS201

中国国家版本馆 CIP 数据核字第 20250HZ529 号

责任编辑：席　慧 / 责任校对：严　娜

责任印制：肖　兴 / 封面设计：金舵手世纪

科学出版社 出版

北京东黄城根北街 16 号

邮政编码：100717

http:// www.sciencep.com

保定市中画美凯印刷有限公司印刷

科学出版社发行　各地新华书店经销

*

2025 年 7 月第　一　版　开本：787×1092　1/16

2025 年 7 月第一次印刷　印张：17

字数：427 000

定价：69.80 元

（如有印装质量问题，我社负责调换）

总　序

2023 年 2 月教育部等五部门关于印发《普通高等教育学科专业设置调整优化改革方案》的通知中指出，主动适应产业发展趋势，主动服务制造强国战略，围绕“新的工科专业，工科专业的新要求，交叉融合再出新”，深化新工科建设，加快学科专业结构调整。推动现有工科交叉复合、工科与其他学科交叉融合、应用理科向工科延伸，形成新兴交叉学科专业，培育新的工科领域。

食品产业的发展关系国民经济产业的转型升级，深化新工科建设对食品科学与工程类专业的发展提出了新的要求。面对新工科的新背景、新理念、新内容、新要求，需要我们积极探讨食品科学与工程学科的新增长点，在教育理念、培养要求、教育途径等方面进行改革创新，优化食品类专业课程体系建设，带动食品类专业教育创新发展，培养多元化创新型人才，引领食品行业的发展方向。在这样的大背景下，“新工科·食品科学与工程类融合创新型系列教材”应运而生。本系列教材由科学出版社组织，大连工业大学、江南大学、中国农业大学、南昌大学、南京农业大学、浙江大学、东北农业大学、华南农业大学、华南理工大学等多所高校共同参与编写，旨在以物联网、人工智能、大数据等为突破口，扶强培新，进一步凝练学科领域新方向，以育人为初心，构建科教产深度融合的特色人才培养模式。

本系列教材的编写理念突出将现有的食品科学与工程、生物工程、生物技术、大数据、储运物流、市场营销等学科专业向食品营养、安全和生命科学聚集，实现由传统定性的生物营养研究向精准定量、特定人群营养膳食拓展，由传统的食品加工向食品营养与功能食品拓展，由传统的食品加工装备向人工智能制造装备技术拓展。

本系列教材的出版充分体现了工科优势高校要对工程科技创新和产业创新发挥主体作用，综合性高校要对催生新技术和孕育新产业发挥引领作用的特色，推进产教融合、科教融合和双创融合，推动学科交叉融合和跨界整合，培育新的交叉学科增长点，对深化新工科建设，培养复合型、综合型的人才，进一步推动中国食品学科的发展具有重要意义。

朱蓓薇

中国工程院院士

2023年9月

序

随着全球食品工业的蓬勃发展，食品科学已从传统的加工工艺研究迈向多学科深度融合的新纪元。在健康中国战略与“双碳”目标的双重驱动下，食品领域正面临着营养功能精准调控、质量安全智能检测、绿色制造技术创新等重大需求。在此背景下，编写一部系统整合现代研究方法与技术前沿的教材，既是学科发展的必然要求，更是培养新时代食品科技人才的迫切需要。

该教材基于食品科学的学科交叉特性，构建了“结构解析—感官评价—营养创新—安全控制—技术赋能”五位一体的知识体系，覆盖食品科学的核心领域。在食品结构研究方面，采用“宏观—介观—微观—纳观”的全尺度解析框架，将先进的表征技术与食品的多层次结构特征深度融合，揭示食品的物理化学本质；在感官评价领域，突破传统经验型描述的局限性，引入神经生物学与心理学理论，构建生理感知与心理认知相结合的综合评价体系，提升食品感官研究的科学性与精准性；在食品营养研究方面，综合运用细胞模型、动物实验、人群临床研究及现代生物技术，系统阐述食品营养功能的研究方法；食品安全检测模块聚焦食品中的有害微生物、毒素、重金属等风险因子，介绍基于生物传感、质谱分析等先进技术的检测方法；在食品科学研究新方法部分，涵盖食品大数据分析与挖掘、基于人工智能算法的智能预测与优化，以及体外模拟消化系统模型的开发与应用，实现食品加工与营养研究的高效可控，引入3D打印等增材减材制造技术，推动食品加工工艺的精准化与个性化发展。这些方法与技术在食品加工、检测、营养与安全等领域展现出显著优势，为个性化营养与健康管理提供了科学支撑与创新动力。

该教材汇集了江南大学食品学科的跨领域智慧，融合了食品物理、营养健康、生物信息学、智能装备等相关领域的探索与积累，在理论与实践之间搭建一座桥梁。期望该教材的出版能够为高校食品科学与工程类专业的教学提供参考，同时也为食品企业的研发创新提供一些思路与启发。真诚希望这本凝聚集体心血的著作，能够为读者带来些许灵感，助力大家以跨学科思维拓展传统研究的边界，在食品质构精准调控、营养功能深入探索、风险因子智能阻断等领域有所突破，为推动食品科学的持续发展贡献一份力量。

陈卫

中国工程院院士

2025年6月

序

随着分子科学[illegible]的迅猛发展，食品科学已从传统的加工工艺研究迈向多学科交叉融合的新阶段。[illegible]

[illegible]

[illegible]

[illegible]

前　言

随着全球食品工业的快速发展和消费者对食品品质、安全及营养需求的不断提升，食品科学领域正经历着前所未有的变革。人工智能、增材制造、生物技术等新兴技术的引入，为食品科学研究提供了全新的视角和方法。与此同时，食品科学的研究范畴也从传统的加工与保藏，逐步扩展到食品结构设计、感官体验优化、营养功能开发及食品安全检测等多个维度。在此背景下，食品科学领域亟需一部能够系统整合多学科知识、反映最新研究进展、理论与实践相结合的教材，以培养具备创新能力和跨学科视野的高层次人才。本教材的编写正是基于这一需求，旨在为食品科学领域的学生提供一部全面、系统、前沿的研究方法指南。

本教材从食品结构、食品感知、食品营养、食品安全检测、人工智能、增材减材制造等多层面介绍现代食品科学中的研究分析方法，教材结构体系清晰。内容包括食品的宏观、介观、微观、纳观等结构研究方法，食品生理和心理感知及感官评定的方法，食品营养研究中的多种模型及现代生物技术，食品中有害微生物、农药和天然毒素、有害金属的检测方法，以及人工智能等新方法的应用。教材内容丰富，覆盖面全，能够促进食品学科的学生更好地掌握食品研究领域的重要理论知识和实践技能。本教材在写作方面有明确的指导思想，强调“以学为主”，立足服务食品专业学生，由浅入深，注重实例，与时俱进。

本教材共有 6 章，分别为第一章绪论、第二章食品结构研究、第三章食品感知研究、第四章食品营养研究、第五章食品安全检测、第六章食品科学研究的新方法。本教材由江南大学食品科学与资源挖掘全国重点实验室多位一线教学、科研人员参与编写，编写团队围绕食品加工和食品营养开展了广泛的研究，积累了丰富的食品研究方法的理论基础和科研经验。

由于教材内容涉及面较广，以及研究方法的迅速更新发展，本教材中难免存在疏漏，恳请诸位同仁和读者惠正。

编　者

2025 年 3 月

前言

目 录

《现代食品科学研究方法概论》
教学课件索取单

凡使用本书作为教材的高校主讲教师，可获赠教学课件一份。欢迎通过以下两种方式之一与我们联系。

科学 EDU

1. 关注微信公众号“科学EDU”索取教学课件

关注→“样书课件”→“科学教育平台”

2. 填写教学课件索取单拍照发送至联系人邮箱

姓名：	职称：	职务：
学校：	院系：	
电话：	QQ：	
电子邮箱（重要）：		
所授课程1：		学生数：
课程对象：□研究生　□本科（　　年级）□其他		授课专业：
所授课程2：		学生数：
课程对象：□研究生　□本科（　　年级）□其他		授课专业：
使用教材名称/作者/出版社：		食品专业教材 最新书目

联系人：林梦阳　咨询电话：010-64030233　回执邮箱：linmengyang@mail.sciencep.com

第一章 绪 论

第一节 食品科学研究方法的现状和发展

一、食品科学研究方法的现状

随着经济的发展，广大消费者对食品的营养价值、安全性等方面越发地关注，这也要求科研工作者从食品的基础理论研究延伸至其工业化生产应用性研究中去。广义的研究方法是指在研究中发现新现象、新事物，或提出新理论、新观点，揭示事物内在规律的工具和手段。而食品科学研究方法是指在食品领域的研究中，运用的物理、化学、生物学等学科的理论、方法与技术。

国内外对食品领域的研究主要包括食品的结构、感知、营养、安全性等方面。其中，检测食品结构的方法主要使用包括质构仪、流变仪、光谱仪及显微镜等仪器。针对食品物理性质的研究，主要包括测定食品的硬度、颜色、含水量、微观结构等。其中，食品的表观性质，如硬度、脆度、弹性等，在一定程度上反映了食品质地的好坏，主要使用质构仪进行研究。例如，可以用质构仪测定不同干燥条件对再水化苹果片硬度的影响，在不同时间段对不同直链淀粉添加量的大米淀粉凝胶进行质地剖面分析。

对于颜色的表征，广大科研工作者主要使用色差仪和分光光度计。在开发可食用薄膜时，研究人员使用色差仪对薄膜的透明度进行表征。相比于色差仪，分光光度计由于其测定波长范围广，可以通过测定不同波长下的吸光度来表征不同的色度。例如，在不同贮藏期内，对富含草药提取物果汁的亮度、红度、蓝度进行测定，以判断果汁的品质。

对于食品来说，其含水量不仅能影响口感，还能从侧面反映出其是否容易滋养微生物。有研究者在4℃和−20℃分别分析了天然深层共晶溶剂的含水量对红花素稳定性的影响，结果表明，在−20℃时高黏度的天然深层共晶溶剂中较低的含水量有利于红花素的稳定性。此外，核磁共振能够根据氢原子在不同化学环境中具有不同横向弛豫时间的原理，通过弛豫时间分析样品中水分的变化。通过使用核磁共振波谱法和磁共振成像的方法研究西蓝花组织内的水分状态，发现西蓝花内部的水分分布是非均质的，含水量从茎秆到芽逐渐降低。而对于食品级材料来说，持水能力是衡量其品质的重要指标之一。以食品级保鲜膜为例，高的水蒸气透过率会致使其包裹的食品水分蒸发，从而导致食品干燥。科研人员使用水蒸气透过率测试仪测定了以乙基纤维素纳米纤维为外层、以负载姜黄素的明胶纳米纤维为内层的多层膜的水蒸气透过率，发现疏水外层能显著降低水蒸气渗透率。此外，可以通过测定样品的吸附等温线来表征食品物料中水分活度与水分含量关系。有研究人员采用静态方法测定了海藻酸盐/果胶薄膜的水分吸附等温线，结果发现，在0～0.75的水分活度范围内，该薄膜的含水量变化量很小，而在0.75～0.90的水分活度范围内，含水量急剧增加。

对于食品结构特征的测定，国内外研究较为广泛，包括傅里叶红外光谱、X射线、核磁共振等方法。使用核磁共振技术比较山药多糖与其衍生物的差异，发现176.04ppm①和181.50ppm处的差异可能与乙酰基修饰有关。然而，核磁共振技术由于其灵敏度低，并不适合检测食品中某些大分子物质。因此，现阶段分析食品结构特征的主流技术为傅里叶红外光谱与X射线的方法。通过傅里叶红外光谱分别在1047cm^{-1}和1022cm^{-1}处观察到的C—O—H弯曲模式，可证明其分别与淀粉的结晶和无定形结构有关。使用能量色散X射线光谱和X射线衍射对明胶/银纳米颗粒抗菌复合薄膜进行表征，发现该抗菌复合薄膜中存在元素银，并且可确定银纳米颗粒的晶体结构。

对于食品的微观结构，国内外研究普遍使用了扫描电子显微镜、冷冻电子显微镜、原子力显微镜、激光扫描共聚焦显微镜等。使用扫描电子显微镜观察掺入百里香精油、粗乳液或纳米乳液的聚电解质结冷胶-壳聚糖多层膜，发现该薄膜的三层结构清晰，且紧密结合。在新鲜面团中分别使用15%、25%和35%的豆科植物面粉替代小麦，通过环境扫描电子显微镜观察冷冻对面团结构的损害，发现15%和25%替代量下的面团经过冷冻不会发生剧烈的结构变化。测定蛋白质、可食性保鲜膜等的表面磨损时，一般会用更加精细的显微设备，如原子力显微镜。为研究壳聚糖纳米颗粒和块状的壳聚糖的添加对塔拉胶薄膜的影响，可使用原子力显微镜衡量薄膜表面的光滑程度。

在制备可食性材料时，一般会对产品的黏度、稠度、黏弹性等流变学性质进行研究，国内外研究主要使用的仪器是流变仪，主要测定剪切黏度、剪切速率等指标。使用动态剪切流变仪测定高内相乳液凝胶的表观黏度剪切速率曲线，并通过振幅扫描其线性黏弹性区域。使用控制应力型流变仪分别对不同干物质含量的高直链淀粉与正常淀粉样品的剪切应力和剪切黏度进行测定。

食品或食品级材料在加工或使用过程中，伴随着温度的变化，可能会导致其热变性、变形等。因此，在使用食品或食品级材料之前，一般会对其热稳定性进行研究，所采用的主要方法为差示扫描量热法，少数用到热重分析法、差热分析法、热机械分析法等。研究人员使用差示扫描量热法测量不同β-胡萝卜素纳米颗粒的熔点，发现β-胡萝卜素与酪蛋白酸钠、乳清分离蛋白、大豆分离蛋白结合所形成纳米颗粒的熔点为193.0℃，常温下呈结晶状态，但纳米颗粒中的β-胡萝卜素并没有出现熔点，常温下是无定形的。研究不同解冻条件对猪肌原纤维蛋白热稳定性的影响，结果发现除却真空解冻外，用水、空气、微波等方式解冻均会对其热稳定性造成显著影响。在实际研究中，一般会使用多种检测方法测定食品或食品材料的热稳定性，如结合热重分析法与差热分析法，分析温度变化对样品质量与温度的影响。对ZnO纳米颗粒进行差热-热重分析，发现该纳米颗粒在391℃时质量陡然减少，推测该纳米颗粒在391℃处最大值的吸热峰对应于碱性硝酸锌分解为氧化锌。

在食品感知方面，电子鼻和电子舌是两种广泛应用的技术。电子鼻通过模拟人类的嗅觉系统，能够精确地检测食品的香气成分，评估其贮藏时间、成熟度等特性。而电子舌则模仿人类的味觉，用于分析食品的味道、品质等特性，为食品质量控制提供了一种高效、客观的手段。通过运用伏安电子舌技术，研究人员可识别出导致葡萄酒产生令人不愉悦气味的4-乙基苯酚、4-乙基愈创木酚和4-乙基儿茶酚。此外，借助该技术还能进一步建立定量预测模型，以精确预测这三种气味化合物在葡萄酒中的浓度水平。电子舌与电子鼻联用，可以起到

① 1ppm＝1×10^{-6}

优势互补的作用，大幅提高检测的准确率。将电子鼻、电子舌、电子眼与化学计量学方法结合，对茶叶的品质进行鉴定，能够建立茶叶中化学成分含量预测定量模型。电子鼻、电子舌主要通过味觉传感阵列来测定食品的气味、滋味，而当其与质谱技术结合或者直接采用气相色谱串联质谱技术，能对某些特定的挥发性化合物定性，从而推断主要的风味物质。使用气相色谱串联质谱检测真空冷冻、热风、微波和真空微波 4 种方式干燥的金鲳鱼鱼片中的挥发性化合物，结果发现真空冷冻的方法更利于保留碳氢化合物和醇类化合物，而其他三种方法能降低酮类化合物的产生，并提高酯类化合物的产生。同时采用电子鼻、电子舌、气相色谱串联质谱测定食品的风味，在区分相似的食品之中具有巨大的优势。比较室温干燥、太阳能干燥、热泵干燥、热风干燥、冷冻干燥共 5 种方式对干咖啡豆芳香特征和味道特性的影响，结果发现热泵干燥在保存酮、酚和酯类物质方面具有优越性，并且电子鼻、电子舌、气相色谱串联质谱相结合的方法可以有效地区分来自不同干燥过程的咖啡样品。此外，除却仪器对食品的风味进行检测以外，在人群中进行感官评价也不失为一种衡量食品风味优劣的选择。通过感官评估，发现在酸奶发酵时添加青春双歧杆菌和婴儿双歧杆菌生产的冷冻酸奶风味最好。

在食品和食品级化合物进入市场前，必须经过严格的食品毒理学评估和功效研究，以确保其安全性和潜在的健康益处。全球范围内的科研人员已对此开展了广泛的研究，他们运用了多种动物模型和细胞模型来深入探究这些物质的健康影响和作用机制。通过将白藜芦醇饮食 C57BL/6J 小鼠的微生物群移植给高脂饮食小鼠，发现该微生物群能够调节脂质代谢，刺激米色脂肪细胞的发育，减少炎症并改善肠道屏障功能，从而控制肥胖。研究小檗碱对鱼藤酮诱导的 SH-SY5Y 细胞的神经毒性的影响，结果表明小檗碱通过抗氧化和激活 PI3K/Akt 信号通路来保护鱼藤酮处理的 SH-SY5Y 细胞。一些通过动物实验或细胞实验后的食品或食品级化合物，还需要再次通过临床实验。有科研人员给 79 名阿尔茨海默病患者分别补充益生菌加硒和安慰剂共 12 周，发现益生菌加硒组的高敏 C 反应蛋白、胰岛素水平、血清甘油三酯等指标显著降低，体内的抗氧化能力显著提升。

食品在生产、流通、加工等过程中，可能由于不当操作，而存在重金属、有害微生物、农药残留等情况。因此，对食品安全性的检测也至关重要，我国对食品中的污染物、有害微生物、农药、天然毒素的检测方法分别可参照《食品安全国家标准 食品中污染物限量》（GB 2762—2022）、《食品安全国家标准 食品微生物学检验 总则》（GB 4789.1—2016）、《食品安全国家标准 食品中农药最大残留限量》（GB 2763—2021）、《食品安全国家标准 食品中真菌毒素限量》（GB 2761—2017）。但随着时代的发展，为满足大众对食品安全的需求，逐步出现了一些快速检测的方法。以半胱氨酸、马铃薯淀粉和 ZnS 量子点组成的淀粉基纳米复合材料，遇到 Pb^{2+}和 Cu^{2+}后会导致光致发光光谱带的发射强度降低，从而检测食品中是否存在 Pb^{2+}和 Cu^{2+}。以重量损失和硬度作为草莓新鲜度的指标，通过主成分分析不同贮藏期的草莓，从而研发了一种电子鼻系统，以判断草莓的新鲜度。此外，根据食品中某些有害物特殊的结构或性质，可以针对性地研制快速检测工具。以有害微生物为例，通过寻找菌株的某些保守基因或某些特殊蛋白，并开发特异性识别的工具，能够有效地检测食品中某种菌株的浓度。针对金黄色葡萄球菌的 *mecA* 基因，已开发了一种基于石墨烯量子点和金纳米粒子对的荧光共振能量转移生物传感器，其最低检测限为 1nmol/L。还有科研人员开发了一种荧光适配体传感器，其利用磁铁收集单增李斯特菌-适配体偶联物，并通过测定偶联物的荧光强度以确定单增李斯特菌的数量。

二、食品科学研究方法的发展

（一）食品结构研究的发展历史

研究食品结构的常用方法包括直接使用显微镜观察食品的微观结构，以及间接通过质构仪或流变仪等仪器来测定食品的硬度、弹性等物理特性。这些方法为我们深入理解食品的内在构造和感官品质提供了重要工具。

显微镜分为光学显微镜和电子显微镜两类。光学显微镜的起源很早，第一台复式显微镜是在1590年由眼镜制造商汉斯·詹森（Hans Jansen）和他的父亲发明的，其由3个镜筒组成，两端的镜筒可以伸缩调节，放大倍数为3～10倍。罗伯特·虎克（Robert Hooke）对复式显微镜进行了改善，并于1665年观察到了软木的木栓组织上的微小气孔。在1674年，安东尼·范·列文虎克（Antony van Leeuwenhoek）发明了世界上第一台光学显微镜，并首次观察到了血红细胞，而后又观察到了微生物、红细胞、肌纤维等物质的微观结构（图1-1）。1913年，奥托·雷曼（Otto Lehmann）和海因里希·莱曼（Heinrich Lehmann）在紫外线仪器的启发下，研发了荧光显微镜。莱比戴卫（Lebedeff）在1930年发明了干涉显微镜，卓尼柯（Zernicke）在1932年研发了相差显微镜，这两种显微镜增强了显微镜下观察到的物质的对比度，使观察到的物体更加清晰。1952年，诺马斯基（Nomarski）结合干涉显微镜和相差显微镜的原理，发明了干涉相位差光学系统，可兼容更厚的样品，并且影像有更强的立体感。

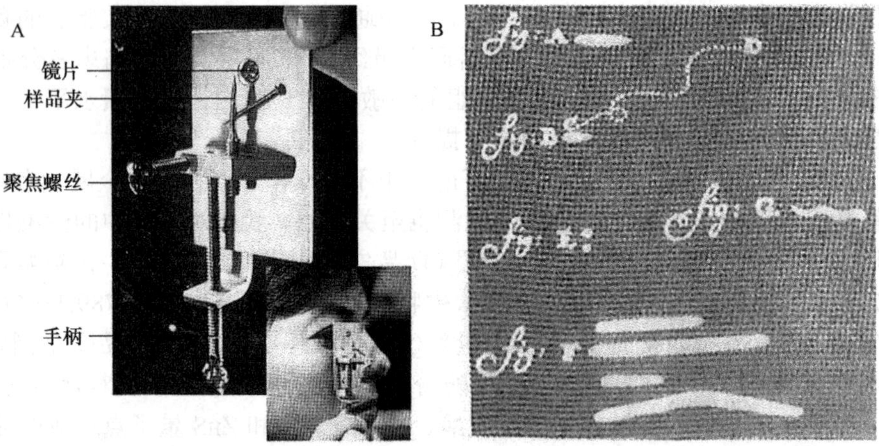

图1-1 列文虎克发明的显微镜（引自 Talaro and Chess，2013）

A．列文虎克显微镜的黄铜复制品及其使用方式；B．列文虎克画的细菌的例子

电子显微镜则是起源于1931年，当时的德国科学家马克斯·克诺尔（Max Knoll）和恩斯特·鲁斯卡（Ernst Ruska）尝试用电子光束、电磁透镜替代可见光和玻璃透镜，以提高显微镜的分辨率。虽然该电子显微镜的分辨率仍不及光学显微镜，但历经两年对装置的改进，电子显微镜的分辨率超过了光学显微镜，于1933年发明了第一台透射电子显微镜。Max Knoll 在1935年提出了扫描电子显微镜的概念，曼弗雷德·冯·阿登纳（Manfred von

Ardenne）在 1938 年将扫描线圈添加至透射电子显微镜上，发明了扫描透射显微镜，但当时的清晰度与分辨率不足以观察样品。直至 1942 年，兹沃里金（Zworykin）等发明了具备二次电子成像的扫描电子显微镜，但分辨率仅有 1μm。1957 年，马文·闵斯基（Marvin Minsky）首次阐述了共聚焦扫描显微镜技术及其原理。在 20 世纪 80 年代，出现了以激光为光源、采用共轭聚焦原理的激光共聚焦显微镜。1974 年，罗伯特·格莱泽（Robert Glaeser）和他的学生肯·泰勒（Ken Taylor）提出了冷冻电子显微镜，但是由于冷冻成像和图像处理算法的技术限制，该显微镜并不能用于观察样品。直至 1982 年雅克·迪波什（Jacques Dubochet）等发明了不会产生冰晶的冷冻制样技术，2013 年程亦凡等通过优化冷冻电镜图像，并以 3.4Å 的分辨率确定了 TRPV1 的结构，冷冻电镜这项技术才真正开始被广泛应用。

质构仪和流变仪是测定物体物理性质的仪器，这两种仪器的出现极大程度地简化了测定这些性质的流程。胡克定律和牛顿定律是质构测定的基础，第一台应用于食品领域的质构仪是德国人在 1861 年设计的用于测定食品胶体稳定性的质构仪。而后随着食品领域研究的深入，科学家们逐步开发出应用于不同特性的不同的质构仪。1928 年，宾汉（Bingham）将连续介质力学重新命名为流变学，取自希腊语 Rheos（流动）。在流变学创立之初，科学家们探究的主要是水泥、油漆等材料的流变学特性，在食品方面，则以面包、奶制品等为主要研究对象。随着技术的革新，逐步出现了旋转流变仪、毛细流变仪、转矩流变仪和界面流变仪 4 种类型的流变仪。

（二）食品感知研究的发展历史

从古至今，人们通过尝、闻、看等方式来了解食品的品质、风味等性质，比如杜甫在《槐叶冷淘》中所提到的“经齿冷于雪，劝人投此珠”，苏轼在《食猪肉诗》中所描述的东坡肉的做法延续至今，林洪在《山家清供》中描述“蟹酿橙”所用到的既香而鲜等。而食品感官评定的具体化起源于 19 世纪末期到 20 世纪初期，最初是心理测量学在食品领域的一个分支，当时研究的重点是人的感知、决策及两者的相关性。在 1930～1950 年，食品感官评价初步发展，其间出现了以专家小组为核心的质量控制/感官评定。在此期间，用于乳制品感官评估的记分卡逐步出现，而美国乳业科学协会所研制的记分卡系统成为判断液态奶的标准化的方法。在 1950～1960 年初，启动了质量控制/感官评定计划，品评小组逐步开始规范化。在此期间，食品感官评定的研究逐步兴起，科学家开始研究人类的生理功能、情感等因素对食品的接受性与喜爱度的影响，从而定向供应伙食。1957 年，有研究人员探讨了 9 点享乐尺度法，将对食品的偏好性从极不喜欢到极喜欢分为 9 个尺度，使用 R 指数偏好测量来计算效果差异并消除人为因素（表 1-1）。同年，加利福尼亚大学戴维斯分校为食品专业的学生开设了一门以感官方法分析食品的课程。1957 年，Tilgner 出版了第一篇食品感官评定的著作 *Analiza Organoleptyczna Żywności*。从 1960 年初至 1990 年，在工业中建立了质量控制/感官评定计划并凸显出其重要性。在此期间，食品感官评定开始蓬勃发展。1986 年，出现了第一个专注于食品感官评定相关研究的期刊 *Journal of Sensory Studies*，其侧重于研究食品的感官与消费者的行为。根据消费者群体的年龄、性别、收入等的个体差异，将研究的消费者群体进行聚类以减少个体差异对研究结果的影响，从而评估同一群组的小组成员面对 12 种具有刺激性的食品表现出的享乐反应。从 1990 年至今，质量控制/感官评定的方法和技术相关书籍出版，特别是 *Sensory Evaluation in Quality Control* 和 *The Role of Sensory Analysis in Quality Control*

的出版，指导了大量该领域非专业人员食品感官评定的流程和技术手段，促进质量控制/感官评定在工业中的广泛应用。而后，随着国际化交流、多元文化的交融，统计学、心理学、消费行为学等学科也融入至食品感官评定中，形成现在的食品感官评定。也有科研人员通过消费者感官评定的数据以探讨消费者的情感、行为等因素对食品偏好性的影响，从而促进食品的开发和质量控制的决策。之后，随着计算机、自动化技术等的蓬勃发展，以及食品感官评定的研究的深入，逐步出现了可部分代替感官评定员的电子鼻、电子舌、电子眼、气相色谱串联质谱等研究型仪器。

表 1-1 9 点享乐尺度评价表（引自 Osei-Djarberg et al.，2016）

尺度 特性	极喜欢	很喜欢	喜欢	有点喜欢	谈不上喜不喜欢	有点不喜欢	不喜欢	很不喜欢	极不喜欢
颜色	4	1	—	—	—	—	—	—	—
味道	3	2	—	—	—	—	—	—	—
气味	3	2	—	—	—	—	—	—	—
质地	2	3	—	—	—	—	—	—	—
大体可接受度	4	1	—	—	—	—	—	—	—

（三）食品营养研究的发展历史

食品营养研究的对象包括动物、细胞和人群。从古至今，医学家、药学家等研究者都有意无意地用动物作为实验模型进行研究。公元 8 世纪，唐代药学家陈藏器在《本草拾遗》中记载："赤铜屑主折疡，能焊入骨，及六畜有损者，细研酒服，直入骨伤处，六畜死后，取骨视之，犹有焊痕，可验。"这是世界上记载最早的动物药理实验。19 世纪 90 年代，俄国科学家巴普洛夫通过对狗进行一系列的实验研究，提出了条件反射和信号学说。虽然很早就有动物实验，但是其实际形成一门学科并大规模进行研究还是在 20 世纪。1865 年，孟德尔观察豌豆杂交后性状的变化，发表了孟德尔遗传定律。从 1900 年开始，科学家们开始验证这种遗传定律在哺乳动物身上是否同样适用。1902 年，威廉·卡斯尔（William Castle）教授与艾比·拉瑟罗普（Abby Lathrop）合作，研究小鼠毛色的遗传规律，结果发现该性状符合孟德尔遗传定律。之后，William Castle 的学生克拉伦斯·C. 利特尔（Clarence C. Little）被指派与 Abby Lathrop 合作，研究建立小鼠的近郊系，并于 1909 年培育出了第一只近交系 DBA 小鼠。再后来，便出现了很多经典的小鼠品系，如 C57BL/6、BALB/c 等。在 1970～2000 年，许多科学家开始研究转基因小鼠。李恩观察到将某些病毒在早期胚胎发育过程中插入基因组，会导致胚胎中的基因变化，研究结果表明这与 DNA 的甲基化有关。自 1996 年克隆羊 Dolly 诞生后（图 1-2），许多科研工作者开始研究克隆动物，Jaenisch 实验室在 2002 年移植成熟淋巴细胞产生单克隆小鼠。

图 1-2 世界第一只克隆羊 Dolly

细胞的发现推动了生物学的发展，使生物学研究进入了细胞水平，其中最经典的便是细胞学说。细胞学说的诞生是多位科学家长期研究和探索的结果。其中，对细胞学说的建立和发展贡献最大的包括以下几位科学家。罗伯特·虎克在1665年首次观察到细胞后，发表了《显微图谱》（*Micrographia*），提出了“cell”的概念；1838～1839年，德国植物学家马提亚斯·雅各布·施莱登（Matthias Jakob Schleiden）和动物学家西奥多·施万（Theodor Schwann）提出细胞是构成动植物体的基本单位；1858年，鲁道夫·维尔肖（Rudolf L. K. Virchow）提出了细胞通过分裂产生新细胞。之后，一些科学家对细胞学说进行了完善，包括耐格里、霍夫迈斯特等。现今，细胞模型所用到的细胞都是经采集组织分离后，经过传代冻存的细胞。以HeLa细胞为例，在1951年，主治医生从患有宫颈癌的海瑞塔·拉克丝（Henrietta Lacks）体内采集了癌组织标本，并交给乔治·盖伊（George Gey），经研究发现，这些细胞的数量每天增加1倍，能够实现无限增殖，异于不具备无限分裂特性的人类正常细胞，而后将该细胞命名为“HeLa细胞”。这是历史上分离出的第一个可以无限增殖的人类细胞。1965年，HeLa细胞和小鼠细胞被融合，创造了跨物种的融合细胞。1980年后，科学家们发现宫颈癌的罪魁祸首是人乳头瘤病毒HPV-16和HPV-18，并对其基因及发病机制进行研究，发现该病发病机制为HPV-18的*E6*基因通过抑制p53磷酸化导致p53失活，而后也逐步出现了用于预防人乳头瘤病毒的九价HPV疫苗。

对细胞和动物有益生作用的食品，不一定对人群也有相同的作用。因此，在人群中进行试验至关重要。北宋的《本草图经》中记载，“相传欲试上党人参者，当使二人同走，一与人参含之，一不与，度走三、五里许，其不含人参者，必大喘，含者气息自如者，其人参乃真也。”从18世纪开始，随着霍乱、疟疾等疾病的出现，以及科研人员逐步重视对它们的研究，临床试验方法也在逐步发展，包括单盲临床试验、安慰剂对照试验、半随机临床对照试验等。至今，在临床试验中逐步出现了双盲试验、随机对照试验、病例对照研究、公开-隐藏范式等临床试验设计。不仅试验方法在发展，科研工作者就疾病及不同化合物对人体作用的研究也在不断发展，包括对维生素、微量元素、生物活性物质等物质的研究，这也在一定程度上推动了食疗的发展。

（四）食品安全检测的发展历史

1. 国外食品安全检测的发展历史 在19世纪之前，人们的饮食并不像现在的饮食一样讲究营养搭配，因此，很容易出现与食品相关联的疾病。但在研究这些疾病的过程中，食品中的功能性物质渐渐被挖掘出来。以维生素C为例，在15世纪，很多海上探险队都遭受维生素缺乏的严重威胁，其中就包括缺乏维生素C导致的坏血病。在17～18世纪，人们发现食用新鲜的水果、蔬菜等能防治这种病。而在1753年，詹姆斯·林德（James Lind）从柑橘和柠檬等水果中提取到了己糖醛酸，并发表了《坏血病论》。

工业革命期间，在食品工业巨额利润的驱动下，市面上逐渐出现食品造假、掺假的现象。在改革家的推动下，英国议会分别于1860年通过了《食品、饮料和药品掺假法》（*Prevention of Food, Drink, and Drugs Adulteration Act*）、1875年通过《食品与药品销售法》（*Sale of Food and Drugs Act*）等法规。在1887年，美国的《哈奇法》通过了在美国农业部建立一个实验站的决议，而农业部的化学家哈维·W. 威利（Harvey W. Wiley）是第一个关注食品及食品添加剂安全的人，是第一个招募志愿者担任人体毒理学研究对象的人，他推动了《纯净食品和药品法》的建立和食品和药物管理局的创立。

2. 我国食品安全检测的发展历史 自新中国成立后，中央技术管理局中设立了我国第一个标准化机构——标准化规划处，但当时仅对制糖、酿酒等行业制定了产品标准，并未应用到整个食品领域。1962 年，中国国务院颁布了中国第一个工农业产品和工程建设中标准化的法规《工农业产品和工程建设技术标准管理办法》，它明确规定了食品加工生产标准化的方针、政策等，将标准化正式引入食品工业。而后，由卫生部组织制定国家标准总局批准发布了包含水产品、酒、食品添加剂等几十项食品卫生国家标准，这些标准在之后的生产实践中也逐步完善。1979 年，国务院发布了《中华人民共和国食品卫生管理条例》，提出了食品卫生标准化的概念。1989 年，中国营养学会首次发布了《中国居民膳食指南》，在指导中国人民平衡膳食、增强身体素质等方面起到了十分重要的作用。

进入 21 世纪后，各国的食品安全法律体系逐步建立健全。中国在 2009 年颁布《中华人民共和国食品安全法》，并于 2015 年修订，食品安全国家标准体系逐步规范化，着重于食品安全事故的预防与食品运输、加工过程中风险的防控。但是，为了牟取暴利，部分黑心商家、黑作坊等仍然存在，这就导致食品原料不达标、食品掺假、食品造假等事件仍有出现，如某奶粉被检出违禁物质香兰素、某商家售卖豆芽中违规添加 6-苄基腺嘌呤等。但与此同时，食品检测手段也在不断创新，食品标准法规在不断修订，食品领域的研究者们也在进行食品安全快速检测方面的研究。

（五）食品科学研究方法的趋势

随着科技的发展，物理、化学、生物、计算机等领域研究方法都出现了创新，而食品领域涉及生物、化学等学科，在多学科交叉融合的背景下，正在逐步形成食品科学新方法，比如模拟仿真外消化系统、生物信息学分析、3D 打印等技术。结合宏基因组学和代谢组学，对 2 型糖尿病患者和视网膜病变患者的粪便进行研究，可分析出环境信息处理、遗传信息处理、新陈代谢等 6 条不同水平的代谢途径，发现患者的肠道微生物组在患者病变过程中起到了关键的作用。使用生物信息分析的技术，比较人类肠道微生物组中不同种的双歧杆菌的氨基酸、碳水化合物和蛋白质的转运蛋白，并分析这些菌株的生理学特性和致病的潜力，能够为开发安全性更高的益生菌提供新的见解。利用 3D 打印技术，将益生菌掺入 3D 打印的土豆泥中，不仅保证了土豆泥的质感，还保持了菌的存活率和活性，为功能性食品的开发拓展了新的维度。在未来，随着学科的交融及食品科学研究方法的不断创新，对食品功能因子的挖掘、食品载体的研究等方面都能有不同程度的发展。

三、现代食品科学研究方法在食品工业中的地位和作用

现代食品研究方法是指将生物、化学、物理、计算机等领域的研究方法综合运用至食品领域，并在科学实践中不断总结、提炼出的新理论、新观点、新方法，以更好地指导食品的研发与生产。

现代食品科学研究方法在食品工业中占据着十分重要的地位；现代食品科学研究方法使研发人员能够深入理解食品原料、配料和加工生产过程的本质，从而推动食品工业的持续发展；现代食品科学研究方法的创新引领食品工业技术、设备等的更新换代，促进更安全、更健康、更营养的产品的出现；现代食品科学研究方法的革新能够使食品检测的定量更精准，更准确地分析出食品的物质组成，促进更严谨的食品标准制定。

现代食品科学方法能对食品的结构进行更深入的观察，挖掘食品的结构与其他物理性质间的关系，从而将这些关系运用至食品生产，以实现食品更好的口感、更广泛的保藏条件等品质。消费者在满足“吃得饱”的需求后，会更进一步去追求“吃得好”。因此，对食品原料的选择及食品加工过程的把控十分重要。不同食品具有不同的流变特性，包括牛顿流体与非牛顿流体，各种食品加工方法的不同导致了食品口感的不同。有天然木薯、马铃薯淀粉或改性淀粉对肌原纤维蛋白凝胶流变学特性的研究发现，淀粉颗粒的物理状态变化能够显著影响肌原纤维蛋白-淀粉复合凝胶的凝胶网络、凝胶强度、持水能力和微观结构。在面粉中添加大豆蛋白水解物，能够提升面粉中醇溶性蛋白、SDS 可溶性蛋白和盐溶性蛋白的含量，有助于提升面团的黏度、延展性、光滑度等品质，并抵抗糊状淀粉的老化。

温度是食品加工过程中的一个重要因素，温度过高会导致一些致癌物，如苯并芘的产生，温度过低则会导致食品未能成为熟食。因此，根据食品原料的热力学性质选择适宜的加工温度对食品品质的形成起着十分关键的作用。通过在橙汁中添加冷冻干燥的酸橙副产品提取物，以增加橙汁的营养价值，通过差示扫描量热法发现热力学曲线没有熔融峰，从而推断橙皮苷很好地嵌入了聚合物之中。使用差示扫描量热仪研究不同温度处理的河鲀肉的热力学性质，结果发现经 75℃热处理的河鲀肉没有出现吸收峰，这表明该鱼肉已完全变性。

对于发酵食品而言，其形成主要依赖相关的细菌或真菌，如在酿酒过程中，酿酒酵母发挥着至关重要的作用。通过添加某些物质，可以调节微生物的细胞膜、细胞质等的组成，提高微生物在高密度培养时抵抗渗透压的能力，并提升生物量，进而增加产量。此外，为了获得更高产量的特定酶，多数科研工作者从产酶菌株的关键基因出发，构建高产特定酶的工程菌株，以获得更高效的产酶方法。有科研人员研究了缺少某些三羧酸循环途径的植物乳杆菌的产琥珀酸潜力，通过构建工程菌株以提升丙酮酸羧化酶和丙酮酸羧激酶的表达量，从而在提升菌株生物量的基础上，使琥珀酸产量提升了 22 倍。

在发酵过程中，菌株的代谢物一般蕴含着一些生物活性物质，如肽、茶多酚、黄酮等，具有抗菌、抗炎、抗氧化等益生作用。此外，发酵食品一般都有一些特殊的风味，如泡菜、发酵乳、葡萄酒等。采用气相色谱-质谱联用和气相色谱-嗅味计分析新鲜竹笋和腌制竹笋主要的挥发性化合物，发现 3-丁酸、己酸和对甲酚等风味化合物显著影响了腌制竹笋的风味。这些风味物质的提取有许多方法，包括结晶分离、膜分离、吸附分离等。研究人员探究了蛋白酶种类、酶解时长、酶解温度等因素对毛豆腐中活性肽含量的影响，并利用超滤技术将最佳工艺条件下制得的毛豆腐活性肽分离为分子量小于3000和介于3000至10 000的两个组分。

食品包装方面，通过使用可食性保鲜膜、凝胶等材料，在保证食品风味的同时也延长了食品的保质期。研究血橙皮果胶和鱼明胶混合所制成的薄膜的生物活性及其包裹奶酪的保藏效果，结果发现该薄膜有效地改善了奶酪在冷藏过程中的理化特性、质构特性及微生物稳定性。将百里香精油与石榴皮提取物载入壳聚糖/淀粉复合膜，评价了其包裹的牛肉在 4℃下储存了 21d 的品质变化，结果发现该膜能有效抑制细菌和脂肪氧化，从而使牛肉的保质期延长。

在冷冻保藏时，食品内部的水会逐步变成大小不一的冰晶，随着冷冻条件的改变，其中的较小晶体会形成较大的晶体，破坏食品内部的结构（图 1-3）。使用静磁场辅助冷冻面团时，可以帮助面团快速通过最大冰晶形成区，抑制冰晶的生长，并且使用磁场能够减缓酵母菌的死亡速率，减少冰晶对酵母菌和面团的损伤，从而提高冷冻面团的质量。研究脉冲电场辅助解冻北京烤鸭对鸭肉质地和肌肉组织的影响，结果发现，1～4kV/cm 的脉冲电场能使解冻时间缩短 20%～50%，1～3kV/cm 的脉冲电场能使解冻时间缩短 28%，并保持了与鲜肉相似的肉质。虽然运用磁场、电场、超声波等技术辅助冻结食品能够控制冰晶的大小、形态等方面，但是使食品处于高黏度、分子扩散速率极慢的玻璃态也不失为一种延长食品保存时间的更好的方法。而玻璃态的形成依赖于玻璃化转变温度，但玻璃化转变温度很低，并不容易达到。研究温度和持续时间对速煮脱水豆的储存稳定性的影响，结果发现温度在 28℃以下、水分含量为 10%的脱水豆处于玻璃态，该状态可以使长期储存过程中的变化最小化。

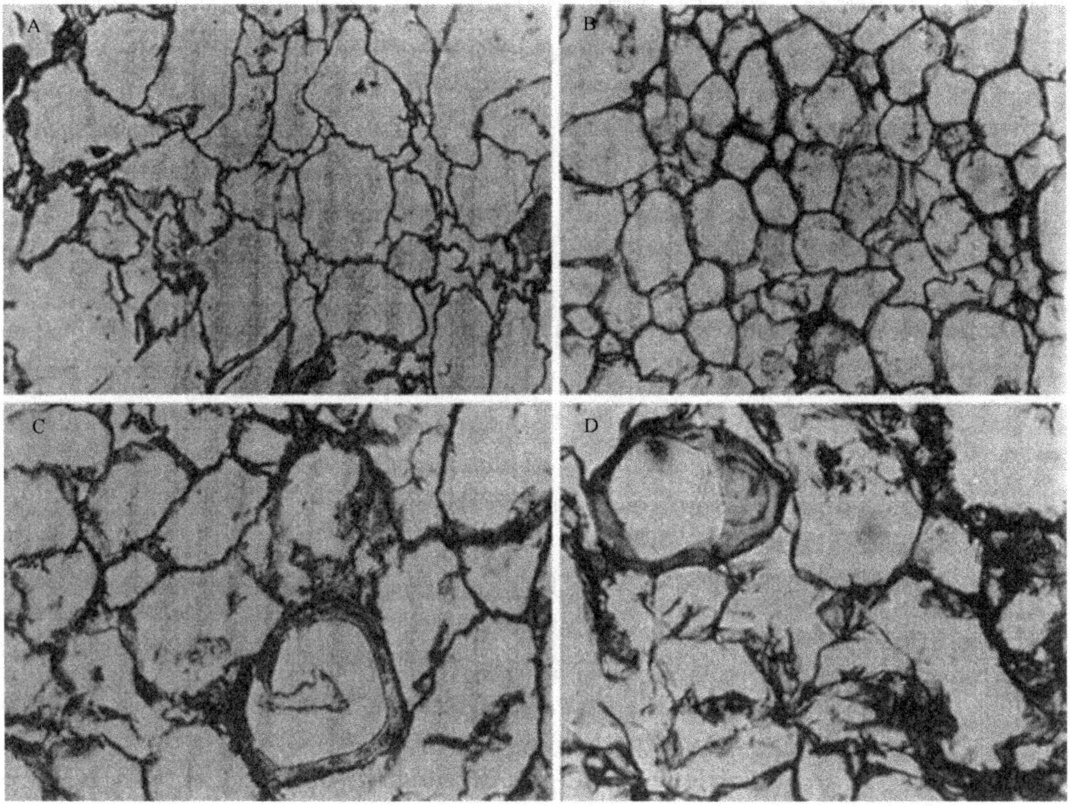

图 1-3　冷冻速率对蓝莓薄壁组织显微结构的影响（引自 Guillermo and José，2009）

A．新鲜；B．浸入液氮冷冻；C．冷板冷冻；D．在－18℃静态冷冻。快速冷冻法（B、C）几乎不会对细胞壁造成损伤，慢速冷冻法（D）观察到明显的损伤

不论是食品加工企业在生产食品时的食品安全抽检，还是发生食品安全事故，都会对食品的品质进行检测。常规的检测方法一般参照相关国标，但也逐步出现了一些快速检测方法，方便检测食品的品质。采用金黄色葡萄球菌的依赖解旋酶恒温基因扩增检测技术，并根据耐热核酸酶的 *nuc* 基因设计了特异性引物，以快速检测金黄葡萄球菌含量，检测限可达 10CFU/g。此外，通过传统研究方法与其他领域的研究方法结合，能起到事半功倍的作用。将差示扫描量热法和机器学习相结合，使用随机森林模型、人工神经网络模型等多种模型分别从结晶峰值温度、沸腾峰值温度、结晶起始温度等指标作为预测因子用于检测生牛奶中甲醛、淀粉、乳清等物质的掺假情况。有科研人员分析南美白对虾在－20℃、－4℃储存条件下的质地、pH、硫代巴比妥酸、总巯基含量等指标与温度的关系，并采用随机森林模型构建了通过预测南美白对虾贮藏过程中质量指标值来评估保质期的方法。

第二节　现代食品科学方法研究的内容

一、食品结构

食品的结构大致分为宏观结构、介观结构、微观结构和纳观结构。对食品宏观结构的研究，包括对物体的流变学特性、质构特性等特性进行研究；在介观结构层面，主要是对晶体尺寸大小的物质进行研究，约在毫米至微米的层次；于微观结构而言，尺寸介于晶体与原子之间；在纳观结构层面，主要是对化合物的表面结构、内部结构等原子层面进行研究。

（一）食品宏观结构

对食品宏观结构的研究，主要涉及食品的黏弹性、脆度、弯曲能力等特性，使用的仪器包括质构仪和流变仪。质构仪主要通过使用各种探头来检测食品在不同时间和位置的力学响应，从而揭示食品的物理特性。将糊化的小麦淀粉和添加小麦纤维的绿豆淀粉分别制成固体凝胶，通过 TA-XT2 质构仪对凝胶的质地进行测量，发现小麦淀粉糊和绿豆淀粉糊的硬度与咀嚼特性随淀粉中小麦纤维含量的增加而增加。使用 QTS 质构分析仪以 150mm/min 的速度单次循环经过不同前处理的鱼，直至 50%变形量，从而测量硬度、断裂量等特性，结果发现油炸玉米淀粉涂层的油炸鱼样品的硬度显著高于烤鱼样品，不同淀粉涂层处理的烤鱼样品间的硬度没有显著差异。流变仪主可以测量乳液、聚合物溶液等食品体系的流变学特性，包括剪切应力、剪切速率、黏弹性等性质。在旋转流变仪上为不同橙汁样品设置 900s 的松弛时间，分 20 次将剪切速率从 $0s^{-1}$ 逐步增加到 $150s^{-1}$，从而测定不同橙汁样品的剪切应力，橙汁的流动特性和黏度分布结果表明所有橙汁均符合非牛顿、非时变性流体，并且均符合假塑性行为。有研究使用 CP20 流变仪在线性黏弹性区域施加 0.5N 的力、1Hz 的频率对薄圆状的奶酪进行动态振荡实验，结果表明温度降低会导致固态牛奶中脂肪含量增加，从而导致弹性模量 G' 和黏性模量 G''的增加。

（二）食品介观结构

对于食品介观结构的研究，主要是对生物活性成分的分离及结构的研究。光学显微镜作为较早出现并发展的一类显微设备，具有观察细胞大致结构的功能，主要由物镜、目镜、反光镜和聚光器四个部分组成。使用光学显微镜对从 15 种埃及的传统乳制品中分离出的 200 多株菌进行革兰氏染色和过氧化氢酶进行检测，从 92 个杆菌中筛选出 64 株革兰氏阳性且过氧化氢酶阴性的乳杆菌。使用 DME-2H35 光学显微镜以 100×和 400×的放大倍数观察蛋黄酱样品，结果发现将其中 30%～60%的大豆油替换成使用魔芋凝胶制备的脂肪类似物后，脂肪类似物会逐渐将脂肪球颗粒分离成多个区域（图 1-4）。此外，色谱层析能够利用混合物中各组分物理性质不同，从而将不同化合物进行分离分析，一般采用亲和层析、离子交换层析、吸附层析等层析方法对蛋白质、氨基酸、核酸等物质的分离分析。使用 DEAE 纤维素柱层析法，以 0.5mL/min 的流速，以 0.1～0.5mol/L 氯化钠溶液梯度洗脱，从硫酸铵沉淀的枯草芽孢杆菌 SP6 的尿酸酶粗品中提纯得到尿酸酶，通过 SDS-PAGE 检测，发现该酶的分子量约为 44 000。采用吸附色谱法，以 90m/h 的洗脱速率，使经过不同截留分子量滤膜超滤得到的马铃薯混合物经过聚苯乙烯吸附树脂，从而分离为亲水与疏水两部分。

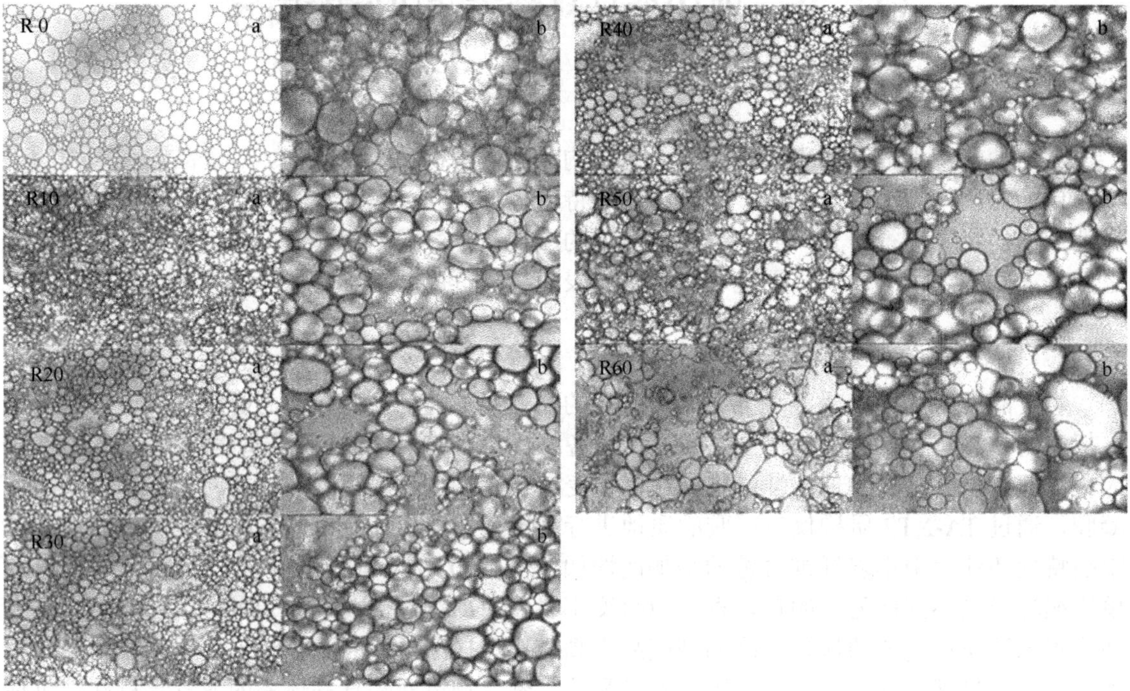

图 1-4　蛋黄酱样品的光学显微镜照片（a：100×，b：400×）（引自 Li et al.，2014）

R10、R20、R30、R40、R50、R60 分别代表将 30%～60%的大豆油替换成使用魔芋凝胶制备的脂肪类似物得到的蛋黄酱样品

（三）食品微观结构

对于微观层面的研究，主要是对食品的结构进行更深入、更细致的研究，常用的仪器包括激光粒度分析仪、激光共聚焦显微镜等。激光粒度分析仪是以激光为光源，利用光的衍射和散射，测定食品的粒径大小。使用具备氦氖激光器的粒度分析仪观察了不同 pH 条件下乳液的粒度分布，结果发现，pH 2 条件下使用大米蛋白稳定的乳液中的大多数颗粒相对较小，均小于 10μm。Kai 等使用了配备 470nm 和 633nm 两个激光源的 Mastersizer 3000 激光粒度分析仪分析了低温研磨制备的混合干果样品的粒度分布，结果发现粒度约为 550μm，与参考值 588μm 较为吻合。激光共聚焦显微镜同样也是利用激光为光源，但是利用共轭聚焦的原理，通过计算机对所观察到的图像进行处理与输出的仪器，具有测定细胞内的离子浓度变化、细胞的迁移、生长与凋亡等功能。在 25℃使用激光共聚焦显微镜通过静态散射技术对蛋黄低密度脂蛋白-果胶（LDL-PE）复合颗粒稳定的高内相皮克林乳液的液滴大小进行了测量。结果发现，当 LDL-PE 的质量比为 1∶0.17 时，低表面电荷和高排斥相互作用会促使其形成较大的 LDL-PE 复合颗粒，从而产生空间位阻效应，限制了 LDL 在界面上的吸附。此外，激光共聚焦显微镜结合其他仪器，可以对被测物进行更深入的研究。使用激光共聚焦-拉曼光谱仪，扫描 $100cm^{-1}$ 至 $3200cm^{-1}$ 波段的小龙虾肠道区域，结果发现，在 $1000cm^{-1}$、$1604cm^{-1}$、$1629cm^{-1}$、$2900cm^{-1}$ 和 $3055cm^{-1}$ 处具有与聚苯乙烯相同的特征峰。

（四）食品纳观结构

对于纳观层面的研究，主要对食品的结构进行更进一步的研究，包括使用扫描电子显微镜、透射电子显微镜、核磁共振等仪器进行研究。扫描电子显微镜是利用电子射线轰击样品表面，导致二次电子等信号的发射，并通过检测装置收集信号、放大并成像，其分辨率可达1nm。使用 ZEISS Gemini SEM 500 扫描电子显微镜，在 10kV 的加速电压下，观察白参和红参样品的微观结构，结果发现白参表面的微观结构更松散，具有更多的裂缝，红参样品的微观结构很紧凑，并且表面有凝胶层。使用扫描电子显微镜分别观察了添加石膏、海带抗高血压肽和葡萄糖酸-δ-内酯的豆腐的微观结构，结果发现含石膏的豆腐的蛋白质网络小而密，含葡萄糖酸-δ-内酯的豆腐的蛋白质网络更松散，具有更多的开放空间。透射电子显微镜是一种更精细的电子显微镜，其分辨率可达 0.3nm，它是在真空条件下使电子束穿透样品，从而形成散射电子和透射电子，其中透射电子通过电磁透镜在荧光屏上成像。研究从乳杆菌 ALAC-4 的培养液中提取的抗菌肽对白念珠菌的抑菌作用，结果发现随着作用时间的延长，白念珠菌的细胞壁被破坏、细胞严重变形，细胞内容物泄漏，从而抑制白念珠菌生长。结合硫黄素 T 测定、粒度分析、透射电镜观察，结果发现精氨酸不仅在生长阶段抑制了 β-酪蛋白的聚集，而且能在饱和阶段解聚成熟的淀粉样蛋白原纤维。由于冷冻电子显微镜是对在液氮温度下的冷冻标本进行成像，并且其采用了对大量同一生物标本单元的图像进行平均以提高信噪比，因此，冷冻电子显微镜相比于传统的电子显微镜具有较高的分辨率。在 FEI T20 电子显微镜上使用 Gatan 626 型低温载物台对冷冻水合的双歧杆菌胞外多糖样品进行可视化，结果发现经过碱处理后的青春双歧杆菌和两歧双歧杆菌的胞外多糖层很薄，而婴儿双歧杆菌几乎不存在胞外多糖层（图 1-5）。核磁共振与显微镜不同，其是一种用于确定物质的分子结构和物理性质的光谱方法。核磁共振结合多变量统计模型和机器学习方法，可以同时对多种不同的酒和酿酒葡萄的品种进行较为精准的分析。

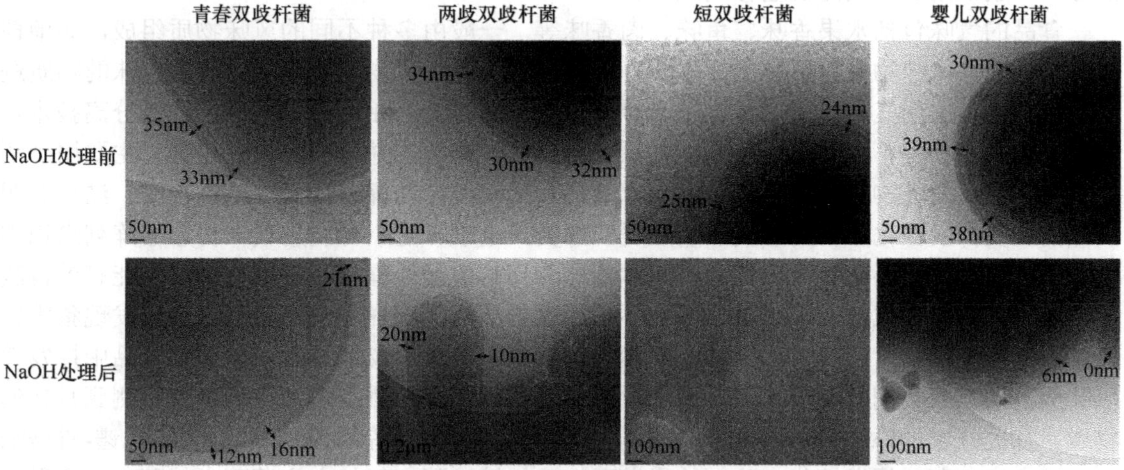

图 1-5 氢氧化钠（NaOH）处理前后青春双歧杆菌、两歧双歧杆菌、短双歧杆菌和婴儿双歧杆菌的冷冻电镜图像（引自 Ferrari et al.，2022）

二、食品感知

食品风味是一个综合的感官体验，它包括滋味和气味，其中滋味涉及甜、酸、苦、咸和鲜味，而气味则包括果香、草本、辛香、松香、琥珀香等多种类型。鉴于每个人对食品风味的感知有所不同，深入研究食品感知对食品研发具有极其重要的意义，它帮助我们更好地满足消费者的个性化口味需求。食品感知包括生理感知和心理感知，其研究内容包括食品的感官特性、消费者对食品的感觉及个体差异性、风味感知的交叉作用、感官评价的方法等。

（一）食品生理感知

食品的生理感知主要包括对食品的颜色、气味、滋味等的感觉。食品的咀嚼特性分为咀嚼初期的一次特性和咀嚼后期的二次特性，主要包括黏弹性、凝聚性、硬度等。质构仪是一种精密的分析工具，能够用于监测食品样品在时间推移下的位置和重量变化。它能够精确测量食品的多种物理特性，包括硬度、咀嚼度和黏聚性等，为食品的质感分析提供了重要数据。采用质构分析仪对煮熟的藜麦进行二次咀嚼试验，结果发现煮熟后的高蛋白质含量藜麦具有更硬、更具黏性和更耐嚼的质地。除了质构仪，还有多种仪器能够测量食品的物理特性，包括黏度计、稠度计等，用以评估食品的黏度、稠度等特性。以黏度的测量为例，其测定仪器包括毛细管黏度计、布氏黏度计、自动黏度仪等。使用 Brookfield 黏度计测定煮熟的布丁的表观黏度，并计算出其剪切速率和剪切应力，发现煮熟的布丁符合假塑性流体行为。此外，影响食品口感的因素，包括水分活度、水分含量、脂肪含量等特性。其中，水分活度的高低决定了食品是否适合微生物的生长，从而在一定程度上决定了食品的保质期。例如，水分活度 6.0 以下的食品一般具有较长的货架期，并且不需要冷藏。对水分活度的测定方法包括蒸汽压力法、扩散法、溶剂萃取法等。现今，一般采用水分活度仪对食品的水分活度进行测量。脂肪含量的高低也会对食品的口感造成影响，其测定方法包括索氏抽提法、盖勃法、酸水解法等，一般使用脂肪测定仪进行测量。

食品的气味包括水果香味、鱼味、肉香味等，一般由多种不同的风味物质组成，如葡萄酒中的挥发性风味物质包括醇类、醛类、酚类、酯类等化合物。对食品中产生气味的物质进行测定，一般采用气相色谱仪、电子鼻等仪器进行测定。气相色谱仪采用了色谱分离技术，利用复杂混合物中不同物质性质不同的原理分离单一物质，并进行定量的仪器，主要用于测定食品中的挥发性物质。采用顶空气相色谱法对猕猴桃汁的挥发性成分进行检测，结果表明其中的主要挥发性化合物为醛类、烷烃类和醇类。电子鼻是一种利用气体传感器阵列来识别气味的仪器，其主要由气味提取器、气体传感阵列和信号处理系统三部分组成，能有效检测出食品中的挥发性成分。采用电子鼻对不同处理方法的猪肉样品进行检测，结果发现猪肉样品主要包含萜烯和含硫有机化合物。气相色谱仪、电子鼻等仪器有时只能测定食品中挥发性风味成分的大致类别及含量，需要通过质谱仪进行进一步检测，才能更精确地检测到具体的物质。探究红糖的添加量对宜宾芽菜发酵的影响时，通过顶空固相微萃取-气相色谱-质谱法测定了宜宾芽菜的挥发性化合物，结果发现加入红糖发酵一年的宜宾芽菜中的草蒿脑含量高达 72.34%，其次为萜品烯-4-醇和对甲氧基肉桂酸乙酯。

食品的滋味主要由呈味物质及其含量决定，包括酸、甜、苦、咸、鲜、涩等味道。各种滋味之间具有相互作用，包括味的对比现象、味的相乘作用、味的消杀作用、味的变调作用和味的疲劳作用，通过运用不同物质滋味之间的相互作用，可以有效地提升食品的滋味。例如，吃完苦瓜后喝水，会产生水是甜的感觉。现今，除却建立食品感官小组来评价食品的滋味以外，主要使用电子舌测定食品的滋味，其与电子鼻的区别在于其使用了味觉传感器阵列，而不是气体传感阵列。使用电子舌比较 4 种鱼类滋味的差异，发现绿鳍马面鲀和真鲷的酸度显著强于泥鳅和日本鬼鲉，绿鳍马面鲀和真鲷的苦味显著低于其他两种。测定多种鲜味增味剂，结果发现 1.0g/L 风味物质的鲜味评分高于 0.5g/L，并且谷氨酸钠、天冬氨酸钠和尿苷酸二钠的鲜味评分方面没有发现显著差异。此外，采用电子舌与化学计量法相结合在食品品质的检测方面具有广泛的应用前景。

从视觉角度来看食品，主要包括食品的颜色、形状、光泽、大小等属性。通过对食品外观形态、色泽等的观察，可以就食品的新鲜程度、蔬菜水果的成熟度等方面进行直观的评价。常见的用于评价食品视觉方面属性的仪器包括色差仪、计算机视觉等。电子眼的工作原理类似于电子鼻、电子舌，主要用于蔬菜新鲜度分析、水果成熟度分析、食品生产的质量控制和进程检测等。采用电子眼对红茶茶叶的枯萎过程进行观察，发现叶子的整体颜色从鲜绿色变为深绿色，推断是由于叶子中水分的损失与叶绿素成分的改变引起的。使用电子眼、电子舌和代谢组学研究了黄茶茶叶在变黄的途径中物质的动态变化，发现在最初变黄的 18h 中的氨基酸、儿茶素、酚酸等与鲜味、甜味相关的化合物含量上升，随着变黄时间的延长，茶的颜色变暗。色差仪是一种测量物体颜色变化的仪器，其依赖于特定波长的光对被测物表面进行测量，从而获得颜色的三刺激值，以获得具体的颜色。使用色差仪测量了不同贮藏期内菠萝蜜片颜色的变化，随着贮藏时间的增加，菠萝蜜片的颜色逐步暗淡，并且有包装的菠萝蜜片的颜色损失率显著低于没有包装的菠萝蜜片。计算机视觉主要是用计算机模拟人眼看到的图像信息，并对现有的图像信息进行监控与处理分析，从而捕获所需的检测指标。通过使用 1481 张猪腰部肌肉的照片进行计算机视觉评分，并采用逐步回归和梯度提升机分别构建与肌内脂肪含量的估计模型，精准度分为 0.875 和 0.89。此外，采用结合深度学习的方法，能使计算机在食品鉴定方面具有更高的准确性。将可见-近红外光谱和深度学习相结合，能够建立 5 种桃子的可见-近红外光谱数据库，准确性高达 100%。

（二）食品心理感知

食品的心理感知主要涉及消费者心理学和神经生物学。消费者心理学主要是研究消费者在消费食品时的心理活动规律与行为规律的一门学科，涉及社会环境、商品、营销沟通等多种影响因素。有研究人员对爱尔兰和美国的消费者进行了一项关于对不同脂肪含量的草饲切达干酪看法的匿名在线调查，结果发现两个国家的消费者均偏向于健康度和自然度更高的切达干酪，爱尔兰消费者觉得较低的脂肪含量更能体现出切达干酪的健康。神经生物学主要指利用人工神经网络模型，对食品或消费者的消费习惯等进行模拟，从而有效地对不确定的数据进行处理，得到较优解。用卷积神经网络评估由 6 种不同的水果组成的图像，结果表明，传统和残差卷积神经网络均可以较准确地确定水果的新鲜度，但残差卷积神经网络在水果数据集上的表现更好。此外，通过对未经训练的消费者小组对绿茶的模型系统进行感官评估，并通过线性偏最小二乘回归模型和人工神经网络相结合的方式，能够客观评价消费者对绿茶中 8 种关键风味的偏好。食品感官评定方法包括差别检验法、描述性分析检验法、情感检验法，每种感官评定方法的适用性不同。例如，差别检验法主要用于了解样品间是否有总体差异、属性差异、差异程度等方面。

三、食品营养

食品营养方面主要研究食品、营养与人体健康之间的关系，开发食品及其功能性成分，其研究方法包括细胞模型、动物模型、人群临床研究与现代生物技术。

（一）细胞模型

当前，众多研究致力于探索食品及其功能性成分对疾病预防和治疗的潜力，这些研究广泛采用了多种实验模型，包括炎症反应模型、抗氧化应激模型和抗菌活性模型等，以深入理解食品成分如何影响身体健康。

通过对细胞炎症因子含量、基因表达量等因素进行测定，可以了解食品对某些细胞的作用。科研人员研究茯砖茶的多糖对孵育了24h的RAW264.7细胞的影响，结果发现茯砖茶的多糖可以显著抑制促炎细胞因子TNF-α和IL-6的产生。从腊八大蒜中分离并鉴定出三种类黄酮化合物，并研究它们对肝脏细胞的保护作用，结果发现这三种黄酮化合物可以通过Bcl-2/Caspase途径诱导HepG2细胞凋亡，以剂量依赖的方式上调Bax的表达，下调Bcl-2、Bcl-xL、pro-Caspase-3和pro-Caspase-9蛋白的表达。此外，通过添加具有抗菌活性的物质，能够起到抑制诱导细胞炎症物质的作用。使用SV-HUC-1尿路上皮细胞培养物评估对尿路病原体的抗侵袭活性，结果发现乳酸菌PM201、PM206、PM229和RY2通过腐生链球菌BCRC 10786抑制SV-HUC-1细胞的侵袭。

（二）动物模型

在动物试验中，食品对炎症、癌症等疾病的作用同样能够被分析。虽然某些物质在细胞实验中能起到显著作用，但是在动物试验中并不能起到相同的作用。在研究食品成分对抗肿瘤的潜力时，常用的方法是将人体或小鼠的癌细胞移植到免疫缺陷的小鼠体内，以此建立模型，这种方法主要包括异种移植模型和同源移植模型。设计两种具有抗癌作用的食物组合配方来评估其对*N*-亚硝基二乙胺诱导的肝癌的预防作用，结果发现在干预20周后，两种饮食均能显著降低肝癌大鼠肝结节的发生率、大小和数量，并能阻止肝癌的形成。在炎症方面，主要包括炎症因子示踪小鼠模型和特定化学物质诱导的炎症小鼠模型。其中，特定化学物质诱导的炎症小鼠模型较为常见，如硫酸葡聚糖钠诱导的炎性肠炎小鼠模型。研究马齿苋提取物及其活性成分对3% DSS诱导的结肠炎小鼠的影响，结果发现马齿苋酮C、*N*-反式-阿魏酰酪胺和顺式-正阿魏酰-3′-甲氧基酪胺能够显著降低DSS小鼠的炎症细胞因子TNF-α、IL-6、IL-1β、IFN-γ、IL-4和IL-17的水平。使用松红叶乙醇提取物治疗在25%乙醇诱导脂肪肝的SD大鼠，结果发现，松红叶乙醇提取物能够显著抑制天冬氨酸转氨酶和甘油三酯的水平，并显著增强了超氧化物歧化酶、谷胱甘肽过氧化物酶等抗氧化酶的活性。

衰老是每个人都会经历的过程，在众多研究中也是研究热点之一，其涉及遗传、免疫、线粒体损伤、氧化应激等多个方面。研究黑枸杞来源的芍药花素-3,5-二葡糖苷对D-半乳糖诱导的衰老大鼠的神经保护作用，结果发现口服芍药花素-3,5-二葡糖苷7周可以缓解认知障碍，减轻皮层和海马神经元的丢失，降低衰老相关标记物的水平，增加谷胱甘肽GSH/GSSG的比率，并抑制海马的神经炎症。除了使用小鼠，线虫、兔子、鱼等其他动物也常见于动物试验之中。

其中，线虫主要用于构建衰老模型，相较于小鼠，其优势在于其寿命仅有 2～3 周，造模时间短，并且其 60%～80%的基因都与人类保守。米糠肽 KF-8 能够延长秀丽隐杆线虫的寿命，且并不会造成生殖毒性，此外，其能上调 SKN-1、DAF-16 和抗氧化基因的表达。

（三）人群临床研究

在通过了动物试验后，便进入到人群临床试验。临床试验就是对有效物质的目标人群进行临床试验，主要分为四个阶段，I 期是通过测试药品的药代动力学和人体对药品的耐受程度制定给药方案；II 期为招募志愿者初步评价药品的作用效果与安全性；III期与 II 期类似，但增加了志愿者的数量；IV期是对前三期的补充与延续，包括对使用药物的条件、不良反应等因素的考察。即便某些化合物在动物试验中展现出积极的效果，它们在临床试验中的表现也并非总是如预期那样成功，临床试验失败的例子比比皆是。例如，血管升压素 1a 受体拮抗剂 balovaptan 在治疗孤独症患者的 II 期临床试验中宣告失败；又如，针对表皮生长因子受体的抗体——药物偶联物 Depatux-M，在III期临床试验中未显示出对多形性胶质母细胞瘤的疗效；再比如，Elafibranor 在III期临床试验中未能实现非酒精性脂肪性肝炎缓解且纤维化不恶化的目标。但食品辅助治疗在某些疾病中发挥着重要作用。例如，在治疗由幽门螺旋杆菌引发的胃溃疡时，传统的四联疗法可能会破坏肠道菌群，从而削弱患者的免疫力。为了缓解这一问题，研究人员尝试在四联疗法的基础上辅以特定益生菌的摄入，结果发现这不仅有助于加速患者胃部功能的恢复，还有助于维护肠道菌群的平衡。

（四）现代生物技术

除了细胞模型、动物模型及人群临床试验以外，现代生物技术在食品营养方面也有较大的作用。现代生物技术主要包括基因工程、蛋白质和酶工程、组学技术等。

蛋白质工程是指对蛋白质的基因进行重新设计，使其符合实验或工业所需。酶作为一种蛋白质，对特定底物具有高度特异性和催化作用，包括淀粉酶、胃蛋白酶、脂肪酶等。通过在特定食品原料中引入恰当的酶，可以有效地转化这些原料，生产出各式各样的碳源、氮源、常量元素和微量元素等，从而满足不同的需求。对酶基因序列中的一个或几个碱基进行定点突变，可以达到修饰蛋白质分子结构目的，从而更改其特性。有科研人员评估比较了二内酯水解酶的三种可以增加酶的稳定性并补偿不稳定的表面突变，结果发现 Q110L 和 N154D 突变提高了酶的热稳定性，Y137C 突变是不稳定突变。

酶工程是指利用酶或微生物细胞、动植物细胞等所具有的酶，对原料进行生物催化，使其转化为可利用的其他物质的一门技术，一般包括酶的提取、对酶的特性进行研究、固定化酶等方面。早期科研人员致力于从动植物中提取特定酶，研究其结构、特性，以及高效利用酶指导工业生产的方法。相比于商业木瓜蛋白酶，使用蒸馏水和 pH 为 6 的磷酸盐缓冲液从未成熟的木瓜中提取得到的木瓜蛋白酶，能更有效地水解生皮，以生产明胶。使用交联法将橡胶树的种子中的β-葡萄糖苷酶固定在壳聚糖上，发现固定化的酶具有更好的热稳定性和更宽泛的酸碱适应性。随着微生物学的发展，科研工作者们逐步关注到微生物具有多种不同功能的酶的现象，其代谢产物有望作为生物合成食品、饲料等的来源之一。通过对微生物中特定酶的基因进行筛选，可以获得能够产生所需化合物的菌株，虽然可能出现不表达或者表达量过低的情况，但能大大缩短筛选的时间。使用能使咖啡酸脱羧的植物乳杆菌和不具备脱羧酶的干酪乳杆菌共同发酵高粱酸面团，结果发现其能产生6-脱氧乙氰基乙烯基苯酚和吡喃-3-脱氧花青素这两种脱氧花青素。此外，通过基因编辑技术向不具备目标基因的菌株中插入目标基因，能够使菌株拥有表达目的基因的潜力，即工程菌株对特定物质具有定向生物转化的潜力。*fcs* 和 *ech* 基因具有将阿魏酸生物转化为香兰素的功能，研究者使用含有这两种基因的重组酸性乳酸假单胞菌BD16对葡萄酒进行二次发酵，能够增强二次发酵过程中葡萄酒的风味特征。

组学主要包括基因组学、蛋白质组学、代谢组学和转录组学。蛋白质组学能够获得物质中纯的蛋白质、氨基酸序列等信息，能够更全面地了解细胞动力学。使用无标记的定量蛋白质组学方法分析来自健康奶牛和乳腺炎奶牛的乳清样品，可鉴定有助于宿主防御的牛奶蛋白质及其对病原体刺激的不同反应，这有助于确定亚临床乳腺炎的生物标志物。采用定量蛋白质组学方法研究新疆和山东两地驴奶中的酪蛋白和乳清蛋白，共鉴定出15种酪蛋白遗传变异和620种乳清蛋白。代谢组学则可以反映细胞在受到外界环境刺激后代谢物质的变化，通过研究代谢组可以更容易获得细胞对于某些物质的偏好性或能推测某些物质对于细胞的可能作用。通过测定鱼类代谢组，发现2g银杏叶提取物/kg的饮食能够调节二嗪农对鱼类代谢组的毒性作用，这主要是通过调节与氨基酸、高能代谢物和渗透蛋白代谢相关的生化途径，并且可能与银杏叶提取物中高含量的类黄酮、萜烯内酯等具有强抗氧化特性的物质有关。

四、食品检测

"民以食为天"，食品安全问题一直是重大的民生问题，有毒有害的食品会造成重金属中毒、寄生虫感染等食源性疾病的发生。因此，食品检测对食品安全非常重要，常见的检测类别包括微生物、农药、天然毒素、有害金属等，常见的检测方法包括酶联免疫分析法、光谱分析法、色谱和质谱、生物芯片等。

（一）有害微生物检测

食品中的有害微生物众多，包括沙门菌、志贺菌、金黄色葡萄球菌、副溶血性弧菌等，其含量超标主要是因为生熟食品交叉使用、食品加工不到位等因素，并且含量超标的有害微生物较容易引发食源性疾病。对有害微生物的检测方法包括聚合酶链反应（PCR）、酶联免疫检测法（ELISA）、基因芯片、蛋白质芯片等。PCR是一种以DNA为模板，在引物作用下，通过碱基互补配对原则以脱氧核糖核苷酸三磷酸为原料，半保留复制新的DNA双链的技术，检测较为便捷，但当样品中DNA含量较低时，可能出现假阴性结果。研究人员采用多重PCR技术，分别使用Mdh、IpaB、IpaH1引物检测大肠杆菌、伤寒沙门菌、志贺菌，结果发现检测受污染食物中大肠杆菌、伤寒沙门菌和痢疾志贺菌的灵敏度分别为100%、96.3%和88.9%。ELISA是一种将待测样品和酶标抗原或抗体按不同步骤与固相载体上的抗体或抗原结合，生成抗原抗体复合物，并通过有色产物的含量计算得到样品含量的方法，具有分析时间短、灵敏度高等优点。研究者通过将其合成的介孔核壳的钯@铂（Pd@Pt）纳米酶作为信号放大器应用于金黄色葡萄球菌比色免疫测定法，提升了检测金黄色葡萄球菌的灵敏度，检测限从 1×10^5CFU/mL 提升到了 1×10^3CFU/mL。生物芯片泛指可以检测任何生物信号的芯片，而基因芯片属于生物芯片中的一类，利用DNA探针技术，通过被检测的基因与核苷酸的点杂交鉴定食品中的微生物。科研人员采用链霉亲和素与生物素结合的物理吸附方法，将遗传生物受体固定在表面，利用高基频压电基因传感器检测生物受体中是否含有 *rfbE* 基因，从而确定样本中是否含有大肠杆菌。

（二）农药和天然毒素检测

用于检测农药和天然毒素的方法包括活体生物测定、气相色谱法、液相色谱法、薄层色谱法等。活体生物测定法是指用发光细菌、敏感家蝇、大型水蚤等生物作为测试对象，测定食品中毒素残留、农药残留等。科研人员利用 T_3 发光菌测定 5 种有机磷农药的毒性大小，结果发现 T_3 发光菌的相对发光率与有机磷农药浓度呈负相关，5 种农药的毒性从大到小依次为乙酰甲胺磷、三唑磷、氧乐果、敌敌畏和敌百虫。使用家蝇测试溴虫腈的毒性大小，结果发现溴虫腈的接触毒性低于拟除虫菊酯，但其肠道毒性更高。色谱法，又名层析法，是一种利用混合物中不同组分在固定相和流动相中选择分配性不同的原理，使具有不同性质的组分在两相中分离的方法，常见的色谱包括气相色谱、液相色谱、薄层色谱等。气相色谱法是一种以气体为流动相、固体物质为固定相的色谱分离方法，常见用于测定挥发性物质，具有较高分离度、高敏感度、所需样品量少等优点。常见的异烟棒曲霉素和青霉震颤素 A 这两种青霉毒素由于分子量大、挥发性低、热稳定性低，无法使用气相色谱-串联质谱进行检测，但 Pickard 等使用气相色谱-串联质谱鉴定出一种与青霉素的含量相关的震颤性标记化合物土青霉酸，其分子式为 $C_{11}H_{14}O_4$。液相色谱法则是一种以液体作为流动相的色谱技术，分为吸附色谱法、分配色谱法、离子交换色谱和凝胶色谱法。使用超高效液相色谱-串联质谱建立同时测定 T2 毒素和 HT2 毒素的方法，该法对检测两种毒素的检测限可达 0.02～0.08μg/kg，定量限为 0.08～0.26μg/kg。薄层色谱法是一种以涂布于支持板上的支持物作为固定相，以适宜的溶剂作为溶剂，对样品进行分离、定性、定量的技术。薄层色谱具有操作简单、便捷的特点，但其对物质定量的准确性不足。为了解黄曲霉毒素在人痰和奶粉样本中的发生率，科研人员通过对人痰样品与奶粉样品中的真菌进行培养以分离菌株，使用椰子琼脂培养基和薄层色谱对菌株中的黄曲霉毒素进行定性检测，结果发现人痰样品与奶粉样品中分离得到的菌株分别有 61.8% 和 63.2%能够产生黄曲霉毒素。

（三）有害金属检测

在检测有害金属方面，检测方法包括原子荧光光谱法、原子吸收光谱法、离子色谱-原子荧光光谱法、高效液相色谱-等离子发射光谱等。氢化物发生-原子荧光光谱法是一种将待分析的元素转化为气体氢化物，使其随载气流入石英炉中，并被原子化，通过光源激发使外层原子跃迁至高能态再回到低能态以获得特征的原子荧光，并通过荧光强度测定原子浓度的一种光谱分析方法。该法背景荧光值低、灵敏度高，但仅能测定锡、汞、硒等十几种金属元素。研究人员建立了一种以 5%硝酸为载体，3.0%体积分数的还原剂，采用原子荧光光谱法测定晶粒中汞的含量的方法，其检测限为 0.00 095mg/kg，定量限为 0.0031mg/kg。原子荧光光谱法结合离子色谱能够更好地根据待测元素性质分离出待测元素，具有光谱干扰少、线性范围宽、检出限较低等优点。有研究人员将高效液相色谱法中的离子交换色谱法和氢化物发生-原子荧光光谱法结合，建立了一种检测动物饲料添加剂中砷的含量的方法，使用 C-18 色谱柱开发了一种含有柠檬酸和己烷磺酸钠（pH2.0）的流动相的等度洗脱的反相液相色谱法，能够在 16min 内分离 5 种含砷化合物，且检测限低。原子吸收光谱法是一种根据不同原子电子能级不同而能够选择性地共振吸收一定波长的辐射光的原理，来测定待测元素含量的方法。使用超声辅助分散液-液微萃取结合火焰原子吸收光谱法比较水稻样品中镉的 10 种配体，结果发现二乙基二硫代氨基甲酸钠为最佳配体，并且火焰原子吸收光谱中的吸光度信号由镉螯合物热分解产生的游离镉原子数决定。电感耦合等离子体原子发射光谱法是一种利用通过高频电感耦合产生等离子体放电的光源来进行原子发射光谱分析的方法，具有高灵敏度、高样品通量、同时测量多种元素等优点，其应用范围相比于以上几种光谱分析方法更为广泛。科研人员提出一种基于元素指纹、稳定性同位素分析并结合化学计量学的方法，并从 37 个产区追踪甘草的地理来源，其中，他们使用电感耦合等离子体原子发射光谱分析了包含镉、铬、钴等共 15 种元素的含量以获得不同产地甘草的元素指纹。

五、食品科学研究的新方法

随着技术的进步，食品领域与计算机、生物等领域也逐步出现了学科的交叉融合，出现了一些新颖的研究方法，包括大数据分析和挖掘、人工智能、模拟仿真、增材减材制造等。

大数据是一种传统的计算方式，其从相当大的数据集中寻找某种规律，比如根据消费者的习惯与偏好推荐他们喜欢的食品。大数据分析是指对大量的数据进行分析，具有速度快、类型多、真实性等特点。有研究人员将基于谷歌数据的现代食品环境暴露的替代性指标与全国代表性的微观营养和健康数据联系起来，以检查大型现代食品零售商和快餐对超重和肥胖的影响，结果发现，即使在控制了收入和其他混杂因素之后，居住在大型食品零售商和快餐店附近与肥胖之间存在显著关联。大数据挖掘是从大量的、不完全的、随机的数据中提取潜在的有用的信息的过程。从食品安全检验数据中挖掘出关键的预警信息，如危害分类、产品分类、年份等，不仅可以减少时间消耗和人工操作，还可以利用预警信息来控制产品或供应链的安全和质量，有助于食品安全监管的精准化。

人工智能起源于计算机领域，其本质是通过计算机技术模仿人类的分析、决策方法，从而代替某些人类的工作。相比于大数据，其能够更好地进行决策，并做出更好的决定。现今，人工智能在食品领域中已获得广泛的应用，包括对食品中蛋白质含量、食品的保质期、微生物的生长情况等的预测。目前，最常用的人工智能方法包括机器学习和深度学习两种方法。机器学习是指通过学习对研究目标某特征的规律，预测与该特征相关的其他指标，其研究模型包括神经网络、决策树、线性回归等。使用近红外光谱法测定不同浓度靛蓝素的数据，采用 SG 平滑算法、均值和二阶导数对数据进行预处理，随后使用随机森林建立奶油色素含量定量分析模型，该法能够快速无损地预测乳膏中靛蓝素的含量。而深度学习是一种特殊的机器学习，相比于机器学习，其需要更加大量的数据，但其能够减少对每个问题的特征提取任务的时间，其从底层特征开始提取，一步一步完成对所需特征的提取，包括卷积神经网络、循环神经网络、深度信念网络等神经网络。构建使用深度卷积神经网络和迁移学习来监测软饮料的营养信息的方法，该法通过降噪、增强对比度、提取饮料区域、估计每个饮料瓶的大小、寻找营养成分表等方式检测和识别饮料的类型和营养价值。

模拟仿真是指对外形、操作、视觉感受进行仿真，让参与者有身临其境体会的一种技术。在食品领域，其分为体外模拟消化系统与计算机模拟仿真两部分。体外模拟消化系统模拟了人体体内的消化系统，包括上消化系统与下消化系统。科研人员使用 XD Pro-Health 仪器，分别模拟了老年人和年轻人食用糌粑（tsampa）后，糌粑在胃中消化与排空的过程，结果发现老年人与成人的淀粉消化率分别为 13.7%和 9.7%，消化后释放的总肽分别为 44.9g/100g 蛋白和 50.7g/100g 蛋白，这可能是由于老年人的胃分泌物减少和收缩较弱，使消化过程中消化物的黏度和致密结构支持胃排空率降低和蛋白质消化受损。计算机模拟仿真是指应用电子计算机对待模拟系统的结构、功能与参与者的思维过程和行为等进行动态的模拟。使用圆二色性光谱、傅里叶变换红外光谱实验和计算机模拟等方法研究黄芩素抑制乙醇脱氢酶的机制，结果发现引入黄芩素会导致乙醇脱氢酶的无规则卷曲增加，α 螺旋和 β 折叠降低，其中，氢键和范德瓦耳斯力对复合物的稳定性做出了突出贡献。

增材减材制造作为新兴技术之一，在食品领域也得到了部分发展。增材制造，即 3D 打印，是一种利用打印材料在 2D 横截面层中逐层打印，相互堆叠，直至产生所需设计的一种方法，该技术主要包括熔融沉积建模、激光烧结、多射流融合和直接金属激光熔化。而在食品领域一般采用熔融沉积建模。研究人员以苹果粉和玫瑰粉为主要原料，并在此基础上添加了占体系总质量 0.4%的黄原胶-罗勒籽胶混合物（质量比 2∶1），通过 3D 打印吞咽困难所需的食品。结果发现，该方法获得的食品具有良好的自支撑能力和光滑的表面，并满足了国际吞咽困难饮食标准化倡议测试中的 5 级和湿润吞咽困难饮食要求（图 1-6）。

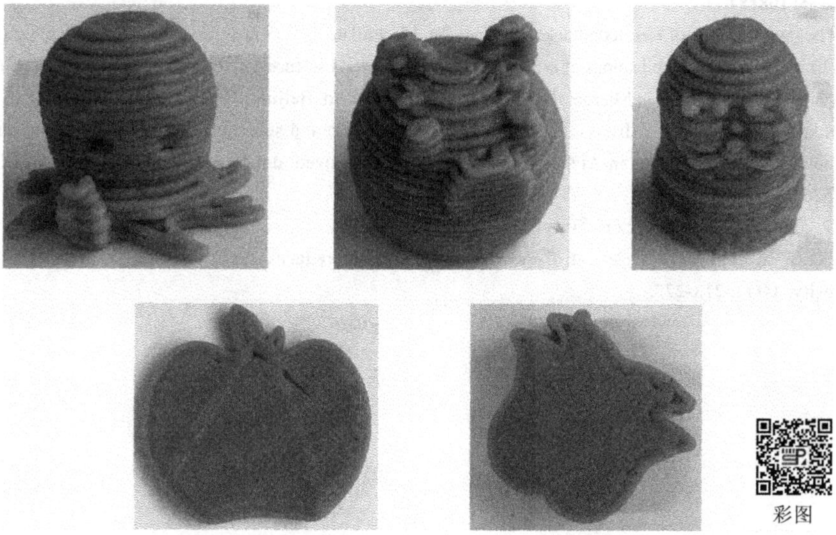

彩图

图 1-6 以苹果粉和玫瑰粉为主要原料，添加 0.267%黄原胶和 0.133%罗勒籽胶制成的 3D 打印代表模型（引自 Qiu et al.，2023）

减材制造是指对一块材料进行切割，得到所需的零件，以满足生产需求。而计算机数字控制机器在这一领域占据主导地位，其可加工塑料、木材等各种材料，并且可以加工成各种形状与尺寸。相比于 3D 打印，计算机数字控制机器的精准度更高，但是该机器不能加工含有孔、通道等复杂的形状。

主要参考文献

李旭．2019．我国食品标准的演进历程及现状概述．中国标准化，(3)：62-67.

臧雷振，潘晨雨. 2020. 社会科学研究透明度：内涵、价值及其实现路径. 国外理论动态，（5）：82-92.
张寒琦，丁兰，王兴华，等. 2020. 仪器分析. 第3版. 北京：高等教育出版社.
Ciursa P, Oroian M. 2021. Voltammetric E-tongue for honey adulteration detection. Sensors, 21(15): 5059.
Day H G. 1976. Food safety: then and now. A bicentennial study. J Am Diet Assoc, 69(3): 229-234.
Deng H, Jia Y, Pan D, et al. 2020. Berberine alleviates rotenone-induced cytotoxicity by antioxidation and activation of PI3K/Akt signaling pathway in SH-SY5Y cells. Neuroreport, 31(1): 41-47.
Fechner G T. 1860. Elemente Der Psychophysik. Montana: Kessinger Publishing.
Ferrari M, Hameleers L, Stuart M C A, et al. 2022. Efficient isolation of membrane-associated exopolysaccharides of four commercial bifidobacterial strains. Carbohydrate Polymers, 278: 118913.
Guillermo P, José A. 2009. Ice morphology: fundamentals and technological applications in foods. Food Biophysics, 4(4): 378-396.
Kaur B, Kumar B, Kaur G, et al. 2015. Application of recombinant *Pediococcus acidilactici* BD16 (fcs(+)/ech(+)) in malolactic fermentation. Applied Microbiology and Biotechnology, 99(7): 3015-3028.
Li J, Wang Y T, Jin W P, et al. 2014. Application of micronized konjac gel for fat analogue in mayonnaise. Food Hydrocolloids, 35: 375-382.
Muñoz A M, Civille G V, Carr B T. 1992. Sensory Evaluation in Quality Control. New York: Springer.
Nakano M. 1965. Experimental parasynchronization in cultures of HeLa cells and mouse lymphosarcoma cells. Mie Med J, 15(2): 77-88.
Osei-Djarbeng S N, Osae-Akonnor P, Boateng R, et al. 2016. Preparation of ghanaian dish ‘Fufu’ with evaporated milk. American Journal of Food Science and Technology, 4: 48-51.
Qiu L, Zhang M, Bhandari B, et al. 2023. Investigation of 3D printing of apple and edible rose blends as a dysphagia food. Food Hydrocolloids, 135: 108184.
Rebecca S. 2011.The Immortal Life of Henrietta Lacks. London: Pan Macmillan.
Sofu A, Demir N, Ekinci F Y. 2007. Applications of artificial intelligence in food science and technology area. Gida, 32(2): 93-99.
Talaro K P, Chess B. 2013. Foundations in Microbiology: Basic Principles. 8th ed. Beijing: Higher Education Press.
Tamtaji O R, Heidari-Soureshjani R, Mirhosseini N, et al. 2019. Probiotic and selenium co-supplementation, and the effects on clinical, metabolic and genetic status in Alzheimer’s disease: A randomized, double-blind, controlled trial. Clinical Nutrition, 38(6): 2569-2575.
Tilgner D J. 1957. Analiza Organoleptyczna Żywności. Warszawa: WPLiS.
Wang P, Li D T, Ke W X, et al. 2020. Resveratrol-induced gut microbiota reduces obesity in high-fat diet-fed mice. International Journal of Obesity, 44(1): 213-225.

第二章　食品结构研究

食品结构研究目前主要涉及其宏观、介观、微观和纳观结构等相关领域。本章将围绕这4种结构研究方式，分析质构仪、流变仪、光学显微镜、层析、激光粒度仪、激光共聚焦显微镜、扫描电子显微镜、透射电子显微镜、冷冻电镜及核磁共振等仪器、设备及技术在不同类别的食品结构中的应用。

第一节　食品宏观结构研究

一、质构仪的基本原理和应用

质构仪（texture analyser）是用于客观评价食品品质的仪器，可以对食品样品的物性特征做出数据化表达，在食品学科的发展中发挥着重要作用。质构仪可以使用统一的测试方法，物性特征用探头以稳定速度下压时穿透样品所反馈的阻力来表示。

（一）质构仪的定义和特点

1．定义　质构仪又称物性测试仪、组织分析仪，是通过模拟人的触觉来检测样品的物理特征，把模糊的口感描述量化。通过装配不同传感器，质构仪可以精确地测定样品的多种感官特性，如回复性、延展性、黏聚性、胶着性、纤维强度等。

2．特点　软件功能强大，使用简单；检测模式灵活；精度高，性能稳定，具有数据存储功能；适用于绝大部分食品的检测，包括鱼、果蔬、乳制品、面米制品、肉制品等。

（二）质构仪的原理

质构仪包括主机、探头、专用软件及附件，其主机由底座、测试臂支架及测试臂组成，底座上方有放置样品的操作台。

测试臂在程序控制下上下移动，当传感器与被测物体接触达到设定的触发应力或触发深度时，计算机以设定的记录速度（单位时间采集的数据信息量）开始记录，并同时绘出传感器受力与其移动时间或距离的曲线，并进一步计算出被测物体的应力与应变关系。

质构仪的许多测定功能，可通过更换不同探头来完成，一般包括柱形探头、锥形探头、球形探头、针形探头、凝胶探头和挤压、切刀、穿刺、拉伸等特殊探头，同种探头还有一系列不同材质、大小的同型探头。

（三）质构仪的检测方法

质构仪的检测方法包括5种基本模式：拉伸试验、弯曲试验、剪切试验、穿刺试验和压缩试验，这些模式可以通过不同的运动方式和配置不同形状的探头来实现。

（四）全质构测试

全质构测试（texture profile analysis，TPA），又称质地剖面分析、两次咀嚼测试。全质构测试通过模拟人口腔咀嚼动作，对样品进行两次压缩，测试仪器与计算机连接，通过软件界面输出质地测试曲线，从而分析质构特性参数。

1．TPA 测试注意点　TPA 测试的测前速度和测后速度应一致；探头的面积要大于样品的面积；样品下压的百分比在 20%～90%。

样品材料大小、停留时间、应变量等试验参数对质构分析结果影响非常大，因此，在质构分析过程中要尽量保持试验条件的一致性。此外，在报告研究结果时也应该给出试验参数。

2．TPA 质构特性涉及的主要参数　图 2-1 描述了 TPA 全质构图谱的主要参数，主要涉及硬度、脆性、弹性等特征。

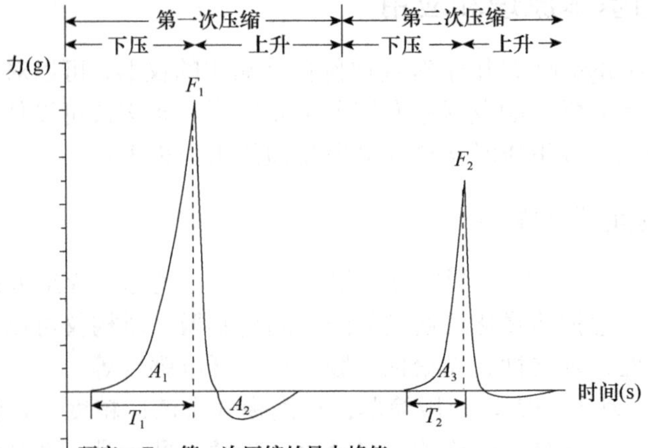

硬度：F_1，第一次压缩的最大峰值
脆性：第一次压缩中产生破裂时出现的第一个峰值
黏性：A_2，反应样品黏在探头上所做的功
弹性：T_2/F_1，样品第一次压缩后再恢复的程度
内聚性：A_3/A_1，样品经第一次压缩后对第二次压缩的抵抗能力
胶黏性：$A_3/A_1 \times F_2$；咀嚼性：胶黏性×弹性

图 2-1　全质构图谱示意图

（1）硬度　第一次压缩时的最大峰值。多数食品的硬度值出现在最大变形处，但有些食品压缩到最大变形处并不出现应力峰。

（2）脆性　在第一次压缩过程中若产生破裂现象，曲线中出现一个明显的峰，此峰值定义为脆性。在 TPA 质构图谱中的第一次压缩曲线中若是出现两个峰，则第一个峰定义为脆性，第二个定义为硬度；若只有一个峰值，则定义为硬度，无脆性值。

（3）黏性　第一次压缩曲线达到零点到第二次压缩曲线开始之间的曲线的负面积，反映探头由于测试样品的黏着作用所消耗的功。

（4）内聚性　测试样品经过第一次压缩变形后所表现出来的对第二次压缩的相对抵抗能力，在曲线上表现为两次压缩所做正功之比。

（5）弹性　变形样品在去除压力后恢复到变形前的高度比率，用第二次压缩与第一次压缩的高度比值表示。

（6）胶黏性　只用于描述半固态测试样品的黏性特性，数值上用硬度和内聚性的乘积表示。

（7）咀嚼性　只用于描述固态测试样品，数值上用胶黏性和弹性的乘积表示。测试样品不可能既是固态又是半固态，所以不能同时用咀嚼性和胶黏性来描述某一测试样品的质构（物性）特性。

（8）回复性　第一次压缩循环过程中，返回样品所释放的弹性能与压缩时探头的耗能之比。

（五）质构仪在食品加工中的应用

质构仪是食品加工业中反映力学特性的有力工具，其具有功能强大、性能稳定、检测精度高、操作便利等优点，应用于肉制品、米面制品、果蔬制品、乳制品等食品的分析，得到其硬度、黏性、弹性、拉伸强度、穿透强度、凝胶强度等指标。

1. 质构仪在肉类及其制品中的应用　质构仪已广泛应用于肉类及其制品加工和品质控制的研究。它不仅用于评价生肉的新鲜度和肉制品加工工艺的合理性，还用于提高肉制品品质。常用柱型、球型、多重穿刺等探头和斜口、剪切、精细等刀具装置，用于 TPA、穿刺、挤压、剪切等测试模式，获得肉制品的嫩度、硬度、弹性、咀嚼性等特性。

Peña-Gonzalez 团队将食物的质构特性与感官属性相联系，认为 TPA 参数是解释生肉和熟肉感官嫩度变化的有效工具。他们研究了超声（40kHz，$11W/cm^2$，持续 60min）对牛肉储藏过程中 TPA 参数的影响，发现高强度超声处理后牛肉的硬度显著低于对照样品，超声改善了牛肉的嫩度。以质构仪测得的质构指标为自变量，以猪肉挥发性盐基氮为因变量，采用最小二乘法回归方程建立了对冷鲜猪肉新鲜度的预测模型，达到了满意的预测效果。同时，以质构仪测得的质构指标为自变量，以猪肉储存天数为因变量，采用 BP 神经网络建立了对冷鲜猪肉新鲜度的预测模型，预测准确率达到 88.89%，证明了质构仪预测冷鲜肉新鲜度的理论依据及应用意义。用质构仪对大西洋鲑鱼片和熏制大西洋鲑鱼片进行分析，并与感官评价结果相对比。发现感官评定的结果与仪器测定的数据有高度的相关性，并且平头 12.5/23mm 探头的测试结果优于咀嚼式探头和球型探头。

大量文献利用质构仪研究添加魔芋胶、磷酸盐、变性淀粉、大豆蛋白等辅料对肉制品品质特性的影响。用植物蛋白完全或部分替代香肠配方中的肉，对新配方样品与全肉样品的特性进行比较，通过 TPA、华纳-布拉兹勒剪切力（Warner-Bratzler Shear Force，WBSF）、凝胶强度等指标研究植物蛋白完全和部分替代香肠中鸡肉的可行性。使用质构仪研究亚麻籽粉和番茄粉对肉浆体系流变学和质构特性的影响，结果表明，添加亚麻籽粉和番茄粉对肉糊的硬度、内聚性、黏附性、弹性和咀嚼性均有显著影响。

2. 质构仪在米面制品中的应用　质构仪在面制品加工与品质分析研究中常用盘型、柱型、球型等探头和拉伸、弯曲、剪切、刀具等装置，用于 TPA、拉伸、穿刺等测试模式，获得面团的延展性、弹性、吹泡性、黏性、拉伸性等特性；焙烤制品的弹性、硬度、新鲜度、回复性、酥脆性等特性；面条的硬度、断裂强度、伸展性、弯曲性等特性。

Qiao 利用质构仪研究新鲜糙米面条在 37℃（0～30h）、25℃（0～60h）、4℃（0～120h）和－18℃（0～120h）储藏条件下的硬度，认为硬度可以反映新鲜糙米面条直链淀粉短期老化和支链淀粉长期老化，以及微生物生长和繁殖情况，从而提供新鲜糙米面条在不同储藏条件下的品质信息。测定不同小麦面筋添加量对冷冻熟面条硬度、弹性、拉伸性能等的影响，建立质构特性与面条感官和品质评价的关系。通过16种小麦粉物理特性的检验和建模，以及18种小麦面粉样品对模型的验证，发现破裂距离和最大应力等参数可以通过建立模型的方式快速推测出来。李丹阳评价了挤压膨化处理对小米粉-小麦粉复合面团发酵性能，以及卵清蛋白及乳清蛋白对小米粉-小麦粉复合面团在发酵性能及加工特性方面的影响，最后研究挤压膨化与卵清蛋白、乳清蛋白在复合面包中的应用，通过对实验样品TPA测试结果的综合对比，发现卵清蛋白与剧烈挤压条件对于改善复合面包质地具有协同作用。通过面团应力松弛、面筋延展性，以及面包的比体积和内聚性、弹性、回复性等参数变化，研究头状刺五加面粉对日晒虫害小麦面团和面包的物理、结构和流变学特性的影响，以提高面包工业生产品质。研究大米中大分子链结构特征及其对米饭质构变化的影响，发现在蒸煮过程中米饭硬度的下降分为3个阶段，米饭质地的形成取决于米粒中淀粉的分子大小、体积和多尺度结构的变化，为控制大米品质和改进蒸煮设备奠定了基础。

3．质构仪在果蔬及其制品中的应用 果蔬在采后加工、运输、储存和销售过程中会受到各种不利因素的影响。质构仪可以客观、准确反映果蔬产品的力学特性，为其品质评价提供简便、快速的研究方法。常用直接测试法和模拟测试法对果蔬产品进行物性分析。直接测试法指通过探头的直接下压或穿刺等模式反映果蔬的物性参数。模拟测试法是指根据不同果蔬的品质特性选用不同探头或装置模拟人的咀嚼、加工和处理方式来获得果蔬产品运输过程中的物性参数。常用柱型、圆盘型、多重穿刺等探头和三点折断、检测钳口、刀具等装置，用于TPA、穿刺、压缩、剪切等测试模式，获得果蔬制品的成熟度、硬度、脆性、柔软性等特性。

用质构仪在不同加载速度和测试形态下对苹果进行穿刺试验，测得不同形态苹果样品在不同加载速率下的屈服力、破裂深度、破裂能及果肉平均硬度等指标。研究发现，加载速度和测试形态对苹果样品的质构特性有显著影响，对苹果切块试样穿刺得到的数据不如整果试样测得的数据稳定，而且对苹果轴向和纵向穿刺的力学特性也存在差异。采用不同糖的渗透脱水结合热泵干燥制备黄桃切片，对其质构特性进行研究。结果表明，添加低聚异麦芽糖的溶液渗透脱水可以显著提高脱水黄桃片的硬度，葡萄糖结合热泵干燥制备的黄桃片可以更好地保持弹性和回弹性。基于相关分析，水溶性果胶和螯合性果胶组分的甲酯化度与咀嚼性、内聚性、弹性和弹性呈正相关。半乳糖醛酸含量与硬度呈负相关，而回弹性和弹性则与半乳糖醛酸的含量呈正相关。对9个不同品种的苹果进行穿刺试验，鉴别脆度与感官评价结果的相关性。结果表明，用质构仪分析苹果的脆度水平与感官分析得到的结论有很高的相关性，并较其他仪器更加准确。通过双压缩实验比较丰水梨和新高梨的力学性能，测定硬度、断裂性、内聚性和弹性等质构特性，并研究感官与质构特性间的关系。此外，研究人员还探究了梨的弹性模量、断裂和抗压强度等较客观的力学性能，结果表明，新高梨的硬度、断裂性和咀嚼性显著高于丰水梨。新高梨的断裂应变比丰水梨高70%，断裂应力是丰水梨的3倍。这些结果有助于消费者选择优质梨品种。

4．质构仪在乳制品中的应用 近年来，越来越多的科研工作者和工业生产者将质构参数运用到乳制品品质评价中。常用锥型、球型、奶油探头等探头，以及奶油刀具、延伸装置、精细刀具、检测钳口等装置，进行TPA、穿刺、挤压、剪切等测试模式，获得乳制品的坚实度、涂布性、黏稠度、断裂力等特性。

研究人员将不同量的蓝莓添加到骆驼奶制成的冰淇淋样品中，研究其理化、流变、感官特性、总酚含量和抗氧化能力。结果表明，随蓝莓量的增加（固体含量0～15%），冰淇淋样品的酸度和硬度值增加，黏度和稠度系数降低。结合其他数据表明合理的蓝莓添加量对总体可接受性没有负面影响，为骆驼奶在乳制品行业的应用增加可能性。Ravindran从一种海洋海绵菌中分离得到地衣样芽孢杆菌MS48，所制备的脂肽生物表面活性剂对酸奶发酵剂乳杆菌亚种具有良好的培养效果。将脂肽添加到酸奶中，通过对坚实度、黏稠度、内聚性、黏度指数等指标进行分析，发现其改善了酸奶的质构和感官特性。Khademi将益生菌（嗜酸菌、干酪菌、双歧杆菌的混合物）添加到含20%脂肪的酸奶油配方中，利用质构仪测得的黏附性参数表明样品的质构在储存期间变得更加坚实，得到了品质和稳定性良好的样品。还有研究人员将纳米蛋壳粉、含锌纳米蛋壳粉、纳米牡蛎壳粉和含活性锌纳米牡蛎壳粉分别添加到奶片中，研究样品的硬度变化。结果表明，添加各种钙源（钙含量40.00～67.74g/kg）不会影响奶片的硬度，硬度与水分含量和水分活度的变化有关，有利于开发有效钙补充剂。

二、流变仪的基本原理和应用

（一）流变仪简述

流变仪是用于测定溶液、悬浮液、乳液、凝胶等流变性质的仪器。分为毛细管流变仪、转矩流变仪、界面流变仪和旋转流变仪。其中毛细管流变仪和转矩流变仪主要应用于聚合物流变测量，测试聚合物的加工特性与流变行为，指导加工工艺的选择和配方的设计；界面流变仪用于液-液界面黏弹性的测试；旋转流变仪的应用最为广泛，可测定流体的多种属性，在食品、医药、高分子材料等行业均有应用。

1．毛细管流变仪 毛细管流变仪由柱塞、加热套、料筒、压力传感器和毛细管模芯组成，分为恒压型毛细管流变仪和恒速型毛细管流变仪。毛细管流变仪通过测定毛细管中流体黏性作用引起的毛细管截面流速梯度（剪切率）与流体间内力（剪应力）之间关系来确定流变参数。将被测物料放置于料筒中，经过加热熔融后被柱塞挤出，恒压型毛细管流变仪挤出时压力恒定，测定物料的挤出速度；恒速型毛细管流变仪挤出时速度恒定，测定毛细管两端的压力差，再配合挤出时的温度，计算出特定状态下物料的黏度、剪切速率、剪切应力等参数。

2．转矩流变仪 转矩流变仪是通过测量扭矩来反映出物料的流变性能，物料的黏度越大测量的扭矩值就越大。转矩流变仪装有混合器测量头，能模拟真实的密炼、挤出等工艺，是大型生产设备（密炼机、挤出机等）的微型复制品，可以在实验室中模拟生产过程，进行配方和工艺的优化。在转矩流变仪的混合器中，两个转子相向旋转，物料在其中被捏合、撕扯，达到一种高湍流、高剪切的效果。在剪切作用下，被测物质产生非线性黏弹性响应，转子测得的阻力用来反映物质黏度。转矩测量装置记录不同条件下的转矩值，再通过热电偶对密炼室的温度进行控制，得到不同温度下物料的转矩。以转矩对时间作图便可以得到转矩流变曲线。

3．界面流变仪 界面流变仪通过将剪切或膨胀应力与测量的变形相关联，来研究二维液/气-液界面的流变特性。根据测量的变形情况，界面流变仪可以分为剪切流变仪和膨胀流变仪。剪切界面流变仪施加变形，改变界面的形状，同时保留面积。相反，膨胀流变仪改变了界面面积，但保持了界面的形状。

界面流变仪研究的对象非常广泛，如低分子质量表面活性剂、聚合物、脂质、蛋白质、多糖等，通常是为了将界面流变学与泡沫和乳液的稳定性相关联，特别是对起泡剂和乳化剂的性能研究。

4．旋转流变仪 旋转流变仪是食品流变学研究中更常用的流变仪。食品流变学的研究对象是食品材料的力学性质，食品材料通常指介于固液之间的物质，如淀粉、油脂、蛋白质、鱼糜等具有复杂化学组成的物质。旋转流变仪可用于测量从低黏度液体到高黏度膏状物和凝胶在内的多种样品类型，不同的测试夹具通过马达的带动，采用旋转或振荡的模式对样品作用，光学解码器采集样品反馈的应力、应变或扭矩，数据分析软件再根据已知测试状态参数计算其他流变参数并加以分析，不同的温控系统也能满足包括食品、涂料、医药品等材料的测试。

（二）旋转流变仪在食品中的应用

1．食品物性分析 在食品物理性质研究方面，食品流变学是一种非常有效的方法，它可以很好地反映出食物的内部品质，并对其工艺进行指导。食品流变学是以流体力学和黏弹性理论为理论依据的，通过对食物材料在外力作用下的流动和形变进行分析，从而反映出食品在食物中的运动与变形情况。旋转流变仪是一种广泛应用于食品流变学研究的仪器。本仪器主要用于淀粉、蛋白质、油脂、混合乳液、胶体等具有一般流体性质、黏性、半固体性质的食品。

淀粉是一类具有高度分支化支链和线性直链的多聚体，在食品加工过程中可能发生糊化、老化的现象。糊化是指淀粉在较高温度下能吸水发生膨胀破裂，分子从有序排列变为无序排列，从而形成均匀的淀粉糊。老化是指在室温下或在室温以下放置后，淀粉糊会变得不透明，甚至凝固，并产生沉淀。淀粉糊化与老化性质的研究对淀粉的生产与利用有着十分重要的意义。利用旋转流变仪可测定淀粉糊的稳态剪切流变特性、动态流变特性等。常用测试指标弹性模量（G'，代表物质的弹性性质）、黏性模量（G''，代表物质的黏性性质）、损耗角的正切（Tan $\delta=G''/G'$，代表材料的阻尼能力）可以反映淀粉糊的动静态流变特性，其中损耗角正切（Tan $\delta=G''/G'$）值越大，黏度比越大，系统的黏性越突出，表现得越像流体。在糊化阶段，淀粉糊呈现非牛顿流体性质，具有显著的剪切稀化特征，其黏度随剪切速度的增大而显著降低，且直链淀粉含量较高时，更容易发生剪切稀化，系统的动态模量中弹性的贡献大于黏性。在老化过程中，随着时间的推移，淀粉浆料的弹性模量和黏性模量逐渐下降，损耗角正切值则表现出增大的趋势，并伴随动态黏度的下降，根据弹性模量和黏性模量的变化可判断淀粉老化快慢。淀粉的糊化、老化特性与淀粉颗粒大小、结晶类型、直链淀粉、支链淀粉及非淀粉组分含量等因素有关。同时，触变性是淀粉糊的基本流变特性之一，触变性是一种广泛存在于聚合物悬浮物中的可逆性溶胶现象，它可反映流体的黏度随时间的变化。其对食物基质的风味、柔软度及整体适口性有一定的影响，触变性的滞后区越高，则触变性越大，抗剪强度越低。

蛋白质是一种具有生物活性的大分子物质，主要可分为动物蛋白和植物蛋白两大类。利用流变学方法可以对蛋白质的关键工艺，如流体行为、黏弹特性和凝胶化进行研究。利用流变仪能研究蛋白质的凝胶形成过程，其流体行为主要通过测定剪切速率与黏度之间的关系，从而分析蛋白质的流动模型。蛋白质的黏弹性和凝胶过程中，G''、G'和黏度（η）是通过动态测量方法来测定的，而静态测量则是对食物中蛋白质的蠕变和应力松弛等指标的测定。同时，流变仪还可以用于对凝胶的性质进行进一步的剪切、穿刺和压缩等测试。通过温度扫描动态流变实验测定了动物蛋白中的肌原纤维蛋白、肌浆蛋白、基质蛋白等，结果表明 G'是表征凝胶弹性的重要因素。热诱导凝胶形成能力的差异不仅与形成凝胶的温度有非常密切的联系，还与蛋白质的组成成分（如肌球蛋白、肌原纤维蛋白的组成比例）、蛋白质的稳定性和含量密切相关。大豆蛋白是一种典型的植物蛋白，具有溶解性、凝胶性、乳化性等功能特性。研究指出，食品体系中大豆球蛋白含量越高，体系的凝胶特性越好，二者呈正相关性。利用流变仪可对大豆蛋白的凝胶动力学性能进行分析，还能对凝胶的 G''、G'、黏度进行快速、精确的测量，从而确定凝胶的黏弹性。

油脂是一种重要的食物组成成分，在餐饮、糖果、巧克力、烘烤等领域有着广泛的应用。旋转流变仪一般可以用来测量油脂的黏度并分析油脂的同质多晶及结晶过程。通常，通过对试样的剪切速率进行动态变化来测定油脂的黏度。当植物油完全熔化时，表现出牛顿流体的特性，也就是说，它的黏度不会随着剪切速度的变化而变化。但也有一些研究表明，在低剪切速度下，植物油呈现出非牛顿流体的性质，这可能是由于流变仪的惯量所造成的。利用旋转流变仪可测定温度、脂肪酸组成、煎炸和其他化学指标对油脂黏度的影响。在一定的温度下，植物油的黏度是不变的，但是当温度升高时，其黏度会下降。同时，植物油中的脂肪酸成分与其黏度关系密切，增加单不饱和脂肪酸可使其黏度增大，但多不饱和脂肪酸对其影响却是相反的。另外，油炸时油脂会发生氧化、聚合，使其黏度增大。油脂结晶的研究主要包括结晶速率、同质多晶、晶型转化、结晶形式等。在油脂结晶过程中，适当的剪切可以起诱导作用，而过大的剪切则会造成结晶网络的破坏。通常采用旋转流变仪的剪切模式来测定油脂的结晶过程，其基本原理是，当油脂的温度下降或温度低于结晶温度时，油脂的黏度会随着结晶的生成和增长而不断增加，直至达到热力学的平衡。熔化的油脂呈现牛顿流体的性质，此时样品是一种纯黏性系统，其相位角（δ）为 90°。随着结晶的形成和生长，δ 开始明显降低，而复合模量（G^*）、复合黏度（η^*）、弹性模量（G'）和黏性模量（G''）等流变参数开始逐渐升高。

混合乳液是一类由油、水和乳化剂形成的热不稳定性体系，它广泛应用于牛奶、冰淇淋、药品、化妆品等工业化生产及日常生活中。根据流变学曲线的形状，大多数混合乳液流体可以划分为牛顿流体和非牛顿流体两类。非牛顿流体的黏度不但与温度密切相关，还受剪切速率和剪切应力的影响。乳液的黏度随着剪切速率的增大而降低，呈现出剪切稀化的特征，属于假塑性流体。研究表明，在不同的配比条件下，混合溶液中各组分的含量会显著影响混合体系的黏度和应力，并且随着混合体系中蛋白质含量的增加，乳液的黏度和应力呈现出先上升后下降的变化，乳液呈现流体状态。乳液的黏弹性等流变特性主要由 G' 和 G'' 来表征，一般 G' 随着温度的升高而逐渐增加，而乳液的 G' 和 G'' 会随着蛋白质含量的增加，表现出现先上升后下降的现象。因此，混合乳液中，各组分的改变会使乳液的稳定性和流变特性发生改变，需要对整个系统进行分析才能确定混合体系的变化趋势。

在食品行业中，亲水胶体可作为汤汁类、酱类食品的增稠剂，还广泛应用于果冻、果酱、凝胶食品的胶凝剂。胶体的凝胶性受多种因素影响，大体分为物质本身性质，如氨基酸含量及组成、分子质量的大小等，以及外在条件因素，如明胶的来源、胶体的溶液浓度、反应的温度、pH 等条件。凝胶性质是胶体在食品工业中使用时最受关注的特性之一，利用流变仪可测定胶体的不透明指数、力学性能、保水性等主要性能参数。随着胶体浓度的增加，酸性凝胶的不透明性、断裂应力、杨氏模型和保水能力均有所提高。采用旋转流变仪可测定胶体的流变特性，通过测凝胶强度、黏度和胶融温度等指标，可以对胶体的流变性进行分析。黏度高的胶体通常具有较高的 G''、G'，且随着明胶黏度的提高，其蠕变回复率降低得越快，储能模量远大于损耗模量的胶体主要表现为瞬时回复。海藻酸钠等的流变性显著受浓度值的影响，浓度较低时为牛顿型流体，浓度较高时为假塑性流体特征。k-卡拉胶溶液的流变学性质研究表明，其是一种具有剪切稀化特点的假塑性流体，其黏度随剪切速率的增大和温度的升高而减小，但黏度随浓度的增大而增大，且浓度与黏流活化能表现出极强的正相关性，k-卡拉胶溶液加入不同种类阳离子后，黏度变化明显，其中 KCl 对黏度的影响最为显著。在胶体的流变特性研究中，主要分析材料的表观黏度、动态模量及蠕变-回复特性。研究表明，胶体大多是假塑性流体，具有剪切稀化的流变学特征，随着剪切速率的增加，表观黏度降低。

2. 食品加工及生产工艺 果汁作为一种典型的流体类食品，其流变学特性直接关系到它在生产加工过程中的传输、灭菌及食用过程中的感官品质，因此流变测试对果汁加工具有十分重要的指导意义。芒果浓缩汁表现为 Herschel-Bulkley 流体，对于 Herschel-Bulkley 流体，当 $n<1$ 时，对应剪切变稀型流体，当 $n=1$ 时，则为宾汉流体，当 $n>1$ 时，对应剪切增稠型流体。通过流变学的方法，得出了芒果浓缩果汁的黏度与温度、质量分数的关系式，发现随着芒果汁质量含量的增加，其静态屈服应力也随之增加。橄榄汁流变值测定利用了 MCR301 高级流变仪及 NDJ-7 型旋转黏度计，表明浓缩橄榄汁为非牛顿流体，流变行为指数 $n<1$，为假塑性流体。因此，利用温度、浓度等因素对橄榄汁黏度的影响，可以建立有效的数学模型来进行分析和预测产品性质，并控制橄榄浓缩汁在实际生产中的黏度。慈姑浓缩汁的流变学性质在不同温度和浓度条件下，对可溶性固形物的含量、溶液的褐变度及澄清度有不同的影响。研究表明，在一定的温度和浓度范围内，浓缩的慈姑汁是一种具有触变性的假塑性液体，其黏度随温度的变化与阿伦尼乌斯（Arrhenius）公式一致，其浓度对黏度的影响可以用指数方程来精确地表达，从而导出浓缩慈姑汁的温度与浓度的综合影响方程。

混合乳液体系通过将植物蛋白与动物蛋白混合加工，可用于制造全新口感和营养价值的新产品。大豆分离蛋白-乳清分离蛋白（SPI-WPI）可以充当乳化剂用于制备 O/W（水包油）乳液，通过实验测定体系中粒径大小、乳液的乳化活性指数及稳定性系数、混合体系的流变学特性等指标，表明添加乳清分离蛋白可有效提高乳液的稳定性并且降低乳液的黏度和剪切力。花生蛋白-果胶复合乳液凝胶质地特性受油相种类及油相添加量的影响，增加复合体系中的油相比例含量可以使乳液凝胶的力学性能增强，网络结构更稳定，花生蛋白-果胶复合乳液凝胶的 G'值和硬度随油相添加量的增加而增大。

对于各种不同的胶体，其相关的流变学性质也被广泛用于实际生产加工中。黄秋葵发酵酒渣果胶多糖的主要理化性质及流变学性质的研究表明，黄秋葵经过发酵后的酒渣果胶多糖特性黏度降低，属于非时变非牛顿流体中的假塑性流体，具有明显的剪切稀化现象。黄秋葵果胶多糖是一类无显著凝胶点的弱凝胶，但在较低的剪切速度下，其复合黏度较稳态剪切黏度来说要高，这一结构对稳态剪切更为敏感。山竹壳果胶（MRP）的静态和动态流变学性质与其酯化度、糖醛酸含量相近的苹果果胶相比，山竹壳果胶是一种假塑性液体，其凝胶弹性变形范围和胶凝强度均较低，可以用作食品添加剂。

人造奶油和起酥类产品的流变学性质与其风味、口感及使用性能有很大的关系，在储存期间，因脂肪晶体网络结构的重排，导致试样的坚硬度增大，进而使得 G'逐渐上升，G''逐渐降低。利用旋转流变仪对小刀涂抹食用人造奶油的过程进行模拟，结果表明，随着静态屈服值和动态屈服值的降低，人造奶油的涂抹性得到改善，并且触变性越大，涂抹性也越好。巧克力浆料是一种剪切变稀的假塑性流体，其流变特性常用屈服应力和塑性黏度来表征。巧克力的流变性不但可以用于巧克力的生产工艺，还可以在巧克力的涂覆、脱模、浇铸等方面发挥重要作用。

面制品的加工利用也离不开流变的研究，面包用小麦粉的面团流变学特性表明，小麦粉吸水量、形成时间、稳定时间、弱化度、粉质质量指数等指标可间接反映出面包粉的耐醒发程度、耐搅拌程度、持气能力、筋力强弱，甚至可以判断出成品面包的体积大小、表皮质量、形状及内部结构等。通过对面粉粉质的拉伸实验和烘烤实验可以看出，粉质曲线和拉伸曲线中的技术参数指标与面包的烘烤质量有着极强的相关性。

除此之外，酱体食品还可以根据其流变性能和稳定性等方面的研究，解决生产和储存保藏过程中的一些问题。以丘比蛋黄酱、丘比香甜味蛋黄酱、丘比千岛酱这 3 种酱料为主要研究对象，通过对这 3 种酱料的流变学及感官特性进行测定和分析，结果表明，这 3 种酱料在室温下均具有触变性和假塑性（剪切变稀），温度对其黏度的影响较小，不突出，3 种样品体系的黏弹性以弹性为主，具有弱凝胶特性。

综上，在食品生产加工过程中，研究和探讨食品生产中的流变学，可以深入地了解食品物质内部的组织结构变化过程，并找出与食品生产、加工、储存过程中相关的力学性质变化规律，从而对食品的品质进行有效的控制，同时也能为食品相关品质的评定和设计提供参考。

第二节 食品介观结构研究

本节论述了研究食品介观结构的基础仪器和关键技术，主要集中在常用光学显微镜的原理及特点，在食品加工过程中探究食品结构的使用范围，并详细介绍层析法的原理、分类及在食品加工和检测中的应用。

一、光学显微镜的基本原理和应用

（一）显微镜的发展史

关于球形透镜功能的第一份科学报告出自塞内卡（公元前 4 年到公元 65 年）的著作，他描述了透明球体产生放大图像的功能。光学的不断发展推动了光学显微镜的发明，这为许多科学发现打开了大门。正是通过显微镜技术人类观测到了更丰富多彩的微观世界，辅助人类进一步探索宇宙的奥秘。光学显微镜（optical microscope）是根据光学原理，将肉眼不能分辨的微小物体放大，以供人们分辨细微结构信息的光学仪器。光学显微镜的重要性体现在过去 100 多年的诺贝尔奖之中。1903 年表彰 Richard Zsigmondy 对线隙超显微镜的发明；1953 年表彰 Frits Zernike 发明显微镜对生物学、医学的贡献；2014 年表彰 Eric Betzig、Stefan Hell 和 William E. Moerner 对超分辨光学显微技术的贡献。显微镜的光学系统主要包括物镜、目镜、反光镜和聚光器 4 个部件。物体经物镜扩大为实像再经目镜扩大为虚像，这样便使微小的物体清晰地呈现在人们的视野下。

（二）光学显微镜的基本概念

人类最初对显微镜的要求是想要获得更为清晰且明亮的图像。这不仅需要显微镜各零部件的不断研发创新，还需要光学技术参数满足相应的标准。在使用显微镜时要依据实际情况和研究目的来调节各项参数，发挥显微镜的最大性能。要使显微镜有用，它必须具备的重要一点是，具有放大倍数。物体的表观大小，投射到人眼上时被认为是放大了1倍。眼睛所捕捉到的景物的宽度和高度就是视场。使用简单的透镜配置，将小的视野映射到眼睛上，从而使物体看起来更大，我们称之为放大。相比之下，一个更大的视野映射到眼睛上是负放大或反放大。显微镜的光学技术参数包括数值孔径、分辨率、放大率、焦深等。

（三）常用的光学显微镜

1．偏光显微镜 偏光显微镜（polarizing microscope）主要用于研究具有各向异性的物质，可以分辨出双折射。

通常在偏振光显微镜下可以看到具有刚性但重复排列的有机或无机物，如晶体、沙子、滑石粉、木材、淀粉样蛋白质和其他纤维结构。在工业领域，偏光显微镜是地质学家最常用的工具，而在混凝土或砂浆研究中使用较少。在生物学中，为了研究具有动态变化的、微小的活细胞和其内部的弱各向异性区域，偏光显微镜必须在保证细胞活力的情况下能够检测和测量几分之一纳米的双折射延迟，以近视频速率和高分辨率记录图像。同时偏光显微镜可以进行其他体外生物医学检测，如结石、尿酸晶体等。在偏振光显微镜下，晶体尿酸呈双折射结构，呈针状或束状排列。Savita等已经证明偏振显微镜有助于识别血液中的各种代谢物，如草酸、肌酐、总钙、甘氨酸等。

2．荧光显微镜 荧光显微镜（fluorescence microscope）的光源包括汞灯、氙弧灯、白炽卤素灯和激光器。特定应用的最佳光源取决于光源的光谱输出及其在所需光谱范围内的亮度。汞弧灯和激光提供一些离散波长或线的辐射，如汞在546nm处有一条强线，这对荧光染色剂罗丹明的激发很有效果。与汞灯相比，氙弧灯和卤素灯的辐射在可见光谱上是连续的，可以激发各种荧光团，但强度低于最强的汞线。

荧光显微镜基本的原件是滤光片，通常由汞灯或氙弧灯产生的激发光通过滤光片，该滤光片阻挡了发射波段以下的所有波长仅保留了受检测范围内的荧光。在这个装置中，激发光通过二向分光镜反射到物镜的后孔（作为聚光器）。然后所产生的荧光被物镜收集，形成图像的光通过二色镜到达目镜或相机。分光镜的特性是它会反射较短波长的激发光，并传输较长波长的发射光。因此，强烈的激发光会到达远离眼睛或其他检测器的地方，这样它就不会从眼睛或其他检测器的荧光图像中过滤掉。荧光显微镜通过特定波长的激发光照射样品，使之发出荧光，从而让观察者对样品的内部进行观察。除了利用样品自发的荧光之外，在某些情况下也使用荧光染料染色后观察样品，或者通过基因重组表达荧光蛋白。荧光染料染色可以弥补一般光学显微镜的缺陷，将特定目标从背景中区分出来。图2-2显示了同一株芽孢杆菌在光学显微镜和经染色后在荧光显微镜下的成像结果。自从荧光显微镜在20世纪初出现以来，它们作为观察离散亚细胞结构和过程的研究工具已经得到了极大的发展。最初，自发荧光标本是用新兴的荧光显微镜观察的，直到20世纪30年代引入荧光染色剂，才使非荧光标本能够被观察。20世纪40年代，荧光标记抗体的使用使细胞中目标结构的精确可视化成为可能，随着 20 世纪 60 年代绿色荧光蛋白（GFP）的发现及其随后作为遗传标记的发展，该领域已经发展到允许靶向活细胞成像。新型荧光标记的发现推动了荧光显微镜技术的发展，进一步使研究人员能够以更高的空间和时间分辨率发现和理解亚细胞生物学的复杂动力学及其详细机制。用于荧光显微镜应用的显像剂主要有 4 类：荧光蛋白（fluorescent protein，FP）、石墨烯量子点（graphene quantum dot，GQD）、金属离子配合物和有机荧光团。荧光显微镜广泛用于研究动植物细胞、细菌、线粒体和细胞核，其大小从数百微米到数百纳米不等，还能应用于病毒、核糖体、蛋白质、脂质和 DNA 等生物分子，这些分子的大小在几到几十纳米之间。荧光图像可以直接通过显微镜的目镜进行观察。对于低光照条件下的图像，既可以使用高敏感度胶片进行记录，也可以通过低照度电子相机进行采集，以数字方式保存为黑白图像，或者直接使用彩色相机拍摄。荧光强度可以直接使用与显微镜相连的光电倍增管的光度计测量。

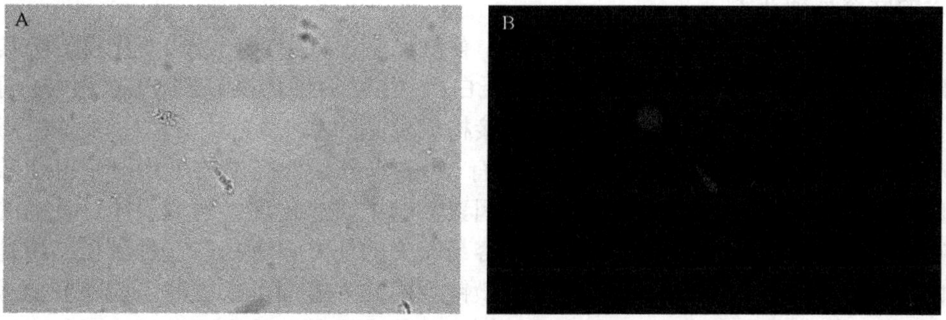

彩图

图 2-2　在光学显微镜（A）和荧光显微镜下（B）观察从食品塑料包装中分离得到的芽孢杆菌

（四）光学显微镜的优势

普通光学显微镜是实验室内常用的显微镜种类之一，通常用于观察培养细胞的状态及苏木精-伊红染色的组织标本等。由于波长的限制，光学显微镜所能够达到的最大分辨距离为 0.2μm，因此普通光学显微镜无法观察到细胞内更小的细节。但是光学显微镜依旧是实验室必不可少的观察细胞显微结构的工具。光学显微镜具备以下优势。

1．活体成像　电子显微镜用来成像的高能电子束会对细胞产生不可逆的损伤，而电镜样品的制备过程（切片、固定、低温、真空等）也会杀死活体。最先进的冷冻电镜也仅仅只能做到不损伤蛋白质之类的大分子，对活体细胞级别的样品还没有活体成像的可能。相反，光学显微镜用光波对样品进行成像，对样品几乎无损伤。

2．荧光标记　荧光标记的重要性就在于可以选择性地标记感兴趣的生物大分子，排除其他物质的干扰。例如，同样是观察细胞骨架，用光学显微镜荧光标记可以做到想观察微管就只观察微管，想观察微丝就只观察微丝，各自用不同颜色标记，非常清晰。

3．动态成像　电子显微镜制片中的切片、固定、真空等过程决定了能观察到的样品只是一个瞬时定态，而无法观看动态成像，即电子显微镜没法“录视频”。尽管冷冻电镜通过某些技术可以实现极为短暂的几帧动态成像，但仍然非常有限。而光学显微镜可以进行片段式的记录，如基本的细胞有丝分裂的录像。

（五）光学显微镜在食品中的应用

在食品科学领域中已经利用光学显微镜进行了大量的研究工作，下文将从食品原料成分的介观结构、食品加工过程中的结构变化、食品乳液的乳化性能及稳定性和食品的凝胶结构等几个方面对这类工作进行简要介绍。

1. 观察食品原料成分的介观结构 食品材料的工艺工程与其结构密切相关，其量化表示为正确选择设备操作条件、监测感官属性和消费者的接受度。该评估是通过使用描述复杂、参差不齐和不规则形式的显微图像应用分形方法进行的。通过使用不同的方法评估食品介观结构来确定结构-过程-功能之间的关系非常重要。这种测量通常是通过光学显微镜、扫描电子显微镜（scanning electron microscope，SEM）、激光扫描共聚焦显微镜（confocal laser scanning microscope，CLSM）、透射电子显微镜（transmission electron microscope，TEM）等显微技术的联合处理获得。

2. 检测食品加工过程中的结构变化 食品加工过程中组分结构变化将影响其品质功能，关键营养组分（如碳水化合物、脂肪酸、蛋白质、生物活性物质）在加工过程中分子（链）、聚集态及分子内和分子间相互聚集、组装直接构成食品的品质功能。例如，油炸时形成的酥松外壳是食品美味可口的特征之一，它约含有3%的水分。外壳层的平均厚度也通常与凝固形成时间的快慢等诸多因素紧密相连，这些因素影响了质热传递。研究表明，食品的吸油主要发生在外壳，即这一过程主要集中在水分容易流失的地方。食品的这种酥松结构是影响食品吸油的因素之一，最初研究人员由光学显微镜观察其外表面酥松程度，但随着显微镜技术的发展，现在往往通过电子显微镜来观察油炸食品外壳横断面的微观结构。用起酥油烘焙时常发现，理化特性测定值十分相似的两种起酥油，在持气性方面的表现却相差很大。经过长期观察发现，起酥油与糖一起搅打时，体积膨胀度的大小、液膜的稳定性与脂的固体脂肪晶体的大小、数量及晶型密切相关。

3. 研究食品乳液的乳化性能及稳定性 乳状液是一种（或几种）液体以液滴的形式分散在另一种与之不相溶的液体中，而构成的多相分散体系。乳状液的稳定性是保持分散相在连续相中均匀、稳定的性质，其决定了食品的结构和口感。

目前，乳状液已经成为食品工业领域最重要的体系之一，如牛奶、奶油、冰淇淋、速溶乳粉等均属于此体系。利用荧光显微镜观察乳状液的微观结构，可判断其稳定性。例如，利用荧光染色剂罗丹明将乳状液中的人参淀粉粒子染成红色，观察人参淀粉粒子在乳状液中的分布情况及乳状液的微观结构，结果显示，人参淀粉粒子均包裹在脂肪球的表面，抑制脂肪球聚结，促使脂肪球均匀分布，进而维持乳状液的稳定性。

4. 观察食品的凝胶结构 凝胶的形成是食品工业的一个重要问题，因为一些产品的感官属性取决于凝胶的微观结构。使用不同的生物聚合物，如蛋白质、多糖和胶质可以引发凝胶作用。许多常见的食品均属于乳液凝胶体系，具有凝胶状的乳液结构。这些产品大致可分为三大类：①乳液填充在凝胶基质内部构成乳液凝胶，可采用蛋白质、多糖等作为乳化剂或连续相中的增稠剂，如奶酪、酸奶等；②蛋白质结构稳定的高油相乳液凝胶，如蛋黄酱等；③固体脂肪晶体网络构造的油包水乳液凝胶，如人造黄油等。在上述传统乳液凝胶类型食品体系的研究基础上，开发符合人类健康及可持续发展的功能性乳液凝胶产品越来越受到科研人员及食品企业的重视。但乳液凝胶质地偏软，有黏性，一般的光学显微镜很难观察到，因此为了可视化溶胀的乳液凝胶，经常将光学显微镜和扫描电子显微镜共同使用确认凝胶的微观形态。

二、层析的原理、分类和应用

（一）层析的原理及基本概念

层析法又叫色谱法，是20世纪初俄国植物学家Tswett首先提出的一种分离技术，最初用于分离复杂的有机混合物。层析法的特点包括分离效率高、分析速度快、灵敏度高、选择性好、条件温和等，在食品、医药、环境保护、卫生防疫等领域应用广泛。

层析法的机制多种多样，其基本原理可简述为：需分离的各个组分在两相之间不断分配至达到平衡，其中一相为固定相，即静止不动的固体或液体；另一相为流动相，即携带需分离的组分流过固定相的液体或气体。由于各组分的性质不同，其与流动相和固定相之间的作用力大小不同，因此在多次分配中随流动相移动的速度也不同，与固定相作用力大的组分移动速度慢，与流动相作用力大的组分移动速度快，彼此实现分离。

（二）层析的分类

层析的类型多种多样，根据不同的分类原则，有不同的分类方式。

根据流动相的物态分类，层析可分为气相层析、液相层析、超临界流体层析。在气相层析中流动相为气体，根据固定相的物态又可分为气固层析和气液层析，以此类推，液相层析也可分为液液层析和液固层析。超临界流体是一种介于气体和液体之间临界状态的流体，以其为流动相的层析法称作超临界流体层析，它兼有气相层析和液相层析的特点，许多在气相层析过程中不稳定的化合物或在液相层析中难以分离的化合物可以采取超临界流体层析技术进行分析。

组分在固定相和流动相之间分配的原理多种多样，根据分配原理分类，又可将层析分为吸附层析、分配层析、离子交换层析、凝胶渗透层析、分子筛层析等十余种，分别依据不同的原理进行分离。

根据固定相使用的方式分类，还可将层析分为柱层析和平面层析。柱层析是将固定相放在管中制成层析柱的方法，主要包括典型的液固柱层析、气相层析和高效液相层析法。平面层析是将固定相涂在平面载板上或纸纤维、基质膜上，主要包括纸层析和薄层层析。

（三）层析在食品中的应用

1．食品组分的分离 食品原料及加工副产物中含有大量的生物活性物质及其他有益成分，对这些物质进行高效的分离提取不仅是科研的需要，还可以提高原料利用率，实现更高的经济价值。已有研究将离子交换层析、吸附层析用于食品成分的分离提取。

离子交换层析的固定相表面带有一些带电荷的基团，样品中的离子与流动相中的离子竞争固定相表面电荷位置，实现在固定相的吸附。通过改变流动相的pH、离子强度可以实现样品中不同组分的分离。根据不同组分的带电情况的差异，可以采用离子交换层析对食品中不同组分进行分离。

利用离子交换技术可以从咖啡、茶和可可等液体中提取咖啡因。研究人员合成了由单乙烯基芳香单体单元组成的凝胶共聚物，并使其带有亲水基团，该离子交换剂可以特异性地与咖啡因结合，而不会从提取液中除去大量绿原酸。结合在离子交换柱上的咖啡因可以用有机溶剂进行洗脱。使用该工艺生产的产品具有较好的感官品质。与其他咖啡因的提取工艺，如有机溶剂提取和超临界萃取相比，该工艺的设备相对简单，维护成本低，具有较高的实用价值。

乳清是一种重要的蛋白质来源，具有很高的营养价值。根据乳清蛋白等电点的差异，可以将乳清蛋白中各组分分为两组，分别为酸性乳清蛋白［如 α-乳球蛋白（ALA）、β-乳球蛋白（BLG）、牛血清白蛋白（BSA）］和碱性乳清蛋白［如乳铁蛋白（LF）和乳过氧化物酶（LP）］。由于不同乳清蛋白在乳清中的带电情况不同，实验室常用离子交换层析对乳清蛋白进行分离，也有运用离子交换分离乳清蛋白的研究。阴离子交换层析、阳离子交换层析，以及将阴离子交换层析与阳离子交换层析结合的方法均能对乳清中不同组分进行分级分离。使用合适的分离方法可以防止蛋白质在纯化过程中发生变性。

吸附层析利用固态吸附剂对不同物质吸附能力的不同来达到分离效果。这里的吸附力大多为分子间作用力，如疏水相互作用、范德瓦耳斯力及氢键作用。极性相似的物质之间相互作用力更强，在层析柱上的保留时间就越长，因此吸附层析能将混合物中极性不同的物质进行分级分离。

非离子型吸附树脂可以对油脂中生育酚和生育三烯酚进行分离。溶解在长链烷烃中的生育酚先与吸附柱结合，随着洗脱液极性不断增大，α-生育酚首先被长链烷烃洗脱，随后含酮非极性的洗脱液将 γ-生育酚洗脱，含有一元醇的洗脱液将其余组分洗脱。

苹果汁生产过程中会产生大量的果渣，从苹果渣中回收多酚及果胶比用作饲料、生产沼气或焚烧、填埋有更高的价值。研究人员开发了从苹果渣中同时回收酚类及果胶的工艺。果渣中酚类物质及果胶溶解于矿物酸后，利用疏水苯乙烯二乙烯苯共聚物吸附其中的酚类物质及果胶。随后先用去离子水洗脱果胶，再用甲醇解析酚类物质，最后将甲醇蒸发并回收即可实现酚类物质的浓缩。果胶用乙醇沉淀后即可从洗脱液中回收。

大豆中含有 12 种异黄酮，有研究表明黄酮类物质具有抗癌作用并具有雌激素活性。现已有从大豆蛋白提取物、大豆糖蜜中回收异黄酮的工艺。首先将物料溶解并适当加热以提高异黄酮的溶解度，然后对溶液进行超滤或反渗透，进一步浓缩溶质，用吸附树脂对溶液中的异黄酮进行富集，再用醇的水溶液将异黄酮洗脱、干燥，最后可以得到耐储存的产品。

2．食品分析检测 常见的食品基质较为复杂。为了排除干扰，提高分析检测的准确性和灵敏度，常常需要用一些手段将其中的各组分进行分离。气相层析和液相层析是食品分析检测常用的分离方法。

气相层析适用于食品中较为耐热的挥发性物质和半挥发性物质的分析检测。气相层析与质谱仪或各类检测器联用，可以对样品中成分进行定量分析。氢火焰离子化检测器（FID）、氮磷检测器（NPD）、火焰光度检测器（FPD）、电子捕获检测器（ECD）等检测器均为食品样品分析中常见的检测器。

为了提高效率，研究人员对样品制备方法和气相层析条件进行了大量的优化。通常情况下，用（25～30）m×（0.25～0.32）mm 的层析柱可以在 0.5～1.5h 内对大多数食品样品进行分析，在不更换层析柱的条件下，想要减少保留时间就需要增加气体流速和（或）提高升温速率，但这也会影响检测的分辨率。在食品分析领域，窄孔柱和低压气相层析（LP-MS）是最主要的快速分析方法，可以在保证分辨率的前提下，将分离时间缩短至10min以内。常见的窄孔柱为10m×0.1mm的气相层析柱，将其与快速高压进样器、快速检测器配合使用，可以显著提高分析效率。Sandra和David将窄孔柱应用于脂质中多氯联苯的分析，与传统方法相比，检测时间约为原先的1/5。检测限从0.5pg降低到0.03pg。除此之外，该项技术可以应用于精油及脂肪酸甲酯的分离提取。提高溶质在流动相中的扩散系数有利于提高气速，加快分析速度。除了降低载气的分子质量外，降低柱内压力也可以提高扩散系数，因此低压气相层析也可以显著提高分离效率。真空气相层析的容量较大、峰宽较宽，可以使用较低的质谱采集速率，相对较低的柱温也更加适合热敏性物质的分离。该方法可以用于蔬菜中农药的残留，检测时间为传统方法的一半。虽然此类方法的检测限较低，但过快的流速会导致质谱检测的灵敏度下降。

一些热稳定性较差、沸点过高或挥发性差不易汽化的物质不适合用气相层析法进行分离，而更加适合用高效液相层析。高效液相层析具有分析速度快、柱效高、准确性和灵敏度高等特点，根据溶质在固定相和流动相之间的分配系数、吸附能力或分子大小因子的排阻作用的差别，实现物质的分离。紫外可见吸收检测器（UVD）、荧光检测器（FD）、光电二极管阵列检测器（PDAD）等检测器可将层析柱中样品的组成和含量变化转化为可供检测的信号。

液相层析法是食品安全国家标准中许多物质的分离检测方法。有不少研究将高效液相层析应用于食品营养成分、添加剂及农药残留的检测。传统的化学方法可以检测食品样本中的总糖含量，而高效液相层析可以用于分析样品中不同种糖及糖的衍生物的含量。高效液相层析法是目前最常用的生物胺分析检测方法。常用的固定相为C18，流动相多为与水一定配比的甲醇或乙腈溶液。样品经高氯酸溶液提取后用丹磺酰氯溶液衍生，紫外检测器检测254nm处的吸光度，可以定量检测样品中酪胺、腐胺、尸胺、组胺、胍丁胺、精胺和亚精胺等物质。Yang使用超高效液相层析和光电二极管阵列检测器同时测定了果冻和软糖中的14种色素。样品溶解后加入硫酸铵沉淀蛋白和多糖，通过固相萃取对上清液进行纯化。使用乙腈和10mmol/L醋酸铵为流动相，C18柱为固定相，可以对样品中的色素实现有效分离。液相层析也可用于氨基酸的分离。目前，氨基酸的高效液相层析分析方法主要分为间接分析和直接分析两种，间接分析包括柱前衍生法和柱后衍生法，直接分析法包括效液相层析-蒸发光散射检测法和高效阴离子交换层析-积分脉冲安培检测法。

超临界流体层析以超临界流体作为流动相，常用流动相为CO_2和有机溶剂的混合物。与普通液相层析相比，超临界流体层析具有以下几个优势。①超临界流体的分子扩散速率较高，黏度较低，可以提高分离效率和分辨率，缩短分析时间。②超临界CO_2的极性较弱，可以应用于易水解的化合物，如内酯的分析检测。Jumaah使用该技术进行了类胡萝卜素的分离。该技术可以对10种类胡萝卜素（包括异构体）进行分离，分离时间是超高效液相层析（UPLC）方法的1/3。

3．食品快检　国标规定用于检测食品中有毒有害物质的主要方法是高效液相层析或液相层析串联质谱的方法，这类方法需要在实验室中才能进行。然而在食品加工及流通过程中，需要对其中的真菌毒素、农兽药残留及食源性致病菌等进行及时、准确的检测。薄层层析具有便携、高效的特点，适用于食品成分的初步筛查；而免疫层析技术因操作简便且特异性强，近年来在食品有害物质（如兽药残留）的快速检测中应用广泛。

免疫层析检测技术是一种将免疫检测与层析分离相结合的检测技术，具有检测速度快

（10～20min）、操作简便、成本低廉且易于携带的特点。近年来多重免疫层析检测法逐渐成为研究热点，该项技术可以实现单次多种物质的检测。多重免疫检测平台由样品垫、结合垫、硝酸纤维素膜（nitrocellulose membrane，NC膜）和吸水垫组成。免疫探针是多重免疫层析检测技术的核心，免疫探针信号的强度及其稳定性对灵敏度及检测线有重要的影响。不同标记材料制备的探针，其信号的检测模式也不同，常见的信号有比色信号、荧光信号、拉曼信号、化学发光信号等。

比色信号检测是免疫层析检测技术中应用最为广泛的信号读取模式，常见的比色型纳米标记材料有纳米金、乳胶微球、碳纳米材料等，可对样品中的金黄色葡萄球菌肠毒素、玉米赤霉烯、内酰胺类抗生素等物质进行检测。待检测物质与免疫探针特异性结合后，产生颜色条带，可以直接通过肉眼识别，或借助仪器对待测物进行半定量分析。异形纳米金颗粒可以承载更多生物大分子，光学亮度更高且稳定性更好，大大降低了纳米金免疫层析试纸条的检测限。碳纳米颗粒成本低于纳米金颗粒，由于黑色信号可以与白色层析膜形成强烈的色彩对比，以碳纳米颗粒为标记材料的试纸更适合裸眼判读。但由于食品基质成分复杂，比色信号易受样品本身颜色干扰，灵敏度降低，本身颜色较深的食品并不适用。荧光信号可以有效解决上述问题，该技术稳定性好，抗干扰能力强。用于多重免疫层析检测的荧光标记材料主要有量子、量子微球、时间分辨荧光微球、上转换荧光纳米材料。除了常见的比色信号、荧光信号外，表面增强拉曼散射（surface enhanced Raman scattering，SERS）的灵敏度极高，基于SERS的检测方法可以对食品中的痕量物质进行多重检测。将拉曼光谱与金标检（LFA）测试纸结合，用于对牛乳中的新霉素进行检测，检测限为0.216pg，其灵敏度远高于现有方法。

第三节　食品微观结构研究

食品微观结构研究是食品科学领域中的一个重要分支，它主要涵盖显微观察、微流变、乳化稳定体系、胶体科学、营养学科和食品安全的研究。这门学科的发展为理解食品的质地、口感，以及食品加工、保存、消化、营养吸收和健康效果等方面提供了新的视角。本节从激光粒度仪、激光扫描共聚焦显微镜入手，阐述了食品微观结构的研究现状，其不仅有助于深入理解食品的组成和结构，还为食品工业的发展提供了科学依据，促进了食品科学的进步和创新。

一、激光粒度仪的基本原理和应用

（一）激光粒度仪的基本原理

在食品生产及科学研究中很多固体原料都以粉体形式存在，或者在液体里以悬浮颗粒形式存在。颗粒粒度分布对这些产品的质量和性能起着至关重要的作用。激光粒度仪是根据颗粒能使激光产生散射这一物理现象测试粒度分布的。当光束遇到颗粒阻挡时，一部分光将发生散射现象。散射光的传播方向将与主光束的传播方向形成一个夹角。散射理论和实验结果都告诉我们，散射角的大小与颗粒的大小有关，颗粒越大，产生的散射光的散射角就越小；颗粒越小，产生的散射光的散射角就越大。进一步研究表明，散射光的强度代表该粒径颗粒的数量。这样，在不同的角度上测量散射光的强度，就可以得到样品的粒度分布了。激光粒度仪集成了激光技术、现代光电技术、电子技术、精密机械和计算机技术。激光粒度仪的主要光学理论依据是夫琅和费衍射及米氏散射。夫琅和费衍射是指光的衍射是光波在传播过程中遇到障碍物后，偏离其原来的传播方向弯入障碍物的几何阴影区内，并在障碍物后的观察屏上呈现光强分布的不均匀现象，光源和观察屏距离衍射物都相当于无限远时的衍射即为夫琅和费衍射，其衍射场可在透镜的后焦面上观察到；根据米氏散射理论，介质中的微小颗粒对入射光的散射特性与散射颗粒的粒径大小及其相对折射率、入射光的光强、波长和偏振度以及相对观察方向（散射角）有关。激光散射粒度仪正是通过对散射光的不同物理量进行测量与计算，进而得到粒径的大小、分布及颗粒的浓度等参数。

（二）激光粒度仪的优点

激光粒度仪是应用光散射法原理的典型仪器，其原理结构如图 2-3 所示。它利用光被散射后，散射光的振幅、位相、偏振态等与散射颗粒的大小、折射率等有关的特性，来测量粉体样品的粒度分布。其采用激光作为光源，用基于米氏散射理论的数据处理软件分析测试数据。其主要优点有以下几个方面。

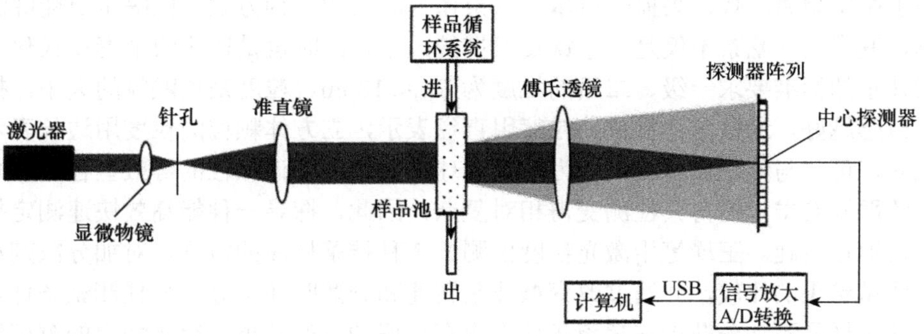

图 2-3 激光粒度仪原理图（引自沈少伟，2008）

1）由于光的透射性可以实现非接触测量，所以对被测样品的干扰很小，从而减小了测量的系统误差。当被测介质不可及时，这一优点更为突出，如天文学和气象学中的测量。

2）测量范围宽广。可以测量微米至亚微米级的颗粒，这正是目前粒度测量涉及的主要区间。

3）适用性广。除了测量固体颗粒（粉末）外，还可以测量液体颗粒（液滴）、气体颗粒（气泡），这是其他方法无法比拟的。

4）测量速度快。由于光电转换元件的响应时间很短（8～10s），加上现在计算机技术的应用，可以实现快速测量，实时性好。

5）测量准确、精度高、重复性好。对单分散性高分子聚合物标准粒子的测量误差和重现性可以限制在 1%～2%。

6）仪器的自动化和智能化程度高。可以避免或排除测量过程中操作人员主观因素的影响；仪器的操作简单，使用方便，易于实现测量过程的自动化。

7）在线测量。由于光的透射性，光散射特别适于在线测量，无须取样，避免了由此可能产生的各种偏差，也不会对被测对象或测量环境造成干扰，测量结果更符合真实情况。

（三）激光粒度仪在食品及药品制造中的应用

基于光散射原理的激光粒度仪已经广泛应用于各领域的粒度检测。①各种非金属粉体，如重钙、轻钙、滑石粉、高岭土、石墨、硅灰石、水镁石、重晶石、云母粉、膨润土、硅藻土、黏土等。②各种金属粉体，如铝粉、锌粉、钼粉、钨粉、镁粉、铜粉及稀土金属粉、合金粉等；其他粉体，如催化剂、水泥、磨料、医药、农药、食品、涂料、染料、荧光粉、河流泥沙、陶瓷原料、各种乳浊液等。在现代装备制造业中的各种润滑油、液压油、燃料油、超导体、绝缘材料、无线电技术等行业越来越离不开激光粒度检测技术，在这些领域，激光粒度仪发挥着越来越大的作用。

在食品领域中，激光粒度仪作为一种新型的粒度测试仪器，已经在粉体加工、应用与研究领域得到广泛的应用。它的特点是测试速度快、测试范围宽、重复性和真实性好、操作简便等。茶作为一种古老且健康的饮料越来越受到大众的欢迎。绿茶富含茶多酚、维生素 C 和叶绿素等活性物质，并以其独特的生物学功能，越来越深入到人们的日常生活饮食中。茶虽然含有极高的营养成分，但这些成分不能全部溶于水，大量的有效成分都留在茶渣中被舍弃。抹茶起源于中国隋唐时代，兴盛于日本。抹茶作为吃茶的一种方式，比喝茶更能够汲取茶叶中的营养，变喝茶为吃茶不仅是一个饮食习惯的改革，同时也是适应快节奏现代化生活的需要。我国抹茶的标准要求一级、二级的粒度为 $D_{60}\leqslant18\mu m$。粒度是指颗粒的大小，抹茶的颗粒越小，口感越好。通常球体颗粒的粒度用直径表示，立方体颗粒的粒度用边长表示。对不规则的颗粒，可将与该颗粒有相同行为的某一球体直径作为该颗粒的等效直径。正是由于抹茶对粒度的严格要求，使得其检测变得相对复杂，因此，探寻一种能高效快速测定抹茶粒度的方法变得迫在眉睫。王瑾等用激光粒度仪测试 3 种抹茶样品的粒度，对加分散剂和不加分散剂进行测试结果的比较，并通过改变循环泵转速和分散时间来寻求最佳测试条件。实验结果表明，抹茶样品不加分散剂在超声条件下也有良好的分散效果，得到稳定的测试结果。此外，用该测试方法可以得出在 0.100～1000μm 范围内各区域的样品累积百分数、不同粒径点对应的累积百分含量，以及不同筛目所对应的粒径大小及其分布累积情况。

近年来，随着人们生活水平的提高，食品安全问题越来越受到人们的重视。回收油脂事件的曝光，如屠宰场原料变回收油脂原料等，使得回收油脂成为社会舆论和媒体的焦点。回收油脂是废弃动物油脂、泔水油、多次反复加热使用及从餐饮企业下水道收集的垃圾油的总称。回收油脂来源复杂，一直缺乏有效的鉴别方法，因此，回收油脂的检测方法开发已成为分析工作者研究的热点。李琴梅等将激光粒度仪用于回收油脂和正常食用油的分析检测中，在使用回收油脂进行烹饪时，会不可避免地引入调料、食物残渣等固体颗粒。而且，回收油脂在反复高温加热的过程中，还可能会产生自由基，引起油脂中的不饱和脂肪酸发生氧化、环化、聚合等化学变化，进而形成聚合物，如二聚体、三聚体或多聚体等，这些变化可能导致油中颗粒物粒度大小发生改变。通过比较 27 种未经使用的食用油和 5 种回收油脂中颗粒物粒度大小及其分布，发现未经使用食用油中颗粒物粒度平均峰值均小于 10nm，而回收油脂中颗粒物粒度平均峰值均大于 300nm。结果表明，回收油脂中颗粒物粒度峰值远大于未经使用食用油中颗粒物粒度。回收油脂与未经使用食用油中颗粒物粒度大小及其分布差异明显，激光粒度仪测定油中颗粒物粒度大小及其分布无需对样品进行任何前处理，且操作简便、快速，有望作为回收油脂鉴别的方法之一。

目前，随着生物制药的迅速发展，各种生物药品采用激光粒度仪测试团聚颗粒浓度的方法不断涌现。根据粒径大小，生物药品团聚物可大致分为3类：小于100nm、100nm～10μm、大于10μm。生物制药行业最关心的是100nm～10μm范围粒子浓度的测试。100nm～10μm范围内的粒子被称为亚可见粒子（SVP）。目前市场上能有效进行测量SVP团聚物浓度的方法较少，而激光粒度仪则很好地弥补了这方面的短板。莫晓山探讨了纳米激光粒度仪测定生物药品团聚物质量浓度的方法。以SALD-7500nano颗粒测试仪为例，介绍其在测量纳米级颗粒物粒度范围方面的应用，通过进一步分析颗粒浓度与光强度成正比的关系获得以质量浓度形式给出的粒度分布数据，随后由牛血清蛋白（BSA）团聚物测量的实例，验证了颗粒物质量浓度的测试方法，说明激光粒度仪可用于生物制药领域对团聚物的监控测量，以及评价药品药效、安全性能等。

二、激光扫描共聚焦显微镜的原理和应用

（一）激光扫描共聚焦显微镜的原理

激光扫描共聚焦显微镜（confocal laser scanning microscope，CLSM）在环境科学、材料科学、生命科学等领域中的应用越来越受到重视，它是以高端光学显微镜为核心，配置激光光源，又增添了精密扫描装置、共轭聚焦装置和多种检测系统而形成的共聚焦显微分析仪器，是20世纪80年代发展起来的一项高新技术。它除了具有高分辨率、高灵敏度、高放大率等特点外，还可以观察动态和静态标本与组织的深层内部微细结构，它不仅可以得到清晰锐利的显微CT图像（光学切片），且经过3D重建后，还能够测量分析出细胞形态学参数和荧光强度等，故在形态学、分子细胞生物学、遗传学、环境科学、生物化学、植物学、食品学和病理学等研究领域中得到了越来越广泛的应用。

共聚焦显微镜的发明起源于1957年，Minsky Marvin首次在他的专利中阐明了CLSM技术的某些基本工作原理。由于当时没有足够强度的光源，图像质量不太理想，因而没有引起太多人的关注。1967年，Egger第一次成功地用共聚焦显微镜产生了一个光学横断面。它的成功源自尼普科夫圆盘的发明和拉曼光谱学理论的建立。但由于尼普科夫圆盘在设计中技术尚不成熟，在实际的应用中仍有着较大的缺陷。1977年，Wilson在前人研究的基础上，结合构成共聚焦成像的几何学的基础理论，首次描述了光与被照明物体的原子之间的非线性关系和激光扫描器的拉曼光谱学。1978年，Brankenhoff等发明了一种有着较高数值孔径的透镜，并将这种高数值孔径的透镜应用在激光共聚焦显微镜上。1987年，White等用免疫荧光标记法使得胚胎的大分子物质成功显示，这标志着CLSM已经成为进行科学研究的重要工具。

（二）激光扫描共聚焦显微镜的优点

1. 通过优化图像呈现参数以获得更为清晰的图像　CLSM最基本的优点是选用很好的激光作为光源，通过空间过滤技术消除了聚焦平面以外的信号干扰，使对比度和分辨率明显得到提高。在*X-Y*平面，它的分辨率比普通显微镜提高了1.4倍，尤其是对于观察较厚样品更显出其优越性，且图像信息的采集被控制在精确的平面内，不会被位于标本上其他位置发出的信号干扰，从而屏蔽次级荧光。而普通荧光显微镜在观察厚样本时，不仅在激发时会使得样品在焦平面附件一个很大的区域同时被激发，同时在收集荧光时不仅从焦平面上收

集荧光，而且来自焦平面上方或下方的散射荧光也被物镜所接收，造成次级干扰，使图像清晰度和分辨率有所下降。

2．可光学切片、三维重建 CLSM 可通过马达的载物台对样品沿着 Z 轴上下移动进行控制调节扫描，使样品能够在 Z 轴上的不同层面得到连续断层扫描图，即光学切片。它可以逐层获得高反差、高分辨率、高灵敏度的二维光学图像投影，从而得到一系列层面信息，即二维图像。使用者可以将这些连续的光学切片扫描图，通过 CLSM 软件进行三维重建，得到其三维立体结构，从而能十分灵活、直观地进行形态学观察，并揭示亚细胞结构的空间关系。

3．实时多通道荧光，提供定位和定量分析 CLSM 与传统场式显微镜不同，它可以同时获取和显示多标记荧光，能一次观察不同信息、不同结构组分定位及定量分析；并能获得荧光和透射光通道（diascoptic lighting channel，DLC）叠加的图片，从而为荧光信号的定位和定量提供直观的图像。且可以通过扫描单元内的滤光片转轮，采用不同程度的带通滤光片，尽量减少多色荧光之间的波段叠加，同时在激发过程中，可以采取顺序扫描方式，即在采集不同染料荧光时顺序使用不同激发光激发，这样避免了激发光对不同荧光染料的交叉激发影响。

4．扫描变倍（ZOOM）功能最大限度发挥物镜分辨 CLSM 还可以在不改变物镜的情况下对标本进行放大扫描，即只要数值孔径足够，就可以反映物镜的最佳分辨率。该特点被称为放大因子，该方法通常用来调节图像空间分辨率，同时标本的空间分辨率和放大率都增大了。

5．可做局部光操作 CLSM 通过在激光整合器后部引入声光调制滤光片系统，可同时分别控制各个波段激光的照射强度或同一波段激光在任意时间的照射强度。它还可对图像上特定的区域进行扫描成像，不少学者利用它的这一特性，进行荧光漂白后恢复、荧光能量共振转移、光漂白荧光损失和光转化等特殊的实验研究。

6．检测过程快、效果更灵敏、定位更准确 CLSM 由于是利用光源光束点扫描，对样品检测过程快，所需时间短，且计算机能精确控制激发光强度，所以对样品的光漂白和荧光淬灭作用较小。另外，它还具有将荧光信号放大的功能，即使样品的荧光很微弱，但只要有信号就能被它检测到。因此，不仅可以用它定位到细胞水平，还可以定位到亚细胞水平和分子水平。

（三）激光扫描共聚焦显微镜在不同食品体系中的应用

最初，CLSM 广泛应用于生物、医学、材料学等领域，主要运用于观察细胞 Ca^{2+} 成像、细胞骨架、病理组织、药物效用等研究，为生命科学领域的前沿研究提供了很重要的支撑。目前由于 CLSM 以其极少的样品制备过程、样品无需事先进行冗长的脱水、切片或固定等制备过程的极大优势，能够在样品生理过程和物理结构不遭破坏的情况下进行检测，直观获取组分所处环境的形态及动态转变，不仅为食品科学家研究食品的组织结构提供了方便，而且使食品宏观研究进入到化学微观显微的新领域，从而观察到食品组织构造微观的不均一性、食品微生物的活性、组织的生物构造及酶的活性位点形态等。

食品科学领域中已经利用 CLSM 进行了大量的研究工作，根据食品体系及组分的不同，对其进行染色的方法存在差异，下文将从食品原料和成分、乳状液体系、乳脂、凝胶、食品加工过程中结构变化等几个方面对这类工作进行简要介绍。

1. 食品原料或成分的微观结构 CLSM可以对食品原料或成分的结构进行二维和三维的分层扫描，从而获得食品微观结构的形态及二维和三维量化指标等。与其他繁复的前处理不同的是，CLSM观察食品原料或成分的微观结构通常是对样本进行冷冻切片，一般先在−20℃下将样本用包埋剂固定在冷冻托盘上，冷冻2h以内，立即切片染色。例如，在利用CLSM研究果蔬的细胞结构领域，通过构造三维图片可视化植物的结构特征，先使用切片机将新鲜的植物源原料切割成150μm的薄壁组织，浸泡于0.04%番红溶液30min之后用去离子水漂洗。番红染料能够标记淀粉及细胞壁的多糖，在波长488nm激发下清晰可见植物源原料的细胞结构和细胞内的淀粉颗粒，在苹果、葡萄、草莓等体系中也能够通过相似的方法研究其结构，可清晰观察到细胞大小和形状、细胞黏附和内部空隙，通过构造三维图片观察果蔬细胞的层次结构，进而研究果蔬储藏过程中的性质及变化。同时共聚焦显微镜还可以配合扫描电镜一起使用，如迟延娜将花生原料用冷冻切片机切成20μm厚度的薄片，并用2%戊二醛固定，降固定好的花生切片上的蛋白质和脂类分别染色0.01%尼罗红（Nile red）和0.1%异硫氰酸荧光素（fluorescein isothiocyanate，FITC），对比电镜结果观察一致，在花生细胞内部有大量2～10μm的球体被细胞壁包裹，小球表面被染成绿色的蛋白质覆盖。Lapsley等通过CLSM研究不同种类苹果的细胞结构，研究结果表明，通过构造出的三维图片可以观察到不同种类苹果的细胞层次结构具有明显的差异，三维成像效果明显优于传统扫描显微镜。也有研究人员采用CLSM考察不同加工工艺对谷物淀粉性质的影响，并得到最佳工艺参数，其依据主要是通过激光共聚焦显微技术观察产品的微观结构，明确哪种尺寸和外形更有利于被人体吸收。

2. 乳状液体系 食品乳状液的稳定性决定了食品的结构和口感。CLSM法是最近开发出的一种研究油水界面上乳化剂性质的新方法，液体样本的制样方法也相对简单，一般都是在液体样本直接加入染料快速混匀，滴加在玻片上后直接上机观察，镜检时液体样本有时流动性比较快，可以先将样本静置30min或者加入0.05%～1%的琼脂糖固定。例如，在探索微乳、脂质体和纳米乳液等纳米递送系统方面，Pinheiro等使用0.25mg/L尼罗红染料标记通过高压均质制备含有姜黄素的水包油纳米乳液，通过CLSM观察其在体外消化过程，发现乳化剂的电荷对液滴大小、粒子电荷、纳米乳液的微观结构有显著影响。检验结果表明通过CLSM手段观察优化以纳米乳为基础的输送系统，可释放游离脂肪酸和提高姜黄素生物利用度。Akhtar等在2.5g乳液样品加入25mL尼罗红［0.01%（m/V）染料溶解于聚乙二醇］，可获得清晰的图像，显示大油滴内部水相液滴有微小液滴分散，同时液滴又分散在外部水相中，证实了多重乳液的形成。Marty等同样也是选择尼罗红染料标记纯花生油（peanut oil，PO）、氢化棕榈油（hydrogenated palm oil，HPO）、PO和HPO的混合体系，通过荧光恢复光漂白（fluorescence recovery after photobleaching，FRAP）实验可计算出有效扩散系数（D_{eff}）和移动分数（M_f）与晶体网络结构特征（晶体质量分数和渗透率系数）相关，以表征膜分子扩散的快慢。综上，尼罗红染料作为一种亲脂性的恶嗪类荧光染料，与脂类物质及各种脂肪酸结合后，在543nm激发波长的激发下发出红色荧光，被广泛运用于标记乳状液中的油滴。另外，Radford等用罗丹明B（Rhodamine B）标记乳状液中的蛋白质，并结合了流变学、粒径分布分析、视觉分层观察等技术手段，探索了以钙离子含量和乙醇浓度为变量的酪蛋白乳状液体系的微观结构。Wendin等用LCSM分析了奶酪中脂肪相和蛋白质相的分布，根据观察结果分析了微观结构与口感及风味的关系，并提出改善奶酪质构配方的建议。Heertje等将

LCSM 应用到研究食品乳液的稳定性，通过图形分析和三维构建确立了配方中各蛋白质、多糖及乳化剂组分对乳液结构稳定性能及货架期的关系。

3．乳脂 乳脂肪球（milk fat globule，MFG）是一个复杂的体系，在婴儿输送营养成分的过程中起重要的作用。目前乳脂肪球膜（milk fat globule membrane，MFGM）的详细结构还没有完全解析清楚，通过使用亲脂性的荧光探针和外源凝集素进行染色处理后，再使用 CLSM 获取原乳中的 MFGM 结构的方法仍然在摸索中，前处理的方法类同液体样品的方法。

姚云平将 100μL 尼罗红染料（42μg/mL）加入到 0.5mL 乳中对中性脂标记，20μL Rh-DOPE 染料（融合到磷脂双分子层中的一种探针，在波长 633nm 的激发下显红色荧光）加入 0.5mL 乳中对极性脂标记，然后在室温下保持 30min，将标记的样品与琼脂糖（5g/L，存储在 45℃）等量混合后滴到载玻片上。使用 63×/1.4 油镜分析牛、羊及人乳脂肪球的组成和结构。Lopez 等研究发现磷脂用荧光染料 Rh-DOPE 染色后，极性脂分布于 MFGM 平面上，利用 CLSM 检测到胆固醇在刚性的液相有序区（Lo）被甘油磷脂的液体基质形成的液态无序区（Ld）所包围。Zou 等也使用 Rd-DOPE 标记 MFGM 中的磷脂，获取得到初乳和成熟乳脂肪球膜的组成和显微结构。基于人类与哺乳动物差异的 MFGM 的结构、人乳不同时期的 MFGM 结构差异、早产儿妈妈母乳中的 MFGM 结构差异、MFGM 结构模型等，增加生物化学和结构数据的研究知识信息将会是未来乳脂研究的关键，也将为奶粉产业的发展提供强大的助力。

4．食品的凝胶结构 利用 CLSM 研究食品蛋白质凝胶体系中的蛋白质聚集物凝胶的形成，通过获得凝胶的高清晰微观结构的图片，分析其凝胶网络三维结构的差异，得出凝胶的微观结构特性，进一步分析食品的口感及功能特性差异，为混合凝胶的结构及形成机制研究提供了有效的技术支撑。

与用扫描电镜观察蛋白凝胶微观结构的复杂前处理方式不同的是，李向红在 100mL 乳蛋白溶液加入 25μL 的异硫氰酸荧光素（FITC），CLSM 观察发现蛋白质和多糖的混合物组分间形成了网状结构，相分离体系下层相的高度随着多糖浓度的增加而增加，进一步证明了网状结构的形成，同时还通过灰度水平变化方差和灰度直方图计算分析证明了不同的混合物间微观结构具有显著性差异。这种直观有效的研究手段也被 Bosnea 用来表征乳清分离蛋白（whey protein isolate，WPI，3%，*w*/*V*）和阿拉伯胶（gum Arabic，GA，3%，*w*/*V*）凝聚体。在共混凝胶体系中，Tromp 等利用荧光探针技术，把 250mg 多糖、35mg FITC、100mL 吡啶和 20mL 月桂酸二丁基锡溶解于 25mL 二甲基亚砜（dimethyl sulfoxide，DMSO），随后将 2 滴 0.02% Rhodamine B 溶液滴加到 10mL 样品溶液，进行标记反应，分别考察了共价或非共价结合多糖。目前 CLSM 涉及明胶/葡聚糖、结冷胶、明胶/卡拉胶、明胶/麦芽糊精、明胶/黄原胶、明胶交联淀粉混合物等多项共混凝胶体系的微观结构，为共混凝胶特性研究方法提供了技术指导。

Hagiwara 研究了食品蛋白凝胶体系中蛋白质聚集体的碎片结构，研究发现不同离子强度和 pH 条件下食品蛋白质凝胶中的蛋白质聚集体具有较宽范围的尺寸分布。Lucey 等研究了脂肪含量及加热处理对酸奶凝胶流变学和微观结构的影响，不同脂肪含量酸奶的微观结构呈显著差别并具不同口感、可接受性。Herrera 等研究了不同熔点脂肪对半固体食品结晶微观结构的影响，结果表明，与传统光学扫描图片相比，CLSM 所获得的三维微观结构图层次更清晰。Jong 等采用 CLSM 技术研究了乳清蛋白-多糖混合凝胶的微观结构形成机制，结果表明，凝胶结构的形成主要取决于蛋白质聚集体凝胶形成和相分离竞争的程度，蛋白质聚集导致相分离加剧并最终形成凝胶结构。Vanden Berg 等研究了乳清蛋白-多糖复合凝胶的微观结构特性，研究手段主要是通过 CLSM 技术分析凝胶网络三维结构差异。

5. 食品在加工过程的结构变化 CLSM 可用于动态观察食品在加工过程中结构状态的变化，在此基础上，通过与流变学、光散射和其他物理分析技术的结合应用，以获得最佳的食品加工工艺。陈佩比较 Rhodamine B、潘红 O、8-氨基芘基-1,3,6-三磺酸三钠盐（APTS）3 种染色剂，其中 APTS 是小分子染色，省去烦琐的前处理过程，直接滴染淀粉粉末，染料可有效标记淀粉的还原末端，通过 CLSM 比较不同链/支比含量的 4 种玉米淀粉颗粒内部结构的差异，在线观察了不同链/支比含量的 4 种玉米淀粉的糊化过程，获得了淀粉糊化过程中颗粒的内部及立体结构的变化，为淀粉糊化提供了新的数据依据。

面团中麦谷蛋白和麦醇溶性蛋白质形成一个面筋蛋白质网络，其中面筋蛋白网络结构与焙烤性能密切相关。研究人员使用对甲氨基酚绿（rhodol green）对小麦面筋网络共价标记，利用 CLSM 可检测到加工过程中的面筋蛋白结构的变化过程。在饼干的工艺研究中，Rodriguez-Garcia 等分别用染料分别标记面团中的不同成分，结果显示糖、菊粉和蛋白质所在的位置是红色的，淀粉颗粒是所在的位置是墨绿色的，且脂质位于淀粉颗粒周围。Barden 在研究低水分饼干中脂质氧化的机制时，分别用硼二吡咯甲基衍生物（Bodipy）和 Rhodamine B 标记脂质和蛋白质，观察淀粉-脂质、脂质-空气和蛋白质-脂质界面。

Silva 等将 CLSM 运用于淀粉面条的加工工艺过程中，分别用 0.25%（*m*/*m*）FITC 和 0.025%（*w*/*w*）Rhodamine B，标记面条中不同成分，FITC 优先染色淀粉，从而测试煮面过程中的面团流变性能、机械性能和结构特性。也有研究人员通过使用吖啶橙（acridine orange）、酞菁类荧光探针（CY-3）、Rhodamine B 标记蛋白质、淀粉和脂肪的方法，在 CLSM 检测的条件下研究方便面在生产过程中淀粉颗粒、蛋白质基质、脂质的形态变化。综上所述，CLSM 已成为面条加工机制研究的一种重要的手段。

第四节 食品纳观结构研究

食品纳观结构研究主要关注食品在纳观尺度（原子、分子水平）上的结构和性质，这是食品微观结构研究的一个细分领域。纳观结构研究同样也涉及显微观察、微流变学、乳化稳定体系研究、胶体科学、营养学科和食品安全等多方面。这些研究不仅有助于理解食品的物理和化学性质，还为食品加工、保存和消费提供科学依据，确保食品的质量和安全性。纳观结构的研究对于揭示食品中分子间的相互作用、食品的物理化学性质及食品加工过程中微观结构的变化具有重要意义。

一、扫描电子显微镜的原理、特点和应用

（一）扫描电子显微镜的原理

扫描电子显微镜（scanning electron microscope，SEM）是一种大型分析仪器，它广泛应用于观察各种固态物质的表面超微结构的形态和组成。所谓扫描是指在图像上从左到右、从上到下依次对图像像元扫掠的工作过程，这一过程由控制电子束偏转的电子系统来完成。

在电子扫描中，把电子束从左到右方向的扫描运动叫做行扫描或水平扫描，把电子束从

上到下方向的扫描运动叫做帧扫描或垂直扫描。两者的扫描速度完全不同，行扫描的速度比帧扫描的速度快，对 1000 条线的扫描图像来说，速度比为 1000。电子显微镜是进入微观世界的工具。人们平常所说的微乎其微或微不足道的东西，在微观世界中，这个“微”也就不称其“微”。人们提出用纳米作为显微技术中的常用度量单位，即 $1nm=10^{-6}mm$。

SEM 成像过程与电视成像过程有很多相似之处，而与透射电子显微镜的成像原理完全不同。透射电子显微镜是利用成像电磁透镜一次成像，而 SEM 的成像则不同，其图像是按一定时间、空间顺序逐点形成并在镜体外显像管上显示。二次电子成像是使用 SEM 所获得的各种图像中应用最广泛、分辨本领最高的一种图像。以二次电子成像为例来说明 SEM 成像的原理：由电子枪发射的电子束最高可达 30keV（千电子伏），经汇聚透镜、物镜缩小和聚焦，在样品表面形成一个具有一定能量、强度、斑点直径的电子束。在扫描线圈的磁场作用下，入射电子束在样品表面上按照一定的空间和时间顺序做光栅式逐点扫描。由于入射电子与样品之间的相互作用，将从样品中激发出二次电子。由于二次电子收集极的作用，可将各个方向发射的二级电子汇集起来，再将加速极加速射到闪烁体上，转变成光信号，经过光导管到达光电倍增管，使光信号再转变成电信号。这个电信号又经视频放大器放大并将其输送至显像管的栅极，调制显像管的亮度。因而，在荧光屏上呈现一幅亮暗程度不同的、反映样品表面形貌的二次电子像。

在 SEM 中，入射电子束在样品上的扫描和显像管中电子束在荧光屏上的扫描是用一个共同的扫描发生器控制的。这样就保证了入射电子束的扫描和显像管中电子束的扫描完全同步，保证了样品上的“物点”与荧光屏上的“像点”在时间和空间上一一对应，称其为“同步扫描”。一般扫描图像是由近 100 万个与物点一一对应的图像单元构成的，正因为如此，才使得 SEM 除能显示一般的形貌外，还能将样品局部范围内的化学元素、光、电、磁等性质的差异以二维图像形式显示。

（二）扫描电子显微镜的特点

SEM 虽然是显微镜家族中的后起之秀，但由于其本身具有许多独特的优点，发展速度很快。

1）仪器分辨率较高，通过二次电子像能够观察试样表面 6nm 左右的细节，采用 LaB6 电子枪，可以进一步提高到 3nm。

2）仪器放大倍数变化范围大，且能连续可调。因此可以根据需要选择大小不同的视场进行观察，同时在高放大倍数下也可获得一般透射电镜较难达到的高亮度的清晰图像。

3）观察样品的景深大，视场大，图像富有立体感，可直接观察起伏较大的粗糙表面和试样凹凸不平的金属断口像等，使观察者具有亲临微观世界现场之感。

4）样品制备简单，只要将块状或粉末状的样品稍加处理或不处理，就可直接放到 SEM 中进行观察，因而更接近于物质的自然状态。

5）可以通过电子学方法有效地控制和改善图像质量，如亮度及反差自动保持，试样倾斜角度校正，图像旋转，或通过 Y 调制改善图像反差的宽容度，以及图像各部分亮暗适中。采用双放大倍数装置或图像选择器，可在荧光屏上同时观察放大倍数不同的图像。

6）可进行综合分析。装上波长色散 X 射线谱仪（WDX）或能量色散 X 射线谱仪（EDX），使 SEM 具有电子探针的功能，也能检测样品发出的反射电子、X 射线、阴极荧光、透射电子、俄歇电子等。把 SEM 扩大应用到各种显微的和微区的分析研究中，显示出其更多功能。另外，还可以在观察形貌图像的同时，对样品任选微区进行分析；装上半导体试样座附件，通过电动势象放大器可以直接观察晶体管或集成电路中的单项导电性结构和微观缺陷。由于不少SEM电子探针实现了计算机自动和半自动控制，因而大大提高了定量分析的速度。

（三）扫描电子显微镜的应用

SEM操作简单，图像分辨率高，所呈现的图像富有立体感，且视野广泛、景深长，使其迅速成为各研究方向中必不可少的工具之一。SEM在诸多领域中都有应用。例如，在环境领域中可用于观察叶子表面颗粒物的分布，研究不同植物的吸附能力；在生物领域可用来观察昆虫表皮翅膀与甲壳表面形态，橄榄果皮、角质层蜡及细菌黏附情况，以及Gagaita（一种巴西特产水果）果实提取物在不同烘干条件下的粉末形态；在无机化工材料领域可观察纳米二氧化硅微粒及纳米磷酸锌涂层；在地质领域通过观察黑色页岩形态进一步分析其微观孔隙类型及演化过程等。此外，SEM还在医学、矿物、冶金、电子材料等领域均有应用。

1. 在食品质量检测上的应用 淀粉作为自然界植物储藏能量和碳水化合物的主要形式，起着能量从植物到动物传递的主要载体作用。研究者通过多种手段对淀粉的含量、糊化、结晶结构及颗粒超微形貌等性质进行了研究，以揭示淀粉的组成结构与其内在性质和功能的关系。随着SEM技术的普及和应用，通过SEM对淀粉颗粒超微形貌进行观察，已经成为对淀粉颗粒的性质进行全面研究时非常重要的辅助手段。但迄今为止，运用SEM对大量植物淀粉颗粒的超微形貌展开对比研究的报道却很稀少。只有美国爱荷华州立大学的Jane等研究人员通过SEM对50多种市售或其他实验室制备的不同植物来源的淀粉颗粒进行了详细的超微形貌观察和总结。但由于技术限制，资料中给出的大部分淀粉颗粒的SEM照片都不够清晰，关于每种淀粉颗粒的表述也过于简约，部分淀粉颗粒形貌的描述不够准确，因此资料中所给出的研究成果只能作为科学研究的参考，很难用于淀粉质量鉴别检验。近年来，随着国内淀粉生产加工贸易的发展，市场上食用淀粉掺假现象越来越严重。虽然国家已出台多项标准方法，以加强国内淀粉产品质量监管，但针对市场上新出现的价格差异较大的不同种类淀粉之间的掺假现象，尚无可行的鉴别方法，也无国家标准方法可以依据。因为无论是在普通感官检验还是在理化分析指标方面，不同种类的淀粉之间的差别都很小，难以作为鉴别依据。

王绍清等运用SEM对多种常见可食用淀粉颗粒的超微形貌进行观察，按照淀粉颗粒形貌差别，将考察的所有种类淀粉颗粒分为块茎形、棒形、球形、扁平形、复粒结构、棱角圆滑和棱角尖锐多面体形及肾形等类别，每一类及每一种淀粉颗粒超微形貌的特征都分别进行分析和总结，并归纳淀粉颗粒超微形貌的特征规律，这样就可以通过SEM成功鉴别不同种类的淀粉颗粒。这一方法的开发将弥补国家标准检验方法的缺陷，为打击市场上用廉价淀粉向高价淀粉掺假的行为提供技术支持。同时，该研究给出的所考察的各种淀粉颗粒的SEM照片集锦及每种淀粉颗粒超微形貌特征的分析，为从淀粉颗粒超微形貌特征上加强国内淀粉产品的质量监管提供了可靠的参考资料。

2. 在食品保藏加工上的应用 由于果蔬本身属于鲜活农产品，水分含量较高且营养丰富，在采摘、包装、运输、储藏中容易发生机械损伤而受到病原菌侵染，发生腐烂变质，因而人们使用化学杀菌剂、物理冷杀菌、生物防治及采用植物提取物对果蔬采后病害进行防治。其中生物防治及植物提取物控制采后病害由于其具有安全、有效等特点也成为近年研究的热点之一。

自然界存在大量微生物对采后病原菌生长有抑制作用，到目前为止，人们已经从果蔬、土壤等分离到多种拮抗菌，这些拮抗菌包括酵母菌、细菌、小型丝状真菌，其中以拮抗酵母菌应用最为广泛。Usall 等通过普通 SEM 观察苹果伤口处及表面酵母菌生长状况，图片直观表明伤口处内表面酵母菌生长迅速。而 Chan 等通过普通 SEM 对拮抗酵母菌与病原菌之间的相互作用进行具体分析，同时还证明两种不同拮抗酵母菌（*Pichia membranefaciens* 和 *Cryptococcus albidus*）对病原菌菌丝附着能力不同。研究者们结合 SEM 研究草莓采前施喷拮抗酵母菌对采后储藏性能及质量的影响，通过 SEM 图片可看出，未经酵母菌处理的对照组都有病原菌菌丝，而其他处理组没有，这说明拮抗酵母菌可抑制病原菌菌丝体的生长。其中毛淑波等还通过 SEM 证明酵母菌数量的多少与采前施喷次数有关，采摘前 0d、3d、6d 施喷酵母菌更有利于其在果实表面定殖增长，在该处理方法下酵母菌增殖数量最多。

除了使用 SEM 观察单个拮抗菌的防治效果，SEM 也被应用于拮抗菌与物理方法复合控制果蔬采后病害。赵妍通过 SEM 观察不同处理组番茄果实伤口处病原菌生长情况，发现热空气 38℃处理 24h 后病原菌菌丝数量显著减少，菌丝干瘪皱缩。酵母菌拮抗组与酵母菌复合热空气处理组均能观察到菌丝。这说明，虽然复合热空气处理可以增强防治效果，但是仍不能杀灭病原菌。同时其还研究热空气处理与酵母菌接种顺序问题，通过 SEM 发现，接种酵母菌后再经空气热处理，虽然可以使病原菌菌丝体受损严重，但同时也使酵母菌表面凹陷，因此还是热空气处理后再接种酵母菌较为适宜。拮抗菌控制果蔬采后病害目前研究多、应用广。菌本就属于微观世界，虽然普通显微镜也可对其进行观察，但是分辨率、成像质量、放大倍数都远不及 SEM，通过 SEM 不仅可以观察酵母拮抗病原菌，还可以观察病原菌侵入植物组织的过程或单种菌的生长繁殖过程，使采后病害的研究更加直观。

用植物提取物作为植源性杀菌剂，目前已成为国内外研究热点之一，并取得较大进展。研究者将 SEM 应用于植物提取物控制采后病害的研究中。哈斯格根通过 SEM 观察中草药北豆根提取物对灰葡萄孢菌与链格孢菌菌丝体的影响，观察发现菌丝的形态与未处理组相比发生明显改变，并且随着中草药浓度的加大，菌丝形态皱缩、干瘪、扭曲、断裂、出现空腔，在最小抑菌浓度下，这两种病原真菌菌丝数量均有减少，在最小杀菌浓度处理下，菌丝数量进一步减少且大部分菌丝断裂，部分出现消融。冯武研究肉桂精油对链格孢菌菌丝生长的影响，将 SEM 与 PDB 培养基上肉眼观察菌丝生长形态相结合，微观与宏观相结合，使实验更具有可信度。在 300μL/L 肉桂精油 PDB 培养基中，肉眼可见链格孢菌长势较差，菌丝颜色较浅，使用 SEM 观察，该精油浓度下菌丝粗细不一，但菌丝表面光滑。在 500μL/L 浓度下，链格孢菌生长量最少，菌丝球颜色变白，SEM 观察下菌丝少且干瘪，细胞内容物较少。通过 SEM 可以观察到植物提取杀菌剂作用于病原菌菌丝体，使其结构遭到破坏，失去增殖侵染能力进而控制病害蔓延。

SEM 在冷杀菌保鲜中也有一定的应用，既可以用于观察鲜切果蔬杀菌处理后的表面形态、菌落减少情况，还可以观察杀菌处理后菌的表面形态，推测该种杀菌技术能否对此有效果。有研究者使用酸性或者碱性电解水处理鲜切香菜后，通过 SEM 观察幸存的微生物种群，其中经过酸性与碱性电解水组合处理的香菜表面微生物最少，且酸性与碱性电解水组合杀菌效果好于单独的酸性处理或弱酸性电解水处理。Alwi 在进行臭氧处理鲜切风铃椒可减少沙门菌、单增李斯特菌、伤寒沙门菌的数量这一研究中应用了环境 SEM，通过臭氧处理以上 3 种细菌的培养基，观察细胞处理前后的形态。未处理的细菌细胞表面光滑完整，处理后的细菌细胞表面不规则，细胞壁破裂。说明臭氧处理可破坏细菌渗透压平衡，使其钝化至灭活。Martnez 等研究在光照条件下储藏鲜切生菜对其质量的影响。在光照条件下储藏 10d 后，生菜表面气孔大多数都会张开，气孔张开则有利于叶片导水度及植物组织之间气体交换，而在此研究方面，大多文献仅提及光照会促使气孔打开，促进气体交换，但是没有使用 SEM 对此验证，仅是测定空气组成与失重，猜测光照会影响气孔开度及呼吸作用，Martnez 等则通过 SEM 图片直接说明光照会促使生菜气孔张开，说明 SEM 在鲜切果蔬各方面的研究是十分必要的，并且所呈现的图像清晰明确，一目了然。

3. 在食品微生物上的应用 酿酒环境中的微生物种类较多，形态多种多样。普通电子显微镜在观察含水、不导电的微生物样品时需进行脱水和喷金处理，这样就会使样品的形态发生变化，影响研究者对生物微观形态的认识，所以仅利用普通电子显微镜进行微生物形态观察还不能满足研究工作的需求。环境 SEM 则不需要烦琐的样品前处理，这样微生物能保持原有形态，通过纳米级的形态观察，能够更加直观、清晰地观察微生物的表面形态和特征，对深入认知酿酒微生物具有重要意义。酿酒业其实质是生物产业，因此利用高端的精密仪器研究酿酒微生物，是微生物定性研究的重要手段，为揭秘酿酒微生物与酒体微量香味物质的生成机制提供了有力保障。

二、透射电子显微镜的原理和应用

（一）透射电子显微镜的原理

透射电子显微镜（transmission electron microscope，TEM）起源于 20 世纪二三十年代。1924 年，法国物理学家 de Broglie 提出了粒子具有波动性。1926～1927 年，Davisson、Germer 及 Thompson 通过实验发现了电子衍射，从而证明了电子的波动性，因此联想到可以用电子代替可见光来制作电子显微镜，以克服光波长对分辨率的限制。1926 年，德国学者 Busch 提出采用轴对称的磁场有可能使电子聚焦，为电子显微镜的制作提供了理论依据。1933 年，Ruska 等设计制造出世界上第一台 TEM。1934 年，电子显微镜的分辨率已经达到 500Å，Ruska 也因此获得了 1986 年的诺贝尔物理学奖。1939 年，德国西门子公司造出了世界上第一台商品 TEM，分辨率优于 100Å。之后，美国亚利桑那州立大学物理系教授 Cowley 等定量地解释了相位衬度成像，即所谓高分辨像，从而建立和完善了高分辨电子显微学的理论和技术。高分辨电子显微术能够使大多数晶体中的原子列成像，目前高分辨电子显微术已经是电子显微镜中普遍使用的方法，其分辨率已经达到了 1～2Å。

除了波长限制了 TEM 的分辨率外，TEM 的像差，包括色差、球差、像散和畸变，也使得 TEM 的分辨率难以突破 1Å。20 世纪末，球差校正器研制成功，球差校正电子显微镜减小了非局域化效应的影响，进一步提高了 TEM 的分辨率，已经达到了亚埃量级。随着球差校正电子显微镜应用的普及，球差校正电子显微学在逐渐形成和发展。此外，近 20 年来，随着电子显微镜术的不断发展，扫描透射电子显微镜术也成为了广泛应用的表征手段。相比于传统的高分辨相位衬度成像技术，扫描透射电子显微镜具有分辨率高、对化学成分敏感、图像直观容易解释等优点。其中高分辨扫描透射电子显微镜可以直接获得原子分辨率的 Z 衬度像，结合 X 射线能谱和电子损失谱，还可以获得原子分辨率的元素分布图和单个原子列的能量损失谱，因此可以在一次实验中得到原子分辨率的结构、化学成分和电子结构等信息。

TEM 成像的基本原理是通过电子枪发出高速电子束经 1～2 级聚光镜汇聚后均匀照射到样品的某一待观察微小区上，入射电子与样品会发生碰撞与非碰撞，由于样品很薄（电子的穿透能力很弱，因此样品必须很薄），大部分电子穿透样品，其强度分布与所观察样品区的形貌、组织、结构一一对应。样品的电子经过物镜、中间镜和投影镜的三级磁透镜放大投射在观察图像的荧光屏上，荧光屏把电子强度分布转化为人眼可见的光强分布，于是在荧光屏上显出与样品形貌、组织、结构相应的图像以供使用者观察。

目前，透射电子显微镜术有几个重要的发展方向。第一，分辨率的提升。分辨率一直是 TEM 发展的目标和方向，发展新一代单色器和球差校正器，进一步提高 TEM 的能量分辨率和空间分辨率，尤其是对低压电镜。第二，发展原位透射电子显微镜技术。原位透射电子显微镜在材料合成、化学催化、生命科学和能源材料领域有着重要应用，可以通过在原子尺度下实时观察和控制气相反应和液相反应的进行，从而研究反应的本质机制等科学问题。第三，TEM 更加广泛地被应用在生物大分子结构研究中。

（二）透射电子显微镜的应用

1．在食品微生物学研究中的应用 应用 TEM 观察研究细菌、支原体等微生物的超微结构形态，研究病毒的结构和生长发育，也为新病毒、类病毒的发现和辨别提供科研手段；研究真菌、放线菌、细菌等的结构形态，对其分类、判别科属和判断病原等都有重要意义，尤其对病菌的活动、孢子发芽、侵入寄主的方式等的研究，均能获得较好的效果。

研究者使用 TEM 反复观察小麦秆锈菌菌丝、吸器母细胞、吸器的结构，初步确定了锈菌微观结构的基本模式，同时发现不同类型鞭毛菌的游动孢子在形态、细胞器的分布、鞭毛的着生位点方面存在明显差异，鞭毛中的微管排列以“9+2”式为其结构特征；Littlefield 等首次描述了锈菌吸器的发育过程，并通过 TEM 发现吸器在寄主细胞内的形成并未刺破寄主细胞质膜进入寄主原生质内，而是被下凹的寄主质膜将吸器与寄主原生质所隔开；胡清波等借助 TEM 进行超微结构观察，揭示了柿树叶柄被炭疽病菌侵入的过程，为探索炭疽菌柿树的作用机制提供了新的观测视角；研究者在用 TEM 系统地观察大量的细菌超薄切片标本中，偶然发现了霍乱弧菌的多层外膜泡、钩端螺旋体的各种球状体，以及支原体的细胞内出芽；李赤等使用香蕉枯萎病菌 4 号小种粗毒素和纯品镰刀菌酸对新北蕉（耐病品种）和巴西蕉（感病品种）幼苗叶片进行处理，观察叶片超微结构发生的变化，证明了香蕉枯萎病菌的粗毒素中的主要成分是镰刀菌酸；伏波等通过 TEM 技术，研究测定了分离自小麦根部的植物内生枯草芽孢杆菌 Em7 菌液对葡萄灰霉病菌（*Botrytis cinerea* Pers.）的抑制作用及抑菌机制。

2．在生物病理学中的应用 应用 TEM 对动、植物以及昆虫的细胞、组织和器官的超微结构病变进行研究，可为病虫害防治、疾病防控及生态保护提供科学依据。在病理电子显微镜诊断方面，TEM 具有直观、快速、可靠等特点，在动、植物病虫害防治中具有非常重要的作用。尤其在植物病毒、植原体等研究方面，TEM 具有不可替代的作用，可以通过 TEM 技术，研究病毒的形态结构，基因组织结构及功能、病毒复制过程、病毒与寄主之产间的关系，观察细胞超微结构病变，为揭示病毒的本质最终解决病毒、病害问题奠定基础。例如，在柑橘黄龙病的研究上，已通过 TEM 技术，研究清楚了黄龙病的病原及其侵染途径，为黄龙病的防治提供了科学依据。

3．在食品加工中的应用 柳检等通过 TEM 观察了芹菜根细胞内铅的分布特征和植物体内铅形态的转化过程，揭示了可食用蔬菜与铅作用的细胞机制及铅的吸收和转运过程，为准确评估食用蔬菜的健康风险提供了理论支撑。研究者对受不同污染梯度的几种植物叶片的 TEM 观察表明，重金属污染给植物细胞带来伤害，表现在细胞发生质壁分离，叶绿体、类囊体肿胀，片层结构不清楚或消失，这些变化直接影响植物的光合作用，对其生长发育带来不良影响；在细胞壁、叶泡膜上有重金属沉淀，这是植物耐重金属的一种机制。

TEM 结合超薄切片技术，研究环境胁迫下微生物的形态特征变化、微生物与土壤固相组分的作用、微生物与微生物之间交互作用的超微结构特征；揭示土壤微生物与污染物的作用机制，跟踪环境污染物的转化和迁移特征；通过对植物细胞超微结构的观察，了解环境的污染情况以及污染物对生物体形成的影响机制，为保护人类的生存空间提供理论依据。

三、冷冻电子显微镜的原理和应用

（一）冷冻电子显微镜的发展及原理

冷冻电子显微镜（cryo-electron microscope），作为一种新型的电子显微镜，在 1931 年由德国工程师 ErnstRuska 和 Max Knoll 设计并制造。其通过电子束代替光学显微镜的光源，通过对称磁场来代替光学纤维镜的镜片，使得成像的分辨率大大提高，相比较传统的电子显微镜，其由于直接将样品速冻，使得样品可以在保持原状态下被观察，提高了成像的质量，并且省略了繁杂的制取样品结晶的步骤。与传统的 X 射线晶体衍射方法相比较，其可以保护样本不受破坏。这种方法是采用高压快速液氮冷冻技术，从而可以使样品包埋在接近于生理状态下的玻璃态的水环境中，减少样品的结构在制备过程被破坏的概率，能够观察到生物大分子的天然结构，同时因为是速冻，时间极快，这就有可能把生命活动的执行者——蛋白质在某一特定活动的某一特定的时间被固定下来，再通过对其结构的观察就可以了解蛋白质在不同状态下的瞬时结构变化。

冷冻电子显微镜同传统的电子显微镜一样，通过电子束的汇聚成像。冷冻电子扫描显微镜的原理就是把样品冷冻设备加装到普通的透射电子显微镜上，将样品冷却直到能够观察到蛋白质、生物切片等对温度非常敏感的样品。这样观察样品，能够有效保护样品，防止样品形变，取得更加真实的观察效果。冷冻扫描电子显微镜是一种能够低温检测含生物冷冻水样品的仪器，这样可最大限度地避免人为的错觉，其工作流程如下：①将样品固定在样品托上，将样品接入液氮速冻，再将样品转移至备腔室内进行加工，然后再移入电镜腔室进行观察；②通过观察采集大量二维图像数据；③针对不同图像的性质，选择合适的重构算法，将大量二维图像降噪并将其构建成清晰的三维图像，继而对清晰的三维图像做全面仔细的分析。

自从 20 世纪 90 年代 Henderson 解析了细胞视紫红质的近原子分辨结构、对单颗粒高分辨重建做了理论分析并指出需要克服的技术瓶颈以来，越来越多的生物大分子通过冷冻电子显微镜技术得到高分辨解析。2013 年以来，由于直接电子探测器（direct electron detector）的应用，冷冻电子显微镜三维重建的分辨率水平取得了重大突破。这种新型的电子探测装置不仅可以记录单电子（counting mode），得到很高的量子探测效率（detective quantum efficiency，DQE），而且响应速度很快，可以在摄像模式（movie mode）下实时记录生物样品的变化，并由此对生物大分子的漂移做出修正。直接电子探测器和并行计算机等新技术在冷冻电子显微镜成像分析中的运用，将单颗粒三维重建的分辨率提升到前所未有的精度，因而使单颗粒冷冻电子显微镜技术在生物大分子的结构解析方面得到了非常广泛的应用。在小蛋白、超大复合体和膜蛋白方面，单颗粒冷冻电子显微镜都可以达到近原子分辨，典型的如二十面体病毒颗粒、瞬态感受器电位阳离子通道子类V成员1（TRPV1）和G蛋白偶联受体（GPCR）。少数情况下，该技术几乎达到原子分辨，可与X射线晶体衍射媲美，如1.8Å的谷氨酸脱氢酶（GDH）。采用相位板的冷冻电子显微镜技术甚至将65kDa的血红蛋白解析到了3.2Å。与此同时，有研究者还将冷冻电子显微镜与机器学习相结合，用于还原生物大分子机器的低分辨能量景观，为冷冻电子显微镜的未来应用拓展提供了新的可能。我国冷冻电子显微镜发展起步相对欧美较晚。其应用自2015年以来却赶上了由直接电子探测器推动的单颗粒冷冻电子显微镜的应用热潮，并取得了令人瞩目的成果。应用高分辨冷冻电子显微镜的代表性工作有剪切体、炎症体、蛋白酶体和藻胆体等。目前国内已有科研团队开展冷冻电子显微镜和人工智能的交叉领域的研究，将统计流形学习、聚类学习、深度学习等技术用于提升冷冻电子显微镜数据处理的算法性能、精度和效率，并开发成ROME软件包，初步应用于蛋白酶体全酶的动力学研究，为冷冻电子显微镜在未来实现生物大分子高分辨动力学分析打下了基础。

（二）冷冻电子显微镜的应用

1．在生命科学领域中的应用 在2013年冷冻电子显微镜技术取得革命性突破之后，我国结构生物学家迅速抢占先机，清华大学、中国科学院生物物理研究所、国家蛋白质科学研究（上海）设施等研究机构建立起高端冷冻电子显微镜分析平台，在多个重要方向、重要课题上取得了重大进展，建立了全球影响力。中国科学院院士施一公团队利用冷冻电子显微镜技术，在国际上首次解析了剪接体完整的高分辨率结构，并搭建了原子模型。真核生物基因的表达一般分三步（也被称为中心法则），即DNA转录成mRNA，mRNA剪接成熟和成熟后的mRNA翻译成蛋白质。剪接体是mRNA成熟过程中的直接参与者，含有近40种蛋白质和5种RNA，分子质量接近1.5MDa，非常复杂，并且在mRNA剪接的不同状态呈现高度动态。施一公团队依托冷冻电镜平台，成功捕获了剪接前体状态（pre-B、B、Bact和B^*），第一、二步转酯反应状态（C、C^*）和剪接完成状态（P、ILS）的电镜结构，直接从分子层面看清了mRNA整个剪接过程的构象变化，补充阐释了中心法则的反应机制。中国科学院院士颜宁团队在膜蛋白，尤其是Na^+、Ca^{2+}通道和葡萄糖转运蛋白方面，做出了一系列重要工作，对理解膜蛋白识别和运输底物提供了结构基础。清华大学隋森芳团队对分子质量高达16.8MDa的藻胆体近原子分辨率的结构重构，确定了色素分子的分布，揭示了新的能量传递途径。清华大学杨茂君团队和饶子和团队分别对线粒体内膜上电子传递链超级复合物的结构研究，直观展示了呼吸链复合物的协同作用机制。中国科学院生物物理研究所柳振峰和李梅、章新政团队利用单颗粒冷冻电子显微镜技术，研究植物的光系统Ⅰ和Ⅱ型捕光色素复合体的高分辨结构，集中阐释了捕光和电子传递的调控机制。上海交通大学雷鸣团队解析了RNase P全酶的冷冻电子显微镜结构，揭示了tRNA 5′端前导序列的切割成熟机制。以上只是一部分代表性成果，我国科学家自2015年以来，应用单颗粒冷冻电子显微镜技术解析的高分辨率结构（分辨率优于4Å）已经达到268个，占国际同时期解析结构的15.5%。

2．在食品及其特殊材料领域中的应用 传统的冷冻样品制备中，生物样品溶液被滴加在多孔碳支撑膜上，然后进行迅速冷冻。在这个过程中，生物大分子非常容易吸附到气液界面，从而产生样品变性或者优势取向等问题，严重限制了高分辨率的结构重构。石墨烯具有高导电-热、背景噪音低等优势，这使它成为一种较为理想的冷冻电子显微镜支撑膜。英国MRC分子生物学实验室的Christopher Russo使用低功率等离子体表面修饰的方法，在石墨烯支撑膜上连接了多种化学小分子去结合生物样品。这种材料能够有效降低样品在拍照过程中产生的抖动，提高数据质量。清华大学王宏伟团队和北京大学彭海琳团队合作，对石墨烯表面进行化学氧化，并修饰生物亲和性分子，如Ni-NTA分子等，特异性地将目标生物大分子锚定在石墨烯表面，避免接触气液界面，从而降低生物样品变性的风险。德国马克斯-普朗克生化研究所的Jurgen Plitzko，以及美国加州大学旧金山分校的程亦凡和David Agard团队等利用氧化石墨烯支撑膜制备电子显微镜载网。因为氧化石墨烯表面含有羧基、环氧等官能团，所以具有天然的亲水性，对生物样品有一定程度的亲和力，并且可以降低样品的使用浓度。可以预计，石墨烯支撑膜的规模化制备工艺经过优化后，将会在冷冻电子显微镜技术中得到更加广泛的应用。

化学材料研究领域中，存在着大量的敏感以及性质活跃的软质材料，如MoS_2、电池材料等。这些材料很不稳定，在电子束照射下会快速降解，从而无法利用传统的电子显微镜技术进行结构分析。冷冻电子显微镜低剂量成像技术成功地应用在生物样品的结构解析研究中，充分证明了该技术能够有效降低电子束对样品的辐照损伤，最大限度地保留样品的结构信息，为软质材料的研究提供了新的研究思路和方法。斯坦福大学崔屹团队利用冷冻电镜技术成功观测到锂枝晶的原子分辨率的结构，首次揭示了锂金属的结构细节及其与固相电解质作用面的结构信息，并且还利用冷冻电镜技术成功降低了电子束对金属有机框架（MOF）的破坏，获得了高分辨MOF纳米颗粒的结构，阐释了MOF晶体生长和分子吸附/脱附的机制。康奈尔大学Lena Kourkoutis团队通过迅速冷冻液相电解液，解析了锂电池内部液-固作用界面的结构，并发现了两种构型不同的锂枝晶结构共存于负极，为理解锂枝晶的形成原理和电池能量损失机制提供了重要的结构基础。

四、核磁共振的原理和应用

（一）核磁共振的发展与原理

核磁共振（nuclear magnetic resonance，NMR）技术是近70年发展起来的波谱技术之一，作为测定化合物的化学组成、结构及其变化的重要分析手段。1945年，美国斯坦福大学的Block和哈佛大学的Purcell几乎同时发现物质的核磁共振现象，并因此获得1952年诺贝尔物理学奖。1953年，美国Varian公司率先研制出第一台30MHz连续波商用NMR波谱仪，开始应用于化学领域并不断推广。经过60多年的发展，NMR技术在理论上不断完善，随着高强超导核磁的出现，脉冲傅里叶变换和计算机技术的进步，NMR波谱仪的分辨率和灵敏度大大提高，使许多复杂化合物结构问题迎刃而解，NMR成为化学研究最有用的分析方法之一。现今，NMR技术广泛应用于食品化学、有机化学、生物化学、药物化学与高分子化学等诸多学科领域，成为研究工作中不可或缺的分析测试手段。

核磁共振是以原子核（如^{1}H、^{13}C、^{31}P核）自旋为探针，当这些原子核处在外在磁场中时，由于塞曼效应会引发能级裂分，若将一个交变的电磁场作用在位于磁场中的核自旋体系上，当交变场的能量等于塞曼能级差时会诱发原子核的共振跃迁。目前，NMR技术在食品研究中以氢核（^{1}H）、碳核（^{13}C）和磷核（^{31}P）为研究对象的较多。核磁共振技术经过 70 余年的发展，主要形成两个学科分支，即核磁共振波谱（nuclear magnetic resonance spectroscopy，NMRS）和核磁共振成像（nuclear magnetic imaging，NMI）。NMI 是从核磁共振波谱发展而来的一门学科，可以获得样品的质子空间分布信息，最先在临床医学应用于诊断软组织和器官病变。后来，NMI 逐渐应用于食品科学领域，如食品加工和储藏过程中水分的分布和迁移规律的研究。

NMR 技术根据分辨率的差异可分为高场核磁共振（high field nuclear magnetic resonance，HF-NMR）和低场核磁共振（low field nuclear magnetic resonance，LF-NMR）。HF-NMR 又称为高分辨率核磁共振，即磁场强度在 0.5T 以上的核磁共振。HF-NMR 主要用于物质的分子结构鉴定和化学性质分析，在食品科学领域主要用于活性脂质的结构、蛋白质的高级结构、活性糖类的结构、蛋白质与脂质的相互作用、蛋白质之间相互作用的研究。LF-NMR 又称低分辨率核磁共振，即磁场强度在 0.5T 以下的核磁共振。LF-NMR 通常用于物质物理性质的测定，在食品科学领域主要用于食品中脂质含量的检测，食品中水分含量及其存在状态等方面的研究。

（二）核磁共振的应用

1. 在食品质量检测中的应用 随着消费水平的提高，人们对食品品质的要求不断提升，特别是大米、面粉等主食产品及水果、水产品等，并且，食品的加工、储藏、运输过程也会对食品的最终品质有较大的影响。其检测分级主要是根据产品的生理特性、电学特性、光学特性、声学特性等来进行，目前使用的快速仪器分析方法有机械视觉、声学特性检测技术、生物传感器检测技术、近红外、拉曼光谱分析法、电子鼻法、声波检测和低场核磁等，以取代依靠常规化验或感官手段的检测工作。其中低场核磁作为一种新兴的检测手段，在检测过程中不受样品厚度、形状颜色、大小等影响，已广泛应用于粮油、水果、水产品等食品品质研究。

（1）粮食 稻米作为我国的主要储备粮种，储备量大，但由于其受外界环境影响较大，容易发生品质变化。例如，在高温、高湿条件下储存大米，不仅加快大米的陈化和霉变速度，而且致使酸度值上升、黏性值下降，甚至有的会携带霉菌毒素，即大米的品质劣变。低场核磁共振（LF-NMR）技术为科学家研究检测分析粮油食品在储藏和加工过程中的品质变化提供了新的思路，因其具有快速无损的特点，该项技术在大米品质的检测中具有巨大潜力。

宋伟等利用 LF-NMR 技术，基于 T_{21} 峰值时间的变化规律建立预测模型，可以较好地对储藏过程中粳稻米的硬度、黏着性变化进行预测，从而实现预测粳稻米质构的变化。邵小龙等利用 LF-NMR 技术，对不同年份和品种的籼稻的含水量、粗脂肪含量、直链淀粉、发芽率等理化指标和横向弛豫曲线进行测试，结果表明，使用低场核磁能够较好地预测稻谷储藏指标，协助保障稻谷储藏过程中的品质。姜潮等以不同地域的大米为 LF-NMR 检测对象，实现了不同地域的大米在主成分得分图上的区分，为大米的品种鉴定提供了新思路。

（2）水果 水果中含有丰富的碳水化合物、矿物质、微量元素等成分，营养丰富。随着消费水平的提高，人们对水果品质的要求也越来越高，水果按照不同的指标进行分级以增加附加值也是市场普遍现象，同时加工、运输、储藏过程对水果的品质也有较大的影响。LF-NMR 技术对水果内外部品质的检测具有无破坏性、快速、准确等优点，已广泛应用于水果品质的检测中。其借助 T_1、T_2、质子密度及扩散系数等参数，分析水果中水分等流动相及有机物的分布状态，掌握样品内部品质的变化，从而为果蔬的加工、储藏、品质评价提供数据依据。有研究者结合多种参数，如失重率、硬度、还原糖含量、可滴定酸含量及LF-NMR技术，研究了储藏温度对大平顶枣品质的影响，其中LF-NMR技术中的弛豫参数T_2较好地反映出大枣在不同温度、时间条件下储藏过程中水分的变化过程，与其他各个参数反映的结果一致。王娜等利用T_2弛豫数据信息结合理化分析，研究了不同处理方法脐橙在储藏过程中的品质变化，结果发现，脐橙腐败的主要影响因素为自由水分的生成大于自由水分的消耗，该方法可在预测不同处理方法的脐橙的储藏期和推测脐橙的腐败规律中发挥作用。金志强等通过测试弛豫参数T_1和T_2的变化来反映草莓储藏过程中水分的损失与腐败过程，探讨弛豫参数变化与草莓品质变化之间的相关性，实验表明草莓的腐败与水分的迁移及状态有较大的关系。

（3）水产品　LF-NMR技术在测定水产品中肌肉水分分布及流动性、乳化及凝胶特性、脂肪、蛋白质等反映水产品品质特性、加工储藏方式中有广泛运用。相比于常规的水产品品质评价方法，如感官评价、微生物检测和理化检测等，LF-NMR技术具有快速、准确、无损等优点，在水产品品质检测中有良好的应用前景。于勇等以新鲜南美白对虾为样品，利用LF-NMR技术，以弛豫时间T_2的变化为数据分析对象，研究了超高压和热处理两种食品加工技术条件下货架期内鲜虾品质的变化。卞瑞姣等利用LF-NMR测定秋刀鱼腌干过程中样品的水分存在状态来研究不同加工方式对货架期内秋刀鱼品质的影响，其通过分析结合水、不易流动水和自由水的弛豫参数和峰面积来反映秋刀鱼在腌制过程中的水分含量、水分活度及水分分布状态。

2．在食品加工中的应用

（1）焙烤　焙烤，又称为烘烤、烘焙，是指在物料燃点之下通过干热的方式使物料脱水变干、变硬的过程。焙烤食品品种多样，按生产工艺特点可分为面包类、饼干类、糕点类和松饼类。目前消费者对烘焙食品的需求呈现出高品位化、高质量化的趋势。焙烤食品中水分含量、水分的分布状态及水分活度是确定焙烤工艺的重要因素，对产品的口感、色泽及保质期有较大的影响，是焙烤食品品质的重要评判指标。在焙烤过程中，食品中的水分会发生流动迁移及流失，利用LF-NMR可以研究食品焙烤前后水分的分布状态、迁移特性及水与内部分子间的相互作用，分析影响产品烘焙品质的原因。

目前LF-NMR在焙烤食品的加工过程中也得到了一定的应用。李东森等利用不同裹粉制备油炸平菇产品，应用LF-NMR研究了其在烘烤复热过程中水分分布、迁移情况及产品的保水性能。有研究者利用LF-NMR技术对添加有不同水平内切木聚糖酶和阿拉伯胶的全麦面团进行了研究，探索导致全谷产品烘焙品质差的内在原因。LF-NMR在焙烤加工过程中的应用可利用其无损伤、无侵入及可重复测试的特点，进行在线监测设备的开发，在产品焙烤过程中实现动态可视化的监测。

（2）油炸　油炸是食品熟制和干制的一种加工方法，即将食品置于较高温度的油脂中，使其加热快速熟化的过程。油炸可以杀灭食品中的微生物，延长食品的货架期，改善食品风味，提高食品营养价值，赋予食品特有的金黄色泽及香酥脆嫩的特点。食品经过油炸后会发生较大的品质改变，对食品的色泽、硬度、口感和储藏品质等都有一定影响。因此，通过一定的方法探寻较优的工艺参数至关重要。利用LF-NMR可对食品油炸过程中的相关理化性质进行检测，可研究不同油炸温度对产品品质的影响。有研究者利用LF-NMR对油炸糯米糕进行了检测，并发现糯米糕油炸后各部位自由水及油脂呈规律性变化，得到了油炸糯米糕最佳食用的油炸温度。Chen 等利用 LF-NMR 研究了普鲁兰多糖对油炸过程中淀粉颗粒吸油性能的影响，并说明了 LF-NMR 分析法能准确地测定油炸淀粉体系的含油量。

（3）蒸煮　蒸煮食品是指通过蒸、煮等较低温度（100～200℃）的烹饪方式烹制的食品。在蒸煮过程中，不同的蒸煮温度和蒸煮方式会在不同程度上造成食品汁液的流失以及质地的改变，利用 LF-NMR 可对食品蒸煮过程的理化性质进行检测。Ling 等利用 LF-NMR 研究了同一小麦品种的鲜面条和干面条在沸煮过程中的水分迁移率，通过沸煮时间与弛豫峰面积比例以及横向弛豫时间的相关性分析发现面条水分迁移率与面条淀粉的糊化密切相关。Wan 等利用 LF-NMR 研究了不同蒸煮方式下大口黑鲈水分的迁移和分布，结果表明真空蒸煮可以更好地保持鱼的品质。

（4）干燥　干燥是从湿物料中除去水分或其他湿分的各种操作，其目的是使物料在储存、运输和使用过程中更为便利。在食品加工中，干燥是水分气化流失的过程，是生产果脯、肉干等干果制品的重要加工环节，是延长保质期的最常用方法。而热敏性较高的食品在干燥过程中易出现水分分布不均匀，导致食品表面硬化，影响食品品质。因此利用 LF-NMR 无损分析食品干燥过程中水分的分布及迁移，对食品中水分的变化规律进行监测，对提高食品品质及改善食品干制工艺具有重要意义。目前，LF-NMR 技术在食品的干燥工艺中的应用相对较多，是食品领域一个重要的研究方向。在食品的水分检测中，LF-NMR 是更为简便、准确的检测方法。Li 等在干燥苹果的加工中，对比了 LF-NMR 和差示扫描量热（differential scanning calorimetry，DSC）法两种方法区分结合水和自由水的能力，结果表明 LF-NMR 能更清楚地区分这两种水。

食品干制过程中水分的迁移会对产品品质产生影响，LF-NMR 参数可以作为评价干制食品品质的依据。Chen 等在采用不同干燥方法对大蒜片进行干燥，探索最佳干燥方法的研究中，采用统计学方法对 LF-NMR 参数进行了预测，分析结果表明 LF-NMR 参数与质量特性有较高的相关性。此外，还可以为食品干燥的动态控制提供依据，为干燥产业化生产工艺提供技术支持。渠琛玲等在研究微波干燥对小麦籽粒水分迁移的影响中，应用 LF-NMR 对小麦籽粒的微观水分变化进行检测。柯亚婕等利用 LF-NMR 研究了玉米粒在不同干燥温度下的水分分布及迁移，监测其变化规律，为玉米粒干燥的动态控制提供依据。此外，通过 LF-NMR 的分析结果与干燥过程中其他特性的数据结合可以构建相应模型。Li 等利用建立了介电特性与 LF-NMR 分析结果之间的关系，并表明 LF-NMR 能够预测山药片介电性能。

（5）冷冻　食品加工及储藏过程中常通过冷冻处理延长食品的保质期。食品冷藏期间技术参数的控制与品质息息相关，冻藏温度波动会对冻藏品品质产生两个方面的影响，一是反复冻融循环中造成的冰晶长大，二是水蒸气压力差作用下产生的干耗。利用 LF-NMR 可以研究温度波动、冻藏时间及蒸汽压差等对冷冻食品的品质影响，以探索最佳冷冻工艺参数。目前研究主要应用在冷冻肉类、水产品和果蔬等品质变化方面。朱迎春等应用 LF-NMR 研究不同包装方式及储藏温度下牛肉的保水性，探索最佳储藏方式，研究表明 LF-NMR 可以表征牛肉的保水性。梁钻好等采用液浸速冻方式冻结牡蛎，以−18℃静置冷冻、气流速冻、超低温冷冻作对照，通过 LF-NMR 测定冻结后解冻的牡蛎水分含量和分布，表征冷冻方式对牡蛎品质的影响。Chen 等应用 LF-NMR 技术对煮熟马铃薯在时间-温度循环过程中水分的分布变化进行测定，为马铃薯产品在工业冷链中的处理方法提供参考。此外，也用在水果保鲜活性膜的性能评价中。李洋洋等在制备保鲜樱桃的活性抗菌膜的研究中，应用LF-NMR考察樱桃内部水分状态的变化及其对品质的影响。Jiang等在开发桃保鲜活性膜的研究中，应用LF-NMR研究桃在冷藏保鲜过程中水分的状态，该方法为开发活性食品包装提供了有效参考。为了满足储藏需要，食品生产者常向冻藏食品中添加食品添加剂，利用LF-NMR可探索食品添加剂的种类和剂量对食品品质的影响。Carneiro等利用LF-NMR研究了三聚磷酸钠（$Na_5P_3O_{10}$）处理对冷冻虾水分状态的影响，并说明了利用LF-NMR信号来表征冻虾品质的可行性。Tan等应用LF-NMR作为快速监测技术，对冻藏过程中使用聚丙烯酸钠和异硅酸钠涂层的鱿鱼样品质量变化过程进行了监测。

3．在食品3D打印中的应用　食品3D打印是通过计算机图形数据生成所需目标形状的物体，运用3D食物打印机生产食品。凝胶的3D可印刷性与LF-NMR弛豫特性的相关性能够有效地预测凝胶的三维打印能力。Xu等利用LF-NMR分析了热诱导蛋黄糊中与蛋白质、水和脂肪有关的质子信号的分布和迁移率的变化，探索蛋黄适用于3D打印的热处理方式。Phuhongsung等在采用大豆分离蛋白进行食品3D打印的研究中，运用LF-NMR检测打印凝胶，结果表明，LF-NMR主峰弛豫时间［T_2（MP）］和峰面积（A_{22}）与流变性能有很强的相关性，而流变性能又与印刷性能有关。因此，通过LF-NMR检测研究T_2（MP）和A_{22}之间的相关性，可以预测材料的3D打印能力。

主要参考文献

丁玲，唐艺华，张丽芬，等．2022．花生蛋白-果胶复合乳液凝胶的流变学特性和微观结构．食品科学，43（16）：46-52．

丁美彤，李超，臧清露，等．2021．面包用小麦粉的流变学特性及其改良方法综述．现代面粉工业，35（1）：20-24．

李琴梅，刘晓毅，朱雨薇，等．2015．基于激光粒度仪的回收油脂鉴别研究．食品安全质量检测学报，（9）：3350-3354．

卢预典．2019．冷冻电镜三维重构技术对生物大分子的研究意义与应用展望．中国石油和化工标准与质量，39（8）：176-178，180．

罗晓晶．2018．扫描电镜的发展及其在医药领域的应用．山东工业技术，（4）：22．

莫晓山，冯旭，杨乐．2014．纳米激光粒度仪在生物药品团聚物测试中的应用．化学分析计量，23（5）：55-57．

沈少伟．2008．基于散射原理的激光粒度测试仪研究．长沙：国防科学技术大学硕士学位论文．

王绍清，王琳琳，范文浩，等．2011．扫描电镜法分析常见可食用淀粉颗粒的超微形貌．食品科学，32（15）：74-79．

王铁胜．2021．利用光学显微镜可以观察到多小的物体．上海交通大学学报，55（S1）：110-111．

韦越．2020．阿拉伯木聚糖玉米纤维胶的改性及乳液稳定性和界面流变学研究．上海：上海交通大学博士学位论文．

吴赵龙，毛有东．2017．冷冻电子显微镜：生物大分子精细结构分析的利器．科学通报，（36）：4208-4212．

周莉，陈梦，段玉清，等．2018．慈姑浓缩汁流变学特性研究．食品工业科技，39（14）：34-38．

Barden L, Vollmer D, Johnson D, et al. 2015. Impact of iron, chelators, and free fatty acids on lipid oxidation in low-moisture crackers. J Agric Food Chem, 63(6): 1812-1818.

Chandran R, Williams L, Hung A, et al. 2016. SEM characterization of anatomical variation in chitin organization in insect and arthropod cuticles. Micron, 82: 74-85.

Ghafouri-Oskuei H, Javadi A, Saeidi-Asl M, et al. 2022. Mechanical attributes, colloidal interactions, and microstructure of meat batter influenced by flaxseed flour and tomato powder. Meat Science, 187: 108750.

Kim T K, Lee M H, Yong H I, et al. 2021. Impacts of fat types and myofibrillar protein on the rheological properties and thermal stability of meat emulsion systems. Food Chemistry, 346: 128930.

Lanza B, Diserio M G. 2015. SEM characterization of olive (*Olea europaea* L.) fruit epicuticular waxes and epicarp. Scientia Horticulturae, 191: 49-56.

Li X, Bi J, Jin X, et al. 2019. Characterization of water binding properties of apple pectin modified by instant controlled pressure drop drying (DIC) by LF-NMR and DSC methods. Food and Bioprocess Technology, 13(2): 265-274.

Ling X, Tang N, Zhao B, et al. 2020. Study on the water state, mobility and textural property of Chinese noodles during boiling.

International Journal of Food Science & Technology, 55(4): 1716-1724.

Marty S, Schroeder M, Baker K W, et al. 2009. Small-molecule diffusion through polycrystalline triglyceride networks quantified using fluorescence recovery after photobleaching. Langmuir, 25(15): 8780-8785.

Palovcak E, Wang F, Zheng S Q, et al. 2018. A simple and robust procedure for preparing graphene-oxide cryo-EM grids. J Struct Biol, 204 (1): 80-84.

Qiao C C, Tian X H, Wang L X, et al. 2022. Quality characteristics, texture properties and moisture migration of fresh brown rice noodles under different storage and temperatures conditions. Journal of Cereal Science, 104: 103434.

Quintero J, Torres J D, Corrales-Garcia L L, et al. 2022. Effect of the concentration, pH, and Ca^{2+} ions on the rheological properties of concentrate proteins from quinoa, lentil, and black bean. Foods, 11(19): 3116.

Ravindran A, Kiran G, Selvin J. 2022. Revealing the effect of lipopeptide on improving the probiotics characteristics: Flavor and texture enhancer in the formulated yogurt. Food Chemistry, 375: 131718.

Ufheil G, Escher F. 1996. Dynamics of oil uptake during deep-fat frying of potato slices. Food Science and Technology-Lebensmittel-Wissenschaft & Technologie, 29(7): 640-644.

Wan J, Cao A, Cai L. 2019. Effects of vacuum or sous-vide cooking methods on the quality of largemouth bass (*Micropterus salmoides*). International Journal of Gastronomy and Food Science, 18: 100181.

Wang F, Lyu J, Xie J, et al. 2023. Texture formation of dehydrated yellow peach slices pretreated by osmotic dehydration with different sugars via cell wall pectin polymers modification. Food Hydrocolloids, 134: 108080.

Wang Y H, Zhang Y R, Yang Y Y, et al. 2022. Effect of wheat gluten addition on the texture, surface tackiness, protein structure, and sensory properties of frozen cooked noodles. LWT-Food Science and Technology, 161: 113348.

Zhang J, Ma J, Liu D, et al. 2017. Structure of phycobilisome from the red alga *Griffithsia pacifica*. Nature, 551(7678): 57-63.

第三章　食品感知研究

对食品的感知不仅决定了消费者对食品的接受程度，还影响着食品的生产、研发和营销。本章将结合最新科学认识，从营养学、心理学、神经生理学的角度介绍对食品的生理感知、心理感知、生物学基础，以及食品成分感知测定的常见分析仪器及手段；同时介绍食品整体感官评价的统计学方法，为食品感知研究提供理论支持和实践指导。

第一节　食品生理感知

食品生理感知是指人们通过感官系统对食品的各种物理和化学属性进行感知和评价的过程。本节深入剖析了食品生理感知的多个维度，包括咀嚼特性、气味、滋味和视觉分析。探讨了咀嚼过程中食品的物理变化及其对感官体验的影响，介绍了质构仪等仪器在食品咀嚼性评价中的应用。同时，分析了气味检测技术，如电子鼻的使用，及其在食品风味评价中的作用。滋味部分则涉及基本味觉的识别和电子舌技术的应用。最后，讨论了食品视觉特性的分析方法，包括色差仪和计算机视觉技术，以及它们在食品质量控制和消费者体验中的重要性。本节内容为食品生理感知研究提供了全面的理论和实践指导。

一、咀嚼特性的分析方法与应用

（一）咀嚼的概念

咀嚼是一项复杂的口腔处理过程，涉及物理和化学等多项因素，在人咀嚼食物的过程中，会产生一系列的变化，包括食品的变形、流动、混合、唾液水解，有时还会改变温度、大小、形状以及食物颗粒的粗糙度。咀嚼系统主要包括咀嚼肌、颞下颌关节、颌骨、牙齿、牙周组织及相关的神经系统和血管系统，这些不同的结构、组织和功能单位都会对咀嚼产生重要的影响，从而影响咀嚼效能，这些过程都是因为人类感官具有极强的敏感性而被感知，很难用仪器来进行测定。但感官分析同样存在着不足，因其得到的是一个综合性状，其评价也多属于偏爱型感官分析，评价员易受到环境、个人嗜好、品味等不稳定因素的影响，从而导致评价过程中产生偏差或误差。为了克服主观评价的缺陷，现代一些快速、科学、客观的感官分析仪器和其他分析技术得到了迅速发展，应用仪器测定食物摄入口腔时的咀嚼效能被提上议程，弥补了感官评价主观性强、可比性差等方面的不足。

（二）质构仪在食品咀嚼性评价中的应用

质构仪可直接测定食品的多个物理特性，结合压缩模式、剪切模式、穿刺模式及拉伸模式等对食品的咀嚼性进行分析。质构分析因其快速、简便在食品品质分析中被广泛应用。在肉制品品质评价中，通过质构仪分析咀嚼性和剪切力，发现水分含量和活度影响鱿鱼片质地。生肉新鲜度监测主要依赖咀嚼性和硬度指标。面制品加工中，质构仪被用于分析面团和焙烤品的咀嚼性。果实质构测定中，质构仪能反映苹果果肉变化，果肉黏着性与硬度等参数负相关，凝聚性与咀嚼性正相关，量化了苹果品质变化。

（三）仿咀嚼的检测方法及应用

1. 咀嚼机器人 咀嚼机器人是用机器人来模仿人的咀嚼过程，它可以高度模仿人类咀嚼过程中的动作并将咀嚼过程中采集到的信息（咀嚼力大小、咀嚼速度的快慢、振动频率的高低）进行分析，是应用于牙科培训评估、食品评估和轨迹规划、感知系统，一个集实时控制系统及生物模拟于一体的仿真系统。

在咀嚼仿生机器人方面，国外比较典型的机构是日本早稻田大学学者研制的 WY 系列咀嚼机器人，其主要功能是辅助医学中咀嚼实验研究工作和帮助咀嚼障碍的患者进行康复训练。其设备自发明以来已经经历了多个版本，图 3-1 所示是其经过多次改良后的 WY-5RV1 治疗型机器人，这个型号的机器人不仅能够实现六自由度的咀嚼仿生动作，还能在治疗过程中扩大颌部牵引范围且能实时监测反馈治疗效果。临床使用之后，经过统计，接受治疗的患者的实际使用效果表明 WY-5RV1 治疗型机器人具有操作简便、可靠性高、模拟效果真实和实时监控等优点。在义齿材料检测方面，2007 年，英国布里斯托大学的 Alemzadeh 等利用了典型的 Stewart 并联机构平台设计了适用于义齿材料测试仿下颌咀嚼机器人（图 3-2），其可以实现义齿变形、疲劳、磨损等方面的测试和分析。2010 年，Xu 团队设计了如图 3-3 所示的仿下颌机器人，其主要功能是模拟咀嚼动作检测食品质地，其中的每个执行器都表示人类的一个咀嚼肌肉组，通过对现实中人类咀嚼过程中肌肉组织的运动状态分析，确定每个执行器的位置参数和运动轨迹，实现了对人类咀嚼过程中咀嚼肌肉运动的模拟。国内孙钟雷等分析了下颌运动的机制，研制了仿下颌咀嚼运动的样机（图 3-4），针对此样机开发了一款收集咀嚼食物过程中样机获得的质地参数的系统，由于此样机的自由度有限，并不能完全模拟人类咀嚼行为，但是对食品质地检测这个行业的进步具有较大的贡献。国外学者制造出了与人体相似程度较大的机器人结构，每个接头都是由钢珠髁、聚四氟乙烯关节盘、髁外壳组成的，并开发出了咬合力和下颚运动传感器，该传感器具有很高的灵敏度和线性相关性。梅西大学研究了咀嚼机器人，但是无法实现模仿人类在食品咀嚼时所要求的下颌运动和咬合力。

图 3-1 WY-5RV1 治疗型机器人

（引自王倩竹，2014）

图 3-2 仿下颌咀嚼机器人测试

（引自韩敬虎，2016）

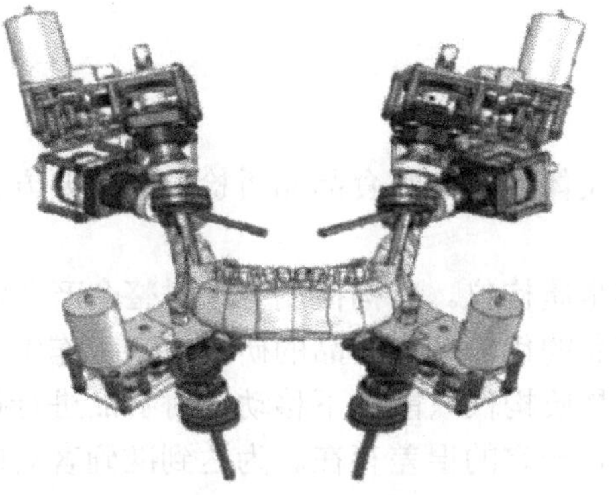

图 3-3　仿下颌机器人（引自 Xu et al., 2008）

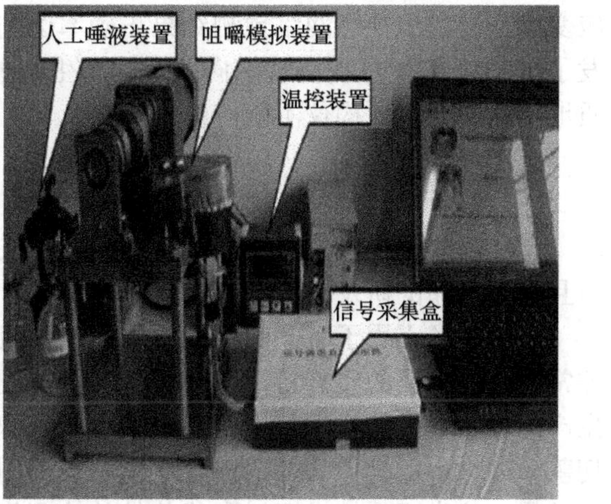

图 3-4　仿下颌咀嚼运动机器人（引自孙钟雷，2012）

2．人工口腔装置　人工口腔装置是模拟人的口腔的生态环境，包括细菌数量及种类、温度高低、牙体组织、pH、唾液等，现已被广泛用在人工龋齿和牙周病等评价方面。朱敏等对人口腔环境进行模拟，建立了由人工唾液罐、TSB 营养罐（含胰蛋白酶大豆肉汤）、蠕动泵、牙釉质片、培养罐、废物罐、CO_2气体罐和 LKB（LKB Produkter AB）液相层析系统箱组成的人工口腔装置模型，并通过单菌和双菌菌斑形成，活菌计数和牙釉质硬度测试验证了该口腔模型的可行性，而且该模型具有自动化程度高、操作简便、与人类口腔相似程度高等特点。Poinot 等通过人工口腔模拟装置对面包的挥发性气味进行分析，发现人类咀嚼和空气抽提法产生的气体成分是不一样的，对面包挥发性气体的抽提有重要影响的因素是唾液。

3．仿生咀嚼质构仪　仿生咀嚼质构仪是通过模拟人类咀嚼运动和口腔环境，对食品质地进行评价的装置。目前食品质地评价方法主要为仪器测量法，该方法实施过程中易受外界环境影响，且实施环境与人类口腔实际生理状况有差异，最终导致测试结果精度低、不稳定。因此，为提高食品质地评价的准确性，模拟口腔实际环境，人们研制及优化了仿生咀嚼质构仪。仪器测量法多通过食品质构仪进行测定，采用圆柱形或楔形压头对食品挤压得到的应力-应变曲线进行质地评价，这与人类牙齿形态特征相差较远，很难获取接近人类感受的食品质地结果。因此，优化质构仪压头，使其更接近人类牙齿的形态特征，对准确获取食品质地特性具有重要意义。陈莉等提取了人类咀嚼过程中咬肌肌电图的特征值，质构结果表明仿齿压头第一次压缩做功与咬肌活动量、硬度与咬肌信号峰值的相关系数分别为 0.866 和 0.934，均大于圆柱形压头的 0.740 和 0.709，其质地特性密切程度比圆柱形压头高 9.3%，破碎能力也优于圆柱形压头。

通过仿生咀嚼质构仪对具有代表性质地的食品进行质地测试，将其质地评价结果与感官评价结果、食品质构仪评价结果相比较，可以评估该装置的仿生性、可靠性及稳定性。Meullenet 等的设计能通过调节金属柱和球型接头来调节下颌高度、倾斜和转动角度，最大咀嚼力为 150N。峰值力（h_1）是预测奶酪感官硬度的最优指标，仿生咀嚼质构仪的 h_1 为 0.83～0.97，该装置在评估食品硬度方面具有可靠性。杨杰利用拉伸弹簧系数不同（5～70N/mm）调节驱动力，与感官评价的硬度、脆性、弹性、内聚性、咀嚼性的相关系数分别为 0.998、0.992、0.995、0.986、0.997，均显著相关。刘爱阳开发的牛肉嫩度快速检测系统能够获取不同嫩度牛肉的应变值，自组织神经网络预测结果正确率达到 95%，可用于牛肉嫩度的等级评定。Lee 等开发了以肌腱-弹簧机构实现双向驱动的仿生咀嚼质构仪，能够获取饼干的脆性和果冻的弹性等质地特性，但该质构仪不能持续咀嚼。

（四）小结

食品咀嚼性的检测与评价具有重要的意义，不仅体现在其是食品品质检验的重要方面，而且也是食品的研发设计的参考依据。

目前市场上用于食品咀嚼性质检测的主流仪器是质构仪。质构检测工作对整个产业链都非常重要。食品的质构特性在很大程度上体现了产品的优势，在产品的研发生产工作中，对生产过程中食品的质构特性有一个清晰的认识。但是质构仪只能上下移动来对食品进行挤压切割，同时不能模拟人类的口腔环境，故检测结果有一定的误差存在。为达到准确客观的评价效果，仿生咀嚼技术可以取代传统的检测仪器，包括仿生咀嚼机器人、仿生咀嚼质构仪、人工口腔装置等，但仍处于发展阶段。仿生咀嚼技术可以如真人一样进行咀嚼活动，根据人体下颌这种复杂的运动特点研制而成，它能直观地还原人类下颌运动形式，应用于各个领域，其可以模拟真实的口腔环境，这样对食品物性的检测结果更准确、更客观；揭示人类咀嚼运动的机制，开展食品物性的仿生检测方法研究，可以实现食品质地的快速、客观、准确、类人的评价，在食品工业快速发展中具有广阔前景。

二、气味的检测方法与应用

（一）电子鼻的发展概况

通常来说，食品风味是指一种通过味觉、嗅觉及化学感受检测到的一部分食物在口中的综合感觉，而食物的香气可以被认为是挥发性化合物进入人体嗅觉系统的鼻部时检测到的一种特定的感官特征，它可以被嗅觉检测器的受体检测到。传统上，风味是使用各种感官测试分析的食品的主要特性之一。在感官科学的初期，对食物感官特性的评估主要是通过使用由 Peryam 在 1952 年开发的九点享乐量表完成，这需要一组训练有素的人类感官评估员。这种形式的感官分析可能会受到训练较少或专业性不够的小组成员的主观性、嗅觉感受器和味蕾的敏感性的影响，因为嗅觉和味觉会随着年龄而变化，在某些情况下，还会随着性别和生活方式活动（如吸烟）而变化。

由于上述及其他影响因素的存在，如培训专业评估员、制定问卷和评估小组成员的报告所需的大量工作等，Persaud 等创造出可以用于区分不同食物香气的快速香气传感机器，并且命名为电子鼻（electronic nose）。1994 年，Gardner 等将电子鼻一词正式定义为“电子鼻是由一种有选择性的电化学传感器阵列和适当的识别装置组成的仪器，能识别简单和复杂的气味”。与此同时，他们还将电子鼻系统模块化成两个模型：传感器和信号处理电路。2001 年后，Tang 等提出了一种细粒度的电子鼻，包括传感器阵列、读出接口电路、气体识别电路，与 Gardner 的工作相比，Tang 提出的电子鼻框架更有效，因此后来被广泛采用。

虽然 Tang 提出了更好的电子鼻框架，但仍然无法满足市场的便携性和实时检测能力等要求。正如 Gardner 等所指出的，电子鼻需要从体积大、价格昂贵、耗电的仪器发展为便携式、低成本和低功耗的功率设备。为了设计这样的电子鼻系统，研究人员通常专注于 3 个主要部分：传感器阵列、读出接口电路和气体识别电路。近十年，人们为了提高电子鼻的灵敏度和选择性，开始使用新型纳米材料来制造更高效的新型传感器。

（二）电子鼻的工作原理

电子鼻系统由气体采集流向控制系统、气敏传感器阵列、信号预处理系统和模式识别子系统 4 部分组成，外观如图 3-5 所示。电子鼻的工作原理是基于人类鼻子的工作原理，通过传感器阵列产生独特的气味特征，即所谓的指纹，可用于检测和区分化学性质不同的分析物，这些基于交叉响应传感器元件的系统旨在通过产生每种气味独特的复合响应来模拟哺乳动物的嗅觉系统。电子鼻中存在的嗅觉细胞的传感器阵列分析样品的挥发性成分，然后将信号发送到模拟大脑功能的模式识别系统。通常，电子鼻是由一组传感器、电子元件、泵、空调、流量控制器等和用于硬件监控、数据预处理和统计分析的软件所组成。作为分析仪器，这些系统必须具有高重复性和再现性以供长期使用。

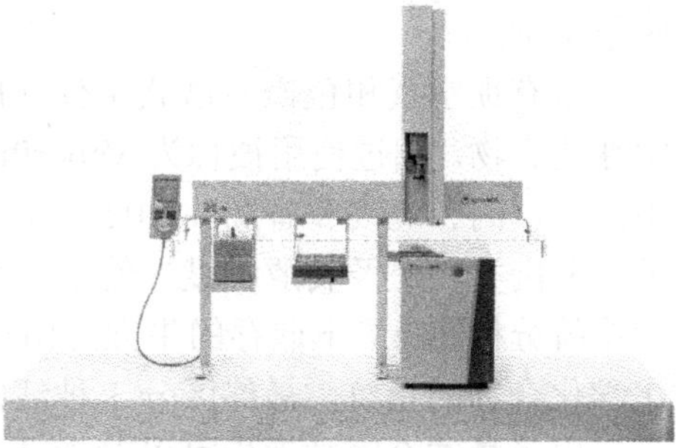

图 3-5　电子鼻外观图

电子鼻的工作也可简单归纳为：传感器阵列－信号预处理－神经网络和各种算法－计算机识别（气体定性定量分析）。从功能上讲，气体传感器阵列相当于生物嗅觉系统中的大量嗅感受器细胞，神经网络和计算机识别相当于生物的大脑，其余部分则相当于嗅神经信号传递系统（图 3-6）。

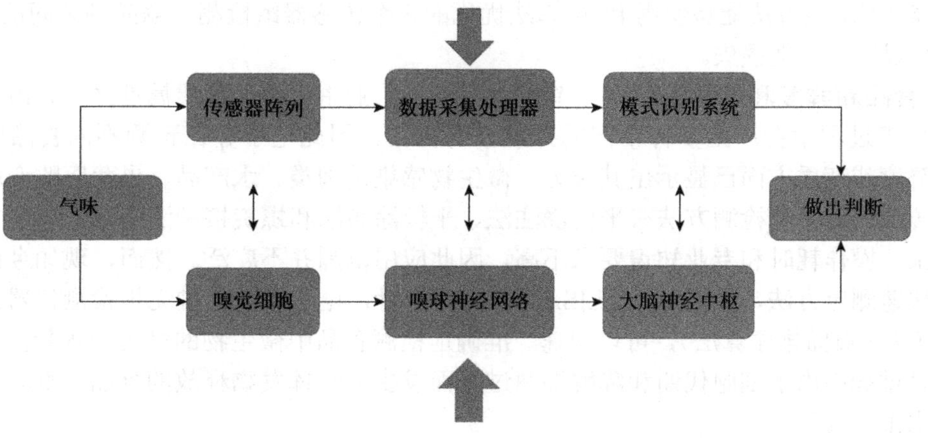

图 3-6　电子鼻对气味的识别过程

电子鼻技术作为食品中挥发性物质气味的一种无损检测技术，在食品行业得到了广泛应用，也逐渐扩展到纺织、生物医学诊断疾病、微生物发酵、环境监测、农业和林业、海关安全和军事领域。电子鼻以实现高效、实时、低训练成本为目标，兼具对各类食品腐败状态的精准识别能力和对变化条件的强适应性等优势，使其在食品领域的开发和应用前景广阔。以下内容旨在介绍对电子鼻的食品的种类和来源等特征进行区分、食品新鲜度和质量评估方面的应用进展。

（三）电子鼻在食品中的应用

1．用于区分食品的种类和来源等特征 气味是食品质量感官评价的重要嗅觉参数。通过对一些具有特定气味特征的挥发性有机物（volatile organic compound，VOC）的检测，可以确定生鲜食品的种类、来源和加工方式。电子鼻系统在食品分类中的应用非常广泛，因为它具有快速、稳定检测分析挥发性有机物的能力。在新鲜食品真实性评估的应用中，许多文献都报道了根据地理来源、基因类型和个体含量来区分肉、鱼、奶酪、谷物、香料的成功应用案例。

带有顶空气相色谱质谱联用仪（HS-GC-MS）的电子鼻能够用于分析肉类和肉制品的挥发性化合物。通过使用被称为 VaporPrint™ 的视觉气味模式，电子鼻成功地识别和区分猪肉、牛肉、羊肉、鸡肉和香肠。2015 年，Haddi 等开发了一种快速的和客观的电子传感系统，用于区分肉类种类及腐败程度。使用 6 个传感器组成的电子鼻系统和 7 个工作电极形成的电子舌系统分析在 4℃下储存的牛肉、山羊肉和绵羊肉的顶部空间，进而分析 3 种肉类样品的电化学化合物的指纹，最终区分 3 种红肉，并确定冷藏天数。

电子鼻结合嗅觉评价可以对食品原材料进行鉴别，利用主成分分析（principle component analysis，PCA）和判别因子分析（DFA）的判别模型，可以确定河鲀的种类、地理来源和年龄。具有不同气体传感器的电子鼻具有不同的应用。由 8 种不同金属氧化物气体传感器组成的电子鼻可以用来区分 3 种不同的鱼类：竹荚鱼、鳀鱼和鳕鱼。研究者们给予了每个大蒜品种不同的半导体气体传感器阵列响应模式，并使用二维 PCA 算法对其进行分析。与原始的 8 个传感器相比，该方法能够使用 PCA 算法优化的 5 个传感器组检测大蒜品种之间的差异，而没有任何显著的性能损失。

2．食品新鲜度和质量评估 新鲜度是食品工业中重要的品质属性之一，由于在食品储存或加工过程中会产生多种不同的挥发性有机物，因此电子鼻在预测不同食品原料和产品的新鲜度或变质方面已显示出其潜力。微生物感染是肉类、水产品、果蔬腐败变质的主要因素。传统的微生物检测方法有平板浇注法、平板涂布法和螺旋接种法等，但这些方法由于操作复杂、操作耗时和专业知识要求不高，因此应用范围并不广泛。然而，现如今已经涌现了许多快速测定方法，如 PCR、ELISA 和 DNA 探针。电子鼻是一种无损检测仪器，具有多种 PR 算法（页面排序算法），可以快速、准确地检测食品中微生物的种类和含量，尤其是对于在储存过程中由于细胞代谢和降解细菌过程而发生大量挥发物释放的食品，如鱼、肉、蛋、牛奶、水果和蔬菜。

为了在冷藏条件下自动、快速、准确和客观地对鱼的新鲜度进行分类，研究者们开发了一种使用 7 个金属二氧化气体传感器的电子鼻来检测鱼的挥发物的检测方法。他们发现，新引入的超磁盘模型最大余量优化分类器可以达到 100%的正确率，因此有望应用于工业鱼类的腐败诊断。

通过应用 3 种不同的数据识别算法，电子鼻还可用于检测和分类水果样品中农药残留。为了对苹果样品上的这些农药残留进行分类和分析，将 PCA、线性判别分析（LDA）和支持向量机（SVM）结果与传感器输出响应相结合，实现金属氧化物半导体（MOS）传感器阵列数据可视化。结果表明，3 种数据识别算法均能准确识别苹果样品中的农药残留，其中

PCA 算法表现出最好的分类和判别能力。

上述实例充分表明各样品组之间通过电子鼻能够进行有效区分，能识别简单和复杂的气味，可得到与人的感官品评相及 GC-MS 等仪器一致的结果。与此同时，电子鼻相比其他仪器，响应时间更短、检测速度更快，随着科技的进步与发展，电子鼻将会有更广阔的应用前景。

（四）小结

以上介绍了基于电子鼻的智能嗅觉技术在区分食品的种类和来源等特征、新鲜度和质量评估方面的主要应用。电子鼻可应用于肉类、水产品、果蔬、奶制品甚至香料中，可见其在食品行业的应用是如此广泛。当电子鼻与其他检测方法或仪器相结合时，只要食品的质量与其挥发性风味有关，就可以在食品检测中以高性能、快速、准确地鉴别出该食品的质量。在食品行业，尤其是生鲜食品方面，基于电子鼻的智能异味检测系统监测易腐烂食品的保质期，为消费者提供新鲜、安全的食品，这一应用极具发展前景。

虽然电子鼻在食品中应用广泛，但其性能仍然存在局限性，包括漂移、环境大气影响、传感器冗余、选择性和信噪比及响应和风味之间适当的数学关系的选择。然而，这些问题可以通过升级气味检测系统来解决，与此同时，升级气味检测系统和 PR 自身的系统可以更彻底地提高电子鼻的性能稳定性和适用范围。除了扩大智能嗅觉系统的应用范围外，还应考虑如何降低电子鼻仪器的体积、成本和操作过程的复杂性。总之，随着仪器科学和计算机科学的不断发展，未来基于电子鼻智能嗅觉系统的应用将会更加广泛。

三、滋味的检测方法与应用

味觉是人体的基本感觉，同时味道的优劣更是食品感官评价中最基本的品质判定指标。一般认为人体有 5 种基本味觉：酸、甜、苦、咸、鲜，其他的味质组成包括辣味和涩味，其中辣味与疼痛感有关，而涩味是触觉神经对口腔蛋白质受到刺激后发生凝固产生的收敛感。

对食品的感官及品质评价一开始是通过专业的品评人员严格按照感官品评原则对样品进行品鉴后打分实现的，但是这种操作方法存在以下一些局限性：①由于各种人为因素，感官分析需要耗费大量的人力、财力、物力，且时间周期较长，主观（取决于相关人员的专业敏锐度）不一致和不可预测，并且需要一个熟练的评估员小组；②此外，人脑会对长时间品尝同样的食品产生疲乏性，导致实验误差；③品评人员只能对安全的可食用的食品做出品质评价，而无法判定未知其危害性、毒性的产品的相关指标；④人工品评主观因素较大、重复性差、适用范围小，难以满足食品工业化大生产的需求。

为了解决上述问题，更是随着大众对快速、准确、方便、智能检测的社会需求的发展，电子舌、电子鼻等智能仿生系统在近些年纷纷兴起。电子舌作为其中便捷高效且发展迅速的智能检测系统，愈发地受到人们的关注，其中电位型和伏安型电子舌已商品化。

下文主要对电位型和伏安型电子舌及其在食品中的应用进行介绍。

（一）电子舌的工作原理

电子舌（electronic tongue，ET）是一种新型分析测试设备，它利用具有非特异性、弱选择性、高度交叉敏感特性的多味觉传感器阵列检测液体样品，通过信号采集处理、模式识别分析，以样品整体品质信息作为输出的设备。由其定义可以看出，电子舌主要由 3 部分组成：

传感器阵列、信号采集系统和模式识别系统。

传感器阵列由不同材质或不同修饰方法的多个传感器构成，传感器之间存在交互敏感性，即一个传感器能够感受多个物质，同一物质可以被不同的传感器感受到；信号采集系统能够收集传感器阵列信息，并将其以电信号的形式储存在计算机中；模式识别系统以数学算法为手段，模拟人脑的运算方式，分析、处理收集到的信号，并将其转化为样品整体特征属性。模式识别的主要方法有主成分分析、聚类分析、人工神经网络分析和混沌识别等方法。

电子舌输出的不是液体中一类或者几类物质的定性和定量结果，它反映的是液体的整体特性。最早的电子舌设备是由模仿味觉识别机制的传感器阵列组成，在食品领域用于风味的研究，后来更多的电子舌被开发用于食品的分类鉴定。广义的电子舌不仅是作为液体样品味觉属性的测定设备，它还被应用于其他的领域，如在环境领域对水的软硬度、重金属离子含量进行评价，在液体样本中对微生物污染进行评价，以及中药的苦度测定等。

（二）人体味觉系统

人的味觉的产生主要依靠舌头、上颚、咽部黏膜处的味蕾中的味觉细胞。味觉细胞分为 3 类，包括胶质样细胞（Ⅰ型）、甜/苦/鲜味觉察细胞（Ⅱ型）和酸味受体细胞（Ⅲ型）（图 3-7A）。所有三种细胞均源自 $K5^+/K14^+$细胞，它们形成低水平 β-联蛋白中所有 3 种味觉细胞类型的前体 Shh^+基底细胞（图 3-7B）。哺乳动物的平均味觉细胞寿命通常为 8～12d，啮齿类动物的平均味觉细胞寿命为 10～14d，尽管不同类型的味觉细胞显示出不同的寿命。一些味觉细胞通过味觉受体传递味觉刺激，然后产生第二信使，而另一些味觉细胞则允许刺激物被运输到细胞质中以直接激活下游反应。目前研究最多的味觉细胞是Ⅱ型味觉细胞，它们负责感知苦味、甜味和鲜味，并使用 G 蛋白偶联受体（G protein-coupled receptor，GPCR）与第二信使信号机制相结合来传递味觉信号。酸味和咸味刺激被认为使用离子通道进行信号转导。

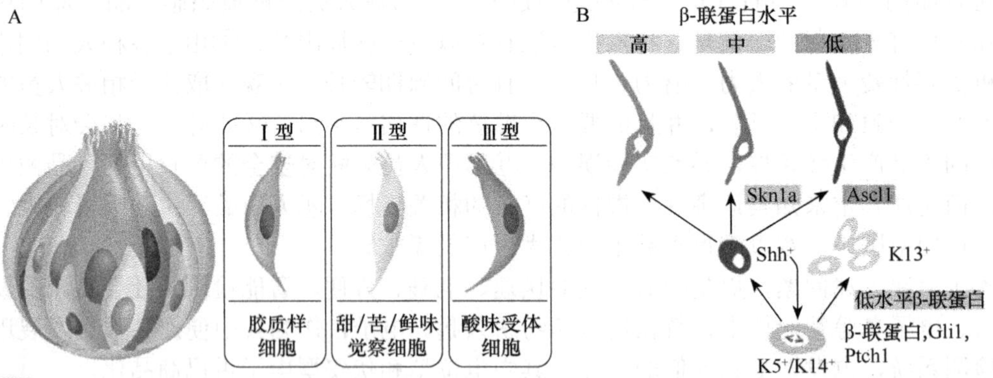

彩图

图 3-7 味蕾中的味觉细胞类型（引自 Liu et al.，2022）

A．不同细胞类型的示意图；B．干细胞更新：$K5^+/K14^+$细胞产生的味觉细胞形成低水平 β-联蛋白中味觉细胞类型的前体 Shh^+基底细胞

食物经过咀嚼后，有味物质在唾液中分解，小分子物质通过味孔与味觉感受细胞作用，由此产生一系列化学信号和电信号。通过味觉传入神经、更高级的神经中枢，味觉信息进入大脑皮层进行深度加工处理，由此得到对食物的最终感受。味蕾的一个味觉感受细胞只能识

别一种味感，但每个味觉神经纤维的分支可与多个味蕾的多个味觉细胞连接，所以其可接收多个不同味觉细胞的信号，表达多种味觉感受。味觉细胞表面覆盖有双层类脂膜，当类脂膜吸收有味物质时，其膜电位发生改变。不同的味觉细胞有着不同的特性，对同一物质或是不同物质产生不同的输出信号，即电脉冲。

（三）电子舌系统

电子舌主要由味觉传感器阵列、信号采集系统、模式识别系统3部分组成，它是通过模拟人体的味觉系统对产品品质进行检测的智能仿生系统，示意图如图3-8所示。

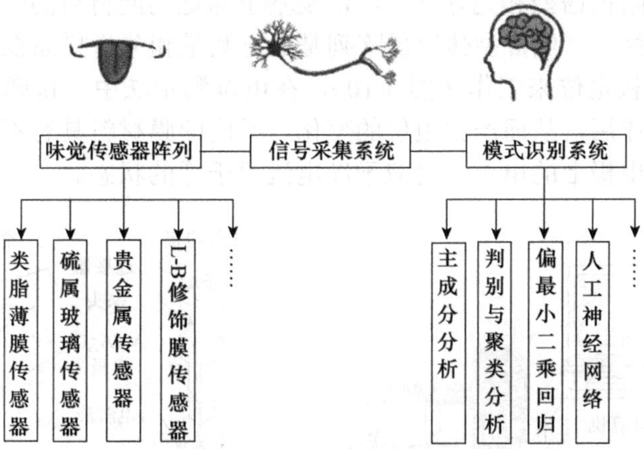

图3-8　电子舌的工作原理示意图（引自黄嘉丽等，2019）

电子舌的各组成部分在人体味觉系统中都可找到与之对应的模块（图3-9）。味觉传感器阵列模拟味觉感受器；信号采集系统模拟接收、传递信号的神经纤维和神经中枢；模式识别系统则模拟人体大脑。信号采集系统能够接收味觉传感器阵列采集的电信号，对信号进行放大、降噪等处理，使得到信号更加清晰准确，再经A/D转换转化为计算机能识别的数字信号，并将数据存储在计算机内，以便进一步处理。例如，8通道（8chan）离子分析仪可以同时进行8种离子的在线测量。

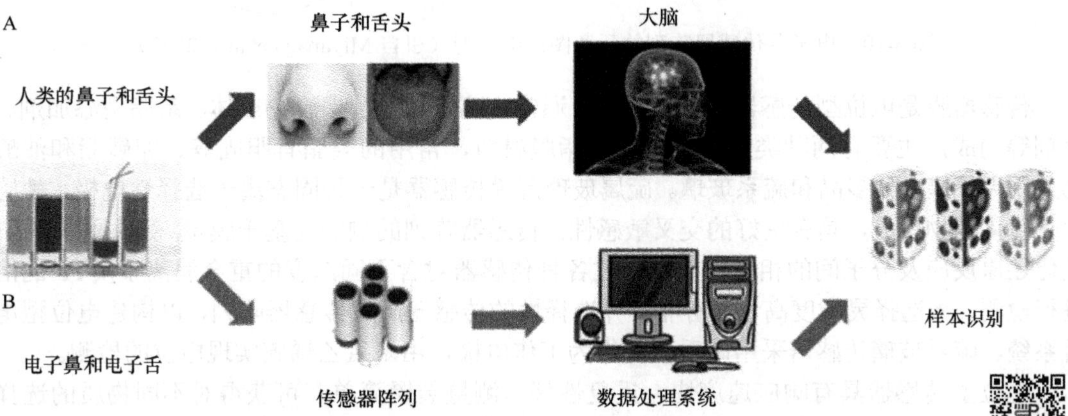

彩图

图3-9　味觉与电子舌的操作原理比较（引自Śliwińska et al.，2014）

A．人类鼻子和舌头→大脑→识别；B．电子鼻和电子舌→传感器阵列→数据处理系统→识别

模式识别系统即模拟人脑的运算方式，以数学算法为手段，使用不同的模式识别方法，对由电信号转化的数字信号进行处理，将其转化为样品整体的特征属性。此外，需比较其数据分析结果，针对不同的实验对象，寻找出处理能力最优的方法，以此作为该样品的检测分析方法。模式识别方法主要有统计模式识别方法（如主成分分析、聚类分析、判别分析等）、人工神经网络分析法（如 BP 神经网络、RBF 神经网络等）和模糊识别法等。

（四）电子舌的分类

传感器阵列是电子舌的核心部分。根据传感器阵列的不同工作原理，常见的电子舌可分为电位型、伏安型、阻抗谱型和光寻址型，以及基于味觉功能材料的生物电子舌。

1. 电位型电子舌 电位型传感器阵列是通过测量和分析样品在传感器外膜边界和参比电极之间的不同电极电位来工作（图 3-10），在电位测定法中，传感器膜能够与待分析物质发生共价或非共价作用，从而产生电位的变化，不同的膜材料具有不同的特性，当达到平衡状态时，测量工作电极上的电位，对应于净电流等于零的状态。

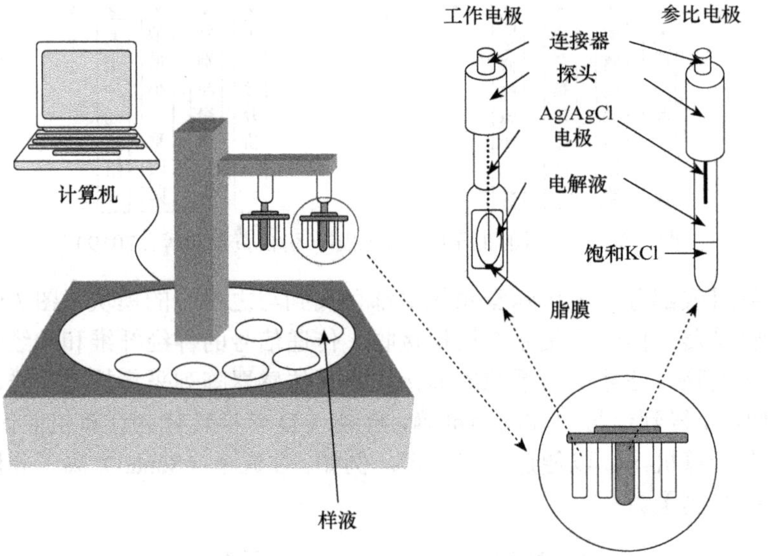

图 3-10 电子舌传感器阵列的示意图：电位型（引自 Miyanaga et al.，2003）

传感器膜是电位型传感器的核心部件，通常由离子载体、聚合物载体、亲脂型添加剂、塑化剂等构成，主要有两种类型：①采用类脂膜材料，常用的类脂有胆固醇、卵磷脂和油酸；②采用无机膜，如多晶和硫系玻璃。硫属玻璃薄膜传感器是一种固态离子选择性电极，敏感膜由含硫化合物构成，具有良好的交叉敏感性。传感器阵列的响应是基于膜-溶液界面的离子化、氧化还原反应及分子间的相互作用。通过各种传感器对含不同浓度的重金属离子及 H^+的溶液进行检测，将选择灵敏度高、具有非特异选择性的传感器组成传感器阵列，以构建电位型电子舌系统。硫系玻璃传感器采用硫系玻璃作为工作电极，用聚氯乙烯膜实现电位的检测。

电位型传感器具有响应速度快、重复性好、测量装置简单、可获得对不同物质的选择性等优点。然而，电位型传感器的主要缺点包括温度依赖性、溶液组成变化，以及膜表面组分吸附导致的电荷转移。电位型电子舌的主要应用是食品的味觉测定与评价，用于不同品牌和类型的液体食品（如啤酒、蜂蜜和茶）的鉴别与食用油的分类。此外，还应用于环境和工业分析，如水污染监测等。

2. 伏安型电子舌 伏安型传感器阵列主要是以常见和容易获得的金属为材料。金属传感器阵列的最大特点就是非特异性、低选择性。伏安型传感器的电极电位用于驱动电子转移反应，并测量产生的电流。一般来说，采用的是三电极结构（图 3-11）：参比电极、工作电极和辅助电极。它的工作原理是通过电化学伏安法，将多传感器阵列放置在待测溶液中，将阶跃电位加到待测溶液中，通过测量工作电极和不同溶液间的极化电流来分析样品特征。伏安型电子舌的阶跃电位主要包括循环电位、常规大脉冲电位和多频脉冲电位。理论上，任何形式的电位低于或高于电极电位的物质都可能被氧化或还原。

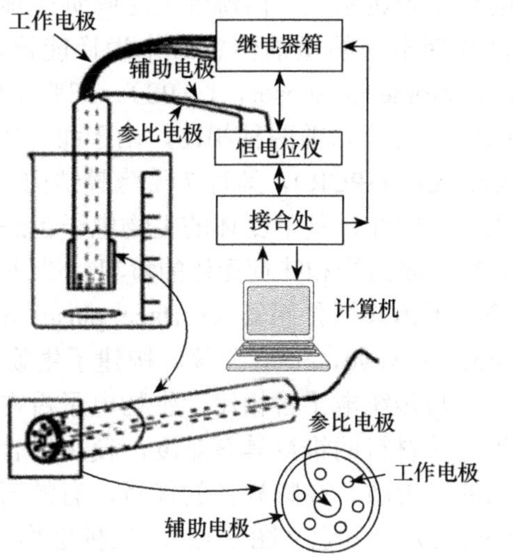

图 3-11 电子舌传感器阵列的示意图：伏安型（引自 Miyanaga et al.，2003）

伏安型传感器具有灵敏度高、通用性强、操作简单、检出限低、鲁棒性强等优点。与电位型相比，伏安型受电干扰的影响较小，因而具有良好的信噪比，但其最大的缺点是选择性低，通过活性物质修饰可以改善传感器的性能。伏安型电子舌可适用于许多不同领域对象，包括乳制品、造纸和发酵行业等。

3. 阻抗谱型电子舌 根据电化学阻抗谱技术，阻抗谱型传感器具有电学性质，测量溶液的阻抗谱信息以用来分析样品。阻抗谱型传感器通常是用超薄薄膜修饰，而膜可由沉积在交叉指型电极上的不同材料制成。它具有操作简单、响应时间短等优点，可应用于酒类、茶、果汁等液体类食品。

4. 光寻址型电子舌 光学型传感器是利用半导体的内光电效应，激活半导体表面膜以形成光寻址，检测膜表面的光电流变化来对样品进行分析。它具有高灵敏度和良好的稳定性，主要用于水质的检测。

5. 生物电子舌 尽管各种新的化学传感器系统被不断提出，但电子舌的检测指标难以达到生物味觉感受系统的灵敏度和特异性。为了进一步提升电子舌的性能，Tonning 等首次将生物传感器（biosensor）引入电子舌的传感器阵列中，提出了生物电子舌（bioelectronic tongue）的概念。生物电子舌继承了生物味觉组织的检测性能，与电化学传感器阵列相比，可以更好地模拟生物味觉。

生物电子舌主要由两部分组成：生物功能部件和微纳传感器。生物功能部件作为敏感元件（sensingelement），与目标物质结合并产生特异性的响应；微纳传感器作为换能器（transducer），将响应信号转化为更易于处理的光、电等物理信号。

根据生物敏感元件的不同，生物电子舌可以分为基于味觉组织、细胞和受体的生物电子舌。其中，基于味觉组织的生物电子舌利用手术剥离的完整舌上皮，通过微电极阵列（microelectrode array，MEA）检测味觉刺激后味蕾内细胞的电活动完成味觉物质的识别和检测。基于细胞的生物电子舌则是利用表达味蕾中的原代味觉感受细胞、表达有人类味觉受体的异源表达系统、内源性表达味觉受体的永生细胞系等构建而成。根据细胞的性质不同，可以选择不同的微纳传感器作为换能器，如 MEA、光寻址电位型传感器（light addressable potentiometric sensor，LAPS）、细胞电阻抗传感器（electric cell-substrate impedance sensor，ECIS）等。与前两种相比，由于甜、苦、鲜味受体属于 G 蛋白偶联受体（G protein-coupled receptor，GPCR），具有 7 段跨膜结构，难以脱离细胞膜而保留功能，而酸味和咸味受体尚不明确，因此，基于受体的生物电子舌进展较为缓慢。最新的研究使用将味觉细胞震碎后具有完整的膜结构和味觉受体的囊泡，借助于场效应管传感器（field effect transistor，FET）、表面等离子体共振传感器（surface plasmon resonance sensor，SPR）及声表面波传感器（surface acoustic wave，SAW）等，构建了生物电子舌以完成味觉物质的检测。

与传统电子舌相比，生物电子舌在检测性能方面有显著的提升。但是，生物组织和细胞等活性材料的维持具有难度，使用场合也受到了限制。因此，为了保持生物化学感受与生俱来的高灵敏、高特异性的优点，有的研究人员提出了在体生物电子舌（*in vivo* bioelectronics tongue）的概念（图 3-12）。该种生物电子舌以哺乳动物味蕾中的味觉细胞作为初级感受器，味觉信息经传入神经及孤束核等脑区的整合处理后，在味觉皮层中汇集，该区域的神经元因此具有交叉敏感的味觉响应特性。微电极阵列实时记录味觉刺激前后相关神经元的胞外电位信号，通过降维、模式识别等技术建立味觉种类的分类模型和味觉强度的定量检测模型。相关研究结果表明这种基于动物的生物传感器能够，特别是在严格的时间限制下检测苦味，该生物传感器基于支持向量机，对苦味的检测识别准确率达 94.05%。

彩图

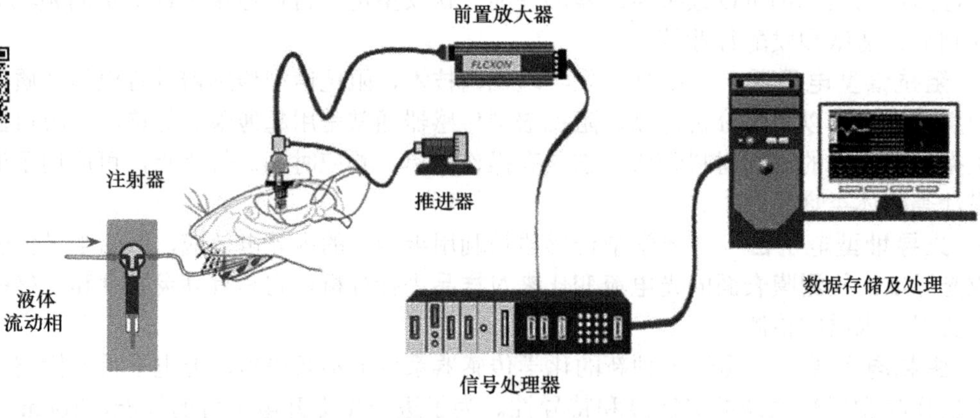

图 3-12　在体生物电子舌示意图（引自 Qin et al.，2017）

（五）电子舌的实验检测及数据处理方法

1. 实验检测（以电位型电子舌为例）　在实验检测前需对电极进行处理。为了得到稳定的测量结果，测量之前要将离子选择电极和参比电极浸泡在对应的标准溶液中进行预处理。如果电极是第一次使用或者长时间没有使用过，那么在使用之前需要将其浸泡在标准溶液中 24h 以上，再用纯水清洗干净。此外，在测量新的实验样本之前，需要用去离子水对各个电极进行清洗，并用干净的滤纸擦干才能继续测量。

在正式测量之前先确定电极是否稳定。将电极置于溶液中，观察电压读数，取出电极并吸干，再次插入溶液，观察电压读数。重复以上步骤直至相邻两次电压读数之差小于 1mV

时停止。

实验时先将传感器阵列固定，将传感器前端浸入被测溶液，用导线将电极、信号采集系统、计算机相连。将电极浸入溶液 5min 后，按下测量按钮，开始测量。测量时，系统会将测量数据实时传给计算机并显示。根据实验要求和样品特性，制定每次测量时间间隔、样品分组、测量次数及时间，得到实验数据存储在计算机中，之后用 MATLAB 等程序对其进行模式识别处理。

2. 数据处理方法 电子舌的数据处理方法即模式识别方法，不同的模式识别方法处理数据信号得出的结果不同，而且不存在一种适用于任何数据处理的万能模式识别方法，模式识别方法主要有以下几种。

（1）主成分分析（principal component analysis，PCA） PCA 是一种多元统计分析技术，它是将原始变量进行正交线性变换，生成新的能最大程度表征原变量数据结构特征的正交变量。由此达到将数据降维，筛除互相重叠的原始信息的目的。

Winquist 使用 PCA 对电子舌所测得的电流值（样本响应值）进行数据处理，利用已知浓度的参比溶液对传感器的漂移进行校正，研究电化学清洁对电极漂移的影响，都得到了较好的实验结果。

（2）判别因子分析（discriminant factor analysis，DFA） DFA 是一种通过重新组合传感器数据来优化样本区分性的分类技术，该分析目的是使得各个组间重心距离最大的同时保证组内差异最小。具体方法是先从已知样本组别的分类情况确定描述指标，即判别函数，再根据判别函数将未分类样本归类于某个预定义的组当中。

DFA 多用于识别和区分不同的类别、产地、等级、强度等的多组变量，它非常适用于需要通过对各样本个体进行观测而建立分组预测模型的情况。一般来说，DFA 的有效指数大于90%时，其模型才是有效的。

（3）聚类分析（cluster analysis，CA） CA 在进行聚类前对样本没有先验知识，不知道每个样本的具体类别，它是依据“物以类聚”的思想，根据各样本本身具有的某些较强的特征和属性，采用某种相似性度量的方法，把特征相同或者相似的样本划分为一个类别，实现样本聚类的一种数据描述方法。CA 可使类间相似性尽量小，类内相似性尽量大，从而对数据进行很好的分类。其算法为首先划分聚类，其次是样本点分类，最后是聚类中心的调整；其中后两个过程通过迭代交替进行。

（4）人工神经网络（artificial neural network，ANN） ANN 是基于人脑神经元的工作原理，利用非线性并行处理器模拟人的思维方式，建立用于分类和预测的数学模型。

ANN 是借用神经元表达计算单元，其中反向传播神经网络模型，即 BP 网络，应用最为广泛。BP 网络可以模拟非线性系统，且不需对输入与输出的映射关系进行描述。一个典型误差反传算法有 3 层前传网络，从下到上分别为输入层、隐蔽层和输出层。当期望输出与实际输出不符时，就开启了 ANN 训练过程，即误差向隐蔽层、输入层逐层反向传播并修正各层权值，直到误差减少到可接受的程度，或者到设定的学习次数则停止。

（5）模糊识别（fuzzy recognition，FR） FR 能以模糊推理的方式处理用传统数据处理方法难以解决的建模问题，能对复杂事物进行快速、高精度的定性定量测试。它适用于直接的或高级的知识表达，具有较强的逻辑性，可弥补神经网络的缺陷。例如，电子舌对复合味觉的识别可借助模糊识别方法，学习人类对复合味道的较模糊评价。模糊推理可利用模糊关系的鲁棒性，在不知道已知量与被测量之间的确切关系的前提下直接进行判断。

虽然模糊推理是一种善于知识表达的推理方法，但它本质上没有获取知识的能力，模糊规则的确定也比较困难。所以，模糊信息处理技术的关键在于如何构造可自动处理模糊信息的模糊系统，实现模糊规则的自动提取和模糊变量隶属度函数的自动生成及优化。

（6）偏最小二乘法（partial least square method，PLS） PLS 是一种通过提取潜在变量，以最大化自变量（*X*）与因变量（*Y*）之间协方差为目标的多元统计分析方法。它排除了原始变量中互相重叠的无用信息的干扰，适用于自变量个数较多的问题分析。PLS 对自变量矩阵 ***X*** 和因变量矩阵 ***Y*** 都做了分解，建立线性模型，再对两个得分矩阵进行线性回归，最后进行预测、校正得到所需处理结果。

偏最小二乘法判别分析（PLS-DA）是常见的数据分类方法，能够对数据降维并进行线性拟合建立回归模型。建立的 PLS-DA 模型可对不同滋味进行良好判别，根据滋味特征差异且基于电子舌检测结合 PLS-DA 在判别不同物种畜禽骨蛋白肽方面具有较好的灵敏度和稳定性。

（六）电子舌在食品中的应用

1．食品的滋味评价 电子舌作为感官评价的补充或替代，可以很好地解决感官评定耗时耗力、不一致和不可预测的问题。黄嘉丽等以感官评价为依据，考察电子舌评价多种甜味剂的可行性，结果表明，电子舌的甜味传感器 GL1 能有效检测其中的蔗糖、新橙皮苷二氢查耳酮（NHDC）、柚苷二氢查耳酮（NDHC）、糖精钠、安赛蜜和甜蜜素 6 种甜味剂的甜味信息，其中甜蜜素的甜味响应为负值。基于电子舌检测值采用主成分分析及聚类分析可对上述 6 种甜味剂进行较好分类。

Mun 等使用电子舌分析了真正的雪蟹腿肉（RC）及高度相似的仿蟹棒（ICS）的味道特征，其中 RC 样品显示出最高的鲜味传感器值（8.7）和最低的咸味值（5.4），而普通蟹棒显示出相对较高的咸味和较低的鲜味（4.5）、甜味（5.8）和苦味（5.5）值，为蟹棒品质的标准化提供参考。Benjamin 等分别用电子舌和感官评价评估 4 种石榴汁的味道特征，并比较两种方法的数据相关性。结果表明，酸味、涩味和苦味是石榴汁的主要味道特征，苦味和涩味的电子舌数据与感官评价得分具有良好的相关性，R^2 分别为 0.92 和 0.78，说明应用电子舌替代传统的感官评价法分析石榴汁是可行的。

2．食品的区分和鉴别 电子舌对食品进行区分和鉴别，可以应用于食品安全和品质监控，如食品原料溯源、产品质量分级、伪劣掺假鉴别和食品加工过程监测等。

电子舌作为快速检测工具，能够有效地区分出酒类和茶叶产品间品质的差别，帮助实现产品的定位及配方的优化。徐维盛等对绿茶、乌龙茶、黑茶、红茶 4 类 15 种茶汤的滋味进行了区分；潘玉成等研究了电子舌响应信号与西湖龙井茶样滋味成分、感官评价之间的关系，建立了西湖龙井茶品质评价模型。刘爽等采用电子舌技术结合感官审评对不同等级、不同产地及不同类型的多个绿茶进行鲜爽味判别，建立了电子舌与人工感官审评的偏最小二乘拟合模型，相关系数达到 0.9223，表明电子舌在滋味评判方面与专家感官审评具有较好的相关性。

3．食品原料溯源 食品原料溯源是食品安全监管的重要部分。电子舌技术由于其获取信息的整体性和客观性，广泛用于食品溯源研究中。Escriche 等以金属或金属化合物为传感器的电势型电子舌能够很好地区分产自不同植物的蜂蜜，结果表明，电子舌数据与蜂蜜的色度、发光度和淀粉酶活性等物理化学参数具有显著的相关性。Souayah 等采用电势型电子舌和线性判别分析方法对突尼斯橄榄油进行原产地识别，电子舌和线性多变量统计方法相结合能够很好地对突尼斯橄榄油进行品种识别和质量等级划分。

4．食品品质监测鉴定 陈佩峰利用电位型电子舌对汇源桃汁的老化变质阶段进行研究，采用加核函数的模糊 C 均值聚类法有效识别出变质前与变质后的桃汁。Apetrei 等以伏安型电子舌检测掺假的特级初榨橄榄油，使用改良的碳糊电极检测掺入不同百分比向日葵油、大豆油和玉米油的橄榄油。PL-SDA 结果表明，掺假量大于 10%，该电子舌识别掺假橄榄油的正确率为 100%。使用 PL-SDA 对掺入向日葵油、大豆油和玉米油的初榨橄榄油进行预测，预测模型的相关系数分别为 0.9987、0.9953 和 0.9956。

（七）小结

电子舌作为一种人工智能仿生系统，提供了一种实时客观、快速便捷、安全灵敏、连续测定的味觉检测方法。现今电子舌不仅在食品领域中得到广泛应用，在环境监测、生物医学监测等方面也做出了一定贡献。

电子舌的研究与发展进一步拓展了人类味觉的发展，但是该人工味觉与真实味觉还存在一定的差异，电子舌还不能完全取代感官评定，且现阶段电子舌的试验多停留在实验室研究阶段，在实际应用中还未大量投入。因此，今后还需大力发展电子舌技术，在这个新兴研究领域中，深入研究传感器、人工智能、计算机等高新技术，让电子舌在食品等领域实现其系统、多样化的发展。

四、视觉分析方法与应用

食用视觉分析方法有很多种。比较常见的是色差仪法和计算机视觉技术。色差仪是目前最常用的视觉分析检测仪器。在我国食品工业蓬勃发展的今天，食品质量检测技术水平亟待提高。为了给食品检测技术的发展提供理论依据，笔者分析了食品颜色感知情况，介绍了颜色表示系统，同时列举色差仪与计算机视觉技术的应用情况，并分析其优缺点。最后，对食品颜色相关检测的发展进行预测与展望，以期为食品检测技术的发展提供理论支持。

目前，对颜色的检测主要有目测法、色差仪法和计算机视觉技术。

（1）目测法 目测法属于最传统的颜色检测方法，但该方法受观察者心理、生理及观测环境等因素的影响，测量的准确度较低且重复性较差，不能满足机械化和现代化工业生产的需求。

（2）色差仪法 色差仪又称为便携式色度仪、色彩分析仪、色彩色差计。色差仪是一种简单的颜色偏差测试仪器，即制作一块模拟与人眼感色灵敏度相当的分光特性的滤光片，用它对样板进行测光，关键是设计这种感光器的分光灵敏度特性，并能在某种光源下通过电脑软件测定并显示出色差值。它是一种常规性用于科研和生产的仪器。

（3）计算机视觉技术 计算机视觉是一门研究如何使机器“看”的科学，更进一步说，就是指用摄影机和电脑代替人眼对目标进行识别、跟踪和测量等机器视觉，并进一步做图形处理，使电脑处理成为更适合人眼观察或传送给仪器检测的图像。作为一门科学学科，计算机视觉研究相关的理论和技术，试图建立能够从图像或者多维数据中获取“信息”的人工智能系统。这里所指的信息是克劳德·艾尔伍德·香农（Claude Elwood Shannon）定义的，可以用来帮助做一个“决定”的信息。因为感知可以看作是从感官信号中提取信息，所以计算机视觉也可以看作是研究如何使人工系统从图像或多维数据中“感知”的科学。

（一）色差仪

为实现颜色测量数据化和可视化，国际照明委员会（CIE）在大量的试验和生产实践中总结建立了一系列颜色测量的原理、方法等，形成了 CIE 标准色度学系统，指导并推动了现代色度学的发展和颜色测量仪的发展。

色差仪一般是指使用某种方式或方法获取待测样品的三刺激值等颜色相关参数的仪器，根据测色原理色差仪可分为两类：光电积分式色差仪和分光光度式色差仪。无论哪种类型的色差仪，均是模拟代替人的眼睛来进行颜色评定和色差分析，以提高颜色测量的效率和精度。

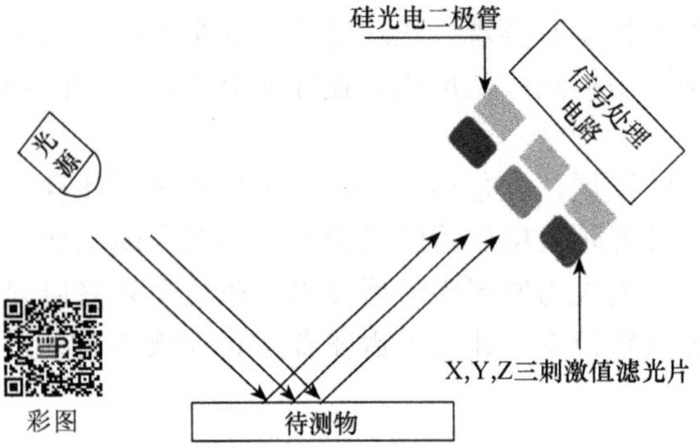

彩图

图 3-13　光电积分式色差仪原理（反射）（引自任凯，2019）

1．光电积分式色差仪　光电积分式色差仪是利用反射或者透射方式获取可见光范围内被测物的所有波长信息，然后经过一次性积分得到被测物的三刺激值，再计算出相应的颜色参数，其测量原理如图 3-13 所示。

光电积分式色差仪主要由光源、探测器及数模转换软件组成，其中探测器一般是采用有色玻璃滤光片进行校正的硅光电二极管或光电倍增管。光电积分式色差仪由于原理和结构的特点，尤其是有色玻璃滤光片的种类有限且加工工艺复杂，使得不同批次的滤光片往往存在一定的误差，故不能精确测量出被测物的三刺激值和相关的颜色参数，但对两种待测物之间的颜色差异却可以准确测量，所以利用光电积分法进行颜色测量的仪器多为色差仪。对于只需要控制物体颜色一致性，不需要进行配色的行业来说，光电积分式色差仪具有测量速度快、价廉且精度适当的优点。

2．分光光度式色差仪　分光光度式色差仪和光电积分式色差仪不同，其并不是直接测量待测物的三刺激值，而是通过测量待测物的反射或者透射光谱，然后根据 CIE 推荐的某种颜色计算标准，进行计算得到待测颜色的三刺激值和其他颜色参数。

图 3-14 是分光光度式色差仪的原理图。在分光光度式的色差仪中，最早常用的光源有钨丝灯和氙弧灯，随着工业的进步，目前通常使用在可见光波段范围内相对稳定的卤钨灯和氙灯，同时采用阵列探测器作为传感器、光栅作为色散器件，导致此类型色差仪的结构复杂、体积较大、价格较高，难以实现普及。目前，该类仪器主要还是由国外仪器厂商和科研机构进行开发研制，如 Datacolor、HunterLab、X-Rite 等，而国内仪器厂商亦有所建树，北京北分瑞利研制的 UV-2200 系列的紫外/可见分光光度计均已达到较高水平。分光光度式色差仪通过获取待测

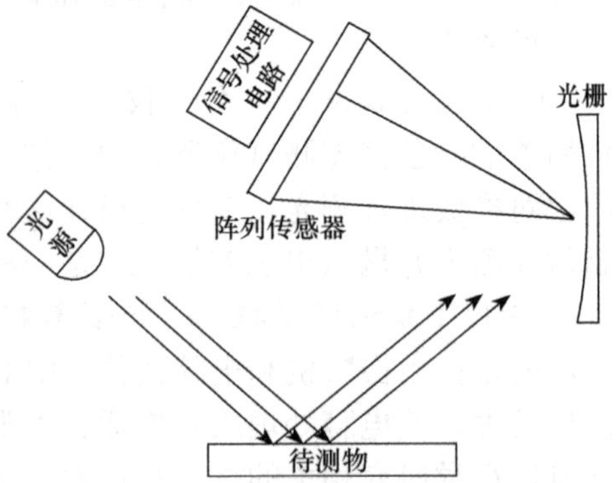

图 3-14　分光光度式色差仪原理（反射）（引自任凯，2019）

物的可见光光谱，进而计算出所需的各颜色参数，所以精度较光电积分式色差仪要高很多，它适用于具有配色或较高颜色精度的场合。

3. 色差仪在食品行业的应用　长久以来，人们对有色食品品质的鉴别，大多利用的还是感官评定的方法。这种方法虽然可以用肉眼对食品色泽进行比较，且无需任何设备，感官人员却通常会因为视觉疲劳或者观测环境等因素的影响造成感官评定出现误判，而且这种方法亦不能复制和重现，一旦出现问题，不能及时发现和纠正。因此，使用一种便携、快速、可量化的颜色检测系统或工具显得尤为必要。

孙向东等利用色差计测定了小麦主产地的主栽30多个小麦品种，分析并确定了我国小麦的L^*、a^*、b^*值范围（L^*代表亮度，a^*代表红色轴上的颜色特征，b^*代表蓝色轴上的颜色特征）。侯彩云等在2004年基于计算机色度学原理提出了一种稻米直链淀粉含量的检测方法，用色差仪代替传统的分光光度计，一次性采集样液色度值，同时测定多个稻米样品的直链淀粉含量，实现自动划分等级的目的。

Cliff等研究了不同年份（1995～2001年）、不同品种（黑比诺、梅洛、品丽珠、赤霞珠），以及不同地区的多达173种红葡萄酒，利用色差仪测定其色泽并进行感官分析，发现亮度、红度值与其中所含的花青素、单宁等存在一定的关系。

韩小丽等利用不同浓度的酱油对试验猪肉进行着色，试确定其最佳着色酱油浓度，基于该浓度比较了不同品牌的高盐稀态一级酱油着色特性，同时研究分析了酱油色调、色率与受试着色猪肉色差值之间的相关性，结果表明，L^*、a^*与色率之间，红度值与黄度值之间，L^*与a^*之间，C^*与b^*、H^*之间均有明显的相关性（C^*代表颜色饱和度，H^*代表颜色角度）。赵淑富等利用色差仪对柠檬酸易碳化合物溶液颜色进行了研究，结果表明色差值可作为精确判定柠檬酸易碳化合物溶液颜色的依据。

（二）计算机视觉技术

1. 计算机视觉技术系统的构成　计算机视觉技术能够重现人类的视觉系统，从单个图像或序列中自动提取信息，并结合人工智能等技术对数据进行分析。在加工或者成熟过程中食品颜色的变化可以由计算机视觉系统通过分析色彩进行评估和量化，除颜色外，计算机视觉技术也可检测食品的大小、形状、纹理、缺陷和新鲜度等，由于其快捷、无损等优势被许多研究人员关注，是目前测色技术领域的研究热点。计算机视觉系统的硬件一般由光源、光室、载物平台、照相机和计算机组成（图3-15）。在进行检测时，首先进行图像采集，为保证采集数据的质量，采集设备的精密度和准确度都要足够高，高质量的图片可为接下来的分析打下良好基础；然后要对图像进行预处理，如降噪处理等；接下来将目标分割提取后提取特征值，并将其转化为颜色空间模型，在计算机视觉技术中常用的空间模型为HSV（Hue Saturation Value）模型和CIELAB模型，因为这两种颜色模型更接近人类的自然感知，能做出更有效的评估；最后进行模式识别，得出结论。优于

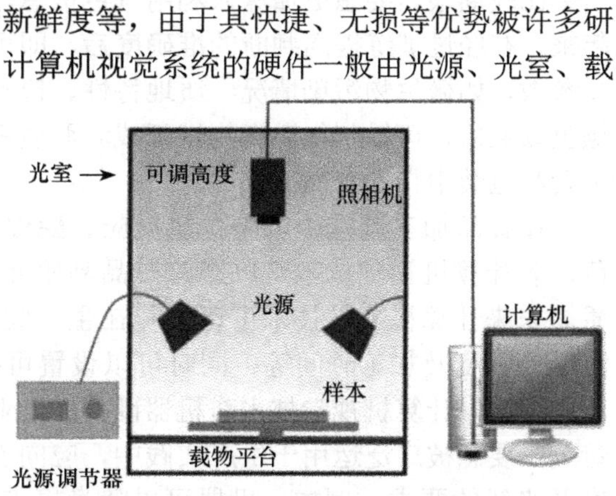

图3-15　计算机视觉技术检测系统示意图
（引自杨兆甜等，2021）

传统色差仪，计算机视觉技术还可以结合人工智能技术建立模型，进行食品品质预测与自动识别。

2．计算机视觉技术系统应用的原理 计算机视觉技术系统在应用过程中，采用摄像机获得图像信息后，通过信号转换器把获得的图像信息转变成计算机可识别的数字信息，其中会涉及几个重要的模块内容，如图像采集、图像预处理、特征提取、结果输出几个重要的模块内容。图像采集模块主要是通过灰度图像和彩色图像采集的功能构成的，在采集图像后进行图像预处理，在处理的过程中主要是发挥直方图均衡及图像增强等功能，算法处理后提取图像的特征，最后输出相应信息，对检测结果进行分析。

3．计算机视觉技术在食品行业的应用 Hadimani 等检测柑橘颜色指数，建立线性回归和偏最小二乘模型，用色差仪进行验证后，R^2 达到 0.996，成功建立了预测柑橘类水果成熟度的模型。Moallem 等基于苹果的表面特征，检测了苹果的颜色、缺陷、纹理和几何特征，其中检测颜色时采用 YCbCr 颜色空间中的 Cb 分量，对健康苹果和次品的识别率达到了 90%左右。

Castro 等将糖粉比、烘焙温度及烘焙时间作为 3 个自变量，通过采集图像、预处理和分析面包样品图像的颜色来确定 CIELab 颜色空间的 L^*、a^*、b^*值，并与感官接受度分析获得的值进行对比，基于 L^*、a^*和 b^*参数对生产工艺进行优化，得到了最优的生产参数，有助于提高面包自动化生产的品质。

Du 等利用色彩和支持向量机将比萨饼酱的涂抹情况进行分类，最大限度减小了光照的影响，在测试中最佳分类精度达 96.67%，对检测自动生产线比萨饼酱涂抹情况有重要意义，可提升比萨饼自动化生产水平。Tao 等采用人工神经网络分析由计算机视觉系统获得汉源花椒的颜色参数，将其转化为国际照明委员会（CIE）L^*、a^*、b^*值，并联合其他质量参数对汉源花椒进行了快速、无损检测，有效评估其品质，可用于生产实践中。

（三）小结

食品颜色是判断食品品质的重要依据，但是目前检测的关注点仅在颜色本身，往往测定结果比较局限，要想更加深入利用颜色信息，可以开发新的算法将颜色与其他品质参数联系起来，在经过训练提高判断的准确度后，即可利用颜色参数以及其他获得的参数表征其他品质参数，如微生物污染情况、质地特性、口感等。在确定微生物污染或脂质氧化情况与食品颜色联系后，可以制作微生物试纸或者脂质氧化试纸，简化其检测方法的同时，也可以运用于食品包装中指示食品新鲜度。

在食品加工过程中，美拉德反应、酶促褐变及非酶促褐变等化学反应会影响食品的颜色，若计算机视觉技术可以跟踪产品品质并进行工艺调整或次品剔除，将大大提高产品品质。未来计算机视觉技术可以安装在生产线上，监测食品品质，并根据各种参数随时调整温度、湿度及加工时间等；同时可以设置可接受范围，直接剔除超出可接受范围的产品。

目前，计算机视觉技术对机器硬件的专业化要求较高，对光线及各种条件的要求也比较苛刻，要想被广泛运用于生产实践中，应向着更加便携化及普遍化方向发展，降低对照片精度及光线的要求。例如，机器可以随身携带用于检测，或者直接开发相应的应用软件，消费者用自己的手机拍照即可判断食品的品质。

第二节　食品心理感知

一、消费者心理学及在食品研究中的应用

消费是拉动经济增长的内生动力之一。其中，食品作为居民日常消费的重要内容，在推动经济发展的过程中发挥重要作用。食品消费不仅关乎经济发展，更关乎社会稳定。消费心理学作为消费经济学中的新兴学科，它主要以人们在生活的消费过程和日常的购买行为中的心理活动规律及个体化心理特征为主要研究内容。结合经济学和心理学的理论发现，心理状态和动机恰恰主导着人的一切行为决策，所以关注消费心理因素对居民食品消费的影响，不仅能够深入理解食品消费行为抉择的内在原因，而且能够合理利用消费心理的变化，规范引导市场发展。

（一）食品消费行为影响因素分析

1．食品层面　价格是影响食品消费行为的关键因素。商品的价格是由价值决定的，但是在心理学上基于情感效应或者认知获益效应等，由于不同消费者所处的文化背景和认知背景存在一定差异，当面对商品价格时会对某些特定的数字产生独特的心理偏好，从而会影响到商品的定价策略。在食品营销中，价格往往是消费者用来衡量食品价值和品质的重要指标和手段。例如，消费者通常有一种消费心理是“好货不便宜，便宜没好货”“一分价钱一分货”。因此，在消费者的心目中，价格是体现食品价值最直观的方式。消费者同样会对价格产生习惯性心理，这是指消费者在以往多次对某一类产品的购买活动中，通过对该类食品价格的反复感知，形成了对某种食品价格的习惯性认识和习惯心理。

食品命名和包装会直接影响消费者的消费心理。产品命名的基础功能就是帮助消费者更好地认知商品的某些特点，同时也是记住产品的符号和工具，此外还可以引起消费者的注意和诱发消费行为。例如，“舒肤佳”香皂、“娃哈哈”饮品、“可口可乐”饮料的命名，消费者除了了解产品的特性，更有诱发消费欲望的功能。因为它能给人们一种好的感觉，“舒肤佳”的舒服、“娃哈哈”的欢快、“可口”的诱人感觉，都能引起消费者情感上的认同和喜爱。此外，俗话说“人要衣装，佛要金装”“货卖一张皮”，这表明了人们对商品包装重要性的认识。所谓商品包装，泛指一切用于包裹、盛装、束缚、保护和装饰商品的容器、包扎物和装饰物。食品包装的首要功能是以适当的分量、可靠的保护和储存手段，以方便的开启方式，使消费者易于携带、保存和使用。同时，包装上有关食品的主要成分、保质期、注意事项等标注，促进消费者对食品的认知，为消费者选购、食用带来便利。食品包装的首要心理功能是产生识别、记忆、传递信息的作用。食品的包装通过其相对固定的材料、形式、图案、色彩等，显示其独特个性，以区别于其他同类商品，促进消费者对商品的认识、记忆过程。此外，食品包装还具有美化功能，通过设计使产品更具艺术感、时代感与名贵感，这不仅吸引消费者的关注，还能使其赏心悦目，从而引起消费者的兴趣，激发购买愿望。

营销是影响目标用户消费行为的重要手段。经济发展状况对消费者心理有很大的影响，经济水平高的群体会更加关注商品的质量及自身的需求，而经济水平较低的群体通常会更加关注商品的价格。因此，食品企业会根据不同消费群体的消费心理，针对性采用不同的营销

手段。其中，由于市场经济的快速发展，尾数定价的理性普遍性与情感认知效应的共同作用下，形成了消费者偏好商品价格尾数的普遍市场现象。

口味、品牌、功能等因素同样会影响食品消费行为。社会经济不断发展，人们的生活质量逐渐提升，消费者除了满足自身需求之外，更加关注的是商品的质量和美感。在市场中存在各种盗版的衣物或者其他商品，以及劣质的生活用品和食品，这不仅扰乱了市场的秩序，还在一定程度上忽视了消费者的需求。当市场商品不能够满足消费者的内心需求时，就无法产生消费行为。相同或类似的食品，新奇的口味、高口碑的品牌、益生功能性等，往往是促使消费者产生消费行为的关键因素。

2．消费者层面 消费行为在不同性别消费者中存在显著差异。以我国第七次人口普查数据为基础的数据分析显示，男女性别失衡对我国居民消费规模和升级都存在显著影响。但从结果来看，男女性别比失衡程度越大，越不利于消费升级，而女性人口占比的增加会促进居民消费升级。具体来说，男性消费者在购买食物时主要注意食品的基本功能，女性消费者则有很大不同，往往在情感因素作用下，产生消费动机，如某食品品牌的寓意、益生功能（减肥、美白等）、食品性状带来的美感、环境的氛围感等。这种特征反映在消费活动中，就是容易在情感的作用下临时产生购买欲望或形成对某种食品的偏爱，尤其在为父母、丈夫、子女等亲人购买食品时这种心理特征更为突出。

不同年龄的消费者群体，由于各自社会阅历和心理成熟度的差别，形成了各具特色的消费心理和购买行为。12 岁以下儿童容易受到环境影响，模仿行为多，如同学中学习比较优秀者、青春偶像的演员歌手等都是其模仿对象。年龄稍长后消费情绪趋于稳定，且消费需要从单纯的生理需要转向有社会内容的消费需要，并有一定的社会交往，开始注意食品的附加功能，并以此来显示自己的优越感。少年期（12～17 岁）消费者的消费心理从单纯受到父母的影响逐渐过渡到受外界的影响为主，独立的消费意识逐渐形成。少年期消费者由于对社会环境的认识不断加深，知识不断丰富，兴趣趋向稳定，鉴别能力也有所提高，使得他们能够自觉选择食品，独立分析鉴别，并逐步形成购买习惯。18～40 岁的青年消费者，具有较强的独立性和较大的购买潜力。处于青年期的消费者自我意识增强，尤其是处于青年阶段前期的消费者往往是新型食品、新的食品消费方式的追求者、尝试者和推广者。与中老年人相比，青年人，尤其是 20 多岁的青年，生活经验不够丰富，对事物的判别能力也不够成熟，因此购买食品时，注意力往往集中在自己特别感兴趣的某个方面，而忽略其他方面。另外，青年顾客在购买食品时需求对象和需求程度不固定，购买目标变化可能性大，只要认为食品合意，即使预先没有购买计划或是并没有匹配的购买力，也可能想方设法迅速做出购买决策。中年（40～60 岁）消费者阅历广、生活经验丰富，食品消费时理智性强，冲动性小；中年消费者大都是家庭经济的主要承担者，肩负着赡老育幼的责任，因此在食品消费时计划性强，盲目性小；且在经济条件有限的情况下，中年消费者节俭心理较强，食品选购偏实用化。60 岁以上的老年消费者在几十年的消费实践中，形成了比较稳定的态度倾向和习惯化的行为方式，对食品商标品牌的偏好一旦形成了就很难轻易改变。此外，随着生理机能的衰退，老年消费者的食品需求结构发生变化，用于保健食品的支出增加。随着我国人口老龄化不断加重，面向老年人的产业被称为“朝阳产业”，老年消费市场广阔，消费潜力大。目前我国市场上真正适合老年人的商品品种仍显单调，老年人的消费产品仍以各种食品、保健品为主。购买手续简便，服务热情周到的场所容易增加老年人的食品消费欲望。

3．环境层面 由于社会经济发展水平的不同，食品的供应数量和质量存在差异，人民的消费心理也不同。经济增长可以提高居民的收入水平，从而增加居民用于各类商品和服务的消费。俗语“新三年旧三年，缝缝补补又三年”的观念，正是反映了我国人民在当时的社会经济条件下被弱化的消费欲望。1978 年，我国 GDP 不足 0.37 万亿元，如今我国 GDP 已达到 134.91 万亿元（2024 年），是改革开放前的 350 多倍，人均可支配收入也从 0.02 万元增加至 4.13 万元，提升了 200 倍。1978 年，全国居民恩格尔系数（食品支出总额占个人消费支出总额的比重）为 63.9%，食品支出占据了所有消费支出的 2/3，可见当时人民对于食品消费的首要目标是“吃饱”。随着社会经济的发展，在人均可支配收入大幅提升的基础上，全国居民恩格尔系数逐年下降，至 2015 年已经降至 30.6%，但此后 9 年则稳定在 28.2%～30.2%。这说明我国人民即使可支配收入仍在不断增长，食品消费的比例却趋于稳定，食品消费观念早已从“吃饱”转向“吃好”，对食品消费的支出也在不断加大。

与饮食相关的食俗、食材、形式也会随着文化与环境的变化而发生变迁，满足不同时期人们的物质、精神层面的需求，饮食民俗正是这些饮食文化的形象化表现。每个地方不同的文化也造就了不同的饮食民俗。我国属于亚洲国家，在温带的区域较多，适宜很多农作物生长。这也导致我国的饮食文化中，素食相关的菜肴较为多元化。而处于西方的欧洲国家，海洋性气候较多，更适合畜牧业和渔业的发展，因此其饮食多为肉类。同时，西方国家快餐文化盛行。一般西方国家民众早晚都习惯食用凉性食物，食用凉性食物能节省时间。但中国民众对一日三餐十分重视，讲究营养搭配，口感既要美味，又要具有一定营养。近些年来，西式饮食文化也越来越贴合当代国人的生活节奏与饮食习惯。“炸鸡汉堡”“日料韩餐”“红酒牛排”等外来饮食也在悄然改变着我们的食品消费模式。另外，消费土特产（“土食品”）也是近十年来中国消费者饮食文化变化的趋势。关于土食品与乡土的关系过去大都以文学性作品出现。例如，汪曾祺的《故乡的食物》，作者通过描写众多江苏的食物，将自己的思乡之情附之于食物之上，表现了其对故乡的浓浓思念之情。而现如今，越来越多的普通消费者也发出自己的声音，“不香”“没有肉味”“没有味道”成为我国消费者们对现代工业化食品形成的集体印象。得益于互联网的发展，国人对本土文化食品的消费逐渐升高，粽子、月饼、汤圆等消费规模不断提高，近两年大热的“直播带货”也为中国传统文化美食添了一把火。同时，网购文化的迅速发展反映在食品消费层面就是市场更广泛、营销方式更直接、价格竞争更激烈。网络使企业的产品创新更有效率，企业将更多的兴趣转向直销产品，免去了中间商横插在企业与用户之间，使企业更容易根据消费者的需求设计和创新产品。由于网购使消费成本的降低，网络也使消费者更快地了解同类产品的价格和价值情况，更容易进行价格比较，价格的竞争也将更加激烈。

除了经济、文化等宏观消费环境，具体的消费环境同样是影响食品消费的重要因素，不同功能、价格的食品只有在适当的消费场景下才容易激起消费者的消费行为。满足消费者需求是商店经营的宗旨，消费者在日常食品消费中，无论是有计划的购买，还是无计划的闲逛，方便是消费者消费过程中的重要心理。因此，商店位置的确定必须考虑方便消费者购物。例如，现在的一些旅游景点，即使销售的食品品质与价格与其日常同类产品有所差距，但仍然能够得到较好的销量。这同样也符合消费者的另一种消费心理——一致性心理，即商品的定位与购物环境保持一致。食品的销售环境场所对消费心理的影响，是消费心理学研究的一个重要问题。

（二）食品消费心理研究方法及应用

食品消费心理学研究应遵循消费心理学的研究方法，即问卷、实地调查等基本调查方法，以及投射法、推测试验法和语义区别法等心理学的一些方法。

1．投射法 投射法也叫投影法，指研究者通过一种无结构性的测试，观察被调查者的反应，以考察其所投射出的人格特征的心理测试方法。目前，最常用的投射方法有罗夏墨迹测验、角色扮演法、词语联想法和造句测试法等。

在罗夏墨迹测试中，使用 10 张特制的墨迹图（7 张黑色墨迹图，3 张彩色墨迹图），并按照指定的顺序呈现给被试者。研究人员询问相关的问题，如“请写下你联想到的东西？”“你能想到什么？”研究人员主要记录被试者的反应，包括语句、反应时间、总时间、其他行为等。

角色扮演投射是一种情景模拟活动，是指根据被试者可能的职务，准备一系列与被试者职务相关的测试项目。被试者在现实的工作环境中处理反馈可能产生的各种问题的一系列方法，并以多种方式评价被试的心理素质和潜在能力。

词语联想法是研究者向被试者展示一些设计好的“刺激词语”，并要求被试者立即对联想内容进行反馈。在瞬时反应下，可以得到与刺激词语对应的联想。其又分为自由联想法、控制联想法和引导联想法。自由联想法不限制联想的性质和范围，可以充分发挥受试者的想象力；控制联想法是在给定范围内控制联想的方法；引导联想法是一种在提出刺激词的同时提供相关联想词的方法。

造句测试法是指给被试者一些不完整的句子，让被试者迅速造成完整句子，通过这些造句分析消费者对产品的态度和认识。

2．推测试验法 推测试验法，是根据受试者对给定的具有特定条件人的性别、年龄、职业、性格、收入等加以想象和推测，从中了解受试者对特定商品的印象。

应用举例：20 世纪 40 年代末，速溶咖啡在美国刚刚面市，它可以节省大量的生产时间。对于一个生活节奏越来越快的社会来说，速溶咖啡应该有一个庞大的消费群体，但是实际购买的人却寥寥无几。为了了解咖啡滞销的原因，有关人员进行了调查，许多人回答不喜欢速溶咖啡的味道。这显然不是真正的原因，因为速溶咖啡的成分和口味同传统咖啡毫无差异或者差异较小，而且速溶咖啡饮用方便，无须花长时间去制作，也省去了洗刷器具的麻烦。为了进一步了解消费者不愿意购买的潜在动机，心理学家拟订了两份购物清单，清单上所列的商品内容除了一张上是豆制咖啡，另一张上是速溶咖啡外，其余商品都一样。调研人员把两张购物清单分别发放给两组妇女，请她们推测描述一下对应购物清单的家庭主妇的形象。调查的结果差异非常显著，大多数被调查者认为，根据含有速溶咖啡的购物清单购买食物的家庭主妇懒惰、贫穷、对生活没有兴趣，而使用第二份购物清单的家庭主妇经验丰富、勤奋、对生活有热情。因此，调查人员突然意识到，速溶咖啡之所以被忽视，并不是因为它的味道和食用方法，而是因为家庭主妇受到了社会的影响，更愿意保持被社会认可的形象，而不是因为使用速溶咖啡而受到别人的批评。随后，生产商迅速调整了速溶咖啡的广告，不再强调简单的功能，而是专注于速溶咖啡的醇厚和美味。这样就消除了消费者购买时的心理障碍，使速溶咖啡成为受欢迎的产品。

案例评析：上述调查方法是典型的推测试验法，假定某主妇已经决定购买速溶咖啡或者咖啡让被调查者进行分析这两个主妇的性格等方面的差异，确定速溶咖啡在消费者中的实际评价和想法，间接地了解消费者的真实想法。

3．语义区别法 语义区别法是美国心理学家奥斯古德在分析语感差异时提出的。它根据被试者的联想来研究事物的意义，可以衡量被试者对食品品牌和企业的态度。一般采用7分制评分，给出几组褒义和贬义形容词，让被试者根据自然维度从1～7分中进行选择。该量表不仅可以用来评价食品、商标和广告的效果，还可以用来评价对商店、制造商和公司的印象，也可以用来评价对概念的态度。

二、神经生物学及其在食品研究中的应用

（一）食欲的神经生物学机制

食物提供维持生命所必需的营养素。但如果饮食过多，或在不合时宜的情况下饮食，这些都会导致不好的结果。因此，人们需要对食欲进行严格的管理。因为在像厌食症和肥胖病这样的病例中，胃口会发生紊乱，所以要知道如何进行控制是非常关键的。特别是，理解控制食欲的过程，就需要理解那些负责控制食欲的神经电路，以及那些神经电路的突触机制。不同的神经细胞都有很多不同的作用，它们交织成一团，难以进行有目的的研究。但是，由于技术的进步，研究者们可以利用新型的神经科学技术，如病毒载体或基因敲除的老鼠，控制和测量具体的神经元，并有选择地描绘出其输入和输出的联系。

神经系统分为中枢神经系统和周围神经系统，它对机体生理功能活动的调节起主导作用。下丘脑、认知控制系统和孤束核的变化对食欲调节起到了重要的作用。

下丘脑是控制包括体温、食欲、摄水、排便、排尿、心率、动脉压、性活动、哺乳以及生长（在较慢的时间尺度上）在内的整合性自主功能的脑区。这些精确的稳态机制使我们能保持稳定的体温、血压、心率和水摄入与排出。下丘脑能够使食物持续地沿消化道向前推进，具有调节食欲和情绪的作用。人们想到食物就会分泌唾液的自主反应也与下丘脑有关。与由迷走神经传入孤束核（NTS）的肠道短期反馈不同，来自能量储存的长期反馈由激素传递，主要影响下丘脑中的神经元。数十年的研究已经确定，瘦素的循环与脂肪储存成比例，其调节能量平衡的能力主要由下丘脑神经元上的受体介导，并且缺乏瘦素或其受体的人严重肥胖。瘦素的主要作用是表明脂肪储存是否充足。具体来说，瘦素水平下降会带来关键的适应性反应，包括饥饿和减少交感神经介导的能量消耗以节省有限的燃料储存。瘦素的主要目标是弓状核（ARC）中的能量平衡调节神经元。表达刺鼠相关肽（AgRP）和神经Y（NPY）的AgRP神经元位于下丘脑ARC，该神经元除了具有调节摄食的作用外，还牵扯到控制非进食行为的神经回路，包括那些与奖励、焦虑和强迫行为相关的神经回路。AgRP神经元轴突末端释放的γ-氨基丁酸（GABA）能够抑制阿黑皮素原（POMC）神经元和室旁核（PVN）的黑皮质素4受体（MC4R）神经元产生的厌食作用。AgRP神经元能够接收外周食欲激素的信号，在饱足状态下被抑制，并被禁食状态激活。POMC神经元位于ARC和NTS，能够对多种激素和营养信号作出反应，并调节能量水平和葡萄糖代谢水平。POMC神经元的这种抑制食欲的作用主要通过释放POMC的剪切产物——α-黑素细胞刺激素（α-MSH）来实现。与AgRP神经元相反，ARC中的POMC神经元在禁食期间被抑制，而在饱足期间处于激活状态。POMC神经元调控除了受到AgRP神经元释放的GABA的调节作用，还受到瘦素的调节。一些下丘脑中的GABA神经元和POMC神经元能够表达瘦素受体（LEPR），这些神经元释放GABA对POMC神经元活动进行抑制。

认知控制系统控制自身行为以达到选择的目标，并参与调节奖励相关刺激。长期以来，人们认为内部需求状态（如热量限制）可能在多个神经处理水平上与外部线索（如食物供应信号）相互作用。例如，看到薯片包装之所以引起人的食欲，是因为人们了解到里面有美味的薯片。能量缺乏能够影响“认知”皮层和边缘神经回路以选择性地改变注意力、增强或削弱对某种事物的感官知觉、记忆回忆以及改变人们对食物线索的行为。饥饿选择性地增强大脑皮层和边缘对食物线索的敏感性反应。对饥饿的人而言，视觉食物相关线索比非食物线索在颞叶关联皮质层区域［包括海马旁回和岛叶皮层（InsCtx）及基底外侧杏仁核（BLA）中］驱动更大的神经反应，用餐后这种反应差异被消除。此外，某些患有饮食失调、肥胖或体重增加倾向升高的个体表现出 InsCtx 食物提示反应。

除此之外，负责传递内脏信息的 NTS 和外侧臂旁核等也起到了重要的作用。迷走神经传入将多种内脏信息传递到 NTS，它们通过释放谷氨酸来激发 NTS 神经元。NTS 神经元通过瘦素的直接作用和下丘脑的下降投射接收饱腹感和脂肪储存的额外信息。NTS 神经元整合之后，将这些信息传递到迷走神经背侧运动核中附近的副交感神经节前神经元以唤起迷走神经反射，到其他后脑部位以控制交感神经外流，以及到更多的头端部位以控制行为、自主神经流出和神经内分泌反应。NTS 神经元释放许多递质，包括谷氨酸、GABA，以及神经调节剂去甲肾上腺素、胰高血糖素样肽-1（GLP-1）和胆囊收缩素（CCK）。食物进入胃部，胃部产生拉伸，营养物质刺激释放相关的食欲激素，如 CCK、GLP-1、酪酪肽（PYY）和 5-羟色胺（5-HT）等，这些物理信号和化学信号被相应受体［如 G 蛋白偶联受体 65（GPCR65）和 GLP-1 受体（GLP-1R）］接收，经迷走神经和 NTS 传导到相应脑区，从而使人感受到饱腹感。

（二）肠-脑轴理论

肠-脑轴是由神经系统、内分泌系统和免疫系统介导的双向调节通路，通过参与中枢系统和胃肠道的调控而在能量稳态中发挥重要作用。自主神经系统通过交感神经和副交感神经的分支驱动来自管腔的神经信号，并通过肠道、脊髓和迷走神经通路传递到中枢神经系统，进而将中枢神经的有效信号传递到肠壁。肠黏膜的信息不仅通过内分泌途径传递，还通过迷走神经和脊髓传入神经传递到 NTS。肠-脑轴除了调节食欲控制体重外，还参与多种生理过程。它的作用是监测和整合肠道功能，并将大脑与周围肠道的功能和机制联系起来，它不仅保证了胃肠内环境平衡的正常维持，而且很可能在高级认知功能方面具有多重效应，是抑郁症、孤独症等疾病治疗的潜在靶方向之一。

下丘脑是关键的摄食中枢，能使来自肠道和外部环境的信号得以整合。肠道激素信号分别经正中隆起和脑后区直接传递到下丘脑和脑干，大脑通过对这些信号的整合使机体产生饥饿感或饱腹感。食物摄入后，食物的营养价值依靠肠道判断。胃肠道的收缩拉伸、食物营养成分和微生物（及其代谢产物）产生的机械刺激和化学刺激能够影响肠道的食欲相关激素（CCK、GLP-1 和 PYY 等）的释放，从而影响人的食欲和摄食行为。肠道的这种感知能力除了由肠内分泌细胞被动释放激素介导，还依赖于神经途径传递的信号。例如，Neuropod 细胞是一种肠内分泌细胞，它与神经形成突触，将刺激转为电信号，并将这种感觉信号快速传递给大脑，具有调节食欲及食物选择偏好的作用。除内分泌途径和神经途径外，食品成分或微生物及其代谢产物还能以信号分子的形式被免疫系统识别。

肠道菌群能够影响食欲相关激素水平。肠内分泌细胞的 Toll 样受体（TLR-1、TLR-2、TLR-4 和 TLR-9）能够直接感知多种细菌成分，包括肽聚糖、脂多糖（LPS）、鞭毛蛋白和 CpG。例如，对 STC-1 细胞（一种永生化的肠内分泌 L 细胞系）施加此类刺激会导致 CCK 的释放以及 NF-κB、TNF 和 TGF-β 表达活性的增加；LPS 可以通过 TLR-4 诱导肠内分泌细胞释放饱腹激素 GLP-1。除此之外，大肠杆菌等肠杆菌科细菌可以通过神经肽酪蛋白分解蛋白酶 b（ClpB），让机体产生 α-MSH 免疫球蛋白，调节具有厌食作用的 α-MSH 激素水平。肠道菌群也能够影响食欲相关的神经递质水平。例如，另枝菌属（*Alistipes*）能够减少 5-HT 的生成；本土孢子形成菌（Sp）能够促进肠嗜铬细胞（EC）的 5-HT 生物合成；拟杆菌属能够产生大量的 GABA。大多数微生物代谢产物，如短链脂肪酸（SCFA）、胆汁酸、酚类、吲哚、生物活性脂质和神经递质等能够作用于肠内分泌细胞中表达的 GPCR。SCFA 可以被肠内分泌细胞的几种 GPCR 识别，促进饱腹激素的分泌。大多数微生物代谢产物，如 SCFA、胆汁酸、酚类、吲哚、生物活性脂质和神经递质等能够作用于肠内分泌细胞中表达的 GPCR。SCFA 可以被肠内分泌细胞的几种 GPCR 识别，促进饱腹激素的分泌。SCFA 提高了小鼠血浆 GLP-1 和 PYY 水平，当对 FFAR2 或 FFAR3（FFAR 为游离脂肪酸受体）这两种 GPCR 进行基因消融，GLP-1 和 PYY 水平不再升高。此外，将 SCFA 前体引入肠腔，导致表达 FFAR2 的产 PYY 内分泌细胞数量增加。其他类型的代谢产物，如吲哚和胆汁酸，能够激活共表达 GLP-1 和 PYY 的肠内分泌细胞共同释放 GLP-1 和 ATP。这些激素可以通过肠-脑轴向中枢神经系统传递信号，影响人的感觉和行为。

第三节 食品感官评定方法

本节将详细介绍食品感官评定的方法及其应用，包括差别型检验方法，如定向成对比较（2-AFC）法、二-三点检验法、三角检验（3-AFC）法和双标样检验法，这些方法主要用于判断两种或多个样品间是否存在可感知的差异。本节还涉及使用标度的检验方法及应用，包括使用标度的检验中的数据类型、标度种类、常用标度方法及检验方法。此外，还探讨了描述分析型检验方法，通过使用专业的术语和量表，详细描述食品可感知的感官特征。最后介绍了消费者情感检验方法，包括消费者偏好性测试和接受性测试，这些方法主要用于评估消费者对样品的喜好程度和接受度。

一、差别型检验方法及应用

（一）2-AFC 法

属性差异试验是指检验一种样品与另一种样品或与其他几种样品间某种属性之间的差异，如几种样品间甜味的差异。但要注意，样品间某种属性没有差异，并不意味着样品整体上没有差异。

两样品间属性差异试验的设计和数据处理都较容易，主要困难是确定试验是单边的还是双边的。需要注意的是，判断一个试验是单边还是双边，并不是根据记录表上问题的回答是一个还是两个，而是根据备择假设判断的。单边试验主要出现在当试验目的是明确两样品间某种确定的差异时。例如，证明某种样品更苦或某种样品更受欢迎为单边试验，而确定哪种样品更苦或哪种产品更受欢迎则为双边试验。

若有两种不同的样本被呈交鉴评员，由鉴评员进行比对，以判断整体或某种特性的强弱次序，这种方法称为定向成对比较（2-AFC）法。

2-AFC 法适用于比较两种样品某个特定属性，如甜度、黄色度、易碎度等之间的差异。两样品的成对比较试验还包括简单差异试验和成对偏爱性试验等形式，无论哪种形式，在比较前都应先区分出试验是单边的还是双边的。

2-AFC 法中，A、B 两个样品分别提交鉴定人员，由鉴评人员按需进行鉴定。在测试中，应使样品 A、B 和 B、A 这两种顺序出现的次数相等，样品编码由随机三位数组成，并尽可能避免样品编码重复。鉴评员从左到右品尝样品并填写记录表。要清楚告知鉴评员是否允许填写“没有差异”的结论。

由于此试验猜对的概率为 50%，因此需要较多的鉴评员进行试验。在 15 个人的试验中，如果差异显著水平在 $\alpha=0.01$，则必须有 13 个人回答正确才能证明有显著差异；若 50 个人进行试验，则必须有 35 个人回答正确才能证明有显著差异。

市场调研表明，消费者更喜欢新鲜的西瓜汁。有公司开发了两款鲜榨西瓜汁风味的粉末状混合物，要求感官评定哪种西瓜汁更符合鲜榨西瓜汁的味道。其实验目的为评定两种样品中哪一种与鲜榨西瓜汁的口味更相似。设定鉴评员 40 个，α 误差为 5%是较合适的。无差异假设为：A 的新鲜度＝B 的新鲜度；而备择假设为 A 的新鲜度≠B 的新鲜度。任意一种实验结果都是我们感兴趣的，因此，这个试验是双边的。样品编号分别为“123”和“245”。结果发现，26 个鉴评员选择“245”样品，认为其鲜榨西瓜汁的风味更新鲜，4 个鉴评员选择没有差异，因此，将人数 4 平均分给另两种回答，即可得出结论；40 个鉴评员中有 28 人认为“245”号样品鲜榨西瓜汁风味更新鲜，这一结论足以证明两样品间有明显的差异。从评定结果来看，建议该公司使用“245”号样品。

（二）二-三点检验法

当要求鉴评员评定两个或两个以上的样品中是否存在可察觉的感官差异时，应当使用差异分析方法。差异分析建立于几百种不同测定方法的基础上，主要分为总体差异试验和属性差异试验。总体差异试验是用于评定样品间是否存在感官差异。例如，三角试验和二-三点检验就是用来判定鉴评员是否能够评定出所有样品感官差异的。属性差异试验是评定样品间某一属性 X 的差异有多大。鉴评员需要集中在样品的一种或少数几种属性上。如果样品间的差别较大，以至于很明显时，总体差异试验的意义就不是很大了。如果预先的评判检验表明所有鉴评员都可以察觉出样品的不同来，就不应该采取总体差异试验。在这种情况下，就应通过属性差异试验来检测出样品间差异的确切数量。

当感官鉴评员想要确定样品间是否存在可察觉的感官差异时，应当采用总体差异试验。其中二-三点检验法是一种常用的差异分析方法。

二-三点检验在统计上不如三角试验有效，因为它的“猜对率”高达 1/2，但是它简单易懂。与成对比较试验相比，二-三点检验的优点在于参照样品的存在避免了两种样品差异所引起的相互混淆，它的缺点是必须品尝 3 种样品而不是 2 种。二-三点检验一般在鉴评员多于 15 人时使用，如果人数多于 30 人时更适宜。

二-三点检验法分为固定参照二-三点检验和平衡参照二-三点检验。固定参照二-三点检验中，所有鉴评员得到相同的参照样品，通常是常规生产的产品。其呈送顺序有两种，为

R_AAB 或 R_ABA，应在所有鉴评员中交叉平衡。如果鉴评员对样品很熟悉，则可采用这种形式，把该样品作为参照物。使用固定参照形式需要鉴评员受过培训且熟悉参照样品，否则应使用平衡参照法。而平衡参照二-三点检验法中，进行比较的两个样品随机作参照，但被参照的次数要相同，即一半的鉴评员得到一种样品类型作为参照，另一半鉴评员得到另一种样品类型作为参照。在这种情况下，有4种可能的呈送顺序，其呈送顺序为R_ABA、R_AAB、R_BAB、R_BBA，应在所有鉴评员中交叉平衡。

二-三点检验具体步骤如下：呈送给每个鉴评员一个参照物和两个编号的样品，其中一个样品和参照物相同。要求鉴评员辨别出和参照物相同的样品。计算回答正确的数目，并根据表格分析数据。

与三角试验相同，二-三点检验也需要尽可能地同时提供样品，或者陆续提供。准备相同数量的各种可能组合，并且将其随机地分配给鉴评员。注意不能有“无差异”这样的答案，鉴评员如果无法得出结论也必须进行猜测。

平衡参照形式案例：薯片厂通过此法判断添加香精后是否影响了薯片的风味。当风味复杂时，二-三点检验法要求嗅闻的次数较少，这能够一定程度上减小由于对样品的适应带来的误差。试验由40名具有经验的鉴评员参加。样品使用同样的器皿盛放，并在同一天准备。两个样品作为实验参照物的次数相同。结果发现，40人中有21人选择出了与参照物一致的样品。α 值在5%下要求的正确数为26。另外，从两种样品分别作为参照物的角度来分析这些数据，结果显示，正确答案是平均分布的。结果表明，两种样品在风味的质量和数量上的差异都是微弱的。因此，两种不同的黄瓜香精没有产生显著的风味差异。

固定参照形式案例：薯片厂有两种类型的薯片包装可供选择，A是已使用多年的老包装，B是新设计的包装，想要知道这两种包装能否交替使用。通过感官评定来确定不同包装的薯片同样条件下保存同样时间后是否存在差异。由于A包装对于品尝者是熟悉的，故采用固定参照形式：设立3个试验点进行单独的试验，每个试验点安排36个鉴评员，A为参照物，72个A与36个B被分成了18个AAB组合和18个ABA组合，最左边的样品A是参照物。结果发现，3个试验点分别有20、23和22个鉴评员正确选出了和参照物一致的样品，已知显著水平5%时，要求的正确答案数为24。在许多试验中，为了获得更准确的结果将2个或3个试验结合起来是可行的分析方法。在本试验中，样品出自同一批，鉴评员也来自相同的小组，所以结合起来分析是完全可以的。从3×36＝108个鉴评中得出了20＋23＋22＝65个正确答案，在108个鉴评中，显著水平为5%时，正确答案的临界值为63；显著水平为1%时，则为67。因此，这两种样品在5%的水平有微小差异。所以，在结合3个试验的基础上，显著水平为5%时样品间差异显著。

（三）3-AFC 法

3-AFC法是一种常用的差异分析方法，指同时提供3个编码样品，其中有2个是相同的，要求鉴评员挑选出其中不同于其他2个样品的检查方法。这种方法的猜对率为1/3，适用于鉴别2个样品之间的细微差别。3-AFC法是为了明确两个样品间的感官差异。当加工处理使样品发生了改变，而且无法依据一个或者几个属性来辨别样品的变化时，3-AFC法就特别适用。这种方法在统计学上比2-AFC法和二-三点检验更为有效，但是，如果鉴评员对样品产生感觉疲劳、产生适应性或者实在难以区分试验的3个样品时就不能选用3-AFC法。

在 3-AFC 法中，呈送给每个鉴评员 3 个样品，其中 2 个样品完全相同。要求鉴评员按序品尝每个样品并且选出其中不同的 1 个样品。根据正确回答的次数得到试验的解释。鉴评员必须熟悉 3-AFC 法的形式、目的、评估过程以及用于测试的产品，这些都非常重要，因为 3-AFC 法中风味记忆的影响不可低估。鉴评员在进行正式鉴评试验之前必须明确试验的目标，对试验的步骤和产品的特性也要比较熟悉。给鉴评员提供试验信息时，要注意避免有关资料对鉴评员产品鉴别的误导，如处理效果和产品特性等。

试验区是感官评定人员进行感官试验的地点，一般由多个隔开的鉴评小间构成，以便鉴评员在内独自进行感官鉴评试验。适当控制光照条件，可最大程度降低样品颜色差异对感官评价的干扰。样品应当在保持其最佳状态（包括外观、味道等）的条件下制备和呈送。呈送样品时，所有的样品应尽可能同时提供给鉴评员。如果样品较大，或在口中留有余味，或在外观上有轻微的差异，也可将样品分批提供以不影响试验效果。

应用举例：啤酒 B 是用许多新麦芽酿造而成的，感官评定分析员希望知道它是否与目前生产的啤酒 A 有所区别。试验允许有 5%的误差，并且选择了 12 名专业鉴评员。18 杯啤酒 B 与 18 杯啤酒 A 被随机分为 12 组，以下组合中每种组合各用 2 次：ABB、BAA、AAB、BBA、ABA、BAB。将试验样品随机分发给每一位鉴评员。试验结束后，8 位鉴评员做出了正确的选择。查阅 3-AFC 法的正确回答临界值得出，这两种啤酒的差异显著水平值是 5%。

糖果公司的包装部主管准备做以下测试：用箔纸材料包装的糖果与目前普遍使用的纸包装糖果进行比较。预先观察表明，3 个月后纸包装的糖果变得更硬，而箔纸包装的依然柔软。如果能够明确两种产品 3 个月后具有显著的差异，就可在产品的包装上进行改进。因此，试验的目的是确定包装上的改变是否会引起储存 3 个月后糖果产品在风味和质地上的总体差异。试验选定 30～36 人进行 3-AFC。试验在普通白光下进行，以便鉴评员能考虑到外观上的差异。将鉴评员预先安排成 6 人一组，以保证完全的随机性，并且在 α 值为 5%（$\alpha \leqslant 5\%$）的条件下确定差异的显著性。在包装前首先检查试验样品，以保证样品与样品之间没有显著的感官上的差异。样品储存 3 个月后对样品再进行评估，确保样品没有明显的感官特性变化。呈送样品时，为两组不同包装的样品每组分别准备 54 个样品盘，并用随机的三位数编上号码。打开包装后取出样品，去除掉两端，再切成小块装在已编号的样品盘里。为每位鉴评员准备托盘，分别编上号并在其中放置 P 或者 F 的样品盘。在鉴评员的评定表中写下 3 个样品盘的编号。试验结果发现，30 位鉴评员中有 17 位正确地辨别出了不同的样品，查阅 3-AFC 的正确回答临界值得出，α 值在 5%处，样品间差异显著。

（四）双标样检验法

双标样检验法即先品尝两个不同的标准样品，记住其感官特征，然后再品尝系列样品，指出每一个样品与其中哪一个标样一致。由于是二选一，所以猜对的概率是 50%。此试验是为了判断在两种样品之间是否存在感官差异，特别是不适于用 3-AFC 法或二-三点检验时。例如，对于有着强烈后味的样品、需要进行表皮试验的样品以及可能会从精神上混淆鉴评员判断的复杂性刺激的样品间进行对比时，适于用这种方法。当两种产品中的一种非常重要，可以作为标准产品或者参考产品，并且鉴评员非常熟悉该样品，或者其他样品都必须和当前的样品进行比较时，优先使用双标样检验法而不选择简单差异试验。双标样检验法也适用于选择试验鉴评员。例如，一个鉴评员（或一组鉴评员）是否能够从其他甜味料中辨认出一种特别的甜味料。同时，它还能通过信号检测方法测定感官阈值。

双标样检验法中，先让鉴评员熟悉“A”和“B”的样品。给每个鉴评员提供的样品中一些是“A”样品，另一些是“B”样品，要求判断每种样品是“A”还是“B”。通过检验，比较正确回答和不正确回答的个数，从而判定鉴评员的辨别能力。

与三角试验相同，同时向鉴评员提供记录表和样品。对样品进行随机编号和随机分配，以便鉴评员不会察觉到“A”与“B”的组合模式。在完成试验之前不要向鉴评员透露样品的组成特性。

在这种标准过程中，必须遵守如下规则：①鉴评员必须在试验开始前获得“A”和“B”样品；②在每次试验中，都要提供相同数量的“A”和“B”样品。这些规则可能会在特定的试验中改变，但是必须在试验前通知鉴评员。

二、使用标度的检验方法及应用

标度是适用于响应标度或测量标度的术语［《感官分析　定量响应标度使用导则》（GB/T 39501—2020）］，能将人对食品的感觉、态度、喜好等用特定的方式表示出来。其中，响应标度指的是如数字、文字或图形等一些便于评价员记录量化响应的方法。在感官分析中，响应标度作为一种装置或工具，被鉴评员使用，用作表达对可转换为数字的特征的响应。测量标度即感官特征与其数字表征之间有效的测量关系类型，如顺序、等距和比率。作为响应标度和测量标度的等价形式，术语“标度”更常用。

标度作为一种展示评价报告所采用的尺度，由一些顺序相连的值组成，这种值的形式多样，主要有图形、数字等。作为感官检验中的一门度量学科，度量是将感官体验进行量化的一个步骤，所得数据将进行统计分析。标度这一方法广泛用于量化各种指标。

标度过程由两个基本过程组成：第一个是精神物理学过程，即人的感官受到刺激，进而产生感觉的过程，实际上是感受体产生的生理变化；第二个过程是，当感官产生感觉后，评价员对其进行数字化评价的过程，此过程是量化的过程，其结果受标度方法、评价时的指令以及评价员自身条件多因素的影响。

标度的使用无处不在，如白酒可以分为浓香型、酱香型等；葡萄酒可分为红葡萄酒、白葡萄酒等。又如，用某些数字来表达样品性质的强度（甜度、硬度、易嚼性等），也使用词汇来表达对性质的感受（太黏、很软、正合适）。但是如果使用词汇，需要将数字和词汇对应起来，如非常硬＝9、非常软＝1。这样一来，便于将这些数据进行分析，从而得到产品的某些性质。

标度法仍有着自身的不足，它首先受到评价员个人因素的影响。评价员职业、性别、经验积累程度、心理或生理成熟度不同，对样品的评价结果会大相径庭。一项研究请食品专业研究生、食品专业教师、非食品专业教师、食品专业本科生对 15 种调料肉排样品进行感官评价，参与者从嫩度、气味、滋味、多汁性、组织状态 5 个感官指标做出评价，结果表明，不同人群对同一感官属性的感官评价结果存在显著性差异，出现这种结果可能是因为感官评价员的口味喜好差异较大，同时也受到主观性的影响。

另外，标度还有一个不足，评价中处于中间的数值容易被鉴评员选择。例如，要求对某种水果汁按照 0～9 的顺序进行标注，以对水果的风味进行评估。但 0、1、2 这种较低的评分，一般不会为鉴评员所选择，因为在他们的认知中，可能会有评分更低的样品，这些数字他们想给更差的样品赋分。而事实却是，这类样品可能不会出现在实验当中。同样的，7、8、9这类评分较高的数值也可能不会被鉴评员所使用，其原因是他们认为会有风味分值更高的样品，而这类样品在实验中也可能不会出现。也正因如此，这个标尺可能不那么准确。这就可能出现一种情况：风味赋值原本应为 7、8、9 的样品被标为 5.8，而某些风味较差，原以为应该被评为 1、2、3 的这类样品被赋值 5.2。这样一来，样品与样品之间的差别就没有那么明显了。

（一）使用标度的检验中的数据类型

1．数值式标度　数值式标度方法与生活实践活动有着很大的关联，且这种标度方式也便于使用，因此，大多实际评价过程都采用这种方式。数字序列是最简单的形式，如 1、3、5、7、9 的形式（9 这一数值为该标度的最大值）。但这并不单独使用，需要提供给参与实验人员一个强度或态度的选择或注释，通过对端点或中心点适当的注释，有助于使用者的理解。

2．文字式标度　有时会使用纯文字的形式对样品的某种感受进行描述，这样能够更好地了解实验人员对样品的感受或体验。常用的方法为 9 点快感标度：极其不喜好、非常不喜好、一般的不喜好、稍微不喜好、既不喜好也不会不喜好、稍微喜好、一般喜好、非常喜好、极其喜好；“恰好”检验，如数字 1 为过少/弱，数字 3 为恰好，数字 5 为过多/强。

3．图形化标度　图形化标度主要包括两种方式，即线性或图形方式，其中较为常见的是一种端点标示的 15 点方格标度，再对适当的刻度加以注释。按照图示，参与的感官评价员只需要根据自己的感受在相应的位置做出标记，便于整理统计，通常需要借助计算机来完成对数据的收集和转换工作。幼儿或年龄较小的人员相比于成年人，可能对数字的敏感性或对文字的差异性表述有理解上的、使用上的困难，因此设计了便于特定人群使用的标度化方法，比较生动形象。

【案例】

辣味：由左至右表示辣度由浅至深。

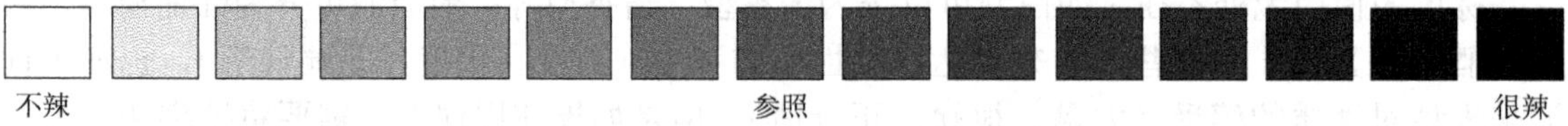

（二）标度种类

标度是由于人们对感官反应进行量化评价需要而产生，根据感官中的应用情况确定合适的赋值方法。在流行的用法中，主要的赋值方法有 4 种，分别是名义标度、顺序标度、等距标度和比率标度。

1．名义标度　名义标度是使用数字对某些事件进行标记的一种方法，为了使某事件便于标记而做出赋值。数字的编号不代表任何数量上的意义，也不表示任何顺序和强度意义，仅代表样品的编号。例如，某些研究给性别进行编码，将男性赋予值 0，将女性赋予值 1，这种标度方法只是一个虚拟变量，并不能反映其顺序特征，仅作为便于记忆或处理数据的标记。再如，身份证、学号、样品代号等都是名义标度的形式。

【案例】

– 身份证号：110××××××××××××1234
– 学号：20241234
– 性别代号：男生 0，女生 1
– 样品代号：西瓜 001，草莓 002，橘子 003，…
– 随机数编号：样品 A 0072，样品 B 0012，…
– 评价员编号：张三 A1，李四 B2，…

2. 顺序标度　顺序标度亦称等级标度。顺序标度中，既没有相等单位也没有参照点，评价员对样品排出顺序、等级的标度。借助顺序标度获得的数据称为顺序数据或等级数据。适用的统计方法有非参数检验、相关分析等。

在顺序标度中，数值表示的是对某种样品感官感觉的数量或强度，其数值大小表明各样品之间差别的方向，且对象之间差异的大小无法体现出来。

3. 等距标度　等距标度亦称间隔标度。指只有相等单位（即等距）但没有参照点（绝对零点）的标度类型。借助等距标度获得的数据被称为等距数据。等距数据有很多性质，如区分性、顺序性、可加性等，数据之间可加减但不能乘除。可用平均数、方差等进行数据统计，之后进行 t 检验、方差分析等。

不同样品之间强度差异的大小可以用这种标度方法度量出来，但是不同样品之间强度的比率不能计算。相比于顺序标度，这种标度方法所得到的数据能够表示出样品之间的实际差别，且样品之间所得到的数据是可比较的。感官检验中很少有完全满足等距标度的标度方法。诸多标度方法中，快感标度可以认为是等距标度。

4. 比率标度　比率标度是一种最精确的标度方法，此方法采用相对的比例对感官感觉到的强度进行标度，是完全意义上的数学数据。其既有绝对零点又有相等单位，不同样品之间的绝对差异和不同样品强度之间的比率都可以用此种标度方法表示出来。

在感官评价中，比率标度的获得一般通过量值估计法，参照样品的数值可以是固定的也可以由评价员事先选择好。而在实际应用中，由于评价员在进行比率标度的过程中容易产生前后效应，或者产生数值上的偏见，在一定程度上会影响这种线性关系。

（三）常用标度方法

在实验中，有诸多方法来对感官体验进行赋值，线性标度、类项标度和量值估计法为常用的方法。还有一些不常用的标度技术，如类项-比率混合标度、间接标度和选择排序法。但每个方法之间也存在一定的差异，比如各个评价员自身存在的个体差异性，以及他们对同一物品性质的不同见解。为了减少这些差异，需要对各种标度方法进行分析，选择出合适的标度。

1. 线性标度　线性标度也可称为图标估计标度或视觉相似标度。通过做标记的手段，能直观地表现出评价员对此物体感官特性的评价。线性标度方法的流行，得益于数字化设备的普及和广泛应用。线性标度在经过训练的评价员对多特性进行描述性分析时较为常用，而很少用于消费者研究中。

【案例】

在一条 15cm 线段上标记能代表某感官性质的位置，线段左端代表“0”或“没有”，最右端代表“最大”或“最强”，用直尺把每种性质转化为相应的数值，然后输入计算机进行

计算。（15cm 线性标度：对辣椒辣度的感官评价）

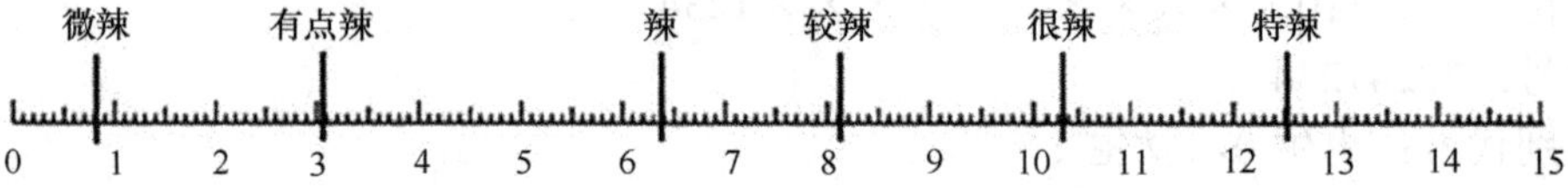

2．类项标度 类项尺度的基本原理是：给评价员一套不同的选项，它们代表了感知的增强（或下降）和偏好的增强（或下降），而评价员则会依据自身的感受或偏好来挑选对应的选项。在此尺度下，一般有 7～15 个类别，根据实际需求和评价员能够识别的等级数目而定。评价员的识别评估水平越高，选择的数目越多。

【案例】

A．整数标度：

强度：1 2 3 4 5 6 7 8 9

弱 强

B．语言类标度：

异味：无感觉、微量、少量、中等、一定量、强、很强

C．端点标示的 15 点方格标度：

甜味 □ □ □ □ □ □ □ □ □ □ □ □ □ □ □

不甜 很甜

D．相对于参照的类项标度：

甜味 □ □ □ □ □ □ □ □ □

弱 参照 强

E．整体差异类项标度：

与参照物的差别：无差别、差别极小、差别很小、差别中等、差别较大、差别极大

F．9 点快感标度：

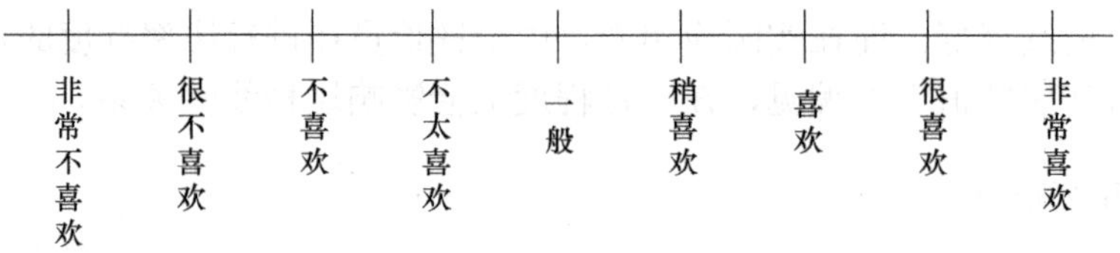

类项标度的值不能量化样本中的某些特定指标，可用数字来表达序列或间隔。例如，在 9 级指标中，标记为 4 的样本，其甜味并不是标记为 2 样本的 2 倍，3～6 的甜味差异与 6～9 的不同。

常用的 6 种类型的尺度是：①整数标度，以 1～9 的整数来表达感官的强度；②语言类标度，用一种特殊的词语来表达产品中的气味、氧化味、腐败味等的感觉品质；③端点标示的 15 点方格标度，用 15 个格子表示的产品的感官强度，由评价员对样品进行评定后，按所感受到的强度在对应的地方进行刻度；④相对于参照的分类标度，以方格标度为基准，中间用参照样品的感官强度进行标记；⑤整体差异分类标度，首先对参考样品进行评估，再对其他的样本进行评估，并将各样品感官强度与参考样本进行对比，比较差异大小；⑥快感指数，在嗜好检验中，一般要评估顾客对某一种商品的喜爱程度，或是对各种样品的味道进行对比，一般使用点快感标度，有些情况也采用 7 点或 5 点快感标度。

类项标度时，有一个很重要的现象是末端效应，即评价员很少倾向于将样品置于末端的分类，避免这种结果的一种方法是给类项标度定义，即给予评价员能够代表处于两端标度感官强度的相应实物，让其提前感受。需要强调的是，必须要使用真正的实物刺激对末端标度进行定义，而不是使用文字标注的形式。

3. 量值估计 量值估计是一种由心理学家 Stevens 创建的一种心理物理学标度方法。其本质是有着一定比例的强度标度，具体来说，是由评价员根据样品的某种感官属性强度或其自身对样品的喜好程度对样品进行定值，所定数值间的比例应与评价员对特性感觉强度的比例相一致。量度估计的基本原理很简单，即在允许评价员自由选择数值的前提下，样品感官强度的比率由评价员所赋予的数字比率表示出来。在标度过程中，要求评价员给感觉定值，且这些数字能够直接反映出感官强度大小的比率。例如，假设对样品 A 硬度这一指标进行评价，若其硬度值为 10，样品 B 的硬度是 A 的 2 倍，则 B 的硬度评估值就是 20，即分值间的比例反映了感觉强度大小的比例，也就是量值估计要求评价员评分时所要遵循的“比例原则”。

量值估计有两种基本形式。第一种是给受试者一个作为参照或基准的标准刺激，再将此标准刺激赋予一个固定值，成为“模数”，之后受试者受到的刺激可与此“模数”相比较而得到标示。第二种变化则不给受试者标准刺激，受试者可对第一个样品赋予任何一个数字，然后第一个样品与之后的所有样品进行强度之间的比较，之后做出标示。在实际情况下，受试者也可“一环套一环”地根据系列中最靠近的一个样品给出评估。

【案例】

采用量值估计标度给评价员的指令。

A. 有参考样品时的指令。

请评价第一个样品的硬度，这是一个参照样，其硬度值为“10”。请根据该参照样品来评价所有的样品，并与参照样品的硬度进行比较，给出每个样品的硬度与参照样品硬度的比率。如某个样品的硬度是参照样品的 1.5 倍，则该样品的硬度为“15”；如果样品的硬度是参照样品的 2 倍，则该样品的硬度值为“20”；如果样品的硬度是参照样品的 1/2，则该样品的硬度值为“5”。可以使用任意正数，包括分数和小数。

B. 无参照样品时的指令。

请评价第一个样品的硬度，请根据该样品来评价其他的样品，并与第一个样品的硬度进行比较，给出每个样品的硬度与第一个样品硬度的比率。例如，某个样品的硬度是第一个样品的 1.5 倍，则该样品的硬度值为第一样品的 1.5 倍；如果样品的硬度是第一个样品的 2 倍，则样品的硬度值为第一个样品的 2 倍；如果样品的硬度是第一个样品的一半，则该样品的硬度值为第一个样品的 1/2。可以使用任意正数，包括分数和小数。

（四）检验方法

标度和类别检验是指评估人员对两种或多种样本进行分析，并对其不同的取向、差别程度等进行评估。对样本进行适当的分级、分类，可以得到不同样本之间的差异。这一方法有多种，其中最常见的有排序检验法、分类检验法、评分检测法、加权评分法等。应指出，无论采用什么方式，对资料进行分析或说明时，必须考量到试验的目标和样本数目。

1. 排序检验法 是指由评定人员根据对食物的某种性状进行感官评定，并将其按一定的次序进行分类的一种方法。由于其使用方便，近几年已被广泛用于消费者的偏好评估和新产品的研发。

这种方式把样本随机提交至品鉴人员处，由鉴定者根据所规定的特征对样本进行分类，排列顺序后计算序列和，最后对结果进行统计学处理。参与实验的人员不得低于 8 名，多于 16 名其结果将会更好。测试之前，组织者需了解待评估样本的各项指标及标准，并对评估项的各项规则排序，一次仅可检测一项属性，若需要按顺序检查多重属性，则必须按照功能来排列不同的次序。

进行排序检验时，品鉴人员按预先设定的次序对已编码的试样进行检查，排列初步次序，再进行调整和整理，最终决定整个系列样本的强度。如果出现两种样品确实分辨不出的情形，需在问答表中注明。当样本数目太大时，应先进行类别检查，以确认其类别，然后进行排序检查。因为在尝过多次的试样之后，会忘记之前的试样品质，因此可以重复尝试。

在对其进行分析和判定的过程中，应尽可能同时向评估人员供应样本，以确保样本的随机分布，这样可以降低实验误差。若不能判断出两个邻近样本的先后次序，可以让评估人员自行推测，也可以选择中位数。若评估人员无法区分两个样本的先后次序（平局），可以采用平均排名的方式处理，即在一个有 4 个样本的序列中，如果两个本应分别排名第 2 和第 3 的样本无法区分顺序，则给它们平均排名（2+3）/2=2.5。这不仅减少了主观偏差，还确保后续统计分析（如 Friedman 检验）更准确。若存在多个感官指数，则应先顺序排列进行编号，以防止各样本互相干扰。

在最后的统计分析阶段，一般使用 Friedman 检验、Page 检验和 ROC 法，检验样品之间是否有显著差异及判定差异的大小。

【案例】

A．Friedman 检验。

先用下式求出统计量 F：

$$F=\frac{12}{JP(P+1)}(R_1^2+R_2^2+\cdots+R_P^2)-3J(P+1)$$

式中，J 为评价员数量；P 为样品数；R_1、R_2、…、R_P 为每种样品的秩和。

之后，通过查询 Friedman 检验秩和检验近似临界值表，从而判定样品之间是否有显著性差异。

B．Page 检验。

Page 检验也是一种秩和检验。有时样品有自然顺序，如样品成分的比例、温度、不同储藏时间等可测因素造成的自然顺序。有自然顺序时，Page 检验比 Friedman 检验更有效。

检验原假设是否成立，用下式计算统计量 L 确定：

$$L=R_1+2R_2+\cdots+PR_P$$

式中，P 为样品数，R_1、R_2、…、R_P 为每种样品的秩和。计算得到的 L 值与 Page 检验临界值表格相比较，确定不同样品之间是否在存在显著性差异。

2．分类检验法　分类检验法预先给出所要评估定义的类别，再让评价员评价样品，之后评价员判定该样品所属的类别的一种鉴评方法。此方法的优点在于，当评价员无法确定样品的具体分数时，可通过此种方法评价出各样品的好坏差异，之后可以更方便地对样品的等级、好坏进行评价；此外，此方法还可以鉴别样品的缺陷。

在进行分类检验时，要按需要来决定所用种类的数目，数目要适度，数目过小会导致多个样本为同一种类；过多的话，很可能会引起混乱。数目一般以5～9为宜，最常见的是9类标度。

分类检验过程中，将样品顺序打乱之后出示给评价员，由其对样品依次进行评估。接着按照鉴定表格中所列的分类法将样本进行归类，之后统计每种产品分属于每一类的频数，然后用χ^2检验来比较多种产品落入不同类别的分布，以求各产品在各类中的分布情况。

3. 评分检验法　评分检验法是采用等距尺度，有时也会采用比例尺度对样品感官性质强度进行定量评定的方法（韩北忠等，2016）。评分检验法是事先设定一个评估标准，然后由评估人员以数值的方式对样本的特征和喜好程度进行评估，并将其转换为分数。这种方式能够对一项或更多项产品的指标和它们之间的差别进行评估。因而，该技术的使用领域十分广阔，特别是对一些新的新产品进行鉴定。

为了使评分检验能够顺利进行，首先要确定恰当的标度类型，以便让评估者明白每个评分点的含义，且这个方法属于绝对性判断，因此其可根据各自的鉴评标准来评估样本。

在进行结果分析时，首先需要将问答表的评价结果按照合适的标度类型转化成相应的数值。例如，

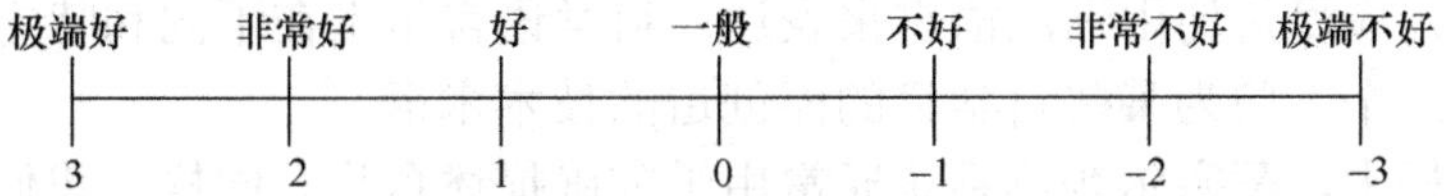

同样的，也可以采用其他尺度，如十分制或百分制等。在结果分析时，只有2个样品，则可以用t检验方法，此方法比较简单；若样品数量大于等于2，则需用方差分析进行检验。

4. 加权评分法　与其他分类评分法相比，采用加权评分法考虑到各因素在样本中的权重。确定后，再进行总分、平均值和综合得分的计算，使评估的效果更为客观；更为公平和更精确地评估了样品的品质。而打分方式可采用十分制或百分制。

在该评估中，权重的选取是一个关键步骤。权重是指一个因素在被评价因素中的影响和所处地位。因此，如何合理选择一个适当的权重指标，直接影响该方法能否顺利实施以及能否得到客观准确的评价结果。权重通常由行业专家来决定，他们根据被评价因素对样品总体评价结果影响程度的深浅，再打分进行统计分析，最终确定各因素的权重因子。

对结果的判定也比较简单，根据各评价指标的评分进行加权处理后，求平均分或总分，产品的优劣可通过得分情况而判断出来。

用以下方法计算加权处理及得分：

$$P=\sum_{i=1}^{n}a_i x_i$$

式中，P为总得分；a_i为各项指标的权重；x_i为各评价指标得分。

三、描述分析型检验方法及应用

随着现代食品工业的发展，食品感官评价的地位日渐升高，对其的理论研究也逐渐增多。在常用的感官评价方法中，描述性分析检验（descriptive analysis evaluation）发挥着重要的作用。描述分析检验法的构成元素包括感官特征、特征强度、特征顺序及整体印象。

描述性分析检验是指根据可感知的食品感官特征，并使用专业术语对产品进行客观描述。描述性分析检验需要评估产品的所有感官特征，包括外观、颜色、气味和气味特征；品尝产品后口腔的风味特征；产品的微观结构和纹理特征。描述性分析检验是感官检验中最复杂的一种方法，通过竞争产品的描述性分析检验获得的结果不仅可以提供食品的详细信息，还可以准确分析一系列不同产品感官之间的具体差异、储存条件对其保质期的影响以及食品化学性质与感官特征之间的相关性。该方法有利于确保和提高产品质量。

描述性分析检验可以分为三类，分别是简单描述检验法、定量描述检验法和感官剖面检验法。

（一）食品描述分析语言

描述性分析检验是一种简单的描述分析，常用于产品质量控制、保质期确定和同类型产品的差异测试，也可用于评估人员的培训。要求评定员具有较高的文学素养、较强的文字使用和输出能力，并要求他们使用准确的语言来描述样本的感官特性。描述性语言分为三类：日常语言、词汇语言和科学语言。日常语言是指日常交流的语言，因文化背景和地理区域的不同而有所不同，比较口语化。词汇语言（即书面语言）是指权威材料或文件中的语言。在专业材料写作中，应尽量使用词汇语言来表达。科学语言是指在不同和特定的科学领域中使用的语言。这是一个专门为某些科学目的而创造的技术术语。

在描述性分析中，蒙塞尔颜色系统通常用于准确描述食物。同样，我们希望在研究食品风味时有明确的科学语言，这是准确描述产品的各种感官特征所必需的。由此产生的描述性和分析性术语应具有统一的标准或方向。如果感官评定人员要使用准确的味道描述，他们需要一些培训。这样做是为了统一相同的概念并方便评估员的使用。对于正常的成年人来说，颜色是被很好构建的概念，用来描述它的科学语言被广泛理解，而且每个人之间都有很好的一致性。但风味却不一样，它缺乏一个明确的术语来描述其特征。有些图表具有标准编码颜色（即蒙塞尔颜色标准）。例如，印刷和出版行业的专业颜色代码，这些颜色与现在计算机屏幕上显示的颜色不同，但没有关于味道、气味和质地的“蒙塞尔标准”。所选择的描述符应区分样本，并应表示样本之间的感知差异。例如，如果我们评估一个黑巧克力样本，并且所有样本都有完全相同的黑色阴影，那么“颜色强度”不再是一个有用的描述符。此外，如果黑咖啡样品的颜色不同，如由于加工条件的差异，那么“颜色强度”将是一个令人满意的描述符。当我们选择术语（描述符）来描述产品的感官特性时，需要记住术语的关键特征。

所选术语应是必要的，而不是冗余或具有重复性描述的，它应与所使用的其他术语很少或没有重叠，并且应该是正交的。当要求评定小组成员用冗余的术语评分时，他们会感到十分困惑，难以抉择。但事实上，要彻底清理过多的术语并确保所有术语都是正交的是不可能的，评级小组成员通常有一个先入为主的概念，即哪些术语相关，哪些术语不相关。

采用单一的描述符要好于一些术语的组合。术语或整体术语的组合（如像奶油的软的、干净的、新鲜的词汇）对评定小组的成员来说会感觉不够清晰。当用于产品广告时，术语组合可能非常流行，但它不适用于感官评价。对于合适的描述符，评定小组成员可以精确地、可靠地使用它们。在研究中获得信息的受试者应当能够理解这些术语，而不仅仅是描述的评定小组或他们的负责人能够理解。如果这个术语已经被广泛地用于这个产品，或者它能够与存在的文化具有相关性的话，这也是十分有益的事情。同时如果评定小组的负责人对产品类项的背景知识有所了解的话，这也会是十分有帮助的。

延伸阅读

巧克力简单来说是指以可可豆为主料通过加工而制成的一种甜食。根据总可可固形物的含量可以分为黑巧克力、牛奶巧克力和白巧克力。

在巧克力的品评试验中，可使用以下描述特征的术语。

[1] 表示外观颜色的术语：黑色、褐色、棕色、白色等。

[2] 表示口感程度的术语：黏稠、细腻、丝滑等。

[3] 表示组织规则的术语：正常、黏稠、油腻、薄碎、不规则、有油脂析出等现象。

[4] 表示组织结构的术语：致密、松散、厚重、不规则、疏松。

评价员完成评价后，由评价小组的组织者汇总最后的结果。依据所有的描述性词汇的使用频率或特征强度得出最后的结果，同时对理想的评价结果作出公开讨论，最后得出结论。

（二）定量描述分析评价员选择

定量描述分析法是 Tragon 公司于 20 世纪 70 年代为了弥补风味剖面和质地剖面不能对结果进行统计分析的问题而发展起来的一种描述分析方法。定量描述分析法是一种独立的分析方法，其中数据不是通过共同讨论产生的而是通过单个评价人员的感受，并使用非线性的量表来描述评估特性的强度，由评价人员中的组织者统计所有的评价结果。

1. 感官鉴定人员类型　食品感官鉴评试验种类越来越多，不同试验对鉴定人员的要求不相同，并且符合食品感官实验人员标准的人，在感官鉴定上的经验以及训练强度也不同。通常按照以上情况可以把他们分为 5 类，如表 3-1 所示。

表 3-1　评价员的分类及描述

类型	简述
专家型	这是指专门从事产品质量控制的一类人员，代表着食品感官鉴定人员的最高水平，评估产品的特定属性，并选择高质量的产品
消费者型	这是最具代表性的食品鉴定人员的类别。通常这种类型的评估员来自各行各业的食品消费者。与专家型相比，此类评估者仅根据自己的主观意愿来评估他们是否以及在多大程度上喜欢或接受被测试的产品
有经验型	从字面意思可以看出和无经验型人员相反，这是一类需要通过感官鉴评人员筛选并有差别分辨能力的鉴定人员，称为有经验型鉴评人员
无经验型	这是只评价产品的喜欢和接纳程度的鉴定人员，但这类人员不如消费型具有代表性，一般感官评价在小型实验室进行，由与待测产品相关的人员组成，无须专门挑选和严格的培训
训练型	他们是在进一步筛选和培训后从经验丰富的感官评估人员那里筛选出来的人员，通常他们有能力描述产品的感官质量特征和特性，并专门评估产品的质量特征

2．感官鉴评人员的筛选 感官评定在产品的研发中发挥着重要作用，在筛选感官鉴评人员的时候也有诸多的要求，主要包括鉴评人员方面的筛选要求和筛选过程中的不同方法。人员筛选的主要方面包括人员的兴趣、健康状况、表达能力、人员的缺席率、对试样的态度等。

在初步确定感官鉴评候选人后，便可以进行食品感官鉴评人员的筛选工作。筛选就是通过一定的方法观察候选者是否具有感官鉴评能力，以筛选结果作为依据，不仅要选出评判人员，而且要判断出该人员属于哪种感官评价人员的类型。在筛选过程中，应该注意筛选用料的选择、筛选难度的确定、筛选人数等。需要注意的是，感官评价测试的实施者起着关键作用。除了收集并筛选相关信息，设计总体方案和具体实施，还要对筛选试验进展的标准和人员选拔所需的数据做出准确评价。

3．使用评价员的优缺点 优点首先是评价员描述词的形成不受评价小组负责人的影响，其次是在评价过程中都是以消费者的语言为基础形成描述词，好理解容易判断。同时，定量描述分析法的结果不是来自一致性讨论，评价员应独立评价，这样评价员之间存在的相互影响会较小。最后是数据容易进行统计分析，并能用图形表示，方便后续的数据处理和分析，该方法可以应用于实验设计。当然，使用评价员也存在一些缺点。例如，如果评价小组负责人不对评价小组进行指导，那么可能会由于缺乏正确指导而形成错误的描述词。

（三）蛛网图的绘制

1．蛛网图的基本概念 蛛网图是在风味剖面和质地剖面等的基础上形成的，使用其所具有的特点首先是属性词汇标准化（表 3-2），该法也要求评价员建立某些特定种类产品描述性词汇表，当词汇表形成后，对于同类产品都可使用相同术语。据文献报道，蛛网描述性分析中属性词汇比定量描述分析（QDA）中词汇更准确。

表 3-2 描述词汇的建立方法举例

描述类别	描述词汇的建立方法
大豆属性	评价新鲜大豆、去壳大豆和冷冻大豆，形成冷冻大豆属性词汇表
乳清蛋白感官属性	利用提供的文献报道的干制乳成分、豆奶、豆味冰淇淋属性词汇表，并在此基础上建立描述乳清蛋白新的属性词汇表
奶酪硬度	采用 0～15 强度标度尺评价样品时则根据参照样确定样品强度值，确定奶酪重要质构属性和建立描述奶酪特性词汇表
鸡胸脯肉嫩度影响因素	通过不同领域 7 位专业评价员评价得出结论与消费者喜好性实验结论一致，在此基础上建立新的影响因素词汇表
香肠感官评定	先向评价员提供 108 个词汇，经 9 轮筛选，最终筛选出 15 个属性，包括外观、风味、基本味、质构等属性

但蛛网描述性分析法也存在缺点，如对所有属性和对应标准参照样强度都要十分熟悉，以确保最后评价一致性，所以培训时间长。

2．蛛网图的绘制方法　对 QDA 试验结果的另一种数据处理方式是绘制蛛网图，在绘制蛛网图进行结果处理的时候，就是要根据所评价的感官品质值先得到一组同点相交的直线，每一条从原点出发的射线就代表一个评价指标，距离原点越近，表示该品质的强度越低。将评价小组对各品质分析后得到的各品质的强度在蛛网图上相应的品质线上用点进行标记，然后连接各点就得到了如图 3-16 所示的蛛网图。采用这种蛛网图，可以对样品的单个品质及整体感官进行比较，若其中的一个是要得到的优质样品，则可以通过比较两图形差异的大小来判断哪一个样品与它更接近，或得到要改进的品质是哪几项。

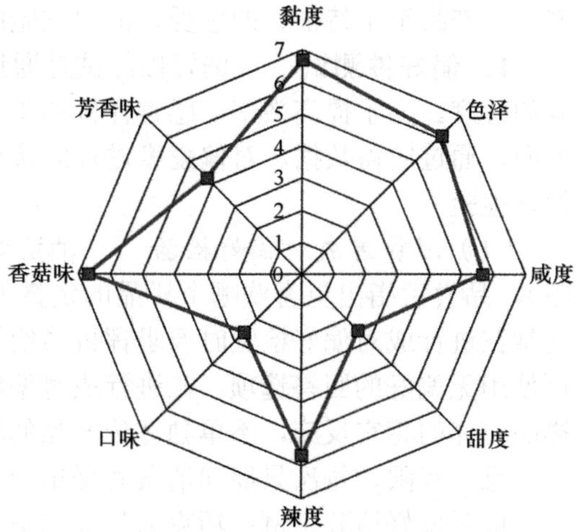

图 3-16　香菇酱蛛网图

以下通过香菇酱风味剖面检验报告，进一步说明蛛网图的实际应用（表 3-3 和表 3-4）。

表 3-3　香菇酱的感官评分表（孙连海，2017）

评分	1	2	3	4	5	6	7	8	9
轻度	极弱	很弱	较弱	稍弱	中等	稍强	较强	很强	极强

表 3-4　感官特性强度评价结果

特性特征感觉顺序	感官指标	强度
质地	黏度	6.70
外观	色泽	6.13
风味	咸度	5.67
	甜度	2.50
	辣度	5.67
	口味	2.57
	香菇味	6.70
	芳香味	4.27

四、消费者情感检验方法及应用

感官评价方法中有需采用经过培训的专业品评员进行检验的定量描述分析法，也有使用未经过专业训练的人员进行评价的情感检验方法。两种评价方法各有特点，经过专业人员检验获得的结果严谨、准确和便于整理，而非专业人员进行感官评价时操作简单、成本低，且得到的描述词更加便于消费者理解。消费者情感检验主要用于比较不同的样品间感官质量的差异以及消费者对样品的喜好程度的差异。

（一）消费者偏好性测试和接受性测试

食品感官评价中，情感试验（affective test）目的是评价当前消费者或潜在消费者对一种产品（产品某个特征）的感受，情感试验的基本类型包括偏好性测试和接受性测试。

1．偏好性测试 偏好性测试是通过让消费者对两个或多个样品比较，判断产品被偏爱的程度。为了提高效率，感官评价的重点应放在从多个产品中测试产品的接受度（喜好）上面，通过所得数据，对偏爱度进行间接判定。消费者偏好性测试包括成对偏好检验和排序偏好检验。

（1）消费者成对偏好检验 消费者成对偏好检验是指评价员针对两个样品（随机顺序），品尝后指出更喜欢哪个样品的定量方法。包括强迫选择和非强迫选择两种技术方法，通常在进行成对偏好检验时要求评价员给予明确肯定的回答。但有时为了获得某些信息，也可使用无偏好的回答选项。在进行成对偏好检验时，只要求评价员回答一个问题，就是记录样品整体的感官反应，不单独评价产品的单个感官质量特性。所以成对偏好检验简单易行，但信息量有限，每次只能向消费者提出一个偏好问题，适用于小量样品的偏好性测试。

成对偏好检验举例：巧克力牛乳的消费者情感检验项目。

1）检验目的：有的消费者反映某公司的巧克力牛乳的颜色较浅，不像真正的巧克力的颜色。公司根据消费者的意见加深了巧克力牛乳的颜色，想通过消费者情感检验来确定加深颜色的产品是否比原来的产品更受欢迎。

2）项目设计：该项目采用实验室检验的方式，筛选出 100 名经常购买巧克力牛乳的消费者到实验室参加检验。加深颜色的产品与原产品都使用同样的容器呈送给消费者，容器上都标有 3 位编码。一半的消费者先得到加深颜色的产品，再得到原产品；另一半的消费者先得到原产品，再得到加深颜色的产品。要求参加检验的消费者必须从两种产品中选择一种更喜欢的产品，在问卷上写出更喜欢产品的编码。

3）项目结果：有 68 人选择加深颜色产品，有 32 人选择原产品。查成对比较双边检验表，表中 5%显著水平下应对答案数 100 的临界值为 62，所以得知在此显著水平下，加深颜色的产品受到明显的偏好。

结论：感官部门给出的建议——用加深颜色的产品代替原产品。

（2）消费者排序偏好检验 消费者排序偏好检验是指在感官检验中，要求评价员根据指定的感官特性按照偏好（喜爱）样品的程度对样品依次排序的一种检验方式。排序检验法可以同时比较多个样品间某一特定感官性质（如酸度、甜度、风味强度等）差异的方法。消费者排序偏好检验其仅能排列出样品的顺序，不能评价样品间差异的大小。该方法在新产品配方的筛选、同类产品比较和消费者喜好调查等食品感官分析中得到了广泛应用。排序偏好检验只能按照某种特性或对样品的偏好程度进行排序。

感官评价组织者在检验前需根据检验的目的制订具体方案，明确需要排序的感官特性及其排序顺序，明确样品处理及保持方法，指明品尝时应注意的事项；同时对评价员的要求及培训方法要进行明确，确保评价员对评价指标和要求有一致的理解。不同的样品，一般不能排为同次序。如果排列有重复，则在结果分析时对数据进行处理。

消费者排序偏好检验举例：采用排序检验法比较 5 个不同配方乳酸菌片的酸味强度，优选最佳配方。

1）实验前准备工作：实验组织者选出 15 位评价员组成品评小组。将 5 个样品以平衡或随机的顺序分成 15 组，样品的外观及片重一致。分别给每位评价员一组样品，评价员根据评价单（表 3-5）的要求进行评定和排序，并将结果填写在评价单中的相应位置。要求评价人员在实验前不吸烟、不吃辛辣食物，每评定一个样品后，要用清水漱口并间隔一定时间再评价下一个样品。

表 3-5　乳酸菌片酸味强度排序检验评价单

排序检验		
姓名：	日期：	评价员号：
样品类型：咀嚼片		
评价说明： 1. 请检查你得到的样品编号与评价单上的编号是否一致。 2. 从左到右品尝样品。 3. 按照酸味的强弱将样品排序，在你认为酸味最弱的样品号码下方写："1"，第二强的下方写："2"，依次类推，在酸味最强的样品号码下方写"5"。 4. 如果你认为两个样品非常接近，就猜测它们可能的顺序。 样品编号： 样品排序： 建议或评语：		

2）统计样品秩次与秩和：根据 15 位评价员的评价结果对 15 组样品进行排序，并将评价结果填写入结果表中，计算各样品的秩次和（表 3-6）。

表 3-6　5 个配方乳酸菌片酸味强度排序评价结果

评价员序号	5 个样品酸味强度				
	742	648	278	797	258
1	2	5	4	1	3
2	4	5	3	2	1
3	2	3	4	5	1
4	2	5	3	1	4
5	5	2	3	4	1
6	3	5	1	4	2
7	4	5	2	3	1
8	4	5	3	2	1
9	3	5	4	1	2
10	4	5	2	3	1
11	5	4	1	3	2
12	4	5	2	3	1
13	1	4	5	2	3
14	1	2	5	4	3
15	3	5	4	1	2
秩次和（R_p）	47	65	46	39	28

3）使用 Friedman 检验对被检样品之间是否有显著差异做出判断，对照表 3.6 分析与评

价5个样品的酸味是否存在显著性差异。

用下式求出统计量F：

$$F=\frac{12}{JP(P+1)}(R_1^2+R_2^2+\cdots+R_P^2)-3J(P+1)$$

式中，J为评价员数量；P为样品数；R_1、R_2、…、R_P为每种样品的秩和。

之后，通过查询 Friedman 检验秩和检验近似临界值表，从而判定样品之间是否有显著性差异。

本例中：$J=15$、$P=5$、$R_1=47$、$R_2=65$、$R_3=46$、$R_4=39$、$R_5=28$。经计算得：$F=19.47$。本例未出现相同评秩，所以F值不需要校正。因F（19.47）大于表3-7对应$J=15$、$P=5$、$\alpha=0.05$的临界值9.33，故可认为，在显著性水平小于或等于5%时，5个样品酸味强度之间存在显著性差异。

4）哪些样品之间存在差异：所以采用最小显著极差法进行多重比较，计算样品间秩次和比较的临界值LSD，即$LSD_{0.05}=t_{\infty/2,\infty}\sqrt{JP(P+1)/6}=16.97$。查询$t$值表，得到$t_{\alpha/2,\infty}=1.96$。如果两个样品的秩和差大于16.97，那么这两个样品之间就存在显著差异，样品间秩和差异见表3-8。

表3-7 Friedman检验的临界值（0.05水平和0.01水平）

评价员人数	样品（或产品）数							
	3	4	5	6	3	4	5	6
	显著性水平（$\alpha=0.05$）				显著性水平（$\alpha=0.01$）			
10	6.2	7.67	9.25	10.76	9.6	10.53	12.38	14.12
11	6.545	7.68	9.27	10.79	9.455	10.6	12.46	14.21
12	6.167	7.7	9.29	10.81	9.5	10.68	12.53	14.28
13	6	7.7	9.3	10.83	9.385	10.72	12.58	14.34
14	6.143	7.71	9.32	10.85	9	10.76	12.64	14.4
15	6.4	7.72	9.33	10.87	8.933	10.8	12.68	14.44
16	5.99	7.73	9.34	10.88	8.79	10.84	12.72	14.48
17	5.99	7.73	9.34	10.89	8.81	10.87	12.74	14.52

表3-8 样品间秩和差异

样品秩和及编号	R_1（47）742样品	R_2（65）648样品	R_3（46）278样品	R_4（39）797样品	R_5（28）258样品
R_1（47）	—	18*	1	8	19*
R_2（65）	18*	—	19*	26*	37*
R_3（46）	1	19*	—	7	18*
R_4（39）	8	26*	7	—	11
R_5（28）	19*	37*	18*	11	—

*代表有显著的统计学检验差异

结论：从表3-7与表3-8可以看出，5个样品的酸味强度存在显著性差异。其中，648样品酸味最强，与其他 4 个样品均有显著性差异。258 样品酸味最弱，与 742、648、278 样品均有显著性差异，但与 797 样品无显著性差异。278、742 和 797 样品之间酸味强度无显著性差异。

2. 接受性测试 接受性测试是感官检验中一种很重要的方法，主要用于检验消费者对产品的接受程度，既可检验新产品的市场反应，也可通过这种方法比较不同公司产品的接受程度。通过接受检验获得的信息可直接作为企业经营决策的重要依据，给其他消费者检验提供更多的信息。在进行消费者接受性试验时，可以让消费者对某一感官品质强度不同的样品进行接受性测试，从中得到消费者普遍接受的该感官品质的强度值。

接受性检验根据试验场所的不同分为实验室场所、集中场所和家庭情景的接受性检验。在某种程度上，实验室场所和集中场所比较相近，评价员集中在一起进行感官评价。而家庭使用情景的检验差别相对较大，每个家庭情况不同，检验时间也不同，因此得到的结果会有所差异。不同类型接受性之间的主要区别是检验程序、控制程序和检验环境不一样。

消费者接受性测试通常采用线性标度的方法，让评价员在线性标度问卷上标出自己对某一产品的接受程度。试验时，通常采用 9 点快感标度来对产品的接受度进行评价。针对儿童评价员可以采用儿童快感标度。试验结果分析首先先将快感标度换算为数值，接着进行统计学分析（*t* 检验或方差分析）。此外还有非结构化线性标度方法、量值估计、行动量表法等。

（二）消费者感官品质的强度值分析

在进行消费者接受性实验时，可以让消费者对某一感官品质强度不同的样品进行接受性测试，从中得到消费者普遍接受的该感官品质的强度值，往往用标度来表示。可以让感官评定员通过对他们的感官体验赋予数值来跟踪这些变化。但是，食品和消费产品经常是相当复杂的，改变一种配料或工艺可能有多重感官效应，因此，感官科学家或评定员必须了解清楚强度标度任务是否是一维的，如果不是，可能就要求多重强度标度。

标度种类测量理论提出对事件的 4 种赋值方法，通常指名义标度、顺序标度、等距标度和比例标度，随着标度测量从名义到比例的顺序，表示测量方法更为有力和有效。常用标度方法包括线性标度、类项标度和量值估计等。

主要参考文献

陈洋洋．2018．作为文化符号的土食品在日常生活中的消费研究．桂林：广西师范大学硕士学位论文．

冯婧，皇甫洁，董建辉，等．2022．面部表情分析技术在露酒感官及消费者接受度评价的初步研究．食品与发酵工业，48（6）：257-262．

郭亚．2016．城镇居民消费水平与结构变迁及其影响因素：以江苏省为例．南京：南京大学硕士学位论文．

韩北忠，童华荣，杜双奎．2016．食品感官评价．第 2 版．北京：中国林业出版社．

韩敬虎．2016．咀嚼吞咽一体化仿生机器人研究．无锡：江南大学硕士学位论文．

侯彩云，崔改泵，周小丰，等．2004．稻米直链淀粉含量简化测定方法的试验研究．中国农业大学学报，（3）：9-12．

黄嘉丽，黄宝华，卢宇靖，等．2019．电子舌检测技术及其在食品领域的应用研究进展．中国调味品，44（5）：189-193，196．

蒋靖雯，林思宇，易灿，等．2022．感官分析技术及其在乳制品中的应用．中国乳业，（2）：110-106．

李瑞芹．2018．社会化饮食对青少年健康食品消费的影响：基于认同的中介作用．长春：吉林大学硕士学位论文．

李晓霞，刘剑，赵仕红．2018．消费心理学．第 3 版．北京：清华大学出版社．

李颖，陈海华，孙京新．2010．食品感官评定的应用与教学实践．农产品加工（创新版），（9）：55-56，73．

刘爱阳．2016．基于单片机技术的牛肉自动控制检测系统研究．长春：吉林大学硕士学位论文．

秦溪．2015．鱼皮胶原为基质的胶原蛋白肠衣的制备及其性能研究．南宁：广西大学硕士学位论文．
任凯．2019．微型色差检测系统的开发及在液态食品中的应用．镇江：江苏大学硕士学位论文．
沈明浩，谢主兰．2011．食品感官评定．郑州：郑州大学出版社．
孙连海．2017．定量描述分析法（QDA）在香菇酱感观评定中的应用．食用菌，39（1）：60-62.
孙灵霞，詹飞丽，潘治利，等．2021．食品感官品评员对感官评价结果的影响．食品工业，42（10）：3.
孙亚娟．2018．基于神经网络的电商生鲜农产品购买频率评价研究．商业经济研究，（5）：131-133.
孙钟雷．2012．基于咀嚼模拟的食品质地评价研究．长春：吉林大学博士学位论文．
王倩竹．2014．咀嚼模拟机器人设计与分析．长春：吉林大学硕士学位论文．
吴澎，贾朝爽，孙东晓．2017．食品感官评价科学研究进展．饮料工业，20（5）：58-63.
夏熠珣，钟芳，李玥．2011．描述性分析在食品感官评定中应用进展．粮食与油脂，（8）：4-6.
许朝丽，徐佳．2020．“食品感官评定”排序检验法的教学设计．农产品加工，（2）：92-94.
杨兆甜，李方巍，王震昊，等．2021．食品颜色评价及在食品工业中的应用．食品工业科技，42（24）：417-423.
姚远，彭玉慧，曾敏．2020．消费者喜好度感官特性分析在粽子开发中的应用研究．现代食品，（20）：224-228.
余银芳，李诒光，马绍龙，等．2020．排序检验法在乳酸菌片配方优化中的应用．食品安全导刊，（34）：68-70.
张卫斌．2012．食品感官分析标度域：基于味觉行为的实验及理论研究．杭州：浙江工商大学博士学位论文．
支瑞聪，赵镭，张璐璐．2016．情感型感官测试技术动态分析．食品研究与开发，37（13）：200-206.
朱新茹，肖书书，金敏凤，等．2021．基于九点快感标度和“恰好”检验对3种市售粳米样品的年轻消费者偏好研究．上海师范大学学报：自然科学版，50（2）：170-180.
Alemzadeh K, Raabe D. 2007. Prototyping artificial jaws for the Bristol Dento-Munch Robo-Simulator; ‘A parallel robot to test dental components and materials’. Annu Int Conf IEEE Eng Med Biol Soc, 1453-1456.
Gardner J W, Bartlett P N. 1994. A brief history of electronic noses. Sensors and Actuators B: Chemical, 18(1): 210-211.
Haddi Z, Elbarbri N, Tahri K, et al. 2015. Instrumental assessment of red meat origins and their storage time using electronic sensing systems. Analytical Methods, 7(12): 5193-5203.
Lee S J, Kim B K, Chun Y G, et al. 2018. Design of mastication robot with life-sized linear actuator of human muscle and load cells for measuring force distribution on teeth. Mechatronics, 51: 127-136.
Liu S, Zhu P, Tian Y, et al. 2022. Preparation and application of taste bud organoids in biomedicine towards chemical sensation mechanisms. Biotechnol Bioeng, 119(8): 2015-2030.
Meullenet J F, Gandhapuneni R K. 2006. Development of the BITE Master Ⅱ and its application to the study of cheese hardness. Physiology & Behavior, 89(1): 39-43.
Miyanaga Y, Inoue N, Ohnishi A, et al. 2003. Quantitative prediction of the bitterness suppression of elemental diets by various flavors using a taste sensor. Pharm Res, 20(12): 1932-1938.
Mun S, Shin E C, Kim S, et al. 2022. Comparison of imitation crab sticks with real snow crab (*Chionoecetes opilio*) leg meat based on physicochemical and sensory characteristics. Foods, 11(10): 1381.
Qin Z, Zhang B, Gao K, et al. 2017. A whole animal-based biosensor for fast detection of bitter compounds using extracellular potentials in rat gustatory cortex. Sensors and Actuators B: Chemical, 239: 746-753.
Śliwińska M, Wiśniewska P, Dymerski T, et al. 2014. Food analysis using artificial senses. J Agric Food Chem, 62(7): 1423-1448.
Tang K T, Goodman R M. 2001. Electronic olfaction system on a chip. International Conference on Information Systems, Analysis and Synthesis, 15: 534.
Tao X, Peng W, Xie D, et al. 2017. Quality evaluation of Hanyuan *Zanthoxylum bungeanum* Maxim. Using computer vision system combined with artificial neural network: A novel method. International Journal of Food Properties, 20(12): 3056-3063.
Xu W L, Torrance J D, Chen B Q, et al. 2008. Kinematics and experiments of a life-sized masticatory robot for characterizing food texture. IEEE Transactions on Industrial Electronics, 55(5): 2121-2132.
Zhu R, Tian P, Zhang H, et al. 2023. Gut microbiome-brain interactions in anorexia nervosa: Potential mechanisms and regulatory strategies. Neuropharmacology, 224: 109315.

第四章　食品营养研究

食品营养研究主要研究食品、营养与人体生长发育和健康的关系，以及提高食品营养价值的措施。本章重点介绍在食品营养研究过程中所涉及的体外模型（细胞模型）、常见细胞模型操作技术及细胞模型在食品研究中的应用；体内动物模型及其构建方法，以及不同动物模型在食品研究中的应用；还有临床研究、基因工程和合成生物学及其在食品研究中的应用等。

第一节　细 胞 模 型

细胞实验作为一种重要的研究手段，具有以下显著特点：首先，研究条件可以人为控制；其次，细胞样本具有均一性；再次，研究范围广泛，涵盖多个领域；此外，相较于体内实验，细胞实验更加经济高效；最后，它能够有效规避伦理、道德和法律问题。在食品营养研究中，细胞实验的应用优势体现在：能够模拟食品成分对细胞的影响，从而评估食品的营养价值和潜在的健康效益；通过观察细胞对不同食品成分的反应，可以了解食品成分的生物可利用性和生物活性，以及通过细胞实验可以快速筛选出对健康有益或有害的食品成分，为食品开发和改进提供科学依据。基于此，本节拟从细胞实验的设计和方法、常用组织细胞的培养方法、常规细胞实验技术及细胞实验在食品中的应用等方面展开描述。

一、细胞实验的设计和操作方法

（一）细胞实验设计原则

1．随机原则　随机原则指应排除人为因素的干扰，力求每个实验单元接受给定治疗的概率是相等的。这个过程称为随机化，是必不可少的。因为通常存在已知或未知的变异来源，可能会使结果产生偏差。大多数计算机统计软件包会产生指定范围内的随机数，可用于将实验单元分配给不同的处理。

2．对照原则　设立对照是衡量实验设计是否具有科学性、严密性的基本要求，其目的是消除或减少误差及非处理因素的影响，以便于校正观察数据。

3．重复原则　重复原则是控制某种因素的变化幅度，在同样条件下重复试验，然后观察它对实验结果的影响程度。

4．均衡原则　均衡原则指各组间非处理因素应尽可能相同，即各组具有可比性，从而使得处理因素的作用得以正确显示。其中，随机分组是保证组间均衡性的基本方法。

（二）细胞实验操作方法

1．准备工作　细胞培养技术是生物技术中最核心、最基础的技术。在培养细胞之前，要做好准备工作，主要包括实验人员的无菌准备，无菌工作室、超净工作台的灭菌，细胞培养过程中用品的清洗、消毒与灭菌，细胞培养液及其他在实验过程中用到的试剂的配制、分装及灭菌，培养室设备的检查和调试等。

（1）实验人员的无菌准备　肥皂洗手，穿隔离服，戴好隔离帽、口罩，换好拖鞋，最后再用 75%乙醇擦拭双手。

（2）无菌室灭菌

1）定期打扫无菌室：使用前紫外线照射 1～2h，每周打扫一次，先拖地、擦桌子和超净工作台等，然后用 0.3%新洁尔灭或 0.5%过氧乙酸擦拭。

2）CO_2 培养箱灭菌：先用 0.3%新洁尔灭擦拭，再用 75%乙醇擦拭或 0.5%过氧乙酸擦拭，最后用紫外线灯照射。

3）超净工作台灭菌：实验前打开紫外线灯照射 30min，杀菌结束后，关闭紫外线灯，打开照明灯开始实验。实验时保持工作台台面的干净、整洁，不要存放非必要物品。超净台使用完毕后，收集所有废弃物，用 75%乙醇擦拭台面和超净台四周，关闭照明灯。

（3）培养过程中所用器皿的清洗、消毒与灭菌

1）玻璃器皿。

清洗：因初次使用的玻璃器皿呈碱性，所以新玻璃器皿的清洗应清水浸泡后再用 5%盐酸浸泡过夜。然后再经流水冲洗，蒸馏水浸泡，干燥备用。若短期内不使用，则用 95%乙醇浸泡保存。而经过细胞培养使用过的器材则应迅速用清水浸泡，防止器材中残留的细胞、蛋白质等物质干涸，粘连在器皿表面，难以清洗。

刷洗：将清洗后的玻璃器皿浸入水中煮沸，然后放入适量洗涤剂在沸水中继续煮 10min，趁热用软毛刷刷洗玻璃器皿内外，最后再用清水冲洗。

浸酸：经清洗后的玻璃器皿应先放置于烘箱中烘干，再放置于酸缸中浸泡，浸泡时间按玻璃器皿的清洁度而定，至少应浸泡过夜（24h）。浸泡期间，酸液应完全没过玻璃器皿，保证玻璃器皿内无气泡。酸缸内酸液由重铬酸钾、浓硫酸和蒸馏水组成，其比例为 1∶1∶20。对血清瓶无腐蚀作用，去污能力很强。操作时应注意安全，须穿戴耐酸的围裙和手套，保护好面部、眼睛和身体裸露部分。

冲洗：用水充分冲洗经刷洗和浸酸处理后的器皿，保证每个器皿反复“注水－倒空”15 次以上，然后再用蒸馏水漂洗 3 次以上，放入烘箱中烘干备用。

2）橡胶制品。先用 0.5mol/L NaOH 煮沸 15min，随后用流水彻底冲洗；接着用 0.5mol/L HCl 煮沸 15min，再次用流水冲洗干净；然后用自来水煮沸 2 次；之后更换蒸馏水煮沸 20min；最后 50℃烘干备用。上述处理可除去橡胶制品上的硫磺等有毒物质。使用过的橡胶制品的清洗方式同玻璃器皿。

3）塑料制品。先用自来水浸洗，然后用流水冲洗，再用蒸馏水浸洗，最后用双蒸水浸泡 24h，晾干备用。

4）包装。培养过程中需要用到的所有器材，在灭菌前都要进行包装，方便灭菌和储存。经常选用的包装材料有牛皮纸、锡箔纸、棉布、铝饭盒等。

（4）主要消毒与灭菌方法　细胞培养过程中，保持无菌是最基本的要求，所以要对实验过程中的材料进行消毒和灭菌。常用的消毒方法有物理消毒法、化学消毒法和抗生素消毒法。其中，物理消毒法又包括紫外线消毒、高温湿热灭菌、高温干热灭菌和过滤除菌等。

1）紫外线消毒。紫外线通过破坏微生物的核酸及蛋白质等而使其灭活，间接作用是通过紫外线照射产生的臭氧杀死微生物。其中，革兰氏阳性菌对紫外线最为敏感，其次是革兰

氏阴性菌，真菌孢子的抵抗力最强。

2）高温湿热灭菌。又称高压蒸汽灭菌，是目前应用最广泛的物理灭菌法，对细菌、真菌、芽孢、孢子等都有杀灭作用。主要用于能耐受高温高压的物品，如金属器械、玻璃制品、培养基等。不同物品灭菌所需时间见表 4-1。

表 4-1 高压蒸汽灭菌所需的时间、温度和压力

物品种类	所需时间/min	蒸汽压力/kPa（kgf/cm²）	表压/kPa（lb/in²）	饱和蒸汽相对温度/℃
橡胶类	15	103.95～107.87（1.06～1.10）	103～110（15～16）	121
塑料类	30～45			
器械类	10	103.95～136.93（1.06～1.40）	103～137（15～20）	121～126
器皿类	15			
瓶装溶液类	20～40			

从高压蒸汽灭菌锅中取出的物品（不包括液体的物品），都应该立即放入烘箱（60～70℃）中烘干，储存备用。否则，由于包装材料的潮湿，容易造成表面微生物的污染。

3）高温干热灭菌。指将烘箱的温度调节至 160℃以上，烘烤 120min 左右，以彻底杀死细菌和芽孢的方法。主要用于金属容器、部分体积较大的玻璃容器及不能用高压蒸汽灭菌的物品。高温干热灭菌后，应让物品逐渐冷却后才能打开烘箱，以免温度骤降使玻璃器皿炸裂。烧灼也是灭菌方法之一，主要是利用酒精灯外焰对金属器皿（如接种针、接种环）及玻璃制品（三角瓶）的口径进行灼烧消毒。

4）过滤除菌。是利用物理阻留的方法将液体或空气中的细菌除去，对热敏感的生物制品一般选用过滤除菌的方法。实验室常用的是 0.45μm 和 0.22μm 孔径的滤膜。

5）化学消毒。指用化学消毒药物作用于微生物和病原体，使其蛋白质变性，失去正常功能而死亡。细胞实验中，常用 0.1%的新洁尔灭对无菌工作室、恒温培养箱等进行消毒。

6）抗生素消毒。细胞实验中主要使用抗生素对培养液进行消毒，这是细胞培养过程中预防微生物污染的重要手段，也是细胞实验过程中微生物污染不严重时的“急救”手段。

2．细胞常用培养基、培养液的配制 培养液是维护组织、细胞生存生长及进行细胞培养各项操作过程中所需的基本溶液，主要包括平衡盐溶液、培养基、其他培养用液三大类。其中，培养基又分为天然培养基与合成培养基。

（1）平衡盐溶液 平衡盐溶液（balanced salt solution，BSS）由电解质和葡萄糖组成，是细胞培养中常用的基本液体，具有维持渗透压、保持细胞酸碱度稳定的作用，且可给细胞供给生存所需的最简单的营养。一般用于合成培养基（液）的基础液或用于洗涤组织、细胞等。几种常用平衡盐见表 4-2。

表 4-2 常用平衡盐溶液配方（单位：g/L）

成分	林格式液（Ringer）	磷酸盐缓冲生理盐水（PBS）	Earle's 平衡盐溶液（Earle）	Hank's 平衡盐溶液（Hank）	D-Hank 溶液（D-Hank）	杜氏磷酸缓冲盐溶液（Dulbecco）
NaCl	9.00	8.00	6.80	8.00	8.00	8.00
KCl	0.42	0.20	0.40	0.40	0.40	0.20

续表

成分	林格式液（Ringer）	磷酸盐缓冲生理盐水（PBS）	Earle's 平衡盐溶液（Earle）	Hank's 平衡盐溶液（Hank）	D-Hank 溶液（D-Hank）	杜氏磷酸缓冲盐溶液（Dulbecco）
CaC_{l2}	0.25	—	0.20	0.14	—	0.10
$MgCl_2·6H_2O$	—	—	—	—	—	0.10
$MgSO_4·7H_2O$	—	—	0.20	0.20	—	—
$Na_2HPO_4·H_2O$	—	1.56	0.06	0.06	0.06	—
$NaH_2PO_4·2H_2O$	—	—	—	—	—	1.42
KH_2PO_4	—	0.20	0.06	0.06	0.06	0.20
$NaHCO_3$	—	—	0.35	0.35	0.35	—
葡萄糖	—	—	1.00	1.00	—	—
酚红	—	—	0.02	0.02	0.02	0.02

注：“—”表示未添加

（2）天然培养基　血清是组织细胞培养中最常用的天然培养基。血清中含有丰富的营养物质，包括大分子的蛋白质和核酸等，对促进细胞生长繁殖、黏附及中和某些毒性物质有一定作用。组织细胞培养所用的血清种类很多，多来自动物，主要有胎牛血清、小牛血清、马血清、兔血清等，目前应用最广泛的是胎牛血清和小牛血清。不同批号的血清质量差别很大，使用前应对每批血清进行严格测试。血清使用前必须经过灭活处理以去除补体对细胞的毒害作用。血清灭活处理的方法为56℃放置30min。

（3）合成培养基　合成培养基是人工设计并配制的培养基，在很多方面具有天然培养基无法比拟的优点。目前，合成培养基品种繁多，使用方便。常用的合成培养基有 Eagle 培养基、DMEM 培养基、RPMI1640 培养基、DMEM/F12 培养基和 Ham 培养基等。Eagle 培养基是 Eagle 等研制出的成分最简单的培养基，又称最低必需培养基（minimum essential media，MEM），仅含有 12 种必需氨基酸、谷氨酰胺和 8 种维生素。DMEM 培养基是由 Dulbecco 等在 MEM 培养基的基础上改良研制而成，主要用于培养快速生长的细胞，是一种含有各种氨基酸和葡萄糖的培养基，浓度高出 MEM 2～4 倍，同时又分为高糖型（低于 4500mg/L）和低糖型（低于 1000mg/L）。RPMI1640 是 Moore 等研发的一类细胞培养基，1640 是培养基的代号，是目前应用最为广泛的培养基之一。DMEM/F12 培养基由 DMEM 和 F12 培养基 1∶1 配制而成，是神经生物学中最常用的培养基。Ham 培养基可以在加入少量血清的情况下应用，特别适合单细胞培养和克隆化培养，是无血清培养中常用的基础培养基。

（4）消化液　消化液主要用于原代组织培养中分散组织块，或将贴壁培养细胞和传代培养细胞从瓶壁上消化下来。常用的消化液有胰蛋白酶溶液、乙二胺四乙酸二钠（EDTA）溶液等。

胰蛋白酶是目前细胞培养中应用最广泛的组织消化分离试剂。胰蛋白酶是从动物胰脏中分离出的一种蛋白水解酶。胰蛋白酶消化力强，其分离细胞的能力与细胞种类及细胞特性有关，实验过程中应避免过度消化从而对细胞造成损伤。血清的存在可降低胰蛋白酶的活力，影响消化效果，一旦细胞分散后可加入适量含血清的培养基终止消化。EDTA 常与胰蛋白酶

1∶1 混合使用，工作浓度为 0.02%。配制时应加碱助溶，高压灭菌后使用。

（5）抗生素　细胞培养中为防止细菌污染，常向培养基中加入青霉素（常用浓度是 100U/mL）和链霉素（0.1mg/mL），又称双抗溶液。青霉素主要抑制革兰氏阳性菌，链霉素主要抑制革兰氏阴性菌，上述双抗溶液可抑制绝大多数细菌，但无法抑制霉菌与酵母菌的污染。原代培养细胞中一般不加入抗生素，原因之一是所获得的细胞是无菌的；另外，抗生素对细胞代谢的影响可忽略，但可能造成细胞生长环境的不稳定。

（6）培养基的配制

1）平衡盐溶液配制——以 Hank 液为例。按表 4-2 中 Hank 液各成分的含量准确称量。含水分子试剂应根据具体含水分子的量进行换算，然后称量。将混匀的 Hank 液分装后，于 121℃高压灭菌 20min，4℃冰箱保存备用。

2）培养基——以 DMEM 培养基为例。将商品化的干粉型培养基完全溶解于欲配制液体总量 2/3 的三蒸水，添加青、链霉素，使青霉素终浓度为 100U/mL，链霉素终浓度为 0.1mg/mL。加入所需浓度（一般 10%）的水浴灭活的胎牛血清，补加三蒸水至最终体积，混合均匀。若细胞对真菌敏感，可酌情添加两性霉素 B，参考添加浓度为 2.5μg/mL。配制好的培养基分装后密封存放于 4℃冰箱。

3）消化液——以 0.25%胰蛋白酶为例。称取 0.25g 胰蛋白酶，加入 100mL Hank 溶液中，搅拌使其完全溶解。用 0.22μm 滤膜过滤除菌，分装成小瓶，－20℃冰箱冻存备用。

3. 取材　在进行细胞培养取材时，要求一定在无菌的环境下操作，一般皮肤和黏膜主要取 2～4cm^2 皮片，然后从中分离细胞；而血液组织则多从静脉外周血中分离细胞，还有从淋巴组织（如脾、扁桃体、胸腺、淋巴结等）中分离细胞，同时取材时应注意抗凝。动物组织则可根据实验需求进行取材，同时保证取材时无菌。取材指从生物体获取组织样本并进行预处理的过程，包括组织分离、消化等步骤，直至将处理后的样本转移至培养皿。取材后应立即进行后续培养操作，若无法立即培养，则需将组织切成 1～3mm^3 的小块，置于含 10%胎牛血清的 DMEM 培养液中，4℃保存不超过 24h。

4. 培养　细胞培养是指在体外模拟体内环境，使之生存并维持主要的结构和功能的一种方法。细胞培养包括动物细胞的培养、植物细胞的培养和微生物细胞的培养。其中，动物细胞的培养最为困难，需要血清（常用胎牛血清）、支持物（玻璃器皿、塑料等）和气体交换（控制二氧化碳和氧气的比例）。

此外，离体细胞的培养需要满足以下条件：①温度。温度过低，细胞不生长或生长缓慢，温度过高，则容易导致细胞死亡，这主要由酶和蛋白质所需要的最适温度决定的。②pH。过酸或过碱都会导致细胞死亡，这主要与蛋白质的变性和细胞膜的结构受损有关。③营养物。又叫培养液，需要包含碳、氮源、无机盐、维生素、激素、水等。④无菌条件。

细胞培养一般要求在接入培养皿前先对细胞进行计数，再以一定量（一般是 2×10^5～5×10^5 个细胞/mL）接入培养皿中并加入培养液。立即放入 5%CO_2 培养箱中，37℃静置培养。正在培养中的细胞应每隔一段时间观察细胞的生长状态，如细胞形态是否正常、有无污染，培养温度及培养箱的 CO_2 浓度也要定时检查。细胞长满整个培养皿的皿底后方可进行传代培养，将一皿细胞用胰酶消化悬浮至 2～3 皿中继续培养称为传代。每传代一次称为“一代”。细胞传一代后，一般要经历以下 3 个阶段：潜伏期、指数期和停滞期。潜伏期是指细胞接种后，从悬浮在培养液中到过渡至附着于瓶底或瓶壁的时期。不同细胞，其贴壁速度不同，原代细胞贴壁速度慢，连续细胞系、恶性细胞系贴壁速度快。当细胞分裂相开始出现并逐渐增多时，标志着细胞已进入指数期。指数期细胞的分裂相数量可作为评价细胞生长旺盛与否的一个重要指标。一般用有丝分裂指数（mitotic index，MI）来表示细胞的生长旺盛情况，即细胞群中每 10^3 个细胞中的分裂相数。一般细胞的 MI 介于 0.1%～0.5%，初代细胞 MI 低，连续细胞和肿瘤细胞 MI 可高达 3%～5%。指数期是进行各种细胞实验最好的阶段，因为此阶段细胞的活力最高。当细胞数量饱和后，细胞则停止生长，进入停滞期。此时细胞数量虽不增殖，但仍具有代谢活动。随着培养时间的延长，培养液的营养成分逐渐耗尽，伴随着代谢产物的累积和培养液 pH 的降低，细胞会逐渐脱落直至死亡。所以传代越早越好。

5. 细胞传代 根据细胞生长的特点，有以下 3 种传代方法。

（1）*贴壁生长细胞传代* 在确定细胞生长状况良好且没有污染的情况下，将培养皿中的培养基移出，吸入废液缸；用适量 PBS 清洗细胞表面（大皿 5mL，中皿 3mL），并弃去 PBS；加入适量胰酶消化细胞（大皿 2mL，小皿 1mL），此时可将细胞置于 37℃恒温细胞培养箱中消化；待消化完全后，用 4～5 倍胰酶体积的完全培养基终止消化，并吹打培养皿皿底，将细胞悬液移入 15mL 离心管；1000r/min 离心 5min，离心结束后弃上清，加适量完全培养基吹打混匀细胞（沿壁轻轻吹打 20 次左右），按合适比例进行细胞传代（传代比例一般为 1∶4～1∶2），在盖子上标记好细胞名称、代数、传代日期及操作人，并放入 CO_2 培养箱中培养。

（2）*半悬浮生长细胞传代* 此类细胞部分呈现贴壁生长现象，但贴壁不牢，可以不使用胰蛋白酶对其进行消化处理，而是直接用吹打的方式使细胞从瓶壁上脱落下来进行传代。

（3）*悬浮细胞的传代* 悬浮细胞的传代只需要离心（1000r/min，5min）弃上清，然后在离心管中加入新鲜的培养基，混匀后就完成了传代。

6. 细胞计数 培养细胞时，要求有一定的浓度才能让细胞生长良好，因此就需要对细胞进行计数，记录其生长情况。细胞计数的原理和方法与血细胞计数相同，主要操作步骤如下。

（1）用 75%乙醇擦拭血球计数板及盖玻片，然后将盖玻片盖在计数板上。

（2）将细胞悬液进行适当稀释，用移液器吸取少许混匀的细胞悬液，滴加在盖片边缘（不宜过多），使细胞悬液沿载玻片和盖玻片之间自行渗入计数室，勿产生气泡，同时用吸水纸吸去多余细胞悬液，静置 3min 后在显微镜下观察。

（3）计数时用 16 中格计数板，取左上格、左下格、右上格、右下格的 4 个中格（即 100 小格）的细胞数。如果是 25 中格计数板，除取上述 4 格外，还需取中央 1 中格的细胞数（即 80 小格）。如果细胞位于中格的双线上，计数时则“数上不数下，数左不数右”，以减少误差。然后按下式计算：细胞数/mL＝4 大格细胞总数/4×1000×稀释倍数（图 4-1）。

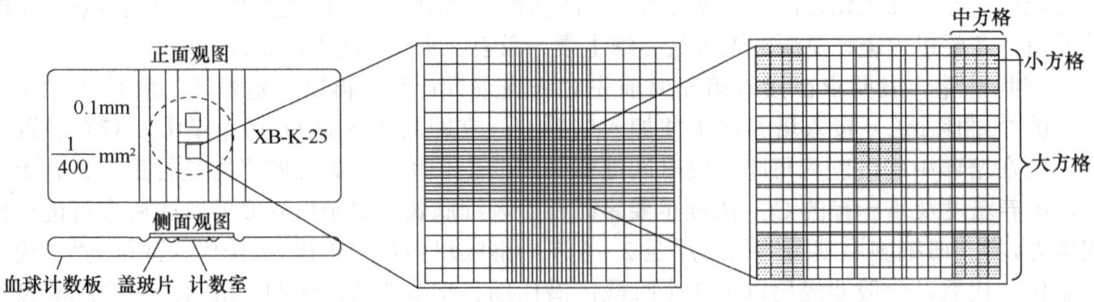

图 4-1 血球计数板结构示意图

7. 细胞活力测定 在细胞群体中总有一些因各种各样原因而死亡的细胞，而活细胞占总细胞的百分比则称为细胞活力。从组织中分离细胞一般也要检查细胞的活力，以了解分离的过程是否对细胞有损伤。但从细胞形态上无法区别活细胞与死细胞，因此经常使用台盼蓝法和四唑盐比色法进行细胞活力的测定。

（1）台盼蓝法 台盼蓝法是一种细胞活性检测染料，通过细胞膜完整性差异区分活细胞与死细胞。基本操作方法如下：将 0.5mL 细胞悬液加入试管中，再在加有细胞悬液的试管中加入 0.5mL 0.4%台盼蓝染液，染色 2～3min；然后吸取少许上述悬液滴于载玻片上，盖上盖玻片，分别取几个视野镜检，分别记录死细胞数和活细胞数。其中，活细胞不被染色，而死细胞则会染成蓝色，最后用活细胞占总细胞的百分数来表示细胞活力。

（2）四唑盐（methyl thiazolyl tetrazolium，MTT）比色法 MTT 比色法是一种检测细胞活力和生长的常用方法。该方法已广泛用于生物活性因子的活性检测、抗肿瘤药物筛选、细胞毒性试验及肿瘤放射敏感性测定等。MTT 比色法的原理是一种检测细胞存活和生长的方法。活细胞中脱氢酶能将四唑盐还原成不溶于水的蓝紫色产物，并沉淀在细胞中，而死细胞没有这种功能。

MTT 比色法基本操作步骤如下。

1）接种细胞。收集对数期细胞，用含 10%胎牛血清的培养液配成单个细胞悬液，然后接种于 96 孔板中，使得每孔细胞数为 10^3～10^4 个，每孔培养基总量 200μL，37℃、5%CO_2 培养箱中培养一段时间（可根据试验目的和要求决定培养时间）。

2）呈色。培养后，加入 2mg/mL MTT 液（150μL/孔）。继续孵育 4h 后终止培养，吸弃孔内培养上清液。每孔加 150μL DMSO，振荡 10min，使结晶物充分溶解。

3）比色。选择 490nm 波长，在酶联免疫检测仪上测定各孔吸光度值，记录结果，以时间为横坐标，吸光度值为纵坐标绘制细胞生长曲线。

8. 细胞培养的污染和检测 一般情况下，细胞实验过程中最常见的污染为细菌污染、真菌污染和支原体污染。无菌操作不当、操作室环境不佳、污染的血清和污染的细胞等都是污染源。所以，细胞实验中每一个环节的无菌操作都是降低污染最好的办法。

1）细菌的污染和检测。与其他污染相比，细菌污染在细胞培养过程中“发病”更为迅速，也更常见。细菌污染最直观的表现为细胞培养液变黄、变浑浊，其常用的检测方法为肉眼直接观察法、培养观察法和显微镜观察法等。

2）支原体的污染和检测。支原体污染表现为细胞增殖速度降低，显微镜下可见体积较小的支原体。其检测方法有相差显微镜观察法、Hayflick 培养基直接培养法、DNA 荧光染色法、PCR 方法和支原体检测试剂盒等。

3）病毒的污染和检测。病毒污染通常会导致细胞生长和形态发生改变，一般难以检测。其常用的检测方法有细胞的直接观察、动物接种检查、电子显微镜观察、免疫学检查和 PCR 技术等。

9. 冻存及复苏 冻存可以减少细胞之间交叉污染的危险性，减少细胞被微生物污染的机会，减少细胞因传代引起的遗传变异和形态改变，避免细胞系出现衰老或恶性转化，因此及时进行细胞冻存是非常关键和必要的。细胞冻存及复苏的基本原则是缓冻快融，实验证明这样可以最大限度地保存细胞活力。

细胞在不加任何保护剂的情况下直接冷冻会导致冷冻损伤效应的发生。冷冻后，细胞内外的水分很快形成冰晶，冰晶的形成将引起一系列不良反应，如细胞脱水、局部电解质浓度增高、pH 改变、部分蛋白质变性、细胞能量代谢障碍、细胞核内 DNA 损伤等，从而引起细胞的死亡。冻存细胞的基本原则是控制降温速率，缓慢冷冻，并加入低温保护剂（如 DMSO），这样能大大提高冻存效果。低温液氮中温度可达－196℃，细胞贮存的时间理论上是无限的，解冻后细胞仍能生长繁殖。

复苏细胞与冻存的要求相反，应采用速融方法，即从液氮中取出冻存管后，立即放入 37℃水中，使之快速融解，然后将细胞转入培养器皿中进行培养。这样可避免缓慢融化形成的再结晶对细胞造成损伤。

（1）细胞冻存方法

1）选择对数生长期细胞进行冻存，在冻存前一天宜更换一次培养液，以获得更多的分裂期细胞。预先配制冻存液（含 10% DMSO 的完全培养液）。

2）单层生长的细胞经 0.25%胰酶消化后，1000r/min 离心 5min，弃去原培养液和胰酶，加入适量冻存液，用吸管吹打制成细胞悬液（1×10^6～5×10^6 个细胞/mL）。分装入无菌冻存管中，每只冻存管加液 1mL。

3）冻存管必须旋紧确保密封。标记冷冻细胞名称、来源、冷冻日期、冻存细胞代数及操作人。将冻存管放置于程序降温盒中，置于－80℃超低温冰箱中，并在 24～48h 之内转移至液氮罐中。

（2）细胞复苏方法

1）从液氮罐或－80℃冰箱中取出细胞冻存管，迅速投入 37℃水浴中，轻轻摇动使其内容物尽快融化（1min 左右）。如果冻存管封闭不完全，液氮则会进入，当取出冻存管时，管中流入的液氮会由于温度升高而气化，从而引起爆炸，对操作者造成伤害。因此，存取冻存管时要佩戴防目镜和手套。

2）取出冻存管，用酒精消毒后转移至生物安全柜，吸取细胞液至 15mL 离心管中，加入 4～5 倍体积的预热至 37℃的完全培养液，吹打细胞成悬液。1000r/min 低速离心 5min 后去上清，加入新鲜的完全培养液。转移细胞液至培养皿中，接种细胞密度以 5×10^5 个细胞/mL 为宜，放入 CO_2 培养箱中培养。次日更换一次培养液，继续培养，观察生长情况。

二、常用组织细胞的培养方法

在体外进行体内组织细胞的培养时，应保持其培养环境与体内基本相似，但由于物种、个体的遗传背景及所处发育阶段的不同，在体外进行培养时，各自的需求条件也会有一定的差别，因此所采取的培养方法及条件也不尽相同。在此，仅针对个别组织培养进行简单介绍。

1. 上皮细胞培养 以手术患者的表皮细胞为例。取角化层较薄手术患者的皮肤表皮，用手术刀将其切成 0.5～1cm^2 小块，放入 0.02% EDTA 中，室温放置 5min，将上述皮肤表皮小块再放入 0.25%胰蛋白酶中 4℃处理过夜。之后取出经酶处理的皮肤表皮小块，分离表皮与真皮层，取表皮，剪成小块后，再次放入 0.25%胰酶中，37℃培养 30～60min，用移液器对其进行反复吹打，制成组织悬液，用 80 目不锈钢纱网滤过后，低速离心弃上清，直接加入添加有 20%小牛血清的 Eagle 培养基中制成细胞悬液，接入培养瓶，放入 37℃、5% CO_2 培养箱中培养。

2. 内皮细胞培养 以人脐带静脉灌流消化法为例。无菌剪取10～15cm新鲜脐带一段，将温PBS用无菌注射器缓缓注入脐静脉中用于洗去残血。脐带一端扎口，向其中注入终浓度为0.1%的粗制胶原酶，让胶原酶充满血管，消化3～10min，将含有内皮细胞的消化液用移液器移入离心管中，然后用温PBS反复冲洗脐静脉，将多次冲洗过后的洗液合并加入离心管中，离心弃上清，在离心管中加入RPMI1640培养液制成细胞悬液，将此细胞悬液用移液枪接入培养皿中，将此培养皿放入37℃、5% CO_2培养箱中培养2～3d可见细胞长成单层。

3. 神经细胞培养 以小鼠大脑皮层神经元原代培养为例。无菌取鼠头，浸泡入75%乙醇1min，后解剖出完整鼠脑，取大脑皮质用PBS漂洗，用眼科剪将皮质剪切成碎块，将碎块移入培养皿中，加入0.25%胰蛋白酶2mL，37℃消化30min；再将组织碎块移入离心管中，弃去残留的消化液，用培养液洗3次弃上清，用1mL培养液反复吹打组织块至混悬液浑浊后将上清移入培养瓶中待用。上述用培养液反复吹打含有组织块混悬液步骤重复3～4次后，合并收集上清液（4～5mL）于培养瓶中，用培养液重选细胞并计数，接种1×10^7个细胞于6孔板中，培养24h至细胞贴壁后，换DMEM/F12＋2% B27培养液培养3d，观察神经元生长状况，最后换用阿糖胞苷培养液（终浓度2.5μg/mL，换半液）培养3d以抑制神经胶质细胞及杂细胞生长，可获得单纯培养的原代神经细胞，之后每隔3d换DMEM/F12＋2% B27培养液1次。

4. 巨噬细胞培养 以最为常用的小鼠腹腔取材法为例。实验开始前3d，小鼠腹腔注射无菌硫羟乙酸肉汤1mL，其主要目的是刺激小鼠产生大量的巨噬细胞。脱颈椎处死小鼠，将小鼠全部放入75%乙醇中消毒1min，解剖小鼠，撕开腹部皮肤，裸露出腹膜壁，然后用75%乙醇喷洗，用无菌注射器吸10mL Eagle液并小心注入小鼠腹腔中，用手指从两侧压揉腹膜壁，使液体在腹腔内流动。用针头轻挑腹膜壁并微倾向一侧，使腹腔中液体集中于针头部位，然后小心吸取液体，之后将注射器内的液体注入离心管中，4℃ 250*g*离心10min，弃上清，向离心管中加10mL Eagle培养液，用显微镜对细胞进行计数，以3×10^5个贴附细胞/cm^2的量进行接种。接种数小时后，除去培养液，用Eagle培养液冲洗细胞1～2次，然后加入新Eagle培养液并将其放入37℃、5% CO_2培养箱中培养即可。

三、常规细胞实验技术

1. 细胞迁移和侵袭实验

（1）Transwell　Transwell是一种侵袭实验技术，其原理是用一层膜将高营养培养液和低营养培养液隔开，放在低营养培养液中的细胞会向高营养培养液中迁移，但是由于有膜阻挡需穿过膜。在膜上涂上一层基质胶，模仿细胞外基质，于是细胞只有将基质消化了才能从低营养培养液迁移到高营养培养液中，最后通过检测高营养培养液中的细胞量即可得出细胞的侵袭能力。

操作步骤如下。

1）对于贴壁细胞，取对数生长期的细胞，需先将培养基换成无血清培养基培养细胞，消除血清的影响，应用胰酶消化后，用含1%FBS的培养液制成细胞悬液，调整细胞浓度为2×10^5～5×10^5个细胞/mL。

2）取1mL上述细胞悬液接种于Transwell小室的上室，下室则加入0.6mL含10% FBS

的培养液，加入培养液应小心，避免产生气泡。

3）培养细胞24h或48h（具体时间视不同细胞而定）后取出小室，用棉签擦去上层小室中的细胞，然后在每个孔中加入0.8mL甲醇或4%多聚甲醛，室温固定20min。

4）在另一24孔中加入0.8mL/孔染色液，刷洗后，吸干上室固定液，加入0.1%结晶紫染色液，室温染色20min。

5）用水缓慢冲洗或浸泡小室3次进行脱色。

6）吸干上室液体，用棉签擦去上室未迁移的细胞，显微镜下随机观察5个视野细胞，并进行照相和数据处理。

（2）划痕实验　划痕实验是常用的简单又快捷测定细胞迁移运动与修复的方法，类似于体外伤口愈合模型。其原理为在融合的单层细胞上人为制造一个空白区域，称为“划痕/伤口”，边缘的细胞会逐渐进入空白区域使“划痕/伤口”愈合。

操作步骤如下。

1）画线。首先使用记号笔在6孔板背后，每隔0.5～1cm画一道横线横穿过孔。每孔至少穿过5条线。

2）铺细胞。在孔中加入一定量细胞，细胞的数量根据细胞生长快慢程度进行调整，以过夜后融合率达100%为依据。

3）细胞画线。过夜后第二天用枪头按照前一天在平板背面画线的趋势，在细胞层上进行画线。

4）洗细胞。细胞画线结束后，使用无菌PBS冲洗细胞3次，以除去未贴壁的细胞，让画线后的空隙清晰可见，然后添加无血清的培养液。

5）细胞培养和观察。将上述细胞放入37℃、5% CO_2培养箱中，定期取出细胞，用显微镜观察、测量划痕的宽度并拍照，具体观察时间由实验需求决定。

6）结果分析。使用ImageJ软件打开图片后，随机画取6～8条水平线，计算细胞间距离的均值。

2．细胞增殖实验

（1）CCK-8法　CCK-8法可用于简便而准确的细胞增殖和毒性分析，常用于药物筛选、细胞增殖测定、细胞毒性测定、肿瘤药敏试验。其基本原理是试剂中的WST-8在电子载体（1-methoxy PMS）的作用下，被细胞中的脱氧酶还原为具有高度水溶性的黄色甲臜产物。生成的甲臜物的数量与活细胞的数量成正比。因此，可利用这一特性直接进行细胞增殖和毒性分析。

操作步骤如下。

1）取对数生长期细胞制成一定浓度的细胞悬液，取96孔板。每孔滴加100μL细胞悬液，一般细胞增殖实验每孔添加的细胞悬液的浓度为2×10^3个细胞/100μL，而细胞毒性实验每孔添加的细胞悬液的浓度为5×10^3个细胞/100μL。

注意：贴壁细胞，需在37℃恒温培养箱中预培养2～6h再开展实验，如果是悬浮细胞则不需要预培养。

2）在上述96孔中加入一定量的待测样本，待测样本的添加量根据实验性质及细胞的敏感性决定。添加后放入37℃恒温培养箱中继续培养。

3）向上述96孔中添加10μL CCK-8溶液，在37℃恒温培养箱中继续培养0.5～4h。然后检测吸光度值。建议采用双波长检测（检测波长 430～490nm，参比波长 600～650nm）。

4）存活率采用如下公示进行计算：细胞存活率＝[(A_s－A_b)/(A_c－A_b)]×100%。

5）抑制率则采用如下公示进行计算：抑制率＝[(A_c－A_s)/(A_c－A_b)]×100%。式中，A_s为实验 U 孔吸光度，A_b为空白孔吸光度，A_c为对照孔吸光度。

（2）5-溴脱氧尿嘧啶核苷（BrdU） 用 BrdU 预处理的细胞中，BrdU 可代替胸腺嘧啶核苷插入复制的 DNA 双链中，这种置换可稳定存在，并带到子代细胞中。细胞经过固定和变性处理后，可用免疫学方法检测 DNA 中 BrdU 的含量，从而判断细胞的增殖能力。

操作步骤如下。

1）向对数生长期的细胞培养液中添加 BrdU，使其终浓度为 10μg/mL，培养 0.5～1h 后用 PBS 清洗以除去 BrdU。

2）用 0.3mL PBS 洗涤细胞后，加入 0.7mL 预冷的无水乙醇，4℃静置 1h，用 PBS 洗涤 3 次弃上清。

3）加入 0.5mL 2mol/L HCl/0.5% Triton X-100 室温孵育 30min。用 PBS 洗涤 3 次弃上清。

4）加入 0.5mL 0.1mol/L 四硼酸钠处理细胞 2min。用 PBS/1% BSA 洗细胞一次。

5）用 0.5% Tween-20/1% BSA/PBS 混合 10～20μL（1μg/10^6 个细胞）抗 BrdU，加入孔板，在室温下避光孵育 60min；PBS/1% BSA 洗 1 次。

6）0.5% Tween-20/1% BSA/PBS 混合 5μL（1μg/10^6 个细胞）羊抗鼠二抗-FITC（根据 BrdU 的种属选择），室温下避光孵育 30min 弃上清。

7）加入 50μg/mL 的 RNASE A 室温孵育 30min 后加入含有 20μg/mL 碘化丙啶（PI 母液）的 0.5mL PBS 重悬细胞（RNASE A 步骤可略），避光室温孵育 30min。

8）另设置对照：①只用 PI 染细胞；②细胞没有加 BrdU，只加抗体。

9）显微镜下随机计数 10 个视野中的细胞总数及 BrdU 阳性细胞数，计算标记指数。

3. 细胞凋亡实验 检测细胞凋亡的实验方法主要为 Annexin-V/PI 双染色法。在正常细胞中，磷脂酰丝氨酸（phosphatidylserine，PS）位于细胞膜的内侧，细胞发生凋亡时，细胞膜发生变化，PS 从细胞膜的内表面翻转到细胞膜的外表面。这种现象在凋亡的早期就会出现，将 Annexin-V 与 PI 匹配使用，可以将处于不同凋亡时期的细胞区分开来。

操作步骤如下。

1）取对数生长期细胞接种于 6 孔板中。

2）用不含 EDTA 的胰酶消化细胞，并收集于离心管中（悬浮细胞可直接离心收集）。

3）将收集的培养基和细胞混匀，4℃ 300*g* 离心 5min，弃上清。用预冷的 PBS 洗涤细胞 2 次，每次 4℃ 300*g* 离心 5min。

4）加入 1×Binding Buffer，将细胞浓度调整为 1×10^6 个细胞/mL。

5）取 1×10^5～2×10^5 个细胞/mL 悬液于流式管中，加入适量标记了荧光染料的 Annexin V 和适量 PI，轻轻混匀，室温避光孵育 15～20min。

6）加入 300μL PBS 重悬细胞，尽快（1h 内）用流式细胞仪检测。

4. 细胞体外黏附实验 细胞黏附性在研究细胞分裂、运动等功能中发挥重要作用。黏附主要指细胞通过膜表面受体。例如，整合素受体、钙黏蛋白受体和层黏蛋白受体等黏附于细胞外基质成分，如纤维连接蛋白、层黏蛋白。黏附是肿瘤细胞侵袭的第一步。在此主要介绍一种测定细胞黏附的实验方法。

1）用无血清培养基 RPMI1640 将 Matrigel（人工基底膜胶）配制成 0.04μg/μL 的人工基底膜胶备用，96 孔板每孔中铺 Matrigel 2μg，放在超净工作台中风干过夜。

2）在上述 96 孔板加入适量无血清 RPMI1640 细胞培养液/PBS 或生理盐水，放置 60～90min。

3）洗去多余的胶，取培养的肿瘤细胞以 1×10^4 个/孔接种在铺胶的 96 孔板中，设 3 个重复孔，放入 37℃、5%CO_2 恒温培养箱中培养 24h。

4）加药再培养 24h。

5）MTT 检测：洗掉液体，每孔加入 10μL MTT 液，继续培养 4h，然后洗掉液体，每孔加入 100μL DMSO 液，振荡 5～10min，显微镜下观察，无晶体后在酶标仪 490nm 读取数值。

5．细胞 RNA 提取实验　通过加入 Trizol，能破坏细胞和溶解细胞成分，利用氯仿萃取得到上层水相（含 RNA）、界面层和下层的红色有机相（含 DNA 和蛋白）。

得到的水层用异丙醇沉淀并经过乙醇的洗涤去除杂质，能分离大小不一的各种 RNA，用于 RT-PCR、分子克隆、RNA 体外转录与翻译等实验。

6．细胞蛋白质提取实验　细胞蛋白质提取是生物学实验中一种常见的实验方法，是很多其他生物学实验的前提。

通过加入裂解缓冲溶液及相应的蛋白酶抑制剂，能较好地保持细胞内生物大分子的天然状态，在透膜剂及超声破碎仪的辅助下，细胞将发生破裂，内容物释放出来。

7．细胞 ROS 实验　活性氧（reactive oxygen species，ROS）是超氧自由基、过氧化氢及其下游产物过氧化物和羟化物等总称。参与细胞生长增殖、发育分化、衰老和凋亡及许多生理和病理过程，与多种神经退行性疾病相关，如阿尔茨海默病、帕金森病等，通过检测 ROS 水平，可以评估疾病模型是否建立成功，亦可作为药效评价指标。

8．免疫细胞化学与细胞免疫荧光　免疫细胞化学又称免疫组织化学，其原理是用标记的抗体或抗原对细胞相应抗原或抗体进行定性、定位或定量检测，经过化学的呈色反应后，用显微镜或电子显微镜观察。

细胞免疫荧光是以抗原与抗体反应结合为基础，联合荧光色素标记对细胞或组织内特定物质进行标记或示踪的实验方法。基本实验流程：细胞的准备→细胞固定→细胞通透→封闭→一抗孵育→二抗孵育→细胞核着色→上机观察。

免疫细胞化学与细胞免疫荧光两者实现的实验目的相似，可以从形态角度检测特定蛋白质含量变化。

9．细胞免疫共沉淀　免疫共沉淀（co-immunoprecipitation，CoIP）是一种利用抗原与抗体之间的专一性为基础，广泛应用于研究蛋白质与蛋白质相互作用研究的方法。

10．细胞转染和分析　细胞转染是指将外源分子（如 DNA、RNA 等）导入真核细胞的技术，分为瞬时转染和稳定转染。

四、细胞实验在食品研究中的应用

近年来，细胞模型被广泛应用于食品营养研究中，通过体外培养细胞模型可以研究食品营养物质的转运及吸收机制，以及其他因素对食品营养成分吸收的干扰等。

1．细胞模型在食品致敏性评价中的应用　食物的过敏反应是由肥大细胞和嗜碱性粒细胞的激活引发的，细胞激活后会释放炎症介质，进而导致一系列临床表现，包括胃肠道、皮肤和呼吸反应及全身性过敏反应。找出食品基质中可能存在的过敏原是一项重要且艰巨的任务，因为天然食品基质的相互作用及食品加工过程中存在着的翻译后修饰和三维修饰，都可能影响过敏原的致敏性。食品致敏性评价的评价方法可分为体内、体外和生物信息学对比法，与体内试验相比，体外细胞模型评价更方便且干扰因素少。在食品致敏性评价中，肥大细胞和嗜碱性粒细胞是应用比较广泛的体外细胞模型。

1878 年，Ehrlich 报道了肥大细胞，其存在于皮肤和黏膜组织中，且数量在哮喘和炎症性胃肠道疾病中增加。肥大细胞被激活后会释放介质，如组胺、白三烯、β-己糖苷酶、血清素和血小板活化因子等，从而诱发与食物过敏相关的临床症状。产生 IL-9 的黏膜肥大细胞（mucosal mast cell，MMC9）是 IgE 介导的食物过敏中 IL-9 的主要来源。从小肠中分离得到小肠固有层细胞，再经过流式细胞仪分析和细胞分选得到 MMC9，通过 IgE 介导的食物过敏模型，可用来探究调节 MMC9 扩增的分子机制。但是，从小肠固有层细胞分化出来的肥大细胞需要一周左右的时间才会成熟，耗时、耗材且成本较高，因此食品致敏性评价也常用到一些商业化细胞模型，如人肥大细胞 HMC-1（human mast cell line）和 LAD2（laboratory of allergic diseases 2）等。在相关研究中，常通过 HMC-1 细胞筛选抗过敏成分，鉴定其脱颗粒物质和相关信号通路，从而解析该成分在发挥抗过敏中所涉及的细胞内途径。5%～10%的婴幼儿人群存在牛奶蛋白过敏的现象，其中主要的过敏原就是酪蛋白。采用脱颗粒法测定 LAD2 细胞中 β-己糖苷酶的释放量，即可比较不同处理方法对酪蛋白致敏性的影响。

由于食物过敏患者血清中表现出高浓度的组胺、IL-13 及 IL-5 水平，细胞介质（组胺、β-己糖苷酶、蛋白酶等）的释放水平可以作为快速筛选食物过敏原的方法之一。嗜碱性粒细胞是外周血中白细胞的一种，它不仅能够释放组胺、白三烯等炎症介质，还能够大量产生 IL-4、IL-13 等细胞因子。大鼠嗜碱性白血病细胞（rat basophilic leukemia 2H3，RBL-2H3）是一种应用广泛的商业化嗜碱性粒细胞，具有高亲和力 IgEFc 受体（high affinity IgE receptor, FcεR），可以选择性结合小鼠 IgE 抗体，随后在细胞表面与过敏原交联形成 FcεRI-IgE 复合物，触发一系列的细胞活动，包括细胞脱颗粒并释放化学物质。因此，可以使用人源化的 RBL-2H3 细胞来鉴定复杂食品基质中花生、榛子蛋白等的致敏性。在脂质乳剂对鱼小清蛋白（parvalbumin，PV）消化产物致敏性影响的研究中发现，与乳化前相比，乳化后 PV 消化产物的致敏性增强，RBL-2H3 细胞中 β-己糖苷酶、组胺、类胰蛋白酶、IL-4 和 IL-13 的释放分别增加了 197.60%、12.18%、38.85%、48.19%和 59.40%。此外，嗜碱性粒细胞活化试验（basophil activation test，BAT）已经被应用于检测 IgE 介导的超敏反应，它是基于流式细胞仪检测来评估过敏原对嗜碱性粒细胞表面活化标记物表达的变化来诊断过敏反应，广泛用于食品营养研究中。

2．细胞模型在食品抗氧化评价中的应用 氧化活性物质会参与机体中的氧化反应，但当机体或细胞内的氧自由基及其诱发产生的新自由基超出自身的抗氧化能力，或外源性氧化物超量摄入，均会使氧自由基在细胞内过量蓄积而引发氧化应激，可导致蛋白质损伤、DNA 突变和膜磷脂氧化。通过以细胞培养为基础的活性筛选模型，可用来研究食品营养物质分配进入细胞膜、吸收代谢、与载体或酶等生物大分子的相互作用，阐述其清除细胞内氧自由基、在生物体体内发生抗氧化反应的机制。但是氧化损伤细胞模型多种多样，各有特点和局限性，因此需要基于不同实验研究与实验目的，构建各种合适的氧化应激损伤细胞模型。目前，食品抗氧化评价中常用的细胞模型包括 Caco-2 细胞和 PC12 细胞。

体外培养的 Caco-2 细胞分化后能够形成一种能表达微绒毛的单层细胞，单层细胞又与相邻细胞间紧密结合形成连续的单层，是一种良好的肠道吸收模型。因此，Caco-2 细胞多用于食品营养物质抗氧化功效的研究，是食品抗氧化评价中应用最多的一种细胞模型。在一项关于鱼蛋白水解产物抗氧化能力的研究中，使用了克隆的人结肠腺癌细胞 TC7（Caco-2/TC7），通过脂质过氧化（lipid peroxidation，LPO）和 ROS 的生成评估蛋白质水解产物的抗氧化能力和氧化应激效应。在苹果酚类物质和类胡萝卜素的研究中，同样通过 Caco-2 细胞培养来评估不同营养物质的抗氧化能力。

此外，膳食补充剂能够提高机体的自由基清除能力，Caco-2 细胞也可用于膳食补充剂的体外研究中。在氧气存在的条件下，维生素 C、维生素 E、亚铁及牛奶中存在的脂质底物，会形成 ROS。较高剂量的维生素 C（成人大于 500mg/d）可作为抗氧化剂，但较低浓度的维生素 C 可增强铁和铜的催化作用，牛奶中的酶超氧化物歧化酶（superoxide dismutase，SOD）和过氧化氢酶（catalase，CAT）对脂质氧化和氧化应激也具有保护作用。有研究将铁和维生素的补充剂添加到母乳中，在 Caco-2BBe 细胞和 FHS-74 Int 细胞培养基中测定其对细胞氧化应激和 DNA 损伤的影响。

PC12 是一种源自大鼠肾上腺嗜铬细胞瘤细胞的细胞系，由具有神经元特性的细胞组成。由于其易于培养、具有多功能性及关于其增殖和分化的研究比较透彻，通常用作研究氧传感器机制、神经元凋亡和神经元分化的体外模型。该细胞系有两种不同的变体——悬浮生长的传统 PC12 细胞（PC12，ATCC CRL-1721）和表现出良好附着表型的 PC12 Adh 细胞（PC12 Adh，ATCC CRL-1721.1）。悬浮的 PC12 细胞为小的、不规则形状的漂浮细胞簇或少量分散的轻附着细胞，因黏附性差，细胞易聚集且难以稳定黏附，而 PC12 Adh 细胞具有良好的黏附性。由于只有传统 PC12 细胞才能用于氧传感器机制的研究，因此，在食品抗氧化评价中多采用传统 PC12 细胞，关于 PC12 Adh 细胞的报道较少。相关研究表明，平菇的碱性蛋白酶水解物对 H_2O_2 诱导的 PC12 细胞氧化应激具有细胞保护作用。在对大豆乳清的研究中，同样选用 PC12 细胞中评估了发酵豆乳清对预防 H_2O_2 刺激的氧化损伤的神经保护作用。此外，在食品营养的研究中也可以同时使用 Caco-2 细胞和 PC12 细胞模型：建立体外消化/Caco-2 细胞模型以测定食品营养元素的生物利用度，并使用 PC12 细胞的氧化损伤模型研究食物基质对氧化损伤的影响。

3．细胞模型在食品增强免疫评价中的应用 人体的免疫功能是指机体对疾病的抵抗力，它是在淋巴细胞、单核细胞和其他有关细胞及其产物的相互作用下完成的，并且免疫功能是免疫系统根据免疫识别而发挥的作用。在人体中，主要的免疫细胞包括 B 淋巴细胞、T 淋巴细胞、巨噬细胞、自然杀伤（natural killing，NK）细胞、树突状细胞、小胶质细胞等。而根据《保健食品功能检验与评价方法（2022 年版）》，有助于增强免疫力判定的指标为：在细胞免疫功能、体液免疫功能、单核-巨噬细胞功能、NK 细胞活性 4 个方面任两个方面结果阳性，可判定该受试样品具有增强免疫力的作用。因此，目前在食品增强免疫评价中，常用的细胞模型有脾淋巴细胞、巨噬细胞及 NK 细胞。

在细胞免疫和体液免疫过程中，T 淋巴细胞和 B 淋巴细胞是参与机体免疫反应的重要效应细胞。T 淋巴细胞可以通过产生细胞因子促进其他免疫细胞的增殖和活化，直接杀伤靶细胞，B 淋巴细胞的基本功能是产生抗体、提呈抗原和分泌细胞因子。淋巴细胞的转化反应和增殖程度已成为衡量机体免疫功能的有效指标。因此，在探究食品的相关免疫功能时也常用脾淋巴细胞作为细胞模型进行实验，并且主要观察指标为 B 淋巴细胞和 T 淋巴细胞的增殖。

有研究报道，从紫茉莉（一种中草药）中提取的多糖复合物与制备得到的脾淋巴细胞共培养，随着浓度的增加，淋巴细胞表现出明显的增殖活性，并且其可以刺激淋巴细胞分泌的细胞因子 IFN-γ 和 IL-2 水平增加。

在单核-巨噬细胞功能方面，RAW264.7 细胞系是常用的细胞模型，其全名为小鼠单核巨噬细胞白血病细胞，也是常用的炎症细胞模型之一。通过脂多糖（LPS）体外刺激巨噬细胞后，会产生大量的一氧化氮（NO）并造成炎症因子水平提高。其中，细胞大量分泌 NO 后，NO 会充当氧自由基，通过产生过氧化物对 DNA 和蛋白质造成损害。因此，NO 和炎症因子均可以反映 RAW264.7 巨噬细胞的炎症反应。有研究曾用 RAW264.7 巨噬细胞验证了从鱼鳔中提取的低分子质量硫酸糖胺聚糖（D-SBSG）可以降低 LPS 诱导的巨噬细胞炎症反应，具有较强的抗炎特性。研究还发现，芳香蓼提取物能提高 RAW264.7 细胞的活力，并呈剂量依赖性抑制 LPS 诱导的 RAW264.7 细胞培养物中 NO、PGE2、IL-6 和 TNF-α 的产生。

NK 细胞是机体重要的免疫细胞，不仅与抗肿瘤、抗病毒感染和免疫调节有关，而且在某些情况下参与超敏反应和自身免疫性疾病的发生，能够识别靶细胞，杀伤介质。NK 细胞来源于骨髓淋巴样干细胞，其分化发育依赖于骨髓及胸腺微环境，主要分布于骨髓、外周血、肝、脾、肺和淋巴结。在免疫评价中，NK 细胞也是一种重要的细胞模型。在体外研究中，通常采用 NK 细胞的增殖活化及细胞因子的表达作为评价指标。有研究表明，纯多糖 AMP（10～100μg/ml）可以促进 NK 细胞增殖并导致其激活，从而释放 IFN-γ、TNF-α、颗粒酶-B 和 NKp44 等细胞因子，表现出较强的免疫功能。

第二节　动 物 模 型

采用动物模型的主要优点包括，避免在人体上进行实验的风险、模拟疾病的发展和诊断、克服人类疾病的局限性、提供大量实验材料及研究成本相对较低。基于此，本节拟从动物实验的设计和操作方法及动物实验在食品中的研究与应用等方面展开描述。

一、动物实验的设计和操作方法

动物实验方法多种多样，如表 4-3 所示。虽然在各学科领域有着不同应用，但方法具有共通性，如动物的选择、给药、抓取、处死等。动物实验的基本方法，已成为众多科学研究者需要掌握的一项基本技能。

表 4-3　动物实验方法

实验方法	定义
动物模型法	通过人为制造致病因素，造成动物组织、器官甚至全身发生损伤，来模拟人类疾病的功能、代谢、形态结构方面的变化
切开、分离法	该方法通常以活体动物为实验对象。在麻醉情况下，通过制备一些实验条件（如活体解剖、分离器官、组织或进行一些手术制备等措施）进行研究。又称“急性动物实验”
切除提取法	该方法常用于研究病理病变和内分泌器官的生理。例如，研究切除某一腺体后观察辐射对机体的影响，切除某一腺体后根据腺体症状而推论这种腺体的功能等
离体组织器官法	人为创造一定的存活条件下（如温度、营养成分、氧气、水、pH 等），观察动物的离体组织、器官或生物性致病因子（微生物、寄生虫等）的一种实验方法

续表

实验方法	定义
移植法	通过相互移植动物的器官、组织或细胞进行实验的方法。例如，骨髓移植时，将小鼠 A（供体）的骨髓注入到小鼠 B 的血液中（受体），可见脾结节化（脾造血）。脾结节的数量反应了造血干细胞的多少，进而观察干细胞的变化
生物电、活性观察法	采用电生理记录仪观察记录动物体各种生物电，如脑电、心电等；采用生物化学法测定动物组织中酶、激素等各种活性物质
病理解剖、组织学观察法	采用肉眼观察、光镜和电镜检查，来观察、分析动物患各种疾病时病理组织学改变。可从组织学的角度来探讨疾病防治机制
免疫观察法	注入抗原使动物致敏，制备各种抗血清，采用酶标记免疫技术、免疫荧光技术、免疫电镜技术、放射免疫测定技术等检查动物免疫后各种免疫变化

在动物分类学实验与研究等工作中，需要了解验证动物的科学假说来源和（或）研究具体目的，明确选择特定动物模型的原因，以及动物种属、品系、来源地和类型。此外，还需要详细描述每个动物需完成的实验操作步骤，包括实验的设计过程、使用动物数量、数据分析的统计学方法等。

（一）伦理考量

在设计实验前，需要考虑动物实验是否可能产生疼痛、痛苦或持久伤害等伦理问题。在科学目标有效、无其他选择的情况下，才应使用动物。在此情况下，“有效性”意味着实验很有可能达到既定目标，并且这些目标有合理的机会为人类或动物福利做出贡献。1959 年，Russell 和 Burch 率先提出了“3R”原则，为使用动物提供了一个更加人道的框架，即替代动物（replacement）的原则：高寿命等级的替代动物应考虑尽量适当地只采用一些低级非生命的替代动物或者是少用某些较低的生命等级动物作为替代；减少（reduction）原则：尽量减少实验过程中动物的使用数量；优化（refinement）原则：尽量减少对每只动物的任何不利影响，降低动物受伤害程度。除此之外，还要严格遵循下列 5 项基本生活方式，即免于饥渴、痛苦、伤害，生活舒适，无恐惧，无悲伤，以及表达天性的自由。

（二）动物实验设计

1. 原则

（1）假说的建立　假说本身具有某种科学性，是一个以从事一定时间科学实验理论为假设基础的；假说具有假定性，具有一定推测的性质。

（2）假说的检验　实验设计、实验设计实施、实验观察结果的统计学处理、实验观察结论和解释。

2. 要素

（1）处理因素　在一次实验处理过程中的处理原因，通常处理因素的数量不宜过多。

（2）实验对象　一般为实验动物。根据课题不同选择不同的实验动物（种属、品系、年龄、性别等）。

（3）实验效应　指处理因素作用于实验对象产生的作用，通过某些指标观察的结果。这些观察结果也有主观指标和客观指标。

3. 对照原则　在实验中，动物研究的结果可能会受到各种变量（如遗传、环境、传染因子）的影响。因此，使用对照动物尽可能减少这些无关变量的影响或识别可能存在的不需要的变量。对照必须具有可比性，设立对照组的重要目的是为了比较，在同等条件下进行比较才能反映出价值和意义。需要注意的是，对照应有足够的数量，不能"重实验，轻对照"。对照组中的受试对象在各方面均应力求与实验组相同或相等，包括动物的属性、性别、年龄、体重、健康和处理因素之外的各人为因素等。常用的对照方法有以下几种。

（1）空白对照　亦称正常对照，作为对照的一组不加处理。

（2）阳性对照　预期会发生变化。阳性对照作为衡量实验组之间严重程度差异的标准。阳性对照的一个例子是对动物施用毒素，其导致可再现的生理改变或损伤。可在实验组中使用新的治疗方法来确定这些改变是否可以预防或治愈。阳性对照也用于证明可以检测到反应，从而对实验方法提供一些质量控制。

（3）阴性对照　预计不会从正常状态产生任何变化。在上面的例子中，阴性对照由未用毒素处理的动物组成。为了确保未知变量不会对实验中的动物产生不利影响，由此导致假阳性结论，因此在实验中采用阴性规避这些风险。

（4）自身对照　在与同一受试对象中进行的对照实验与对照实验，如最常见药物的用药剂量前后对照的对比。这种实验方法能够很好地消除个体差异因素。

（5）组间对照　作为最常用的方法，组间对照按遵循随机化的原则将动物进行分组，在不同的处理因素下，相互对比来观察实验效应。组间对照是以研究对象不同的个体分组而得，由于个体差异的存在，抽样误差难以避免，因此，随机和齐同性原则更为重要。

4. 重复原则　一是指在实验研究过程中实验是在多次地重复着进行，不是单凭少数几个样本的实验结果就作出结论。为了获得一个比较正确的结论，往往需要将样本的数量增加到一定值。通常来说，越大的样本量，实验的重复次数越多，越能够反映实验的真实客观情况。二是指实验设计人员提出同样的实验方法，在他人的实验中也一样能得到重复。

5. 随机原则　对实验动物进行分组时，应排除人为因素的干扰，力求每个实验单元接受给定治疗的概率是相等的，这个过程称为随机化。随机是必不可少的，由于通常存在已知或未知的变异来源，这可能会使结果产生偏差。大多数计算机统计软件会产生指定范围内的随机数，可用于将实验单元分配处理。常见的随机方法有以下两种。

（1）交替随机分组法　用唯一的识别号识别每只动物，然后"从帽子里"抽出数字，并以合乎逻辑的方式将它们随机分配给不同的组。例如，第一个开奖号码分配给第1组，第二个分配给第2组，第三个分配给第1组，第四个分配给第2组，以此类推。骰子或卡片也可用于将动物随机分配到实验组。

（2）简单随机分组法　使用随机数字表或计算机生成的数字/抽样来实现随机化。

6. 常用的实验设计

（1）完全随机设计　指采用完全随机化的方法将同质的受试对象分配到各处理组，随后观察各组的实验效应。这种设计具有简单、易实施的优点。但这种设计具有一定的要求，如组内个体要有较小变异、组间均衡、较为一致的混杂因素。因此，这种实验设计常用于实验性研究，但对临床试验研究来说，需要保证研究对象较严格的筛选条件及较大的样本量。

（2）配对设计　指将研究对象按一定条件配对，再将每对中的两个研究对象随机分配到不同的处理组而进行的实验研究。配对设计具有抽样误差小、所需样本量小、高实验效率等优点，但是当配对条件不能够严格控制，配对欠佳时，将会导致效率降低。可能影响实验结果的主要非处理因素是配对因素。配对设计的主要情形包括同一研究对象接受两种不同的处理，或将条件相同或相近的两个受试对象配成对子，分别接受两种不同的处理。

（3）随机区组设计　作为配对设计的扩展形式，随机区组设计是先将条件相近的多个研究对象配成一配伍组，根据处理组的组数决定每个配伍组的研究对象数。随后将每个配伍组中的研究对象按随机化方法分配到多个处理组中，给予不同的处理。这种设计要求配伍组间个体差异越大越好，配伍组内个体差异越小越好。这种设计不仅能够增强各处理组间的均衡性，还能够提高研究效率。

（4）重复测量设计　该设计通常应用于医学、生物学研究中，在经过一种或多种处理后，从不同时间点上重复观察同一个受试对象的效应指标，探讨不同时间点同一个研究对象某指标的变化情况。

（5）析因设计　该种设计具有全面而高效的优点，要求各处理组内的受试对象数量相等且每组至少有两个。通过组合两个或多个处理因素的水平，对各种可能的组合进行评价，分析各处理因素的主效应及各因素间的交互作用，否则无法分析因素间的交互作用。

二、动物实验在食品研究中的应用

（一）免疫调节功能评价

类风湿关节炎（RA）是一种发病机制不明的慢性、全身性自身免疫性疾病。其主要特征表现在手、足小关节的多关节、对称性、侵袭性关节炎症，并伴随有关节外器官受累及血清类风湿因子阳性，使关节发生畸变并导致其功能丧失，早期的诊断和治疗具有至关重要的作用。

（1）造模方法　皮下注射：将20mg/mL的牛Ⅱ型胶原蛋白溶液与0.05mol/L的不完全弗氏佐剂按1∶1体积比混合，制备成150μL的乳化剂。于实验第1天将该乳化剂注射至大鼠尾基部的皮下组织。7d后，处理组大鼠尾部接受150μL乳剂。对照组大鼠皮下注射等体积的无菌生理盐水。在爪子根部和关节处如出现急性关节炎症状，使用卡尺测量爪子厚度，并能通过以下定量及临床评分方法评估该症状出现的具体严重及程度：0. 无显著红肿发炎迹象时；1. 局限存在于手部个别手指关节的有轻度的红斑丘疹和轻微肿胀，或有脚踝的或脚手腕上的轻度肿胀；2. 踝关节或脚腕关节发生中度严重红斑疼痛和严重肿胀症状；3. 整个爪子都出现了严重的红斑症状和明显肿胀感；4. 肢体最大红斑和肿胀。

（2）评价指标

1）关节在固定前48h溶解于10%福尔马林中，在10% EDTA-2Na中脱钙，石蜡包埋，进一步制备成5μm厚的切片。在苏木精-伊红（H&E）染色条件下以评估切片组织学的变化。使用滑膜增生（血管翳形成）、细胞渗出物、软骨耗竭和骨侵蚀等参数对载玻片进行定性评估。

2）使用微型计算机断层扫描技术（Micro-CT）扫描整个后肢，捕获高分辨率的解剖图像以评估骨骼健康。使用高分辨率扫描模式获得投影，该模式具有144μm体素尺寸、90kV管电压、88μA电流和4min扫描时间。分析软件用于重建关节的三维（3D）结构，并裁剪踝关节相同解剖位置以验证骨破坏并可视化关节损伤。

3）量化的细胞因子处死大鼠后，收集血液并离心（4℃，3000g，15min）以收集血浆。

使用的商业标准是ELISA试剂盒的操作手册。

（二）精神调节功能评价

1．抗疲劳 疲劳时通常表现为精神疲惫、乏力、全身酸痛麻木和精神不集中等症状。研究表明，严重时期的慢性疲劳损伤可明显扰乱整个人体细胞的正常分裂，机体长期在缺氧、高疲劳状态下则会引起顽固性睡眠障碍神经衰弱和工作学习思维记忆处理能力大幅下降等症状，影响到工作效率，对其身心健康可能产生较大危害。

（1）造模方法

1）物理法。物理法是指采用强迫运动、睡眠干扰或束缚等一系列方法导致动物疲劳。例如，对雄性SD大鼠在水深1.5cm以上的饲养笼池中连续饲养5d，使其长时间睡眠营养不足而产生如负重及游泳后力竭等疲劳样行为。

2）化学法。化学法是指通过定量给予动物某疾病用化疗剂的有效药物量，模拟因其体内化疗药物反应的过程。例如，连续5d对雌性BALB/c小鼠眶静脉窦静脉注射10mg/kg紫杉醇，可造成小鼠转轮和空场中肌肉的自主收缩激活量显著降低、悬挂时间明显减短等肌肉疲劳样变化的异常行为。

3）免疫和炎性法。免疫和炎性法是通过注射给予动物可诱发免疫反应或炎性反应的物质而造成动物疲劳的方法，这些物质包括免疫诱导剂、活菌、脂多糖等，通过诱导其全身炎性反应而造成其自主活动降低且转棒测试运动能力下降等疲劳症状。

（2）评价指标

1）小鼠体质量及脏器指数测定。每周称量小鼠的体重，4周后将小鼠全部脱颈处死，取心、肝、脑、脾、肾、肾周脂肪、睾丸、卵巢附睾脂肪称取质量，记录数据。通过以下公式计算脏器指数：

$$\text{脏器指数（\%）}=\frac{\text{脏器质量（g）}}{\text{小鼠质量（g）}}\times 100\%$$

2）悬挂实验。将实验中小鼠双前肢分别交叉向上悬挂并吊缚在同一垂直水平电线架体上，观察该实验的小鼠，若有2只的前后肢均能有效抓住同一垂直水平电线架体，记满3分；反之，如仅有1只的前后肢抓住同一垂直水平电线架体，记满2分；2只小鼠后肢均能伸直但不能牢牢抓住某一根电线，记作1分；小鼠跌落记作0分。

3）游泳实验。灌胃30min后，小鼠尾部绑定小玻璃珠（占体质量5%），放入游泳箱开始负重游泳。游泳箱水深约30cm，水温约25℃。将该小鼠放入水中后立即开始计时，至最后该小鼠力竭为止并结束计时，力竭后的标准时限即在该小鼠完全沉入水下后的7s之内不可以上浮。

4）生化指标的测定。小鼠血清、骨骼肌或肝脏中乳酸含量、肝/肌糖原含量、尿素氮含量、MDA含量、T-AOC酶的催化代谢能力、CAT酶活力、GSH-PX酶活力、SOD酶活力均按相对应的试剂盒中的方法测定。

2．抑郁症 抑郁症也是一种严重慢性抑郁复发性疾病，其典型症状包括情感状态低落、兴趣严重衰退、注意力和学习记忆显著减退、胃口食欲差、活动机会减少等。

（1）常见造模方法

1）大、小鼠强迫游泳实验。将大鼠或小鼠放置在局限且无法逃脱的空间游泳，当其多次逃逸失败后，会表现出一种放弃挣扎、在水面上漂浮不动的“绝望”状态。这种方法简单可靠，根据其游泳时漂浮不动的时间，来进行抗抑郁药的初筛，且与临床药效显著相关。此外，这种模型也常用于判断其他抑郁模型建立成功与否。

2）慢性束缚应激。将啮齿类动物重复置于束缚管内，通过限制其行动自由，使啮齿类动物表现出缺失快感、饮食减少、体重减轻等抑郁样症状。作为一种非损伤性刺激模型，这种造模方式制作简便，与人类疾病过程具有相似性，是一种常用的应激模型，广泛用于研究啮齿类动物不同脑区形态、激素水平及行为学的改变。

（2）评价指标

1）糖水偏好实验。在正式实验进行前，首先要严格对所有的实验鼠禁食 24h。在实验进行结束时，同时要放置适量的纯水和约 1%浓度的纯蔗糖水，每隔约 3h 记录下纯水消耗量和纯蔗糖水消耗量。为尽可能避免因实验鼠正常的饮水习惯发生变化时而带来的干扰，每隔约 1h 调换水瓶的放置位置。通过以下公式计算糖水偏好度：

$$\text{糖水偏好度（\%）}=\frac{\text{糖水消耗量}}{\text{糖水消耗量}+\text{纯水消耗量}}\times 100\%$$

2）高架十字迷宫实验。将实验鼠面向开放臂放入高架十字迷宫的中心区域，摄像机记录实验鼠 6min 内的运动轨迹，为减少气味信息等干扰，每次实验结束后用 75%乙醇擦拭迷宫的四臂。分析实验鼠开臂停留的时间及进入开臂的频率。

3）强迫游泳实验。将实验鼠浸入 5L 烧杯水中，水深约 10cm，水温为（23±2）℃，摄像机记录在 6min 内实验小鼠的运动情况，分析得出实验鼠在水中游泳的静止时间。

3. 阿尔茨海默病 阿尔茨海默病（Alzheimer’s disease，AD）在老年人中发病率极高，随着年龄的增长其症状往往越发恶化，从轻度记忆障碍逐渐发展为严重痴呆，包括语言技能的丧失、认知缺陷、视觉空间功能障碍、执行功能丧失等。

（1）常见造模方法

1）东莨菪碱诱导胆碱能损伤模型。东莨菪碱类药物是特异性 M 型乙酰胆碱受体的竞争性受体阻断类药，能诱发大鼠中枢神经系统通路中重要的脑胆碱能神经通路及记忆传导环路系统的传导功能产生紊乱，从而间接导致小鼠学习性记忆机制系统严重毒性损伤。由于东莨菪碱类与大鼠突触后膜 M 型乙酰胆碱受体之间的受体结合反应是完全可逆的，故推测其特异性阻断大鼠学习和记忆系统的作用过程具有一过性特征。该试验模型通常可采用 KM、ICR 或 C57BL/6J 小鼠，于行为学实验结束前，隔 15min 或隔 30min 腹腔注射东莨菪碱 1～3mg/kg。

2）Aβ 损伤模型。AD 的病理特征主要为脑内淀粉样斑块沉积、神经元丢失及神经纤维缠结形成。正常生理情况下人体中的 β-淀粉样前体蛋白降解均会产生少量的 Aβ40 和 Aβ42，它们以可溶性、低浓度形式存在于脑脊液和血浆中，并不会产生神经毒性。病理状态下，Aβ42 含量升高且更易聚集形成淀粉样蛋白，是形成老年斑的主要成分，提示它在 AD 发病机制中占有更重要的作用。Aβ 诱导的 AD 动物模型，一般采用雄性 ICR 小鼠或雄性 Wistar 大鼠，将人工合成的 Aβ 在微渗透泵的推动下注射入动物的侧脑室或海马组织中，模拟 Aβ 对中枢神经的毒性。

3）D-半乳糖（D-gal）模型。研究表明，可通过每天在颈背部皮下注射生理盐水溶解的 500mg/kg 的 D-gal 进行造模处理。D-gal 是人体中的一种还原性糖，可以在正常生理浓度下代谢为葡萄糖。高浓度下，D-gal 在醛糖还原酶的作用下能够生成半乳糖醇，进一步经过半乳糖脱氢酶氧化，生成过氧化氢和醛，并产生3种形式的活性氧自由基（ROS），这些超量的ROS能够对神经元细胞产生损伤，从而造成动物产生学习记忆障碍和机体衰老。

（2）评价指标　评价指标主要有Y迷宫测试、旷场测试、新物体识别测试、水迷宫测试、避暗测试等。详细内容可扫描二维码查看。

1）Y迷宫测试。Y迷宫（Y-maze）测试采用无训练、无奖赏、无刺激的方式，以测试小鼠在Y迷宫中的自发性交替行为。本实验所用Y迷宫由三个等长、夹角为120°的臂组成，臂长30cm、高18cm、外宽7cm。实验开始时，将小鼠从中心点放入迷宫，任其自由探索5min，摄像记录小鼠的行为变化。每只小鼠的探索实验完成后，将Y迷宫清理干净，并用75%乙醇喷洒去味，然后开始下一次实验。

2）旷场测试。旷场测试（open field test，OFT）的实验装置由长40cm、宽40cm、深30cm的乳白色不透明塑料旷场箱组成，将旷场中心的20cm正方形定义为中心区域，其余部分为周边区域。实验开始时，将小鼠面壁放入旷场箱内，记录6min内小鼠的活动轨迹。

3）新物体识别测试。新物体识别（novel object recognition，NOR）测试的实验装置由长40cm、宽40cm、深30cm的乳白色不透明塑料旷场箱组成。实验共历时2d，分为适应期、熟悉期和测试期。第1天适应期，在不透明的正方形旷场箱内正中央放入一个的圆柱形物体，将小鼠面壁放入，并开始10min的自由探索。第2天上午为熟悉期，在同一旷场箱内放入两个形状材质完全相同的物体，并将其等间距固定在箱体底部，将小鼠面壁放入，开始10min的自由探索。将小鼠放回原笼休息4h后，开始测试期实验；将箱体内其中一个物体替换为不同形状的物体，再次将小鼠面壁放入旷场箱，开始计时并录像记录10min小鼠的探索轨迹。

4）水迷宫测试。水迷宫（morris water maze，MWM）测试所用水迷宫由直径120cm、高50cm的圆形水池和直径12cm的可调节高度、可移动位置的平台组成。正式实验时，水深25cm，用白色食品级钛白粉将水搅拌成乳白色；将平台隐藏在水下0.5cm，在水池内侧东南西北四个方向贴上直径10cm且不同形状的空间标志物，用于提示方位。水迷宫实验参考文献报道稍作改动。水迷宫实验共历时6d，分为定位巡航实验（5d）和空间探索实验（第6天）。在定位巡航实验阶段，将平台置于某一象限，录像记录小鼠找到平台的时间和游泳路径，每天4次训练即将小鼠分别从四个不同的起始点（不同象限）放入水中。若小鼠在60s内未找到平台，则由实验人员将其引导至平台上站立30s，再进行下一次试验，两次训练之间的间隔至少10min。定位巡航实验结束后，将平台撤除，开始空间探索实验。将小鼠自原平台对角线位置放入水中，记录小鼠在60s内的游泳路径。

5）避暗测试。避暗测试（passive avoidance test，PAT）利用小鼠趋暗的天性，用于评估小鼠的学习记忆能力。实验装置由一明一暗的两个箱体组成，暗室的底栅可以程序性控制给电，小鼠进入暗室即受到电击。避暗实验共历时2d。第1天为单次电击训练期：将小鼠放入明箱，10s后将明暗箱之间的门打开；小鼠完全进入暗箱后，立即关闭通道门，自动触发电击一次（0.4mA，2s）；在暗箱内停留10s后，将小鼠放回笼盒内。用75%乙醇清洁明暗箱后，再训练下一只小鼠。第2天为记忆保持测试期，即24h后，设置避暗箱为小鼠放入明箱后中门立即打开，不给予电击。小鼠自明箱钻入暗箱所用的时间为避暗实验的潜伏期。

（三）肠胃调节功能评价

1. 便秘　便秘综合征作为当今一种比较常见的功能性胃肠道疾病，其早期主要临床症状包括排便困难、排便次数相对减少、大便干硬、胃肠道正常排空的时间延长等。便秘的原因包括水摄入量低、低纤维饮食、体力活动水平低和生活方式的改变等。

（1）造模方法

1）洛哌丁胺造模法。使用洛哌丁胺辅助治疗腹泻产生后的结肠痉挛性便秘。其发生药物作用引起便秘症的基本致病机制，很可能是由于通过药物作用阻断附着固定于大鼠小肠壁平滑肌细胞周围的阿片受体，减少拟兴奋性神经递质包括对乙酰胆碱酯受体和抗前列腺素酶等的释放，抑制了小鼠肠道黏膜纤毛蠕动，减慢了大鼠结肠黏液素运输，使其胸腺上皮细胞黏液激素等的体外释放所产生热量相对减少，延长了小鼠肠内容物的滞留时间。

2）复方地芬诺酯法。复方地芬诺酯便秘模型法是一直使用至今的功能性动物便秘经典造模实验方法，作为一种非特异性动物便秘实验模型，它通过利用有收敛通便作用的药物，促使动物大肠因过分地吸收粪便水分从而引起胃肠平滑肌蠕动减缓，使动物减少排便欲望或暂时不习惯排便，导致便秘。

3）高糖高脂饮食造模法。功能性便秘的发生与患者的饮食习惯密切相关，大部分功能性便秘患者有低纤维饮食结构，膳食纤维缺乏导致肠蠕动减缓，大便排出困难。可采用低纤维饲料连续饲喂大鼠 5 周，结果模型组的粪便含水量相对于正常饮食组显著降低。此便秘模型的造模方法简单，易于操作，模拟临床部分患者低纤维饮食习惯，可用于与结肠功能失调相关的致便秘机制研究。

（2）评价指标

1）第一次黑便排便时间。将小鼠禁食过夜（提供水）。18h 后，治疗组小鼠给予洛哌丁胺（10mg/kg 体重，0.25mL），正常组小鼠给予生理盐水。1h 后，所有小鼠均以相同方法用活性炭粉处理。立即将小鼠移入干净的单独笼子中，并允许其随意进食和饮水。记录从施用碳粉到排便变黑的时间长度。

2）粪便含水量。在测得小鼠的湿重和干重后，经以下公式算小鼠的粪便含水量。

$$\text{粪便含水率（\%）}=\frac{\text{粪便湿重（mg）}-\text{粪便干重（mg）}}{\text{粪便湿重}}\times 100\%$$

3）小肠转运率。测量小鼠的小肠总长度，同时测量墨汁笔管在大鼠小肠中的最小推进距离，经以下公式计算小鼠小肠转运率。

$$\text{小肠转运率（\%）}=\frac{\text{墨汁推进距离（cm）}}{\text{小肠总长度（cm）}}\times 100\%$$

2. 结肠炎 结肠炎（colitis）是一种由各种原因引起的结肠炎症性病变，这些原因包括细菌、真菌、病毒、寄生虫、原虫等生物因素，以及变态反应和理化因子。结肠炎可以根据病因不同分为特异性炎性病变和非特异性炎性病变。特异性炎性病变主要包括感染性结肠炎、缺血性结肠炎和伪膜性结肠炎等，而非特异性炎性病变则包括溃疡性结肠炎及克罗恩病等。主要临床表现包括腹泻、腹痛、黏液便及脓血便、里急后重，甚至大便秘结，常伴有消瘦乏力，且多反复发作。

（1）常用造模方法

1）葡聚糖硫酸钠（dextran sulfate sodium，DSS）自由饮用法。此方法操作简单、易得出结果，且临床相似度、可重复性高。但大鼠饮用 DSS 的量无法准确控制，从而导致组内大鼠病变差异大。从第 1～7 天，所有小鼠都自由饮用无菌水。第 8～14 天，除对照组小鼠外，其余组通过在饮用水中添加 2.5%（*W/V*）DSS 诱导结肠炎。

2）结肠黏膜组织致敏法。此方法将弗氏佐剂（Frend 佐剂）加入大鼠或其他动物结肠黏膜组织制作的匀浆中，然后将上述混合液的上清液注射入每只大鼠足垫内，剂量为 0.1～0.3mL，时间分别为第 1 天和第 15 天。在第 17、24、30 天分别在大鼠的背部、腹股沟及腹腔内注射同样的上清液（剂量同上），但第 30 天注射时不加 Frend 佐剂，当腹腔注射 5d 后，可以明显观察到溃疡性结肠炎表现出的相关症状，进行结肠组织的病理检测。

3）大鼠结肠细菌菌株法。实验选择正常大鼠肠道的大肠杆菌作为抗原，将其注入实验大鼠体内，使大鼠发生免疫反应，从而大鼠结肠壁表现出溃疡或炎症反应。具有操作过程简单、成本低廉、易成功等特点。

（2）评价指标

1）每天测量每一只小鼠的体重，并计算其体重的变化百分比，变化百分比＝[（体重－基准体重）/基准体重]×100%。然后，将每只小鼠转移至一个干净的空笼子内，将粪便样品收集在单独的无菌 Eppendorf 管中以观察形态并使用隐血试剂盒测量隐血。计算肠道疾病活动指数（DAI）评分，包括体重减轻、粪便稠度变化和便血情况（表 4-4）。

表 4-4　疾病活动指数（DAI）评分

分数	体重下降/%[a]	粪便性状[b]	粪便潜血
0	0	正常	隐血阴性（无出血）
1	1～5	松散	隐血阴性
2	6～10	松散	隐血阳性（轻微）
3	11～18	腹泻（轻微）	隐血阳性
4	＞18	腹泻	肉眼血便

a 疾病活动指数是体重减轻、大便稠度和便血三个参数的总和；

b 正常：形状良好的大便；松散：不粘在肛门上的不成形的糊状大便；腹泻：附在肛门上的液体粪便

2）测量结肠的总长度。远端结肠样本固定于 4%多聚甲醛中，并用苏木精-伊红染色。为了确定结肠炎的发生，使用全景观察器分析染色组织。

（四）代谢综合征等慢性疾病调节

1．糖尿病　糖尿病并发症是多种有害因素联合作用于人机体所导致的胰岛血糖功能进行性减退、胰岛素活性抵抗异常等结果，而引发人体的各种糖、蛋白质、脂肪、水解和酸碱电解质平衡等的一系列代谢异常紊乱综合征。其病因在中医临床病理上则主要表现为顽固性高血糖，典型的病例表现为多尿、多白饮、多流食、消瘦无力等全身表现，即糖尿病“三多一少”的症状，糖尿病（血糖）并发症一旦未有效治疗控制，便会再次引发其他并发症，导致全身肾、眼、足踝等其他部位机能的急性衰竭及病变，且往往无法治愈。

（1）常用造模方法

1）链脲佐菌素诱导法。作为一种药效强大的烷基化剂，链脲佐菌素（streptozotocin，STZ）可干扰葡萄糖转运，影响葡萄糖激酶的功能，诱导 DNA 双链的断裂。目前认为，STZ 通过引起特殊位点的烷基化抑制体内胰岛素水平，进一步导致多聚 ADP-核糖体激活，从而引起胞内 NAD^+和 ATP 消耗，最终导致大量反应性氧簇产生。因此，利用 STZ 诱导建立 2 型糖尿病模型十分常见。为了使造模过程趋于自然，胰岛β细胞功能缓慢降低，采用一对8周龄左右SD大鼠进行连续数天（3～5d）注射低剂量STZ（20mg/kg）的方法建立模型。

2）高脂诱导法。有研究采用青年雄性大鼠，经过高含量果糖饮食喂养16周，成功诱导建立了2型糖尿病大鼠模型。该方法建立的2型糖尿病模型与人类发病病因相类似，不仅能较好地表现出与人类相似的发病症状，还不会因化学试剂诱导引起体内重要器官受损。

（2）评价指标

1）血糖测定。末次给药后禁食12h，血糖仪测定尾尖静脉血的血糖水平。腹腔注射1%戊巴比妥钠（4ml/kg）麻醉后，取用腹主动脉血，肝素抗凝，4℃ 2500r/min离心（离心半径10cm）20min，取上清液，保存于−80℃冰箱备用。

2）血糖、血脂相关指标。采用酶联免疫吸附试验（ELISA）来测定健康人血浆白蛋白中的HbAlc、INS等水平，生化法测取血浆中总胆固醇（TC）、甘油三酯（TG）、低密度脂蛋白胆固醇（LDL-C）、高密度脂蛋白胆固醇（HDL-C）水平。

2．动脉粥样硬化 动脉粥样硬化（atherosclerosis，AS）是一组称为动脉硬化的血管病中最常见、最重要的一种。AS特征是在动脉导管的毛细血管内膜下有大量类黏脂质沉积的胆固醇沉着，复合糖类细胞的高密度积聚，平滑肌细胞变性和弹力纤维组织异常增多，形成慢性粥或糜样含胆脂性坏死的病灶化和弥漫性血管壁的硬化。其发病率和死亡率在全球所有疾病中居首位。

（1）常用造模方法

1）高脂饲料联合维生素D建立AS模型。采用大鼠建模，利用其无胆囊且对胆固醇等脂质吸收较少的生理特性，在高脂饲料及加速或导致AS形成药物的共同配合下，模型复制效率得到有效提高。据报道，采用高脂饲料（含1%胆固醇）和联合补充维生素D3的技术制备出来的新饲料，给予健康大鼠连续喂养至少6周时间，便能够首次成功地建立起可长期重复检测的AS模型。

2）球囊损伤造模。球囊损伤术是制备血管损伤后再狭窄模型的常见方法，此方法通过向动脉血管植入一定直径大小的球囊，再将球囊反复拖拉充盈后，使动脉血管内皮细胞产生损伤和脱落，导致血管的局部狭窄。有研究以高脂饲料喂养为基础，联合腹腔注射维生素D3和球囊损伤手术于饲养大鼠8周，可成功复制AS模型。

（2）评价指标 小鼠血浆和肝脏生化参数的测定，包括TC、TG、HDL-C、LDL-C、谷草转氨酶（AST）和谷丙转氨酶（ALT）。

（五）调节器官类疾病

1．酒精肝损伤 肝脏既是参与酒精物质代谢合成的主要部位，同时也是产生酒精药物毒性的一个靶器官，长期持续性或者大量饮酒可能导致高度酒精性肝病（alcoholic liver disease，ALD）。进一步病情恶化并发展为重症酒精性肝炎、酒精性肝纤维化综合征和高度酒精性肝硬化，严重者有时甚至患有慢性肝癌恶化或重度肝脏衰竭。

（1）常用造模方法

1）极性肝损伤模型。急性酒精肝损伤模型多是由患者一次性长期给予连续大单位剂量酒精直接诱导，使患者血液白蛋白中游离酒精浓度严重升高，引发由酒精中毒直接所致的急性酒精性肝损伤。

2）慢性肝损伤模型。慢性肝损伤模型则可能是患者由于长期慢性酗酒，造成体内的酒精长期摄入及过量应用所致引起的酒精肝病理性的损伤，造模时间一般需要持续 4～12 周。

（2）评价指标

1）小鼠的主要的生化试验指标：测定体内 TC、ALT、AST 水平。

2）肝组织病理学苏木精-伊红染色。

2．肺气肿损伤　肺气肿是指终末细支气管远端的气道弹性减退，过度膨胀、充气和肺容积增大或同时伴有气道壁破坏的病理状态，肺气肿是一种严重的（但可医治的）肺部疾患。患者的呼吸功能可能完全衰竭。

（1）常用造模方法

1）大鼠气管内滴注法致肺气肿模型。大鼠体重 180～200g，腹腔注射 20mg/kg 戊巴比妥钠，并加入乙醚。分离暴露气管，用 4 号细针穿刺两软骨环间，向气管内快速推注 3%猪胰弹性蛋白酶或木瓜蛋白酶液（1mg/kg），推完后立即拔出针头，使大鼠保持直立位，左、右来回旋转 1～2min，使酶液尽可能均匀地达到两侧肺的深部。滴注酶液后 2 个月可作为肺气肿动物模型。

2）NO_2 法致肺气肿模型。Wegman 等通过将小鼠长期放在低浓度 NO_2 的方法造模成功，将至少圈养 1 周的小鼠暴露于 20ppm NO_2 的暴露室（该室具有用于气体混合的入口和出口，以及可确保整个室内的气体均匀分布）中 25d，每天维持 14h，连续气流调节 12L/min。对模型组分析其肺组织学检查造模程度。

（2）评价指标

1）肺组织病理学检查。取未灌洗的左肺组织固定于 4%甲醛。脱水石蜡液包埋法对得到的标本进行切片，对切片标本分别行苏木精-伊红染色（HE）和阿尔辛蓝-过碘酸雪夫染色（AB-PAS），并同时连续测定以下两个重要指标。①阳性杯状细胞比值：AB-PAS 染色切片中阳性杯状细胞比多的是呈 AB 染色为主，而阳性杯状细胞比少的是以 PAS 着色为主或 AB/PAS 染色混合着色。②平均视野肺泡数（MAN）：计数每个平均视野面积范围内的肺泡数乘以除此平均视野范围以外的平均视野面积即求得 MAN，其数值能直观反映出肺泡密度。

2）化学测定。用 ELISA 法测定肺组织 TNF-α、IL-1β 及 TIMP-1 含量。

第三节　人群临床研究

本节内容阐述了人群试验，指出人群试验作为验证新疗法安全性和有效性的前瞻性研究，需设立对照组以确保结果的科学性和可靠性，并在立题时应综合考虑先进性、科学性和可行性，同时明确处理方法和受试对象的纳排标准。本节详细描述了临床试验的设计原则和实施步骤，包括随机化、对照、重复和盲法等，并讨论了盲法的种类、实现方式及相关应用。对照组的设置、设计类型的确认，以及临床试验评价中主要指标和次要指标的选择，都是确保试验结果准确性的重要方面。伦理学问题在临床试验中占据重要地位，必须遵循伦理准则和赫尔辛基宣言以保护受试者的安全和权益。本节还详细阐述了人群试验的实施过程，涵盖了从伦理委员会审查到临床试验总结报告撰写的各个环节。此外，本节探讨了如何定义总体与样本、处理变量与数据、识别和控制误差，以及如何运用频率和概率来解释研究结果，并介绍了多种统计学方法，为临床试验的科学性和有效性提供了理论基础。

一、人群试验内容与设计

（一）人群试验的内容

人群试验是一种以人作为研究对象的前瞻性研究，用以验证新疗法（如新药、功能食品等）的安全性和有效性。其主要特点在于涉及人群、实施干预措施，且必须设立对照组，排除除干扰因素外的其他因素，以确保试验结果的科学性和可靠性。因此，与试验组相比，对照组的建立必须确保除相关干扰因素外其他因素保持一致，以保证试验结果的准确性。

人群试验在进行立题时需要考虑先进性、科学性、可行性等多方面的因素。因此在确立题目之前，需要通过查阅国内外文献对待解决或尚未解决清楚的问题进行研究，同时再与已有的工作基础、学科基础相结合，从而确立同时包含可行性与创新性的课题。除此之外，还需确定处理方法，通常根据研究目的，与已有的专业基础相结合，确定数量有限的干预措施，这些干预措施需要经动物试验证实对人体有效且无害。此外，对于受试对象也需要有严格的纳排标准。在制定纳排标准时应考虑以下几个因素：①试验的研究对象需要具有代表性；②为了确保试验的有效性，应该选择对干预措施反应良好的拟定人群（敏感群体）；③在实际操作中，还需结合实际情况，根据年龄、性别、病情分型和严重程度等指标结合实际进行筛选和调整。

（二）人群试验的设计

1．人群临床试验　功能食品的临床研究目的是科学评估其对人体健康的影响及其安全性。在进行此类研究时，不同于药物的分期临床试验，功能食品的研究并不严格按照Ⅰ期、Ⅱ期、Ⅲ期和Ⅳ期的分期进行。通常，功能食品的研究集中在特定人群的试验设计上，关注其对健康的促进效果和不良反应的风险。

在功能食品的研究中，通常会在健康人群中开展观察性研究或干预试验，研究的规模和试验人数根据具体研究目的、干预措施和预期效果来决定。此类试验可能包括短期和长期的研究，依照不同的干预目标，测试人群的规模可以从几十人到数百人不等。评估的主要指标可能包括血压、血糖、胆固醇水平、肠道菌群等健康参数的变化。试验的设计应注重干扰因素的控制，以确保数据的可靠性和科学性。此外，功能食品的试验终点一般是以健康指标的改善为基础，研究的重点在于其对健康的积极影响，而非治疗效果。试验终点的选择应能够准确反映功能食品的作用机制和预期的健康益处，并且符合临床和科学研究的要求。对于功能食品的研究，虽然不需要进行严格的分期临床试验，但同样需要科学的试验设计、合理的样本量及严格的安全性评价。这种研究既可以在健康人群中进行，也可以针对特定亚健康或高风险人群，以确定其在不同人群中的适用性和安全性。临床设计示例如图 4-2 所示。

2．人群临床试验的基本原则　临床试验的基本原则包括采用盲法、设置对照组等科学设计原则。

（1）盲法　在临床试验中，盲法是一项重要的方法，旨在最大程度地减少人为偏差对试验结果的影响。试验过程中，受试者、研究人员和参与疗效和安全性评估的人员不知道患者接受的是何种功能食品，盲法可以避免主观因素对试验结果的影响。与之相对的是非盲法，即研究对象和研究者都知道分组情况，试验过程是公开进行的。这种方法通常适用于具

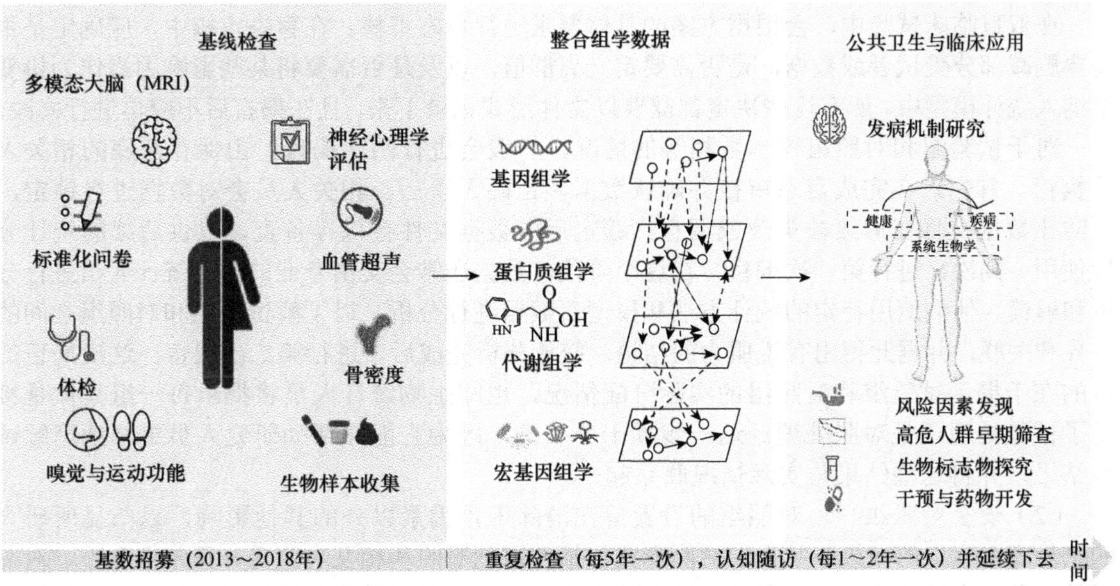

图 4-2　队列研究设计示例流程

彩图

有客观观察指标的试验，特别是涉及外科手术或可能引起生活方式改变（如饮食、锻炼、吸烟等）的情况。虽然非盲法操作相对简单，但可能会引入研究者和研究对象的主观偏见，因此需要充分权衡其优点和缺点。

1）盲法种类。单盲法指的是研究人员知道分组情况，而研究对象不知道自己的分组。这种方法能够避免因为研究对象（如患者）的个人主观因素影响试验结果。然而，单盲法无法消除研究者对试验结果的干扰，可能导致试验组和对照组之间的处理失衡。双盲法是指研究对象和研究者都不知道分组情况，试验设计者负责安排和控制试验。双盲法具有减少研究对象和研究者主观因素对试验结果影响的优点，但这种方法较为复杂，实施起来可能较为困难，特别是在处理意外情况时更具挑战性。三盲法不仅要求研究者和研究对象对分组情况不知情，同时负责数据收集和分析的人员也不能了解分组情况，以确保试验结果评价的客观性，尽管理论上三盲法更为合理，但实际操作起来相对困难。选择哪种盲法应该根据试验的具体情况和需求进行权衡和决策。

2）盲法的实现方式。在临床试验中，安慰剂法是一种常用的方法。安慰剂是与功能食品在外观、剂型等方面完全相同的假功能食品。这种方法可以帮助排除心理因素对试验结果的影响，使研究结果更具客观性。此外，双模拟技术也是一种常见的应用。通过为试验药和对照药分别准备一种安慰剂，确保试验组和对照组在功能食品的外观和给药方式上保持一致。另外，胶囊技术也被应用于此目的，它使用外形相同的胶囊装载试验药和对照药，以实现双盲的效果。这些方法都有助于降低试验结果受到主观干扰的可能性，从而增强试验结果的可靠性。

3）盲法的应用。评估疗效和安全性时，应采用双盲试验设计，特别是主观指标，即使在运用客观指标时，也应尽可能按照双盲原则进行。药品编盲是一种试验用药分配与编码的过程，目的是确保试验的严密性。双盲临床试验的盲底包括随机数、随机数生成参数及药品编码，并且应以两份密封的方式保存在主要研究单位和申办者处的国家药品临床研究单位里。

在双盲临床试验中，会根据方案的具体要求进行盲态审核。在盲态审核中，应确定是否需要删减部分受试者或数据，是否需要定义离群值，以及是否需要将某些影响因素作为协变量纳入统计模型中。所有这些决定都需要以文件形式记录下来，且在揭盲后不应再进行修改。

对于试验组和对照组样本数相等的情况，一般会进行两次揭盲，由保存盲底的相关人员执行。首先，在完成盲态审核并确认数据库正确无误后，相关人员会对数据进行锁定，以防止数据文件在后续被更改或调整。锁定后的数据文件会保存备查，以供后续的统计分析使用。其次，进行第一次揭盲，在这个阶段，数据通常会交由专业的生物统计人员进行分析和解读。他们运用特定的统计方法和模型对数据进行分析，以了解试验组和对照组之间的差异和关联，并据此得出有说服力的结论。统计分析完成后，进行第二次揭盲。这次揭盲的目的在于揭示试验组和对照组的实际分配情况，也即生物统计人员将揭示每一组具体是接受了试验处理还是对照处理。这一步骤十分关键，因为它能够帮助研究人员更好地理解试验结果，并将这些结果与实际情况联系起来。

（2）设置对照组　对照组的设置旨在消除干预因素以外的其他影响，以凸显所研究的“处理因素”的效果。常见的对照形式包括安慰剂对照和相互对照等。正常情况下，对照组的设置应遵循均衡、同步和专门设定的要求。然而，对于某些特殊情况，如一些罕见病例难以招募足够数量的受试者，或者某些严重疾病需要紧急治疗等，可以考虑不设置对照组。此外，对照组的设置应采用随机分组的方式，以确保分组的均衡性。常用的方法包括分层随机化、完全随机化等方法。这些方法有助于减少试验中可能引入的偏见，从而增强试验结果的可靠性和有效性。

（3）设计类型的确认　试验分为平行组设计、交叉设计、析因设计、成组序贯设计，根据不同试验的需求有针对性地设计试验。

1）平行组设计。这种设计方式是在安慰剂组和功能食品组之间进行比较。功能食品组可以设置一个或多个剂量组。受试者被随机分配到各个组别，保证他们在试验前处于相同的条件，除了功能食品摄入外，其余条件都相同。这种设计方式常用于对照临床试验。

2）交叉设计。交叉设计是一种受试者自身对照的试验设计方法，即同一组受试者在不同时间接受不同的处理方式。例如，受试者先接受安慰剂（对照阶段），然后在一定的洗脱期（washout period）后，接受功能食品（试验阶段）。或按相反的顺序。这种设计的优点是能够减少个体间的变异，提高统计效能，但对长期作用的功能食品或具有持久效应的干预措施不适用。

3）析因设计（factorial design）。析因设计是一种同时考察两个或多个因素及其交互作用的试验设计方式。受试者被分配到不同的组合组，每个组合组接受不同的因子水平。例如，研究某功能食品的剂量（高/低）和运动干预（有/无）对健康指标的影响，则试验组可以设置为：①低剂量＋无运动；②低剂量＋有运动；③高剂量＋无运动；④高剂量＋有运动。析因设计能够高效评估多个变量的影响，但试验复杂度较高。

4）成组序贯设计（group sequential design）。成组序贯设计是一种允许在试验进行过程中分阶段分析数据的设计方法。受试者按照预定的时间点分批进入试验，在每个阶段都可以进行中期分析，以决定是否继续试验、调整样本量或提前结束试验（如发现功能食品效果明显或无效时）。这种设计提高了试验效率，节省了成本和时间，但需要严格控制试验的统计分析方法，以防止过早终止导致结论错误。

3. 临床试验评价 从统计学的角度来看，观察指标在临床试验中被称为试验的变量，其本质是用于评估功能食品功效和安全性的指标。观察指标可以进一步分为主要指标和次要指标，主要指标也被称为目标指标或终点指标。主要指标与试验的目标直接相关，能够准确反映功能食品效果和安全性。每个试验通常只有一个主要指标。

选择主要指标的原则包括客观性、可重复性、易于统计等特点。同时，所选指标应该是在相关领域被广泛接受的标准。次要指标是与试验相关的辅助性指标，需要在试验方案中明确定义，并在数据分析时进行解释。

此外，还存在一种复合指标，当主要指标难以作为单一指标确定时，可以使用预先设计的算法将多个指标组合成复合指标，以更好地量化和确定结果。这种方法能够帮助克服指标多样性带来的复杂性，从而更准确地评估功能食品的效果和安全性。

4. 伦理学问题 在进行临床试验时，维护受试者的安全和权益至关重要。试验必须符合伦理准则和赫尔辛基宣言的要求，需要经过学术委员会审定并获得伦理委员会的批准。在受试者参与试验之前，研究人员必须向他们详细说明试验内容，获得他们的知情同意。这些措施旨在确保试验过程中不对受试者造成伤害。

（三）人群试验安排与实施

伦理委员会审查临床试验的科学和伦理性，以保障受试者权益。试验中的伦理问题涵盖安全性、疾病利益、社会利益，还包括受试者和群体的纳入和排除。公平、知情同意、自主选择及受试者资料隐私保密等都要考虑在内。伦理委员会旨在平衡利益，确保试验过程中无不当风险。研究者想要顺利进行临床试验，受试者则想通过试验得到有效的治疗。然而，有时两者的利益可能不完全一致，这就引发了利益冲突的问题。通过伦理委员会的审查和监督，受试者在临床试验中的权益得到了有效保障。也就是说，伦理委员会作为临床试验的首要行政机构，其目的是以《赫尔辛基宣言》和《药物临床试验良好临床规范》等为指导和管理依据，审查相关临床试验数据，监督临床试验过程和权益受到侵权影响的人。在进行临床试验的初步审查时，需要遵循国际公认的伦理标准，即公正、自主、无害和有益。此外，还应考虑到一般道德准则、国家和地区的法律规定及广泛接受的社会价值观。在评估过程中，我们主要关注的是临床试验的科学性和伦理道德。科学严谨性在此指的是，临床试验的计划必须遵循广为接受的科研原则，具备充足的科学文献支持和基础研究，且试验设计必须合乎科学原理。伦理道德则指的是，临床试验给受试者带来的利益应大于其可能带来的风险。在操作过程中，应该始终尊重并保护受试者的隐私，确保其知情同意权的行使，并让受试者充分了解整个试验过程可能存在的风险。

1. 主要实施过程

（1）*制作研究者手册* 理化性质、药理学、药物化学、药效、毒理学和现有的临床研究数据用于创建研究人员手册，从而对临床试验开始前的信息进行汇编。其内容一般包括目录、前言、理化性质、临床前研究、药理研究、药代动力学研究、毒理研究、现有临床资料和用药信息等。

（2）*筛选主要研究者* 筛选医院（通常是医院中的某个科室）并确定负责的主任医师，联系主任医师（明确是否有意向，提供信息前签署保密协议，然后完成可行性问卷）。收集可行性问卷，确定其完整性和准确性，并回复参与问卷调查的感谢信）。与研究者进行预约，给予研究者方案和手册，并确认具体要讨论的事项。例如，依从性、药物管理、记录保存、研究者的研究责任、主要研究者的资格确认、相关研究者资质、硬件设施检查、伦理委员会访视（中心伦理受理情况、伦理会议频次、审查检查表、伦理委员会人员名单）、撰写访视报告、重访讨论计划、试验时间、费用测试等问题。

（3）准备试验文件　同申办者、主要研究人员共同制订临床试验方案、知情同意书样本、病例报告表、原始文件。

（4）合作研究者的筛选与方案确认　为了从临床基础目录中选择其他可能的研究者，可以根据第一个研究者的推荐和之前的合作情况进行综合判断，讨论方案，并根据病例数、时间安排、医院提供的预算和可以选择的合适研究人员，获得医院管理层的批准，召开多中心临床方案审查会议（研究人员会议），讨论试验方案等。

（5）在临床试验登记平台进行登记与信息公示的范围和内容　凡经国家市场监督管理总局批准开展临床试验并在我国开展临床试验的信息报送平台，根据需要注册临床试验和披露信息。注册内容包括：①临床试验批准文件复印件；②临床试验方案；③负责临床试验的机构及参与研究单位的主要研究者姓名及研究者名单；④伦理委员会批准函；⑤同意书样本。

（6）临床试验进行阶段　制订一个总体研究访问计划，在每次访问之前审查研究进展和上次访问未解决的问题。联系调查员以确认访问日期并查看是否有测试材料。制订访问计划和时间表，并准备访问所需物品。对研究者说明本次访视的主要任务，了解研究进展（受试者选择、填写病例报告表），解决前次访视发现的问题。检查和更新研究人员管理文件夹以了解研究人员及其职责的变化（更新研究人员名单、新研究人员的简历和他们的培训），审查并完成试验材料。研究设施变化（校正与否、正常范围、设施品牌、消耗品可用性）。检查知情同意书（ICF）：①签署日期和选择日期；②签名情况（见证人、监护人、医生）；③版本号；④修改日期；⑤发送给伦理委员会；⑥是否交予受试者；⑦了解知情同意的过程。收集病例报告表。研究功能食品管理审查（库存情况、分配和使用记录、功能食品清点和记录核对、信封暗码使用是否违反方案要求）：①检查功能食品库存情况和记录；②检查记录数；③检查应急信封；④检查用药记录（患者日记）是否违反方案要求；⑤是否随机数后发行。

（7）采集信息　在收集病例报告表时，生物统计人员建立数据库，建立逻辑验证程序，并输入收集的病例报告表。如果录入过程中发现病例报告表有问题，应立即反馈给巡视员，巡视员下次回访时解决。最后，收集所有病例报告表并与原始文件进行比较。在进度阶段，数据录入一次，收集所有病例报告表后重新录入。自动校对两次输入的数据，并输出两者的差异表。根据两者差异表对原病例报告表进行更正。

（8）统计分析　生物统计人员A负责编写统计分析程序，开展对所有医院数据的汇总分析，并按符合集与意向集进行分组分析。生物统计人员B负责编写独立的核查程序，对A所完成的分析结果进行验证。经核查无误后，生物统计人员提交最终的统计分析报告。

（9）撰写临床试验总结报告　根据统计分析结果，研究者、申办者和CRO共同编写临床试验总结报告和临床监查员编写临床试验总结报告和分中心总结；核实证明并提交各中心签字盖章。临床试验中的所有文件必须存档并指定负责人，严格遵守归档原则，日常临床工作中的每一项工作均应按要求进行归档管理。

2. 主要实施方法

（1）人群试验效果评价　临床试验的效果评价一般为到达临床终点后，根据试验指标评价试验的效果。临床终点或临床结果通常是指在临床试验的研究过程中，受试者的症状、疾病、体征或实验室发生异常（如心血管疾病的临床终点为死亡）。该术语也可指由于外界原因强制促使受试者退出试验的任何疾病或体征，有时也被称为人道（临床）终点。

替代终点是指具有替代临床终点结果的试验终点，通常是因为研究临床终点很困难（例如，可手术和局部晚期肺癌化疗、放疗试验中，总生存期的替代终点可以为无病生存期或无进展生存期）。一些研究会检查合并终点的发生率，这种终点可以将多种结果合并到一个组中。

在人群试验中，很多时候无法像临床试验一样有一个具体的试验终点，此时可以依据试验的研究目的或试验设计，人为确定一个终点。当试验达到这个人为确定的终点后，即视为试验终点。随后根据研究所需要的指标评价试验的效果。

（2）人群试验统计方法

1）总体与样本。观察单位，即个体，是统计研究中的基本单位。它可以是一个人，或特指一群人，也可以是一个细胞。而总体是指在研究中根据研究目的而确定的观察单位。当总体能够明确规定时间、空间、群体范围内的有限个体，则为有限总体。总体的概念是抽象的，如果没有时间或空间范围的限制，其观察单位的总体数量只存在理论上的意义，因而可视为“无限”，称为无限总体。在人群试验中，为节省人力、物力、财力和时间，一般都采取抽样研究的方法，即从总体中抽取样本，再根据样本信息来推断总体特征，这种过程也被称为抽样。需要注意的是，进行抽样时必须遵循随机化原则，才能保证结果的客观性。

2）变量与资料。变量是指用于描述受试单位某项特征的观测指标，对变量进行赋值或量化后所得到的具体数值称为变量值或观察值。在试验中，大量变量值构成研究资料。根据变量性质的不同，资料可分为计量资料、计数资料和等级资料，分别对应定量变量和定性变量的不同类型。

3）误差。误差是对测量值与真实值之差的泛指，根据其产生的原因可分为随机误差与非随机误差，其中非随机误差中又包括系统误差与非系统误差。

随机误差是一种由于随机因素引起的误差，其特点是不可预测和难以控制。它的产生原因可能是多种多样的。系统误差是试验过程中由于某些固定因素引起的误差，它的值可能是恒定不变的，也可能会遵循一定的规律，其产生原因往往是可知或能掌握的。而非系统误差则是指由于研究者偶然失误或其他因素引起的误差。

4）频率与概率。随机的试验可能出现多种结果，在对试验进行重复时，可能会出现偶然发生的结果，但当试验的重复次数达到一定数量时，就会出现较为可靠的规律。这种进行多次重复的结果中，出现不同结果的比例称之为频率。

对随机事件可能性大小的度量称为概率。例如，在相同条件下，独立对试验重复 n 次，其中随机事件 1 出现了 x 次，那么 x/n 就是事件 1 出现的频率。但是在实际的试验中概率是很难准确得到的，通常来说，在试验重复次数足够多时，可以将频率作为概率的估计值，但是在重复的次数较少时，将频率用于估计概率是不可靠的。

随机事件概率的大小介于 0 与 1 之间，即 $0<P\leqslant 1$。当 P 的值越接近 1 时，代表着事件

发生的可能性越大。在统计分析的过程中，我们对于结论的判断通常通过概率来进行判断，一般当 $P \leqslant 0.05$ 时称为小概率事件，表示在单次试验中发生这种事件的可能性非常小，可以视为可能不发生。

（3）人群试验中常用的基本统计学方法

1）t 检验（t-test）。t 检验是计量资料的假设检验中最常用、简单的方法。在实际应用时，应正确区分不同检验方法的用途及适用条件和注意事项。

当样本的总体数量较少时（$n<60$），在进行 t 检验时需要随机取正态分布。当两个样本量较小的数据进行比较时，还需要求两个样本的方差齐性，即总体方差相等。当样本的总体数量较大时，结果中的 t 值与 u 值接近，是 t 检验中的特例，也将其称为 u 检验（u-test）或 Z 检验（Z-test）。

t 检验作为正态性检验，是一种假设检验，具有Ⅰ类和Ⅱ类错误，当原假设为真，但当超过临界值时，就被误认为是假的；这称为Ⅰ型错误。相反，即使原假设为假，由于超过了临界值，也会被错误地接受为真；这称为Ⅱ型错误。

2）卡方（χ^2）检验。与大多数统计数据不同，χ^2 检验（Chi-square test）不仅可以提供有关任何观察到的差异的显著性信息，还可以提供有关哪些类别可准确解释所发现的任何差异的详细信息。两个样本率的比较一般应用 χ^2 检验。χ^2 检验是以 χ^2 分布为理论依据，是一种常见的检查方法。

χ^2 检验的检验统计量为 χ^2，其公式为：

$$\chi^2=\sum (A-T)^2/T$$

$$v=（行数-1）（列数-1）$$

其中，A 为实际频数（actual frequency），T 为理论频数（theoretical frequency）。该公式可用于两个或多个的比较、关联性检验和频数分布拟合优度检验。

3）χ^2 分布（Chi-square distribution）。χ^2 分布作为连续型分布的一种，自由度 v 是它唯一的参数。自由度 v 的大小决定了 χ^2 分布的形状：①$v \leqslant 2$ 时，曲线呈 L 形；②v 逐渐增加时，曲线渐渐趋于对称；③$v \to \infty$ 时，χ^2 分布趋近正态分布。

4）方差分析。在进行人群试验时，有时需要根据试验设计将试验对象分为不同的处理组进行干预，施加的干预称为处理（treatment），其中至少包含了两个水平（level）。为了辨别处理是否有效果，一般通过结果中所获得的信息来推断不同处理组之间的差别是否具有统计学意义。一般采用方差分析（analysis of variance，ANOVA），即 F 检验来进行统计分析。

当处理方式有 g（$g \geqslant 2$）个不同的方法时，受试对象随机分为 g 组，分别接受不同的干预措施，假设其中第 i（$i=1,2,\cdots,g$）组的样本含量为 n_i，第 i 处理组的第 j（$j=1,2\cdots,n$）个观测值为 X_{ij}。然后通过方差分析找到不同处理组间均值的差异大小，在 H_0：$\mu_1=\mu_2\cdots=\mu g$ 成立的条件下，推断在 g 个总体间的均值是否存在差异，从而进一步说明干预处理是否有效。

方差分析通常有两种应用场景，其一是对来自正态分布的相互独立的随机样本，其二是对于有方差齐性的样本。

5）非参数检验。非参数检验（nonparametric test）的概念是与参数检验（parametric test）相区别的。参数检验通常是针对已知的数学形式，并对其整体的参数作为假设去检验。例如，前面所介绍的 t 检验和 F 检验就是参数检验。但如果整体的数据不能由数学形式表达时，参数检验就无法使用。因此这个时候，一般有两种办法，一是对结果进行量化，使参数检验可行，二是使用非参数检验。

非参数检验又称任意分布检验（distribution-free test），因为其对总体的分布没有严格的规定，其直接对总体分布进行假设检验。相比于参数检验，非参数检验具有适用范围广、不受总体分布限制等优点。其中，秩转换（rank transformation）是一种常见的非参数检验方法，其主要的作用是用来推断整体数据的中位数 M（非参数）。秩转换的非参数检验过程是先将数据从小到大或由弱到强转换成秩后，再由计算量化。秩转换的特点是假设检验的结果对总体结果的分布不是特别清晰，只对其中的位置差别比较明晰。

6）回归与相关分析。前文介绍了基于单变量（univariate）计量数据的统计分析方法，这些方法主要用于描述单一变量的统计特征或比较不同变量间的差别。但在样本量较大的人群试验中，经常会有对两个或多个变量间关系的研究。例如，某人群年龄的变化与其肠道中双歧杆菌丰度的关系等，常用回归与相关分析，包括直线回归、直线相关、秩相关等。

在定量描述两个变量之间的依存关系时，其分别用自变量 X 与因变量 Y 表示，Y 随自变量 X 的增加而表现直线趋势（增大或减小），但所有的变量所代表的点不一定都在这条线上，这和两个变量间严格的直线函数关系不同，其被称为直线回归（linear regression），用直线回归方程表示：

$$Y = a + bX$$

该公式被称为样本回归方程或经验回归方程，是对变量间整体线性关系的估算。但当自变量不止一个时，也可以建立包含多个自变量的模型，被称为“多元线性回归”。

当对两变量间关系研究不需要直接表现出 X 与 Y 间的数学关系，而更关注两个变量间是否有类直线的相关关系，其正反方向及相关性的大小，此时可采用相关分析（如分析低健康的生活方式与大学生酒精成瘾风险的相关性）。其中直线相关用于双变量正态分布。当两变量变化趋势同向时，为正相关；反之，为负相关。变量间相关性的紧密程度及正反关系用相关系数表示（coefficient of correlation），符号为 r。相关系数的取值范围在 -1 到 1 之间，当 r 值为正时表示正相关，反之则表示负相关。

秩相关（rank correlation）也做等级相关，是一种对两个变量的估计数据进行相关性直线分析的方法，其不需要原始变量的具体分布，是一种非参数统计方法。主要适用以下几种情况：第一种情况是当变量不属于正态分布，而难以做积差相关分析时；第二种情况是整体数据的分布类型未知时；第三种情况是原始数据没有量化而是用等级表示时。

二、人群试验在食品营养研究中的应用

（一）人群试验在普通食品中的应用

普通（一般）食品是指提供给人类食用的、加工的、半加工的或未加工的物质（包括饮料、胶姆糖等），以及用于食品制造、调制或处理过程的物质，但不包括化妆品、烟草或药物用途的物质。

评估膳食中有益或有害物质的存在及含量水平，对营养学和食品安全非常重要。膳食相关研究依据调查方法分类主要包括生物标志物法、膳食记录法、24h 膳食回顾法、膳食频率问卷法；依据膳食暴露的类别主要可分为单一营养素研究、某种或某类食物研究和膳食模式研究。单一营养素研究主要指对来源于食物中的对维持人体各种生命活动具有重要意义的营

养素进行研究，明确其对机体的作用机制和效果。某种或某类食物研究主要是探究某一实际食物类别的摄入与健康结局之间的关系。膳食模式研究主要是对人们日常摄入的主要食物种类和数量进行提取并探究其对疾病或疾病前状态的影响。

膳食模式分析是进行营养流行病学研究的新型手段，从总体上解释了饮食与疾病间的关系及可被合理利用的营养素与食物之间存在的综合效应，比针对单独食物及营养素的研究优势更明显，且能够提供更合理的疾病预防和控制方法，其研究成果更方便居民理解和采用，具有更重要的公共卫生意义。膳食因素与机体的免疫状态和慢性疾病的发生密切相关。国内外大量研究显示，与降低健康风险相关的膳食因素包括全谷物食品、水果、饮水（饮茶）、蔬菜、奶类及其制品、大豆及其制品、鱼肉、坚果等；而能够提高健康风险的膳食因素有畜肉、烟熏肉类、酒、盐、糖和油脂等。

膳食控制可用于疾病的预防和控制。原卫生部疾病预防控制局发布的《全国慢性病预防控制工作规范》指出，35 岁及以上非高血压、非糖尿病和非高胆固醇血症患者中符合下列条件之一者，即为慢性病高风险人群：①男性腰围≥90cm、女性腰围≥85cm；②现在吸烟者；③收缩压/舒张压为 130～139/85～89mmHg；④6.1mmol/L≤空腹血糖＜7.0mmol/L；⑤5.2mmol/L≤血清总胆固醇＜6.2mmol/L。慢性病高风险人群多存在膳食组合或结构不合理现象，对该类人群采取针对性的膳食干预措施可改善部分种类食物摄入质量，使其膳食结构和三大产热营养素的供能比例趋于合理，从而使受试者的体质指数显著降低。因此，膳食干预可作为慢性病高风险人群健康管理模式的组成部分。

（二）人群试验在保健食品中的应用

保健食品是指具有特定保健功能或以补充维生素、矿物质为目的的食品，即适宜于特定人群食用，具有调节机体功能，不以治疗疾病为目的，且对人体不产生任何急性、亚急性或慢性危害的食品。保健食品的功能共分为 24 种，需使用动物试验和人体试食试验进行检验，还需由国家认定的机构开展功能学试验并出具报告。由于动物与人之间的物种差异，因此，在对保健食品及其原料进行安全性评价时，需尽可能收集人群受试后的反应材料。毒理动力学反应或代谢相关资料对将动物试验结果推论到人体具有很重要的参考意义。保健食品在进行人体试验时，不需要经过审批就可以自行进行，但需要由确定的检验机构组织实施，实施基地可以是医疗机构，也可以不是医疗机构。保健食品人群试食试验不用于疾病治疗，参加保健食品人体试食试验的对象多为健康人群和亚健康人群，并且试验不分期进行。原则上，人体试食试验需要在动物功能学试验实施有效的基础上进行。用于人体试食的受试样品必须是通过动物毒理学的安全性评价，且被确认为安全的食品。

保健食品人体功能学试验对观察对象选择的基本要求为：①按照《关于印发抗氧化功能评价方法等 9 个保健功能评价方法的通知》（国食药监保化〔2012〕107 号）规定的纳入与排除标准，根据产品的保健功能、适用人群与不适用人群、试食试验设计的基本要求、受试物的性质、时间期限等合理确定受试者；②受试者的选择需遵循自愿的原则，充分了解试验的目的、内容、安排等事项，填写知情同意书后，经相关负责单位批准方可参加试验；③试食试验中对于试食组和对照组的有效例数不得少于 50 人，试验报告中必须补充说明试验脱离率，且脱离率一般不得超过 20%；④试食组间年龄、性别、病程等需保持均衡，具有可比性。

保健食品人体功能学试验中对受试者的要求：①受试者在试验前需进行常规体检，包括心电图、胸透、腹部B超，儿童可不测心电图、胸透、腹部B超及肝、肾功能项；②报告中需要提供必要的人体试食试验体检常规项目资料，在报告中提供详细的数据；③如需与医院共同完成人体功能学试验，需在三级甲等医院进行，报告中应加盖两单位公章，还应提供医院的等级证明；④对于需要长期服药的人体功能学试验（如辅助降血糖），受试者还须在服药的基础上进行试食试验。

根据《允许保健食品声称的保健功能目录 非营养素补充剂（2023年版）》，我国将原有27项保健功能精简至24项，删除了“改善生长发育”“促进泌乳”“改善皮肤油分”3项共识度低或健康需求不明确的类别。需要作人体试食试验的功能有：有助于抗氧化功能、辅助改善记忆功能、缓解视觉疲劳功能、清咽润喉功能、有助于调节体内脂肪功能、改善缺铁性贫血功能、有助于改善痤疮功能、有助于改善黄褐斑功能、有助于改善皮肤水份状况功能、有助于调节肠道菌群功能、有助于消化功能、有助于润肠通便功能、辅助保护胃黏膜功能、有助于维持血脂健康水平（胆固醇/甘油三酯）功能、有助于维持血糖健康水平功能、有助于维持血压健康水平功能、有助于排铅功能。

1. 有助于抗氧化功能

（1）受试者纳入标准　18～65岁，健康状况较好，无明显脑、心、肝、肺、肾、血液疾病，未长期服药，且志愿受试并且保证配合。

（2）试验方法　自身对照和组间对照同时进行。试验组按推荐服用方法、服用量每日服用受试产品，对照组可服用安慰剂或采用阴性对照。时间周期为3个月，必要时可延长至6个月。试验期间两组人群的原生活、饮食不发生改变。

（3）结果判定　过氧化脂质含量、超氧化物歧化酶、谷胱甘肽过氧化物酶3项试验中任两项试验结果呈现阳性，可判定该受试样品具有抗氧化功能。

2. 辅助保护胃黏膜功能

（1）受试者纳入标准　被诊断为慢性浅表性胃炎且经胃镜检查确诊为胃黏膜损伤自愿受试的人群。慢性浅表性胃炎的诊断标准：病程迁延，出现不同程度的消化不良、上腹痛、烧心、嗳气、反酸、腹胀等临床症状，上腹部出现轻度压痛现象。排除胃溃疡患者。

（2）试验方法　试食组按推荐服用方法、服用量服用受试产品，在试验期间停止服用其他慢性胃病治疗物，对照组服用阳性物。试验采用双盲法，观察时间不少于30d，必要时可延长至45d。其间正常饮食，饮食习惯不发生改变。随机选择试食组和对照组的受试者各15例进行胃镜检查，比较试验前后的变化。

（3）结果判定　若临床症状、体征积分减少明显，胃镜复查后发生改善或不加重，可判定该受试样品对胃黏膜损伤有辅助保护功能。

3. 有助于维持血糖健康水平功能

（1）受试者纳入标准　成年2型糖尿病患者在经饮食控制或口服降糖药后病情较稳定，药物品种及剂量合适，即空腹血糖≥7mmol/L（126mg/dL）或餐后2h血糖≥11.1mmol/L（200mg/dL）；以及空腹血糖5.6～7mmol/L（100～126mg/dL）或餐后2h血糖7.8～11.1mmol/L（140～200mg/dL）的糖调节受损（IGR）的人群。

（2）试验方法　试验前对受试者按性别、年龄、劳动强度、标准体重并参照其原来的生活习惯规定相应的饮食，试食期间开展饮食控制，用于糖尿病治疗的药物种类和剂量不改变。试食组在服药的同时，每日服用受试样品；对照组在服药的基础上可采用安慰剂或空白对照。受试时间为 2 个月，必要时可延长至 4 个月。

（3）症状观察　详细了解患者病史及饮食和用药情况及活动量，观察口渴多饮、多食易饥、多尿、倦怠乏力等主要临床症状，按症状程度进行积分，试食前后分别计算分值，观察临床症状改善率，同时观察试食前后空腹血糖、餐后 2h 血糖、糖化血红蛋白或糖化血清蛋白和血脂情况。

（4）结果判定　空腹血糖、餐后 2h 血糖、糖化血红蛋白、血脂 4 项指标均无明显升高，且空腹和餐后 2h 血糖两项指标中的一项为阳性，对机体健康无影响，可判定该受试样品具有辅助降血糖功能的作用。

4．缓解视觉疲劳功能

（1）受试者纳入标准　18～65 岁的成人；长期用眼，视力易疲劳者。

（2）试验方法　采用自身和组间两种对照设计。根据随机、双盲的要求进行分组，分组时根据相应症状及视力检查情况，使试食组和对照组分配均衡。同时考虑年龄、性别等因素，使两组具有可比性。每组试验结束的最终人数不少于 50 人。试食组按推荐方法和推荐量服用受试物，对照组服用安慰剂。受试物服用时间为连续 60d。以症状改善有效率、症状平均积分、视力改善率、明视持久度为功效判定标准。

（3）结果判定　①症状有改善或症状总积分出现差异显著；②明视持久度出现差异显著，且平均明视持久度提高≥10%。具备①和②且视力改善率明显提高，可判定该受试物具有有助于缓解视疲劳功能的作用。

5．有助于维持血脂健康水平功能

（1）受试者纳入标准　检测正常饮食状态下禁食 12～14h 的血脂水平，半年内至少检测两次，血清总胆固醇（TC）处于 5.18～6.21mmol/L 范围，并且血清甘油三酯（TG）处于 1.70～2.25mmol/L 范围，可选定为辅助降低血脂功能受试对象；血清 TG 处于 1.70～2.25mmol/L 范围，并且血清 TC≤6.21mmo1/L，可选定为辅助降低 TG 功能受试对象；血清 TC 处于 5.18～6.21mmol/L 范围，并且血清 TG≤2.25mmol/L，可选定为辅助降低胆固醇功能受试对象，并以动物试验结果为基础，确定相应指标。

（2）试验方法　采用自身和组间两种对照设计。采用随机双盲法进行分组。按血脂水平随机分为试食组和对照组，并考虑年龄、性别、饮食等因素对结果的影响，进行均衡性检验，确保组间具有可比性。每组受试人数不少于 50 人，试食组服用受试样品，对照组服用安慰剂或采用空白对照，周期为 45d，不可超过 6 个月。

（3）功效性指标　血清 TC 水平及降低幅度、TG 水平及降低幅度、高密度脂蛋白胆固醇（HDL-C）水平及上升幅度和低密度脂蛋白胆固醇（LDL-C）水平。

（4）结果判定　受试者血清 TC、TG、LDL-C 降低，并且差异具有显著性，同时血清 HDL-C 显著高于对照组，试验组的改善率显著高于对照组，可判定该受试样品辅助降低血脂功能人体试食试验结果阳性。

（三）人群试验在特殊医学用途配方食品中的应用

特殊医学用途配方食品（food for special medical purpose，FSMP），简称特医食品，是指为满足进食受限、消化吸收障碍、代谢紊乱或者特定疾病状态人群对营养素或者膳食的特殊需要，专门加工配制而成的配方食品，包括适用于 0～12 月龄的特殊医学用途的婴儿配方食品和适用于 1 岁以上人群的特殊医学用途配方食品，其适用人群包括具有营养风险、营养不良、吞咽障碍、低体重、体重下降、肌肉减少等症状，且胃肠道功能存在障碍的人群，此外，对营养摄入过少和需求增多的人群同样可选用（表 4-5）。

表 4-5　特殊医学用途配方食品适用人群及特点

配方食品	适用人群	特点
肿瘤全营养配方食品	适用于手术期、恶液质期的恶性肿瘤（恶病质状态）患者	由于肿瘤的存在会阻碍进食和消化，并且会减少食欲，致使患者精神抑郁，还会伴随以体重下降为特点的营养不良现象，因此患者需要进行营养补充。产品配方应适当提高蛋白质和与机体免疫功能相关的营养素含量，确保患者每日所需的营养物质的供应
糖尿病全营养配方食品	适用由于遗传因素、内分泌功能紊乱等原因引发糖、蛋白质、脂肪、水和电解质等一系列代谢紊乱的糖尿病患者	常见的临床表现：多饮、多食、多尿、体力及体重下降，餐前低血糖，皮肤瘙痒及感染，视力下降等。产品配方对宏量营养素的比例和钠的含量作出调整，强调产品的低血糖生成指数（低 GI），确保患者全面而均衡的营养供应
肾病全营养配方食品	适用于成人慢性肾脏病患者	患者早期无任何明显的症状，晚期多出现排尿次数增加、体能下降、注意力无法集中、食欲差、恶心和呕吐、手脚肿胀、皮肤干燥瘙痒、睡眠困难、肌肉痉挛等症状。配方根据透析或非透析慢性肾脏病患者对营养素的不同需求，需调整蛋白质及电解质含量，以满足其营养需要
乳蛋白部分水解配方食品	适用于乳蛋白过敏高风险婴儿	临床表现为腹泻。配方特点：①乳蛋白被加工后分解成小分子乳蛋白、肽段和氨基酸；②用其他碳水化合物完全或部分代替乳糖
无乳糖配方或低乳糖配方食品	适用于乳糖不耐受婴儿	临床表现为腹泻。配方特点：①用其他碳水化合物完全或部分代替乳糖；②蛋白质由乳蛋白提供
乳蛋白深度水解配方或氨基酸配方食品	适用于食物蛋白过敏婴儿	临床表现为腹泻。配方特点：①不含食物蛋白质；②所使用的氨基酸来源应符合《食品安全国家标准　食品营养强化剂使用标准》（GB 14880—2012）或《食品安全国家标准　特殊医学用途婴儿配方食品通则》（GB 25596—2025）的规定；③可适当调整某些矿物质和维生素的含量

根据不同临床需求和适用人群，《食品安全国家标准　特殊医学用途配方食品通则》（GB 29922—2013）将特医食品分为三类，即全营养配方食品、特定全营养配方食品和非全营养配方食品。特医食品实际上是属于特殊膳食类食品的一种。在我国，特医食品不能像药品一样声称具有对临床病症进行预防、诊断和治疗的作用，应当在医生或临床营养师指导下单独食用或与其他食品配合食用，其目标人群为临床上特定疾病或是对营养素有着特殊需求的患者。其中，全营养配方食品主要是针对进食受到限制、消化吸收有障碍这一类表现的患者，如体弱、长期卧床和营养不良，而不是针对某一类特殊疾病的患者；特定的全营养配方食品针对的是特定疾病的患者；非全营养配方食品只能为目标人群补充一种或几种营养素，不能完全代替普通膳食，需要和一般的膳食混合食用，主要是针对自身无法提供或吸收营养素的患者。

特医食品可以改善住院患者的营养状态，有效降低患者的医疗成本，缩短康复时间，减少由于营养不良带来的并发症和住院率。由于有这些优点，特医食品在国外已经使用多年且临床效果良好。如今，国内外的医生、营养学家和患者对特医食品临床应用的重视程度逐渐增加。

我国对特殊营养的需求量较大，包括健康生理状况下的人群，如孕产妇、老年人，以及疾病状况下具有特殊营养需求的人群，如肿瘤、糖尿病、肾病等各种患者和手术损伤的人群。针对第二类特定全营养配方食品，根据国内外的理论科学依据、中国疾病现状和临床需求、国外产品使用经验，标准中列出了13类常见的特定全营养配方食品类型，如糖尿病全营养配方食品、呼吸系统疾病全营养配方食品、肾病全营养配方食品等。按照现行政策，特医食品必须在医生或临床营养师指导下使用。所以，医院是特医食品的主要使用场所。由于该类产品适宜人群处于特定疾病状态下，营养需求各不相同，产品中营养素种类和限量设置是否合理必须经过充分的临床验证，以保障产品的安全性、营养充足性和临床效果。因此，为保证其安全性和有效性，《特殊医学用途配方食品注册管理办法》规定：申请注册特定全营养配方食品，需进行临床试验，提交临床试验报告。临床试验应当按照《特殊医学用途配方食品临床试验质量管理规范》（简称《规范》）开展，按规定，特医食品临床试验应采用随机对照试验，具体指《特殊医学用途配方食品通则》附录A规定的13种特定全营养配方食品。临床试验用的样品的生产应当符合特医食品良好生产规范，并经检验合格才能用于临床试验。进行临床试验前，申请人不需要获得食品药品监督管理部门临床试验许可，而需向试验单位提供产品相关资料和产品合格的检验报告，该报告由具有法定资质的食品检验机构开具，申请人须对临床试验用产品的质量及临床试验的安全负责。临床营养治疗包括营养筛查、评价、诊断、治疗4个步骤，充分掌握适应证及禁忌证，旨在提高患者个体化营养治疗的质量，从而改善患者的临床结局。特医食品的临床应用所需遵循的原则为：安全、规范、个体化、动态、有效、经济，并通过结合患者年龄、疾病及代谢状况及疾病发生的过程，关联其营养筛查、评价和诊断的结果，制定个性化处方。临床试验方案主要内容如下。

（1）设计方法　药品根据种类及研究目的的不同可采用多种临床试验设计方法。特定全营养配方食品临床试验是受试人群在试验期间用特定全营养配方食品或对照品全部代替正常膳食进行的试验，因此必须遵循随机、对照和重复的原则，以消除参与试验人员和受试者对产品作用的主观影响。

（2）研究例数　为保证研究例数足以用于开展试验用产品的安全性评价，《规范》对试验组的规定不少于100例。《规范》同时规定试验组和对照组的受试者在试验期间的临床治疗用药应具有可比性，即不同受试人群的临床治疗用药在品种、用法和用量方面不应存在较大差异，以避免获得的观察数据不具有可评价的基础，难以反映受试者营养状态和（或）疾病状态的改善是来自临床治疗用药的不同还是受试样品的不同。

（3）观察时间　临床试验应当依据研究目标和拟定考察的主要检测指标的生物学特性对观察时间进行合理设置，原则上不少于7d，且营养充足性和临床效果的观察指标应有临床意义并符合统计学要求。

（4）临床试验的观察指标　特定全营养配方食品适用人群处于不同疾病或不同医学状况下，对营养素的需求不同，营养干预后临床效果不同，临床试验观察指标也不相同。特定全营养配方食品的作用主要是为适宜人群提供科学、合理的营养支持，不具有治疗功能，临床试验的目的主要是考察试验用样品的营养支持效果，这些效果既可能与营养状况改善有关，也可能与疾病的转归有关。因此，《规范》规定其临床研究以观察产品的安全性、对受试人群营养状态的维持或改善为主要目的，设置相应的安全性（耐受性）观察指标及营养状况观察指标。同时设置与控制或缓解特殊疾病状态相关的观察指标，以综合判定产品的安全性、营养充足性和特殊医学用途临床效果。不强制要求设置与疾病改善情况相关的临床观察指标。安全性（耐受性）指标包括生命体征、血常规、尿常规、血生化、胃肠道反应等。营养充足性和特殊医学用途临床效果观察指标：保证适用人群维持基本生理功能、维持或改善营养状况、控制或缓解疾病状态的指标。

（四）人群试验在婴幼儿配方食品中的应用

婴幼儿配方食品是其主要能量和营养素的来源，尤其对6个月龄以下人工喂养婴儿是其能量和营养素的唯一来源，婴幼儿配方食品包括乳基和豆基配方食品，由于婴幼儿的肠道环境不够稳定，且对外界病毒和细菌的抵抗力较弱，因此，婴幼儿需要更易于消化吸收、营养更丰富的奶制品。以母乳为黄金标准，使婴幼儿配方乳粉具有和母乳更相似的组成与生理功能一直是科学研究的热点。乳中含有多种生物活性成分，如唾液酸、低聚糖、益生菌、免疫球蛋白等，是天然功能性因子的优质来源，利用乳源活性成分特有的生物学功能可以更好地开发婴幼儿配方乳粉，缩小婴幼儿配方乳粉与母乳之间的差距。

从20世纪开始，人们就认识到微生物及其代谢产物能够对机体产生影响，并从人体筛选获得许多被认为是有益益生菌的微生物，它们中的很多已成为非常知名的益生菌，并创造了巨大的经济社会价值。婴幼儿时期是肠道菌群定植的重要时期，饮食是影响肠道菌群定植的重要因素，而在配方奶粉中加入益生菌，可帮助其建立良好的肠道微环境，具有调节婴幼儿肠道菌群平衡、预防和治疗腹泻、缓解过敏症状及改善食物不耐受性等方面的作用。从根本上讲，正面评估益生菌菌株对人体健康影响的唯一途径是通过人体临床试验。原卫生部公布的可用于婴幼儿食品的菌种包括嗜酸乳杆菌、乳双歧杆菌、动物双歧杆菌和鼠李糖乳杆菌等（表4-6）。

表4-6 允许用于婴幼儿配方食品的益生菌

菌种名称	拉丁学名	菌株号	菌株国籍
嗜酸乳杆菌*	*Lactobacillus acidophilus*	NCFM	美国
动物双歧杆菌	*Bifidobacterium animalis*	Bb-12	丹麦
乳双歧杆菌	*Bifidobacterium lactis*	Bi-07	美国
乳双歧杆菌	*Bifidobacterium lactis*	HN019	新西兰
鼠李糖乳杆菌	*Lactobacillus rhamnosus*	HN001	新西兰
鼠李糖乳杆菌	*Lactobacillus rhamnosus*	LGG	美国
罗伊氏乳杆菌	*Lactobacillus reuteri*	DSM17938	瑞典
短双歧杆菌	*Bifidobacterium breve*	M-16V	日本
发酵乳杆菌	*Lactobacillus fermentum*	CECT5716	西班牙
瑞士乳杆菌	*Lactobacillus helveticus*	R0052	加拿大
婴儿双歧杆菌	*Bifidobacterium infantis*	R0033	加拿大
两歧双歧杆菌	*Bifidobacterium bifidum*	R0071	加拿大
鼠李糖乳杆菌	*Lactobacillus rhamnosus*	MP108	中国

*仅限用于1岁以上幼儿的食品

大量人群试验数据表明，早期益生菌添加配方奶粉喂养较普通配方奶粉喂养更利于肠道菌群的建立，更利于婴幼儿的生长发育。此外，研究人员还开发了一些益生元及组合，包括聚葡萄糖、低聚半乳糖、异构化乳糖、低聚果糖等，并将其添加到婴幼儿配方奶粉中以部分模拟母乳低聚糖的功能，进行的大量临床试验研究取得了良好的益生效果，婴儿补充这些益生元能够促进乳酸菌、双歧杆菌的生长和繁殖，并抑制大肠杆菌的生长，从而改善婴儿的肠道健康。

用于婴幼儿的配方产品须通过临床验证和人群试验，观测与母乳喂养相比，配方奶粉喂养在婴幼儿生长和行为发育、机体免疫力和肠道健康上的差异，为其功能特性和安全性提供更加有力的证据。从婴幼儿配方食品现状来看，中国对婴幼儿配方奶粉实施的安全标准是所有类别食品中最高的，其产品规格与药品类似。但由于临床试验的费用较高，以及存在执行难度大、周期较长等不利因素，国内开展临床试验的乳企数量较少。总体而言，由于研究的数据量太少，不显著的研究结果并不能否定益生菌、益生元等生物活性成分的作用及其在婴幼儿配方食品中应用的潜质，因此，在临床方面仍需大量研究。

第四节　现代生物技术在食品研究中的应用

现代生物技术在食品营养研究中扮演着至关重要的角色，它通过基因工程、合成生物学、蛋白质和酶工程、组学及生物信息学等手段，极大地推动了食品营养的研究和应用。基因工程技术通过将特定基因导入生物体，可以改良食品的营养成分，如提高作物中的维生素含量或改变脂肪酸组成，从而生产出更符合人类营养需求的食品。例如，通过基因工程技术，可以开发出富含特定氨基酸的转基因大豆，或者提高作物中不饱和脂肪酸的含量，这些改进有助于满足特定人群的营养需求。合成生物学则通过设计和构建新的生物系统，为食品生产提供新的途径。合成生物学可以用于生产特定的生物活性化合物，这些化合物可能具有提高食品营养价值或增强食品功能性的潜力。蛋白质和酶工程通过改造蛋白质和酶的结构和功能，改善食品的加工特性和营养价值。例如，通过酶工程技术，可以生产出具有特定功能的酶，用于食品加工过程，提高食品的口感和营养品质。组学包括基因组学、转录组学、蛋白质组学和代谢组学等，为食品营养研究提供了全面的数据支持。这些技术能够揭示食品中生物活性化合物的复杂网络，以及它们与人体健康之间的相互作用。通过组学技术，研究人员可以更深入地理解食品成分如何在分子水平上影响人体健康，并据此开发个性化的营养干预策略。生物信息学则为食品营养研究提供了强大的数据分析工具。通过生物信息学方法，研究人员可以处理和分析大量的组学数据，识别与营养和健康相关的生物标志物，以及预测食品成分对人体健康的潜在影响。综上所述，现代生物技术通过多方面的作用，不仅加深了我们对食品营养的认识，也为开发更健康、更营养的食品提供了可能，极大地促进了食品营养研究的发展。

一、基因工程和合成生物学及其在食品研究中的应用

（一）现代生物技术的形成和发展

现代生物技术以生命科学为基础，结合自然科学与工程学原理，设计构建具有特定生物学性状的新型物种或品系，依靠生物体（包括微生物，动、植物体或细胞）作为生物反应器，

将物料进行加工，以提供产品和为社会服务的综合性技术体系。现代生物技术研究对象是病毒、细菌、动物、植物等具遗传特性的有生命物质；在DNA、蛋白质、亚细胞、细胞、组织、器官到整个机体等不同水平生物体系中进行研究；通过方案设计、靶向修饰和加工等环节生产出具有新的遗传功能和性状的物种。

生物技术包括现代和传统生物技术两个部分。现代生物技术主要包含基因工程、细胞工程、酶工程、蛋白质工程和发酵工程。传统生物技术主要指酿造技术和发酵技术，现代生物技术则以基因工程为核心，彼此之间相互联系。通过发酵方法制作醋、酱等食品是生物技术的经验阶段，而青霉素的发现促使生物技术从食品制造、饲料制备扩展到抗生素发酵生产。此后，生物技术扩大应用至氨基酸发酵和酶制剂产业。

现代生物技术的发展有助于解决全球重大难题，如资源短缺、人口增长、粮食危机、生态环境破坏、人类的健康与疾病等，而且有利于促进新产业的形成，极大地影响了人类的社会生活。生物技术正迅速走向百姓的日常生活，为人类的社会发展做出了积极且巨大的贡献。

（二）基因工程

1. 基因工程的概念及研究内容　基因工程的研究对象是核酸（RNA或DNA）或基因，通过人工的方法分离出生物的遗传物质，然后在体外完成基因重组。之后将重组的DNA重新导入至受体的细胞内，使其获得新的遗传表达性状。基因工程诞生的理论基础包括遗传物质的化学本质，DNA的双螺旋结构及其半保留复制机制的揭示，“中心法则”和操纵子学说的提出，以及通用遗传密码的破译。在此基础之上，DNA的体外酶切与连接，运载体的利用和大肠杆菌转化体系的建立，逆转录技术、DNA序列分析、琼脂糖电泳等技术的建立使得基因工程具备了可行性。

基因工程由设计构建工程菌和基因产物的生产两大部分组成，其操作过程如下。

（1）制备目的基因　从供体细胞中提取的DNA，经过酶切、扩增等步骤，将目的基因的DNA片段分离出来；或者提取所需基因的mRNA后，通过逆转录酶的作用取得所需目的基因；或者明确目的基因的遗传密码及其排列顺序，基于人工合成的方法获得所需目的基因。

（2）载体的分离提纯　常用的载体主要包括质粒、噬菌体或病毒。质粒是利用溶菌酶分解细胞壁，然后用物理化学的方法获得纯粹的质粒。

（3）体外重组　在体外通过限制性内切核酸酶的处理，使带有目的基因的DNA片段和载体DNA分子相互配对结合，并通过连接酶在体外使两者连接起来，形成重组DNA。

（4）重组DNA的扩增　将重组DNA导入受体细胞，然后通过培养转化细胞扩增产生大量目的基因，并使之得到表达。

（5）目的基因的筛选、鉴定和分析　从大量受体菌中筛选出带有目的基因的重组菌并进行鉴定。然后通过培养工程菌或细胞，提取出重组质粒，分离已经得到扩增的目的基因。

（6）工程菌的获得和基因产物的分离　将目的基因克隆至表达载体上之后再次导入受体菌中，然后经过多次筛选、鉴定和分析，最终获得较稳定的、高产的基因工程菌。之后将工程菌进行培养繁殖，大量产生出所需要的目的基因产物，再进行分离纯化。

2. 第三代基因工程——途径工程　随着分子生物学理论与技术的发展，基因表达和调控的分子机制不但逐渐被科研人员揭示，而且对细胞内代谢和信号转导途径的认知也不断加深。基因工程逐渐由第一代基于单基因克隆和表达，及第二代对蛋白质结构和功能的局部修饰，过渡至对细胞内代谢和信号转导途径进行改造尝试的第三代基因工程，即途径工程。途径工程是基于分子生物学原理系统分析细胞物质能量代谢网络和信号转导网络，并通过重组DNA技术设计和修饰，从而改造细胞特性的一门学科。途径工程侧重于利用分子生物学和遗传学原理、技术和方法分析代谢反应在基因水平上的表达与调控机制，并通过重组DNA技术调控编码代谢反应的相关基因，最终筛选出具有优良遗传特性的工程菌或细胞。

途径工程的基本过程主要包括靶点设计、基因操作和效果分析三部分。

（1）靶点设计　目前，尽管较大数量细胞内的代谢网络已被鉴定且其代谢图谱绘制完成，但是靶点设计尚需进一步分析现有的代谢网络图谱。首先，通过测定代谢网络中代谢流的分布，尤其是碳、氮元素的流向比例关系；其次，在此基础上分析其控制状态、机制和影响因素；最后，根据上述的分析结果确定合理的靶点。

（2）基因操作　通过途径工程调节代谢网络的关键，是对靶基因定向改造及重组基因的稳定整合。目的基因或基因簇在受体细胞DNA上定位整合的实现主要是通过同源重组技术和非同源重组技术。前者采用质粒或病毒载体输入含有同源序列的目的基因，并通过载体上同源序列与宿主基因组之间的重组反应，将目的基因导入宿主DNA的特定位点上；后者则通过转座元件将目的基因随机导入宿主DNA基因组内，同时灭活无关的功能基因。与代谢工程中代谢流的控制调节往往绕过基因操作不同，途径工程通过外源基因的引入改变细胞的代谢途径，甚至重构细胞的代谢网络，在合成新的代谢产物及改变细胞的遗传性状等方面具有较大的优势。

（3）效果分析　通过改变单一代谢途径相关的基因，往往不能达到实际生产应用中对目标产物的产量、速率或浓度的要求。通过对上述代谢途径进行的效果分析，其限制与缺陷可以作为新一轮的靶点，进行更深一步的改进。通过反复迭代式遗传操作是获得优良物种的重要保证。

（三）合成生物学

1. 合成生物学的出现及发展　1911年7月8日，*Lancet*中的一篇文章中出现了合成生物学（synthetic biology）一词，同年，*Science*中的两篇文章也出现上述词语。1980年，该词在德文刊物上第一次以“基因外科术：合成生物学的开始”为题出现。2000年以后，大量的学术期刊上出现“合成生物学”一词。2004年，麻省理工学院出版的*Technology Review*将合成生物学技术评为改变世界的十大新技术之一。de Carvalho等对合成生物学的研究基础及里程碑事件进行了总结概述。

（1）合成生物学的研究基础　DNA合成和测序技术的成熟是合成生物学发展的基础。1996年，酿酒酵母的全基因组序列公布，2000年和2001年分别完成第一种植物拟南芥的全基因组测序、分析和人类基因组草图分析。2002年，成功合成脊髓灰质炎病毒基因组（约7500kb），基因组合成时代正式开启。2000年，触发器开关功能的基因电路被设计出来，通过一种“套环开关”可以将选定的细胞功能随意开关。同年，研究人员设计的典型基因电路“环形振荡器”能够模仿振荡系统的行为，主要包含3个转录抑制蛋白质，其中每个蛋白质均可抑制下一个基因的转录行为。细胞的发光状态与非发光状态之间的转变与特殊蛋白质含量的变化相关，当细胞状态发生转变时便构成一个环状回路，可以发挥振荡器的作用，这也开启了生物分子计算的大门。此外，通过在大肠杆菌中对甲羟戊酸途径进行工程化，为后来许多复杂的代谢工程项目奠定了基础。

（2）合成生物学团体的建立　2000 年后出现了合成生物学团体，教育机构开发了基于合成生物学的课程、研究项目和推广项目。2003 年，麻省理工学院发起国际遗传工程机器大赛（International Genetically Engineered Machine Competition，iGEM）。到 2008 年，大赛参与者超过 1200 人，吸引了多个国家的参赛者参与。大赛成立了标准生物部件登记处，是 Biobricks（一段含有特殊酶切位点和特定功能序列的 DNA）的目录和实体库，为在功能特征和组装方法方面对遗传部件的标准化做出了极大的贡献。合成基因组学的里程碑式技术，是 Gibson 等通过化学全合成的方法合成了生殖支原体（*Mycoplasma genitalium*）基因组（583kb），并进行了分离测序。此外，通过酿酒酵母的工程化实现了青蒿酸（抗疟化合物青蒿素的前体）的生产，有力推动了合成生物学的发展。

（3）突破性技术　2009～2014 年，随着基因工程的快速发展，DNA 合成及测序成本继续下降，大大提高了合成生物“工厂”及构建阶段的产量。同时有一些基因工程技术的突破，尤其是 CRISPR/Cas 基因组编辑技术，具有精准、廉价、易于使用等特点，广泛应用于研究、医学等领域。

（4）合成生物学工业化及应用范围扩大　经过十多年的发展，合成生物学方法的新工具大量开发且成本不断降低，加速和扩大了“设计、构建、测试和分析/学习”各个阶段的规模。通过在基因和染色体结构元件之间插入 loxPsym 位点（指特定重组位点的插入），在宿主底盘中引起大量的基因组重排，这在应用中可以极大地促进代谢工程项目的途径和底盘优化。此外，合成生物学的应用范围随着技术的进步也不断扩大，如用于治疗感染的工程噬菌体、工程益生菌等。这些应用极大地加速了合成生物学的工业化进程。

2. 合成生物学的概念及研究方法　世界各国的学者对合成生物学有不同的认知，“合成生物学组织”对合成生物学的定义有两种：①新的生物零件、组件和系统的设计与建造；②对现有的、天然的生物系统的重新设计。

合成生物学利用工程学原理与方法人工设计与合成基因片段、DNA 分子、基因调控网络及信号传导路径等，通过基本的生物组件对生命过程重新设计和改造，从而构建更为复杂的人工生命体系。合成生物学研究过程中的关键点是对遗传物质 DNA 的操作，主要涉及 DNA 重组技术、基因组编辑、基因组的人工合成等技术。

DNA 重组技术不受亲缘关系的限制。合成生物学以新的思想延续了基于重组 DNA 的技术，主要包括两个方面的内容：第一是通过建立和制定组装的标准，从而实现其操作的标准化；第二是建立简便高效组装复杂大片段的方法。2003 年，Thomas Knight 创建了“BioBricks”的克隆策略标准，利用一组位于每一个生物元件两端的前缀（含 *Eco*R Ⅰ、*Xba* Ⅰ位点）和后缀（含 *Spe* Ⅰ、*Pst* Ⅰ位点）序列的限制性内切酶酶切位点。通过这些位点的切割和连接构成了标准化的 DNA 拼接流程，通过各种组件上的标准接口，可以将其连接装配而形成更为复杂和更大的组件。不同部件间要进行标准化来实现“即插即用”的性能。iGEM 大赛建立的标准生物部件数据库，目前已收集超过 20 000 个标准化生物学部件，且基因部件数量在不断增长。BioBrick 标准为生物元件设定了物理边界，便于工程化的操作，而且实现 DNA 元件的通用，对合成生物学的发展做出了重大的贡献。

基因组编辑是基因组的目标基因进行修饰的一种技术，同时也为异源合成途径的重构及模块优化提供了基本的操作方法。基因编辑中的关键酶是利用基因工程改造的核酸酶，具有使基因组中特定位置发生位点特异性双链断裂的作用，从而诱导生物体通过非同源末端连接（nonhomologous end joining，NHEJ）或同源重组（homologous recombination，HR）进行修复，修复过程中易出现差错而导致靶向突变，这种突变即为基因编辑。基因组编辑技术通过 NHEJ 和 HR 修复途径，可以实现定点基因的修饰及敲除和特异突变的引入等。获得 2020 年诺贝尔化学奖的 CRISPR/Cas9 基因编辑技术就是靶向修饰基因的前沿技术，也是目前应用最为广泛的基因编辑技术。细菌和古细菌在自然界的演化过程中形成了一种适应性免疫防御手段，即 CRISPR/Cas9，不但可以对抗病毒而且可以抵御外源 DNA 的入侵。

CRISPR/Cas9 基因编辑技术的原理如下。

（1）间隔序列的获得（俘获外源 DNA）及整合　入侵 DNA 的一小段序列被整合到 CRISPR 的 5′端的两个重复序列之间，成为间隔序列。新加入的间隔序列总是整合到前导序列和第一个重复序列之间，重复序列再复制一个，由 Cas1/2 完成。外源 DNA 入侵时，Cas1 和 Cas2 编码的蛋白质扫描并识别出由 NGG 三个碱基（N 为任意碱基）组成的原间隔序列邻近基序（protospacer adjacent motif，PAM），然后 Cas1/2 蛋白复合物将原间隔序列（邻近 PAM 的 DNA 序列）剪切下来，之后剪切下的原间隔序列在相关酶的作用下插入邻近 CRISPR 序列前导区的下游。DNA 完成修复后会闭合打开的双链，至此，新的间隔序列被整合到 CRISPR 序列之中。

（2）表达和成熟的免疫阶段　“表达”表示 CRISPR 阵列的表达或转录为长的前体 RNA（pre-crRNA），而“成熟”是对 pre-crRNA 的后续加工，使其成为含有间隔序列的成熟的引导 crRNA。在Ⅱ型 CRIPSR 系统中处理 pre-crRNA 需要通过示踪 RNA 的反重复序列使 pre-crRNA 与短的非编码反式激活 crRNA（示踪 RNA）结合，形成 RNA 双链。RNA 双链被 Cas9 蛋白稳定，并能被内源性 RNA Ⅲ识别，产生一个中间 crRNA，通过进一步成熟产生引导 crRNA（gRNA）。成熟的 crRNA 在 3′端包含一个短的重复元素（repeat）部分，在 5′端包含一个完整的间隔序列，并与示踪 RNA 和 Cas9 保持连接，形成一个活跃的 Cas-crRNA 复合物。

（3）干扰　Cas-crRNA 复合物通过识别入侵者基因组中互补序列间隔物，即 protospacer，通过扫描细胞中的外源 DNA 目标并干扰入侵的病原体。若目标 DNA 中的 protospacer 通过互补碱基配对被识别出来，Cas-crRNA 复合物通过核酸酶活性裂解 protospacer，导致外来 DNA 的破坏。Cas-crRNA 复合物对目标 DNA 的识别和裂解取决于 protospacer 序列旁边 PAM 的存在。

基因合成是在体外利用人工方法合成双链 DNA 的技术，可根据已知的 DNA 序列直接合成，不依赖模板，且不受基因来源的限制，是支撑合成生物学快速发展的核心技术。由于利用人工方法合成 DNA，因此可以合成不是天然存在的基因，而这为生物改造提供了全新的研究方向，在合成生物学中广泛应用于合成生物元件、设计组装基因回路、生物代谢合成途径、全基因组测序等。

通过化学方法合成的 DNA 片段长度有限，因此，若要合成片段较长的 DNA 需要经过以下的基因合成途径才能实现：按照原始基因组序列设计合成寡核苷酸；接着将其拼接成序列较长的 DNA 片段；以较长的序列为基础，进一步拼接得到更长的 DNA 序列，将其拼接成一个完整的基因组；最后将基因组转移至细胞中，并验证其功能。DNA 片段组装是基因合成过程中的重要步骤。

寡核苷酸的合成：指利用化学方法合成小于 200 个碱基对的短片段 DNA 或 RNA 的技术。固相亚磷酰胺三酯法是目前合成寡核苷酸的常用方法，通过自动固相合成仪逐个添加亚磷酰胺实现。随着片段长度的增加，产率和纯度降低，同时会增加合成错误。为了增加其长度及精度，近年来通过多重 PCR 技术结合酶促纠错的方法，以及借助基因测序仪器，可以合成片段长度超过 200 个核苷酸的样品，同时极大地降低了样品的错误率。

拼接组装：通过使用工具酶可以将其拼接为较长的 DNA 片段。聚合酶循环组装（polymerase cycling assembly，PCA）是基于 DNA 聚合酶的策略。首先，通过合成有互补配对重叠区的寡核苷酸，利用 PCR 扩增进行延伸连接获得小片段的 DNA；其次，通过重叠 PCR 的方法连接获得目的 DNA 片段；最后将其作为模板进行 PCR 扩增，最终无须依赖额外的 DNA 连接酶获得大量的目的片段。

（四）基因工程和合成生物学及其在食品研究中的应用

联合国发布的《2022 年世界人口展望》指出，到 2050 年全球人口规模有 95%的可能达到 94 亿～100 亿，为了满足对粮食和燃料不断增长的需求，有必要开发产量更高的新作物品种。然而，在过去几年中，主要作物的增产率趋于平稳，增加耕地的可能性有限。目前基于基因工程和合成生物学等生物技术，树立大食物观，拓展生物资源及产业，向森林要食物，向江河湖海要食物，向植物动物微生物要热量、要蛋白质成为解决应对粮食不足的重要手段。此外，基因工程和合成生物学在食品质量监测和改善食品功能等方面也做出了较大的贡献。

蛋白质是食品的主要成分，人口大量增长导致来自动物性食品的高质量蛋白质不能满足人口增长的需求，微生物蛋白质作为未来食品资源，已获得大量研究人员的关注。由于微生物可以产生所有必需氨基酸，因此微生物蛋白质作为高质量的蛋白质被认为是极具潜力的替代品。2019 年，美国食品和药品监督管理局（Food and Drug Administration，FDA）批准在碎牛肉类似物产品中使用大豆豆血红蛋白作为颜色添加剂，添加量不超过 0.8%。大肠杆菌之前已被报道通过改造 C4 途径可以生产少量的血红素（血红蛋白的前体），但是需要提取才能使用；而通过工程大肠杆菌菌株利用 C5 途径和血红素生物合成的优化下游途径分泌产生游离血红素，通过敲除 *ldhA*、*pta* 及编码假定血红素降解酶的 *yfeX* 基因，导致产生 7.88mg/L 总血红素、1.26mg/L 的细胞外血红素；过表达血红素外排蛋白 CcmABC 的工程菌株通过仅补充葡萄糖或补充葡萄糖和 L-谷氨酸混合物的分批补料发酵，分别产生浓度为 73.4mg/L 和 151.4mg/L 的血红素。合成生物学正在成为工程微生物在食品中产生营养素包括蛋白质、碳水化合物和维生素等的有力方法。

近年来，益生菌因在调节肠道微生物及免疫稳态等方面突出的潜力，其全球市场急剧增长。大量的研究表明，益生菌具有降低血液胆固醇水平、限制脂肪储存、预防幽门螺杆菌感染、改善免疫反应、缓解乳糜泻患者的胃肠道问题的功能。这些功能可以通过基因工程改善、引入或去除。例如，通过 DNA 重组和 CRISPR/Cas9 基因组编辑等基因工程的方法，可以在乳杆菌中表达聚集因子以增强其与肠上皮的黏附能力；通过改造工程益生菌表达白细胞介素或细胞因子以增加其对免疫系统的刺激。此外，通过在益生菌中表达不同的酶，如在发酵乳杆菌 NCDO394 中表达胆盐水解酶，以达到降低胆固醇的目的；在益生菌中表达脯氨酰内肽酶，以改善乳糜泻患者胃肠道的问题。基因工程益生菌还可用作治疗剂、预防和诊断剂。利用合成生物学对微生物进行适当的工程设计，作为载体在身体患病部位输送靶向药物/药物，而不会影响健康组织。使用工程益生菌作为活性治疗剂可以在感染部位控制治疗剂的释放，这些治疗性益生菌在检测目标病原体时会分泌各种抗菌肽。因此，工程益生菌感知环境的能力，正是其拓展为治疗剂和诊断剂的关键所在。此外，通过合成生物学技术开发益生菌，通过改变粪便的颜色来判断宿主的健康问题。益生菌将包含经过设计的细菌，通过合成鲜艳的色素对体内的关键化学物质做出反应，通过定期饮用益生菌并每天检查粪便，就有可能监测宿主的健康状况。

基因工程和合成生物学技术极具应用潜力，尤其是在对人类生活有直接影响的食品和营养方面。未来，随着基因工程技术及合成生物学技术的进步，最终将大幅度改善食品的质量及安全。然而，通过基因工程和合成生物学手段改造的益生菌，在使用方面必须考虑其对社会的潜在益处及相关的潜在风险，对于是否可用于人类的日常生活必须受到严格的控制及法律的管制。

二、蛋白质工程和酶工程及其在食品研究中的应用

（一）蛋白质工程

蛋白质工程是指依据蛋白质已知的结构与功能，通过基因定点诱变等技术，对蛋白质的结构和基因进行特异性地改造从而获得新特性蛋白质的技术，这种由人工突变基因而达到操纵蛋白质结构和功能的过程被称为蛋白质工程。20 世纪 50～70 年代，胰岛素氨基酸序列的测定、肌红蛋白三维立体结构的建立和重组 DNA 技术的问世，是蛋白质工程于 20 世纪 80 年代初诞生的三大理论技术基石。而 1985 年 Müllis 创立的 PCR 技术及 1994 年 Stemmer 发展的基因重组（gene shuffling）技术，则保障了深入研究蛋白质工程及其应用在技术方面的可行性。

1. 蛋白质工程的基本特征 蛋白质工程的特征是在基因水平上特异性地定做一个非天然的优良工程蛋白或变体。蛋白质工程主要有两大设计理念，即建立在蛋白质结构与性质对应关系深入理解基础上的分子理性设计，以及建立在体外模拟自然进化过程基础上的分子定向进化（molecular directed evolution）。后者又称为实验分子进化（experimentally molecular evolution），是蛋白质的非理性设计范畴。蛋白质工程分子理性设计策略的基本流程包括以下步骤：①克隆一个酶或功能蛋白质的编码基因；②测定核苷酸序列；③演绎出相应的氨基酸序列；④确定其生物学性质；⑤建立其三维空间结构；⑥设计工程蛋白质的分子蓝图；⑦借助于 DNA 定点突变技术更换密码子；⑧分析突变蛋白的生物学和化学特性；⑨确立其序列、结构和功能三者的对应关系；⑩将此对应关系反馈至第⑥步，并进行新一轮操作，直至构建出所期望的工程蛋白质。在上述流程中，最重要也是最困难的步骤为工程蛋白的分子设计，事实上它需要生物学、化学和物理学等多种学科知识的综合运用。

2. 蛋白质工程的研究内容 所有生命过程的存在形式是蛋白质，它以高度的多样性和特异性直接推动数千种生化反应的进行，并以关键的结构元件组成所有生物体的细胞和组织。蛋白质在催化、构成、运动、识别、运输、调控等各个生命环节发挥着重要的作用。因此，在组学计划飞速推进的今天，一个旨在揭示生命世界蛋白质信息谱、结构谱、功能谱的新兴学科——蛋白质组学应运而生。利用基因打靶技术和转基因表达技术，人们可以根据功

能丧失型突变体和功能获得型转基因株，确定某一结构基因编码产物的生物学效应。除此之外，借助蛋白质工程技术改造或创建新型工程蛋白质，还能拓展功能蛋白质的应用范围，其经济和社会效益不可估量。例如，改变酶的动力学参数、提升蛋白质的热稳定性和耐受性、删除酶的变构效应和解除产物对酶的反馈抑制等。

3. 蛋白质工程的基本步骤与改造 蛋白质工程的基本步骤主要包括：首先通过目的蛋白的分离纯化，尽可能获得其空间结构信息；对目的蛋白的功能进行详尽的研究，确定它的功能域；分析蛋白质的空间结构、一级结构与功能之间的相互关系，找出关键基团和结构；围绕关键基团和结构的特点设计改造方案，通过基因工程的方法和手段进行改造；测定改造后蛋白质的功能特性。

蛋白质在基因水平上的改造包括初级改造、高级改造与从头设计合成新型蛋白质。初级改造是通过基因突变方法改变氨基酸从而达到修饰蛋白质的目的。目前，主要采用基因定点突变和盒式突变。基因定点突变是根据三联体密码子，编码 DNA 的确切位点，通过改变核苷酸的顺序/种类，诱导基因发生定向突变，导致其编码合成的氨基酸发生改变，从而获得预期的修饰蛋白。这种通过碱基定点突变修饰蛋白质分子的技术被称为基因定点突变技术。盒式突变是通过在适当的限制酶切位点插入突变的 DNA 片段，进而替换目标基因中特定的 DNA 片段，要求在突变位点两侧的酶切位点是成对存在。蛋白质高级改造的对象是结构域，它是由蛋白质的二级结构遵循一定的规则所构成，是蛋白质的一种基本结构组成。将两种不同蛋白质上的结构域通过基因操作技术拼接形成融合蛋白从而实现蛋白质的高级改造，改造后的融合蛋白具备原来蛋白质的性质。蛋白质的初级和高级改造是以已知的蛋白质为基础，通过一定的基因操作改变其结构从而修饰其功能性质。若要从头设计和构建自然界不存在的蛋白质，则需要借助多功能模板和蛋白质的二级结构元件，从而组装形成人工蛋白质分子。

（二）酶工程

酶工程是融合酶学与微生物学的理论，通过化学化工原理和技术、生物工程技术为主要手段，进行酶的发酵生产、酶的性能优化、新型酶催化剂研制及酶反应器的设计和酶催化剂应用的技术科学。

1. 酶的来源 在生物界发现的酶有 2000 多种，主要由动植物材料及微生物细胞为原料分离纯化得到。工业化生产酶制剂的方法包括提取法、发酵法和化学合成法，发酵法是生产酶制剂最常用的方法。发酵法通过培养微生物及细胞代谢产生所需的酶制剂。目前为止，工业生产制造的商品酶制剂多数是通过微生物发酵代谢所获得。利用微生物生产酶制剂具有诸多优点：①由于微生物具有多样性，其代谢产生的酶也是多样的，因此，几乎所有常用的酶制剂均可从微生物发酵获得；②微生物繁殖快、生长周期短，通过选择适宜的培养条件就可以提高酶的产量；③微生物对环境的适应性较强，根据这一特点，通过各种遗传手段可培育出符合生产要求的高产菌株；④微生物易于培养，培养方法简单，培养原料来源广泛，成本低且具有很高的经济效益。

2. 酶的发酵生产 目前，常用的产酶微生物主要有大肠杆菌（*Escherichia coli*）、枯草芽孢杆菌（*Bacillus subtilis*）及酿酒酵母（*Saccharomyces cerevisiae*）。大肠杆菌是最常用的产霉菌，通常代谢产生胞内酶，其分离需破碎细胞。大肠杆菌遗传背景清晰，是优良的基因工程菌。在工业上常利用大肠杆菌生产谷氨酸脱羧酶、青霉素酰化酶等。淀粉酶、葡萄糖氧化酶、碱性磷酸酯酶等生产依赖枯草芽孢杆菌，而转化酶、丙酮酸脱羧酶、乙醇脱氢酶的生产则常用酿酒酵母。曲霉（包括黑曲霉和黄曲霉）在工业上被用于生产糖化酶、淀粉酶、葡萄糖氧化酶等。

3．酶的分离纯化 酶的本质大部分是蛋白质，所以分离纯化实质就是蛋白质的分离纯化，但是会更注重结构的完整性。原理是根据酶的组成、分子大小、溶解性、等电点及稳定性的不同，选择适宜的分离方法实施，其过程通常包括3个阶段：酶释放和粗分离、提取提纯、精制纯化。

4．酶的化学修饰 化学修饰主要是通过化学技术在酶分子上结合化学官能团或某种物质，或者改变酶分子的结构，从而达到修改酶的性质的目的，其主要方法有：利用氨基、羟基、咪唑基等改变酶的催化功能基团。例如，抗白血病的药物天冬酰胺酶，经修饰后在血浆中的稳定性比修饰之前提升数倍。通过右旋糖酐溴化氰法等使游离氨基发生分子内或分子间交联从而提高酶的热稳定性或抗性。通过高分子化合物与酶相互作用从而提高酶的稳定性。例如，利用化学修饰技术改造酶，使酶能在有机溶剂中保持活性，这样酶就能催化有机相中的反应。

5．酶和细胞固定化 通常是指通过化学/物理技术将酶/细胞限制在特定的位置且不改变其催化活性，使其可以被重复利用的技术手段。固定化技术主要包括吸附、交联、共价结合和包埋等方法。吸附法是通过吸附剂将酶/细胞固定在载体表面的技术。例如，若酶的底物大分子或溶解性较差时，通常利用吸附法固定酶/细胞，使其更好发挥生物催化作用。共价结合法是利用共价键将酶/细胞与载体（如纤维素）结合在一起的技术。包埋法，顾名思义是指利用凝胶网格或微胶囊将酶固定起来的方法。例如，当小分子底物易溶于水时，可通过包埋法将其固定而发挥催化作用。

（三）蛋白质工程和酶工程在食品研究中的应用

蛋白质工程目前在工业生产方面应用广泛，尤其是食品及医药方面，取得了极大的进展。各种食品加工酶，如淀粉酶、蛋白酶和脂肪酶，极大地促进了食品工业的进步与发展。但是在实际工业化应用过程中，对酶的特性具有较高的要求，因此可以通过重组DNA技术和蛋白质工程改善这些酶的性质。蛋白质工程被广泛应用于提高工业重要酶的耐热性、特异性和催化效率等特性。从经济和工程的角度来看，酶的热稳定性是一个重要的因素。多种因素能影响酶的热稳定性，如温度、pH、溶剂和表面活性剂的存在。在所有可能的失活因素中，温度被研究得较为彻底和清楚。许多酶在高温下趋向（部分）展开和（或）失活，这意味着它们不再能够进行生物催化功能。定向突变和定向进化已经成功地用于提高酶的热稳定性，通过改变酶的氨基酸序列来重新设计酶，可以提高其在非水溶剂中的催化活性和稳定性。定向进化和合理设计方法则被广泛应用于改变酶的功能特性。例如，删除编码细胞外蛋白酶的原生基因，可以增加微生物宿主的酶产量。再如，在真菌中，毒性次生代谢产物的产生已经减少，以提高它们作为产酶宿主的生产力。

蛋白质工程在食品工业中的一个重要应用领域是小麦面筋的异源表达，即利用微生物生产面筋。对面筋蛋白的表达有3个重要的因素，分别是表达系统，包括大肠杆菌、酵母（酿酒酵母和毕赤酵母）或培养的昆虫细胞；启动子的选择（高水平蛋白质表达的强启动子）；质粒稳定性和密码子的使用。通常来说，大肠杆菌表达系统被认为是适合许多应用的系统，因为其可诱导启动子（由特定的化学物质或热效应诱导表达）允许培养物生长到高密度，提供更高的产量，并最大限度地减少有毒蛋白质的影响。

酶工程是满足适应不同工业过程酶需求的重要工具，对酶的结构和功能的知识指导了工程酶最佳策略的选择。每种酶工程策略，如合理设计、定向进化和半理性设计，都有特定的应用和局限性，在选择合适的策略时必须考虑这些局限性。通过选择适当的策略，可以针对不同的工业应用优化工程酶。

木聚糖酶广泛用于动物饲料制造和食品添加剂生产。通过利用半胱氨酸取代 Thr-2 和 Thr-28，在里氏木霉内切-1,4-β-木聚糖酶Ⅱ（XYNⅡ）的 N 端区域设计了一个二硫键。T2C ：T28C 突变使这种嗜中性酶的热失活半衰期从 65℃时的 40s 延长到 20min，70℃时从不到 10s 延长到 6min。此外，突变体 XYNⅡ的动力学特性保持在野生型酶的水平。这些结果表明，通过适当地进行酶工程改造木聚糖酶可能是一种非常有效的抵抗酶热失活的方法。为了提高真菌 GH11 木聚糖酶 XynCDBFV 的热稳定性，根据 B 因子分析发现了具有明显灵活性的 87-QNSS-90 残基，通过多序列比对确定了 GH11 木聚糖酶中高度保守的 87-RGHT-90 残基。然后通过定点突变取代 87～90 残基构建了 4 个单突变体。温度稳定性测定结果表明，4 个单突变体的耐热性均有提高，4 个单一突变体在最适温度 60℃下培养 1h 后，活性保留率均超过 50%，而 XynCDBFV 在相同条件下的活性保留率仅为 20.94%。应用分子动力学模拟和结构分析突变体的耐热机制，结果发现了新的氢键相互作用，解释了其耐热性提高的原因。单一突变体的酶活性与其耐热性相抵消，而组合突变体由于突变残基的闭合接触而显示出拮抗作用。这项研究证实，结合 B 因子分析和多序列比对是获得恒温酶的有效策略。

淀粉加工广泛用于食品工业，其解聚需要酶的参与，如 α-淀粉酶、β-淀粉酶和谷氨酰胺转氨酶。一般来说，这些酶的工业应用需要在高温下保持稳定性。分离自嗜热细菌 TC11 菌株中的一种高耐热性 α-葡萄糖苷酶及其热稳定性改进突变体的研究发现，通过酶工程手段重组的 α-葡萄糖苷酶（TtAG）在大肠杆菌 BL21（DE3）中表达并纯化后，对 pNP-α-D-吡喃葡萄糖苷（pNPG）、蔗糖、海藻糖、全糖和低聚异麦芽糖具有水解活性。在 90℃、pH 5.0 条件下，pNPG 的比活性最高，为 288.96U/mg。TtAG 在 70℃下稳定 7h 以上，在 80℃下半衰期为 195min，在 90℃下半衰期为 130min。此外，酶也可以被设计成更有效的生产食品添加剂，如氨基酸或功能性甜味剂。此外，可使用 SpyTag/SpyCatcher 系统设计一种双功能嵌合环甘露聚糖酶-木聚糖酶。环状酶比野生型酶具有更高的热稳定性和离子稳定性，以及更大的抗冻性和抗聚集性。环甘露聚糖-木聚糖酶嵌合体促进了催化活性之间的协同作用，并显示出更高的催化潜力。这种甘露聚糖酶旨在通过降解非淀粉多糖来生产功能性低聚糖和食品添加剂，具备协同催化活性，具有巨大的工业应用潜力。

三、组学和生物信息学及其在食品研究中的应用

（一）组学及组学技术

中心法则回答了遗传信息传递的方向性和整体性（图 4-3），组学从各个层次具体探索传递规律的整体性，从而揭示特定环境或状态下的生物表型与全基因组网络调节之间的联系，以解释生命科学中诸如生命的发生、繁殖、存活与死亡，以及生物进化的机制等问题。

1．宏基因组学　2007 年，人类微生物组计划（Human Microbiome Project，HMP）的

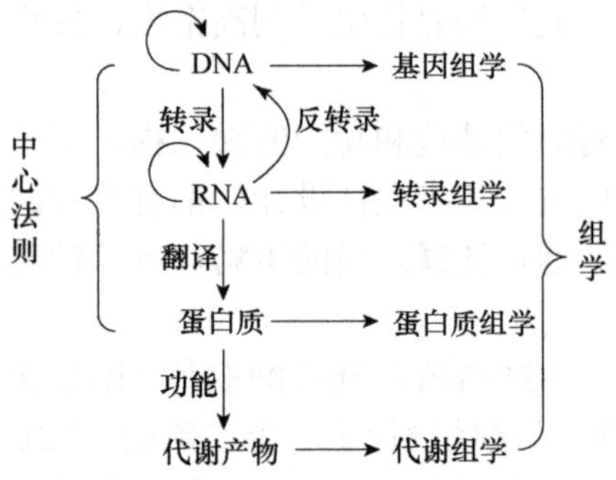

图 4-3 遗传信息的传递与组学

启动标志着基因组学的新时代。然而，进一步描述微生物群落的基因组内容仍然很困难，因为大多数微生物不能在实验室环境中培养。2004 年的两项具有里程碑意义的研究提供了一种绕过这一限制的方法。Venter 等将霰弹枪测序技术（通常用于重建单个生物体的基因组）应用于环境样本，以便从群落中所有微生物的基因组中产生随机片段，这种新技术被称为宏基因组鸟枪法测序，通过宏基因组测序可以获得较为详细的微生物群落视图。HMP 的第一个和第二个阶段共同从人体位点生成了超过 2000 个参考基因组，补充的 MetaHIT 项目（人体肠道微生物宏观基因组研究计划）在人类肠道中识别了超过 975 万个非冗余微生物基因。然而，目前微生物群落遗传景观的目录还远远不够完整。例如，2019 年的一项最新研究为代表大约 5000 个物种的超过 15 万个基因组生成了宏基因组组合，其中 77%是新的。这些研究都强调了宏基因组学的基本目标为群落分析、功能分析和宏基因组组装（基因组重建）。群落分析和功能分析都受到参考基因组可用性的限制，对许多微生物来说，参考基因组必须从宏基因组样本本身重建。因此，宏基因组组装、群落分析和功能分析构成了宏基因组研究的核心。

基因组组装（从 DNA 测序数据重建基因组）是宏基因组学的一个主要研究领域。参考基因组数据库是许多下游研究的关键，它们是社区和功能分析的宝贵资源。例如，需要参考基因组来准确地将 DNA 测序仪的短读数分配到物种和基因。然而，从宏基因组样本中组装基因组具有挑战性。在单个生物组合中，测序 reads 来源于相同的基因组；组装问题是将测序 reads 按照正确的顺序排列。在宏基因组样本中，测序 reads 来源于许多不同的基因组，宏基因组组装软件需要确定每个 reads 的真实来源。

在不存在预先参考基因组的情况下，缺乏评估从头组装的金标准。一个经典的标准是 N_{50} 值，对于给定一组重叠群（contig），N_{50} 被定义为最短重叠群的序列长度，占总组装长度的 50%。它可以被认为是分布质量一半的点；比 N_{50} 长的所有重叠群的碱基数将接近比 N_{50} 短的所有重叠组的碱基数。更大的 N_{50} 意味着更长的 contigs 及参考质量。不过，N_{50} 并不表示 contig 中的碱基顺序是否正确，因此，更大的 N_{50} 并不总是意味着更好的组装。用于评估基因组合的其他有用统计数据是映射读段的比例，即映射读段的比例越高意味着该基因组合解释的数据越多，或者是一个基因组合中预测的基因的数量。

为了解决这些问题，宏基因组解释关键评估挑战寻求在高质量参考数据上对宏基因组组装方法进行基准测试，并使用相同的评估标准。这一挑战凸显了宏基因组组装的许多困难。因此，宏基因组组装仍然是一个非常开放的研究领域。

群落分析的目标是确定群落中的物种分类及其丰度。群落分析是许多微生物组研究的重要组成部分。群落分析的主要技术使用 16S rRNA 基因的靶向扩增子测序，而不是全基因组鸟枪法测序。这有时也称为宏基因组学，尤其是在早期文献中。然而，围绕 16S rDNA 的方法是不同的，16S rDNA 测序之所以流行，是因为 16S rRNA 基因存在于所有原核生物中，并且它含有保守区域作为 PCR 引物的靶标，位于可变区域的两侧，可用于系统发育分类。这有助于进行经济高效的粗粒度分析。16S 测序的分辨率通常仅限于属水平，它会错过群落中存在的少量真核生物，而宏基因组测序则可以克服这些问题。

MetaHIT 联盟的目标是开发一个跨越所有人类肠道相关微生物群的非冗余基因目录。为了实现这一目标，相关研究人员在一个大队列中产生了元基因组序列，将它们组装成等位基因，并使用基因预测的标准算法来识别开放阅读框（open reading frame，ORF）。这些开放阅读框通过序列相似性进一步聚类，以创建一个非冗余的基因集。尽管如此，准确预测元基因组样本中的开放阅读框架是具有挑战性的，因为单个测序读数很可能不跨越整个基因，而生成更准确的基因预测所需的等位基因是很难的。

将基因分配给生物功能依赖于精心策划的参考数据库，这些数据库来自科学文献。例如，UniProt 数据库包含了已发表文献中的特定蛋白质序列和功能注释。然而，这种注释需要从已发表的研究中对蛋白质进行具体的功能描述。对于肠道微生物组中超过 950 万个基因中的绝大多数，这样详细的注释是不可行的。相反，未表征蛋白质的功能是通过与表征蛋白质的同源性来推断的。这方面的例子是 Pfam 数据库，它侧重于密切相关的蛋白质家族群体。这些数据库提供了基于 BLAST 的变体或专门的 HiddenMarkov 模型的搜索功能。更具体地说，直系同源基因，即通过一个标本事件从同一基因中降生的同源物，很可能保留它们的功能；因此，对一个直系同源基因功能的了解可以为其他基因提供参考。COG（Clusters of Orthologous Groups）、eggNOG（Evolutionary Genealogy of Genes：Non-supervised Orthologous Groups Database）和 KEGG（Kyoto Encyclopedia of Genes and Genomes）Orthology 数据库是宏基因组研究中常用的同源数据库。每个数据库都使用启发式方法将基因组聚类为假定的同源物，并为每个聚类分配功能。MetaHIT 项目使用 KEGG Orthology 和 eggNOG 数据库来注释基因。

COG 数据库是一个手工整理的、有功能注释的同源基因簇的数据库。它包含来自 1187 个细菌、122 个古细菌的完整基因组，目前包括 4877 个功能注释的 COG。COG 数据库按 26 个更广泛的功能类别组织，提供了一个群落内主要生物过程的高层次概述。同样，eggNOG 数据库使用了与 COG 相同的原则，但依赖于自动注释而不是人工策划。因此，它包含了一个更大的同源组的条目。

KEGG 直系同源数据库也提供自动生成的同源基因群。同源基因被赋予独特的标识符，称为 KO 号，这些号的集合可以用来识别手工整理的分子路径（KEGG pathways），代表具有功能意义的网络（如蛋白质-蛋白质相互作用）。此外，KEGG 中的记录是分层组织的，允许不同粒度的注释。KEGG 提供了特定的工具来自动注释元基因组的序列。原则上，这些数据库中的许多数据库以不同的方式呈现相同的信息，而且许多数据库的注释方案是相互依赖的。所有这些分析的输出都是按特定的、依赖于数据库的功能单位（如基因、蛋白质、蛋白质家族、COG 类别、KO 号、KEGG 途径）的样本矩阵。

2. 宏转录组学 宏转录组学是研究自然环境中存在的所有微生物的基因表达。它允许在特定环境中对复合自然微生物群落进行全基因表达分析和研究。宏转录组学研究可用于鉴定复合微生物组中活性基因的遗传多样性。它可以提供重要信息来量化不同生理和病理条件下微生物基因表达和表达水平的变化。

微生物组样品宏转录组测序的步骤包括微生物组采样、RNA 提取、mRNA 富集、cDNA、宏转录组学文库制备及测序分析等。

宏转录组学序列数据使用多种生物信息学工具进行注释，如 BLAST、MG-RAST、KEGG 等。微生物组 RNA-seq 的功能注释还可以使用组装的重叠群或序列读取来完成。然而，这些工具需要序列的预测开放阅读框作为输入数据库。此外，组装重叠群也可用于功能注释研究。

转录组的功能分配是使用序列相似性搜索工具，如DIAMOND，该工具针对NCBI RefSeq、UniProt等功能数据库搜索序列相似性。在转录组的功能注释之后，转录本的酶功能也可以使用特定的工具，如iPath等映射到先前建立的代谢途径之中。

除了直接的功能注释外，还应进行分类分配以鉴定参与活性RNA表达的微生物和宏转录组数据的差异表达分析，以了解不同条件下微生物组中的微生物分类及功能多样性。对于宏转录组学数据的转录分类学研究，使用了几种分类学分类程序，如MetaPhlan2、GOTTCHA等。这些程序大多数是利用短序列读取核苷酸数据，与已知的微生物基因组进行匹配来识别和量化微生物物种，具有几乎全长转录本或更长重叠群的序列读数可以通过几个生物信息学程序进行分析。例如，Kraken2以确定微生物组群落的个体成员。了解微生物组成之后，为了探究不同环境条件和参数下微生物组中差异基因表达的比较及其随时间对微生物生化功能的影响。DeSeq2和edgeR经常被用于识别不同环境条件或时间点下微生物组样本中基因的差异表达。完成宏转录组数据分析后，RNA-seq被提交给合适的数据库或存储库（如Sequence Read Archive，SRA），供其他研究人员科学使用并与其他数据集进行比较。

3. 蛋白质组学 蛋白质组学最初由Marc Wilkins等提出，现在被广泛认为是“组学”之一，旨在根据基因组编码的分子及其功能进一步了解基因组，相互作用和相关属性。蛋白质组学是研究单个蛋白质和复合蛋白样品的强大平台。结合基于凝胶和色谱的分离，随后基于质谱分析和生物信息学方法的技术能够处理医学和基础科学领域的问题，并且可以更详细地分析生物过程和途径。通过引入基于质谱的蛋白质定量技术，质谱的灵敏度、分辨率和质量准确度的提高、高效液相色谱效率的提高、软件开发的进步及计算能力的提高，已经允许从“什么”过渡到“什么和多少”。

根据研究目的和范围，使用了两种主要策略：对数百或数千种蛋白质进行非靶向（全局）定量，以进行蛋白质谱比较；仅对少数组分进行靶向（单组分或多组分）定量，这些组分从样品中选择性分离并定量。根据量化水平，可以采用以蛋白质为中心（自上而下）或以肽为中心（自下而上）的方法。基于质谱的定量可进一步分为两个亚组：基于标记的定量，使用肽/蛋白质中的稳定同位素标记；无标记的定量，其中样品保留其天然同位素组成。根据量化方法提供的信息被分为相对定量和绝对定量。通过比较样品之间单个蛋白质或整个蛋白质组的数量，相对定量产生蛋白质定量比率或相对变化。反之，绝对定量提供了关于样品中蛋白质的绝对量或浓度的信息。

基于质谱的定量蛋白质组学中的分析方法主要包括非靶向和靶向定量分析，以肽或蛋白质为中心的分析方法，通过质谱法进行无标记和基于标记的定量及定量交联/质谱，主要针对以肽或蛋白质为中心的分析方法做进一步展示。如今，在基于质谱的蛋白质组学研究中，两种不同的策略并存：自下而上的肽中心方法和自上而下的蛋白质中心方法。自下而上的方法实现了高通量分析，并允许识别和量化复杂样品中的数千种蛋白质，这是因为它们在分析之前被蛋白酶水解为更短的肽。这简化了MS/MS测序，因为肽在质谱仪中比完整的蛋白质更容易碎裂。然而，实验第一阶段的蛋白质消化丢弃了肽和蛋白质之间的连接，使数据的计算分析和生物学解释复杂化。尽管MS/MS谱分析包括肽谱匹配（peptide spectrum matches，PSMs）测定，但大多数搜索引擎和方法都返回蛋白质列表。这些列表将根据基础模型和隐含的独立性假设而变化。此外，由于肽水平信息到蛋白质水平的必要增殖，蛋白质定量可能是复杂的。因此，通常首先对肽进行定量，然后将这些数据转移到蛋白质水平。因此，由于更好的差异丰度检测和更高的准确性，肽水平的定量和分析是优选的。

区分和量化不同的蛋白质形式、源自遗传变异的单个基因的蛋白质产物、RNA 转录物的选择性剪接和蛋白质翻译后修饰（post-translational modifications，PTMs，如磷酸化、糖基化、乙酰化），对生物过程和病理学理解至关重要。在这种情况下，自上而下的质谱方法对蛋白质修饰的相对定量特别有吸引力，因为消化混合物的质谱可能无法检测到携带特定同种型修饰的肽。此外，与肽相比，添加较小的 PTMs（即磷酸化）对完整蛋白质的电离/检测影响小得多。因此，自上而下的方法可用于生物样品中修饰和未修饰蛋白质种类的定量。自上而下的质谱包括将完整的蛋白质引入质谱仪，并分析完整和碎片离子质量。该方法允许高达 100%的序列覆盖率和蛋白质形式的完整表征。尽管它具有吸引力，但由于在完整蛋白质水平上进行蛋白质组分析的技术困难，通过自上而下的质谱技术（mass spectrometry，MS）进行可重复和准确的蛋白质定量仍然具有挑战性，主要是由于大蛋白质的电离和检测效率低得多，定量受到限制。

4. 代谢组学 代谢组学是“随时间定量测量个体干预的代谢反应”，并提供复杂系统中生物化学的“自上而下”综合概述，代谢谱由宿主遗传和环境因素决定。为了获得可靠和有效的代谢组学数据，重要的是使用具有高灵敏度和选择性的技术，以及能够检测给定生物样品中的大多数代谢产物并能优选以低成本提供高度重复性数据的技术。目前，核磁共振波谱和气相色谱-质谱联用和液相色谱-质谱联用是应用最广泛的代谢组学方法。然而，这些分析平台中没有一个能够单独提供生物样品中整个代谢组的全面鉴定和定量。

非靶向代谢组学是一种强大的技术，在没有预设目标的情况下，可以全面分析生物样本中的所有代谢物。通过 LC-MS、GC-MS、NMR 等技术，无偏向性地检测细胞、组织、器官或生物体内的小分子代谢物动态变化，并通过生物信息学分析筛选差异代谢物，揭示其生理机制。这种方法的优点包括广泛的物质覆盖率、高通量分析能力，以及能够发现新的生物标志物和代谢途径。但是，非靶向代谢组测定产生的数据量巨大，需要复杂的数据处理和分析技术，以确保结果的准确性。同时由于缺乏标准品，可能会产生假阳性信号。因此，对特定代谢途径或代谢产物的深入分析可能不够精确。靶向代谢组学是一种专注于分析已知特定代谢物的方法，通常用于验证先前识别的代谢途径或生物标志物，具有高度的特异性，可以准确测定感兴趣的代谢物。靶向代谢组学能够提供代谢物的绝对定量，这对验证生物标志物和进行精确的代谢物分析至关重要。此外，靶向代谢组学通常是基于假设的，可以用于验证非靶向代谢组学实验提出的假说，从而更深入地了解代谢物在特定生物学过程中的作用。但是靶向代谢组学通常只测量一组预选的代谢物，而且需要对特定代谢物有充分的了解，这可能限制了发现新代谢物或途径的机会，以及在缺乏经验的情况下的应用。由于靶向分析专注于特定的代谢物，它可能错过那些在疾病过程中起关键作用但尚未被识别的代谢物。

液相色谱-质谱联用技术（LC-MS）是一种结合了液相色谱（LC）的高效分离能力和质谱（MS）的高灵敏度检测能力的分析技术。它能够对复杂样品中的化合物进行定性和定量分析，尤其适用于那些难以通过其他方法分析的热不稳定、极性或大分子质量化合物。在 LC-MS 中，样品首先通过液相色谱进行分离，然后进入质谱仪。质谱仪通过离子源（如电喷雾电离 ESI 或大气压化学电离 APCI）将化合物离子化，生成的离子随后被质量分析器根据质荷比（m/z）分离，并在检测器上得到相应的质谱图。这些质谱图可以用于化合物的鉴定和定量分析。LC-MS具有高灵敏度和高分辨率，能够检测低浓度的化合物，而且可应用于热不稳定、极性或大分子质量化合物的检测。但是对挥发性较差或不挥发的化合物分析存在局限，尤其是对样品的纯度要求较高，样品复杂时可能导致质谱图的复杂化，另外对未知化合物的鉴定可能需要额外的谱库匹配或结构解析。

气相色谱-质谱联用技术（GC-MS）是一种结合了气相色谱（GC）的高效分离能力和质谱的高灵敏度检测技术的分析方法。它主要用于挥发性和热稳定性化合物的定性与定量分析。样品在气相色谱部分被分离后，通常使用高温将样品气化并通过色谱柱；分离后的化合物被引入质谱仪，在这里它们被电离成离子，之后质谱仪的质量分析器根据离子的质荷比（*m/z*）将它们分离，并在检测器上形成质谱图，通过分析这些质谱图，可以鉴定化合物的分子结构和相对含量。GC-MS具备强大的定性能力，通过质谱图可以准确鉴定化合物，可以分析复杂样品中的多种化合物，包括同分异构体。同时能够检测低浓度化合物，拥有高灵敏度和高分辨率。但是，通常限于分析可挥发和热稳定的化合物，对极性太强或在加热过程中易分解的化合物，可能需要衍生化处理。样品制备过程可能较为复杂，需要将样品转化为适合分析的形式。核磁共振波谱（NMR spectroscopy）被描述为"通过测量振荡射频电磁场与浸没在强外部磁场中的核集合的相互作用来研究分子结构"。在核磁共振实验中，涉及许多原子核，在平衡状态下，自旋态群将在高能和低能态之间产生足以产生净磁场的能量差。施加电磁能的短脉冲可以引起能级之间的跃迁，这一过程有助于原子核吸收能量，随后能量以离散量子的形式释放，并在核磁共振波谱中记录为峰值。每个峰的位置由相对于添加的内标（通常为3-三甲基甲硅烷基丙酸酯）的化学位移（以ppm为单位）确定。根据化学位移和峰值强度，可以确定待测样品的相对含量和种类。此外，如果加入已知浓度的内标，则可获得绝对浓度。核磁共振波谱法还具有一系列独特的优势，因为它具备再现性良好、以无创或微创的方式采集样本、样本制备简单、实验耗时短、不损伤样本等优点。因此，随着时间的推移，可以从同一个人收集多个样本，从而绘制特定病理生理条件下发生的代谢变化。作为一个独特的特征，样品随后可重复用于进一步分析，如转录组学和蛋白质组学。

（二）生物信息学

20世纪70年代，荷兰理论生物学家Paulien Hogeweg和Ben Hesper首次创造了生物信息学一词。除了生物化学和生物物理学之外，生物信息学是一个研究领域，并有可能成为"未来的生物学"。人类基因组计划（Human Genome Project，HGP）指出：生物信息学是一门交叉学科，包含生物数据的获取、加工、存储、分配、分析、解释等在内的所有方面，运用数学、计算机科学和生物学的各种工具阐明和理解大量数据所包含的生物学意义。在过去的50年里，生物信息学的发展速度非常快。测序技术开启了一个数据加载的时代，称为大数据，其有用性依赖于编程和软件开发，以及在研究中构建庞大的生物信息数据集。

生物信息学是利用计算机编程和算法进行生物学研究的学科。此外，在基因组学研究中，常需重复使用特定的分析"管道"。科学家通常使用生物信息学工具来识别候选基因和单核苷酸多态性（single-nucleotide polymorphism，SNP），以研究种群特征、不同适应性、遗传性疾病或期望的特性（主要是农业物种）。生物信息学还有助于理解核酸和蛋白质序列的组织原理，也称为蛋白质组学。在生物学的多个领域，生物信息学已经证明了其重要性。在分子生物学实验中，图像和信号处理有助于从大量原始数据中提取重要结果。生物信息学在遗传学领域具有重要意义，它不但有助于对基因组及其可视化突变进行测序和注释，而且支持开发用于组织和查询生物数据的生物和基因本体。由于生物信息学工具的发展，基因和蛋白质的表达与调控现已成为可能。基于生物信息学算法可以比较、分析和解释基因和基因组数据（特别是研究分子生物学的进化特点），联合多种组学的数据，可深入探究和挖掘在系统生物学中具有重要意义的生物通路和网络。此外，通过生物信息学手段可在结构生物学领域实现对 DNA、RNA、蛋白质和双分子相互作用进行仿真和建模。

随着高通量测序技术的快速发展，横跨人类、动物、植物、微生物等多物种的大量基因组序列数据也随之产生，为了充分挖掘基因组序列在人类健康等方面的潜力，在世界范围内开发形成了许多生物信息学数据库和网络分析平台。目前，生物信息学数据库大致可分为 4 个大类，即基因组数据库、核酸和蛋白质一级结构序列数据库、生物大分子（主要是蛋白质）三维空间结构数据库，以及以上述 3 类数据库和文献资料为基础构建的二次数据库。国际上最权威的生物信息学数据库有 3 个，分别是：美国生物技术信息中心（National Center for Biotechnology Information，NCBI）的 GenBank，欧洲分子生物学实验室（European Molecular Biology Laboratory，EMBL）的 EMBL-Bank，日本遗传研究所的 DDBJ（DNA Data Bank of Japan)。3 个数据库中的数据基本一致，仅在数据格式上有所差别，对于特定的查询，3 个数据库的响应结果一致。我国于 2019 年 6 月，由中国科学院微生物研究所作为依托单位建设国家微生物科学数据中心（National Microbiology Data Center，NMDC），已支持微生物项目、样本、核酸序列、微生物基因组、宏基因组、微生物元基因组、转录组、蛋白质结构、期刊附件等多种类型数据提交。NMDC 可提交的数据类型共 8 种，为：①生物项目数据（BioProject），即生物学研究项目信息进行收集整理的数据库，可以根据所产生的数据类型来识别一个项目；②生物样本数据（BioSample）为一个中心位置，可与项目库链接，也可独立，用于收集病毒、细菌、真菌等微生物的菌株及样本、微生物环境样本（元基因组）描述信息；③核酸序列数据收集 16S rRNA、rRNA-ITS 等特征基因片段及其他微生物相关的核酸序列；④原始组学数据收集管理测序产生的原始数据集；⑤晶体结构数据收集生物大分子（蛋白质、核酸等）的结构数据；⑥期刊附件数据为生物学期刊提供文章的在线提交附件数据；⑦基因组数据收集拼接组装完整的基因组数据信息；⑧宏基因数据收集微生物宏基因组相关数据信息。

生物信息学是一个快速发展的领域，同时也在加速生物科学许多相关领域的发展。生物信息学已显示出巨大的潜力，其能力可用于更好地理解分子机制、识别新基因/蛋白质、小核糖核酸、生成三维模型、筛选药物、预测疫苗等。由于工具、软件、基因组学、蛋白质组学和代谢组学数据的快速发展，现在可以更准确地预测生物分子的功能。研究人员已将生物信息学与个性化医学及精准治疗联系起来，随着人工智能、机器学习和深度学习的不断发展，在不久的将来，利用生物信息学手段能够更好地预测人们的健康状况。

（三）组学和生物信息学及其在食品研究中的应用

确保食品安全和质量是可持续食品供应的关键组成部分。保持和改善食品质量及确保食品安全需要识别已知和未知微生物的存在，包括在整个食品加工过程中引入的腐败和病原微生物。联合组学技术（基因组学、转录组学、蛋白质组学和代谢组学）则可对食源性微生物的检测、预防和控制进行更直接、更便宜和更快速的系统研究。通过组学技术可以扩大样品抽样的范围，可以通过为已知和未知病原体开发更好的筛查和分型工具来改善食品质量、食品安全及随后的公共卫生指标，还可以帮助了解食品生产链的运营如何影响食品的品质，从而制定优化、评估和监测策略。组学研究可用于表征功能基因、RNA、蛋白质和代谢产物，以探索特定化合物及其调控途径在生物系统中的作用。生物信息学方法可用于整合、分析和解释从组学技术中获得的与食品安全相关的大量数据。此外，生物信息学在食品科学中具有革命性的影响，特别是在阐明植物性防腐剂和功能性成分的分子作用位点方面。组学技术在食品研究中的应用是为了解决食品科学的问题，通过应用组学技术分析食品在营养和安全等领域内出现的疑问及困难。采用高分辨率技术，如质谱、高通量测序技术和下一代测序，以及各种人工智能和计算机工具来处理和解释与食品科学研究相关的数据。由于其巨大的实用性和发展潜力及世界各国对食品安全需求的增长，目前这些组学技术正在朝着分辨率更高、分析速度更快、价格更低和小型化的方向发展。因此，在不久的将来，组学方法与生物信息学工具的整合可能会为食品质量和安全评估提供更重要的见解。

下一代测序技术可通过提供快速检测和高分辨率分型来提升食品质量和食品安全。基因组信息可用于提供引起病原体疾病的菌株水平分辨率，并跟踪病原体的来源，从而避免人类和动物暴露于病原体或病原微生物。全基因组测序可以获得基因组中所有基因的信息来提供有关菌株毒力潜力和抗生素耐药性的信息。此外，还包括基因内容、移动遗传元件或水平基因转移的任何遗传差异等基因组信息。过去 20 年，美国疾病预防与控制中心、美国食品药品监督管理局、美国农业部食品安全与检验局和美国农业研究局在国家抗菌药物耐药性监测系统（National Antimicrobial Resistance Monitoring System，NARMS）项目中积极合作开展全国抗微生物药物耐药性监测。从 2015 年起，NARMS 项目开始对食品中所有沙门菌和越来越多的临床分离株进行测序。2016 年，添加了所有弯曲杆菌分离株。将全基因组测序应用于 NARMS 项目，使该项目能够检测到新的抗微生物药物耐药性基因在美国的引入和传播。例如，从食用动物中分离的婴儿沙门菌血清型中的延伸-β-内酰胺酶 *CTX-M-65* 基因。此外，2017 年，世界卫生组织将氟喹诺酮类耐药沙门菌列为迫切需要新抗生素的优先病原体，利用全基因组测序可以鉴定从猪肠/盲肠和零售猪排中分离的沙门杆菌中质粒介导的喹诺酮耐药性。综合来说，利用全基因组测序和访问序列信息的能力是 NARMS 项目能够及时检测质粒介导的 CTX-M-65 和喹诺酮抗性基因的主要原因。

在国内，宏转录组学已被用于鉴定淡水中华绒螯蟹感染肝胰腺坏死病的病蟹和健康螃蟹之间微生物的差异，在感染肝胰腺坏死病螃蟹的肝胰脏中发现了细菌多样性的减少，属于 Tenericutes 门和放线菌门的细菌丰度显著增加，而属于拟杆菌门的细菌丰度显著下降。在有和无抗生素的肉汤中培养耐药菌株，通过宏转录组测序鉴定差异表达基因将为参与耐药性的几个候选基因提供支持。

代谢组学已经在制药、生物、植物科学和食品科学等研究领域中迅速发展，并广泛应用于评估食品安全、食品的真实性和人类饮食的质量。基于亲水色谱-电喷雾飞行时间质谱和多元统计分析方法分析非靶向化合物评价评估婴儿配方奶粉的分类、污染和降解已被验证为是一种有效的评估方法。亲水色谱模式用于在阳离子扫描模式下监测婴儿配方奶粉中检测到的更多化合物的数量。基于降解测试的 S 图，可以通过与烟酸和烟酰胺标准品进行比较来识别配方奶粉中的两个标志物。基于该测定策略，与非靶向化合物的差异可用于婴儿配方奶粉的质量和安全评估。食品认证一直是防止食品欺诈、掺假及评估食用有益于人类健康的食品的安全性的主要关注点。代谢组学在食品认证领域也有一些潜在的应用。在水产养殖中，使用代谢组学获得商业鱼类的认证和养殖条件的确定及产品的可追溯性。通过应用核磁共振氢谱脂质指纹图谱来区分野生或养殖的金头鲷鱼和不同近海网箱中的养殖鱼类，其中N-3多不饱和脂肪酸是区分野生鱼类和养殖鱼类的生物标识物。此外，在乳制品领域，LC-MS代谢组学技术已被证明能够通过鉴定代谢物区分牛奶品种，甚至还可以用来区分有机牛奶和传统牛奶。

食品和营养科学研究已从经典的分析方法转向复杂的组学方法，这些方法由于其高灵敏度，发挥着至关重要的作用。在食品科学和营养学中，宏基因组学、宏转录组学和代谢组学等组学方法已被用于食品分析、食品质量认证及其安全性。此外，通过组学技术研究食物摄入、营养干预的潜在生物标志物，代谢相关疾病，以及癌症等其他疾病的预后和预测生物标志物。高通量组学技术产生大量数据，需要进行整理和分析。为此，生物信息学的整合和实施适合实现这一目标。组学技术必须联合生物信息学使用，生物信息学的方法赋予了宏基因组学和宏转录组学等技术灵魂，没有适当的生物信息学方法，组学技术无法发挥其相应的功能及作用。基因组学、转录组学、蛋白质组学和代谢组学的最新技术进步与相应的软件和工具相结合，为我们深入探究食物成分、微观营养素、营养特性及其化学和生物性质提供了新的可能。

主要参考文献

白洁，周萍，薛迪．2013．基因临床研究与应用的伦理探讨．中国医院管理，33（1）：20-23．

曹毅．2013．研究者在临床研究中需考虑的伦理学问题探讨．药品评价，10（22）：6-8．

陈国强．2017．合成生物学．北京：科学普及出版社．

陈伟，李增宁，许红，等．2021．特殊医学用途配方食品（FSMP）临床管理专家共识（2021版）．中国医疗管理科学，11（4）：91-96．

程备久．2003．现代生物技术概论．北京：中国农业出版社．

吉萍，李海燕．2014．临床研究的伦理规范．中华肾病研究电子杂志，3（1）：10-13．

李春．2019．合成生物学．北京：化学工业出版社．

刘贤锡．2002．蛋白质工程原理与技术．济南：山东大学出版社．

施颂华．2008．新药临床研究中的伦理探讨．世界临床药物，（3）：181-183．

史瑞雪，杨亚楠．2016．益生菌在婴幼儿食品中的应用研究现状，现代食品，（24）：10-14．

杨凯，张天博，薛江超，等．2017．益生元组合在婴幼儿配方奶粉中的应用，中国奶牛，（12）：46-49．

杨玉珍，刘开华．2012．现代生物技术概论．武汉：华中科技大学出版社．

禹邦超，周念波．2014．酶工程．武汉：华中师范大学出版社．

张惠展．2017．基因工程．第4版．上海：华东理工大学出版社．

张宁，范超楠，唐丹，等．2021．基于大型人群队列的膳食研究进展，48（6）：992-996．

张岩春，戴智勇，汪家琦，等．2020．第五代婴儿配方奶粉研发及应用展望．中国乳品工业，48（6）：40-42，51．

Balls M. 2020. It's time to reconsider the principles of humane experimental technique. Alternatives to Laboratory Animals: ATLA, 48(1): 40-46.

Chen Y, Jin Y, Stanton C, et al. 2020. Dose-response efficacy and mechanisms of orally administered CLA-producing *Bifidobacterium breve* CCFM683 on DSS-induced colitis in mice. Journal of Functional Foods, 75(3): 104245.

De Carvalho Â, Vanegas K G, Pereira F, et al. 2019. Synthetic biology: an overview//Moo-Young M. Comprehensive Biotechnology. 3rd ed. Oxford: Pergamon.

Dhapare S, Li H, Sakagami M. 2018. Salvianolic acid B as an anti-emphysema agent Ⅱ: *In vivo* reversal activities in two rat models of emphysema. Pulmonary Pharmacology & Therapeutics, 53: 52-60.

Elowitz M B, Leibler S. 2000. A synthetic oscillatory network of transcriptional regulators. Nature, 403: 335-338.

Fan Z, Ross R P, Stanton C, et al. 2021. *Lactobacillus casei* CCFM1074 alleviates collagen-induced arthritis in rats *via* balancing Treg/Th17 and modulating the metabolites and gut microbiota. Frontiers in Immunology, 12: 680073.

Geiderman J M, Iserson K V, Marco C A, et al. 2017. Conflicts of interest in emergency medicine. Academic Emergency Medicine, 24(12): 1517-1526.

Gibson D G, Benders G A, Andrews-Pfannkoch C, et al. 2008. Complete chemical synthesis, assembly, and cloning of a *Mycoplasma genitalium* genome. Science, 319(5867): 1215-1220.

Kaviani E, Rahmani M, Kaeidi A, et al. 2017. Protective effect of atorvastatin on d-galactose-induced aging model in mice. Behavioural Brain Research, 334: 55-60.

Kim C H, Kang K A, Shin S. 2023. Healthy lifestyle status related to alcohol and food addiction risk among college students: a logistic regression analysis. Journal of American College Health, 71(3): 775-781.

Luo C, Chen G, Ahmed I, et al. 2021. Immunostimulatory and allergenic properties of emulsified and non-emulsified digestion products of parvalbumin (*Scophthalmus maximus*) in RBL-2H3 cells and BALB/c mouse models. Food & Function, 12(12): 5351-5360.

Mauguen A, Pignon J P, Burdett S, et al. 2013. Surrogate endpoints for overall survival in chemotherapy and radiotherapy trials in operable and locally advanced lung cancer: a re-analysis of meta-analyses of individual patients' data. The Lancet Oncology, 14(7): 619-626.

Munawar N, Ahmad A. 2022. An introduction to genome editing techniques//Ahmad A, Khan S H, Khan Z. The CRISPR/Cas Tool Kit for Genome Editing. Singapore: Springer.

Pasrija R. 2022. Bioinformatics overviews//Dutta S, Gochhait S. Information Retrieval in Bioinformatics: A Practical Approach. Singapore: Springer.

Patel H, Bhatt D, Shakhreliya S, et al. 2021. An introduction and applications of bioinformatics//Singh V, Kumar A. Advances in Bioinformatics. Singapore: Springer.

Phue W H, Xu K, George S. 2022. Inorganic food additive nanomaterials alter the allergenicity of milk proteins. Food and Chemical Toxicology, 162: 112874.

Prakash B, Singh P P, Kumar A, et al. 2020. Prospects of omics technologies and bioinformatics approaches in food science//Prakash B. Functional and Preservative Properties of Phytochemicals. New York: Academic Press.

Rozanova S, Barkovits K, Nikolov M, et al. 2021. Quantitative mass spectrometry-based proteomics: an overview//Marcus K, Eisenacher M, Sitek B. Quantitative Methods in Proteomics. New York: Springer.

Schober P, Vetter T R. 2020. Linear regression in medical research. Anesthesia and Analgesia, 132(1): 108.

Sébédio J L. 2017. Metabolomics, nutrition, and potential biomarkers of food quality, intake, and health status//Toldrá F. Advances in Food and Nutrition Research. New York: Academic Press.

Taroncher M, Rodríguez C Y, Aspevik T, et al. 2021. Cytoprotective effects of fish protein hydrolysates against H_2O_2-induced oxidative stress and mycotoxins in Caco-2/TC7 cells. Antioxidants, 10(6): 975.

Tomar S, Ganesan V, Sharma A, et al. 2021. IL-4-BATF signaling directly modulates IL-9 producing mucosal mast cell (MMC9) function in experimental food allergy. The Journal of Allergy and Clinical Immunology, 147(1): 280-295.

Wang L, Hu L, Xu Q, et al. 2017. Bifidobacteria exert species-specific effects on constipation in BALB/c mice. Food & Function, 8(10): 3587-3600.

Weninger A, Killinger M, Vogl T. 2016. Key methods for synthetic biology: genome engineering and DNA assembly//Glieder A, Kubicek C P, Mattanovich D, et al. Synthetic Biology. Singapore: Springer.

Wiatrak B, Kubis-Kubiak A, Piwowar A, et al. 2020. PC12 cell line: cell types, coating of culture vessels, differentiation and other culture conditions. Cells, 9(4): 958.

Yin L, Zhang Y, Azi F, et al. 2022. Soybean whey bio-processed using *Weissella hellenica* D1501 protects neuronal PC12 cells against oxidative damage. Frontiers in Nutrition, 9: 833555.

Zhen Z, Ping H. 2018. Behavioral analysis of mental and psychological abnormalities and their significance in rats with functional constipation. World Chinese Journal of Digestology, 26(33): 1914-1919.

第五章　食品安全检测

本章介绍了食品安全检测的操作规范、实验设计、样品处理和数据分析等基础知识，重点介绍了食品中有害微生物，食品中农药和天然毒素，食品中有害金属的不同检测技术，不同检测对象相关检测技术的原理和适用范围，不同样品的提取净化、操作过程和结果分析，不同检测技术的优缺点总结，不同检测技术的应用前景。

第一节　有害微生物检测

食源性疾病是人类长期面对的公共卫生问题，有害微生物的污染是引起食源性疾病暴发的重要因素，对各国人民健康及社会经济发展造成重大影响。全球每年因摄入细菌（如沙门菌、单核增生李斯特菌等）、真菌（如黄球霉菌）、病毒（如诺如病毒）、寄生虫（如弓形虫等）而患病的人数多达 6 亿，而我国大多数食源性疾病由金黄色葡萄球菌、沙门菌等细菌引起，有害微生物导致的食品安全问题应引起足够的重视。聚合酶链反应（polymerase chain reaction，PCR）、酶联免疫吸附试验等技术的应用大大提高了食品中有害微生物检验检测的准确度，对提高食品安全度、降低食源性疾病风险具有重要意义。

一、PCR 检测方法和应用

（一）PCR 检测方法的研究进展

1. PCR 的发展历史　食品微生物检测关系到人们的健康，随着食品安全意识的增强，检测质量要求越来越高。PCR 通过 DNA 聚合酶放大微量 DNA，实现对食品中多种微生物的检测。PCR 最早由 Khorana 在 1971 年提出，其基本原理是通过 DNA 变性和引物扩增特定基因。1988 年，Saiki 团队发现耐热 DNA 聚合酶，极大提升了 PCR 的效率和特异性。如今，PCR 已成为微生物检测的核心技术之一，广泛应用于食品安全领域。

2. PCR 的发展现状　PCR 技术目前在环境科学、食品科学、医药行业等多个方向都得到了广泛的应用，尤其是在新冠疫情暴发之后，其在医疗领域和食品领域的应用更加频繁。相较于传统的食品微生物检测技术，PCR 技术具有检测速度较快、操作相对简便、检测的准确率较高、能完成定向检测等特点。

虽然 PCR 技术已经应用广泛，但基于 PCR 的食品微生物检测技术对复杂样品仍有假阳性、背景干扰等诸多问题。如何摒除干扰，得到更加准确的结果来防范有害微生物对食品的污染仍是目前所要面临的一个问题。同时进一步针对不同食品样本探索更加合适的反应体系及反应条件，建立更加灵敏、快捷、通用、准确的 PCR 检测体系也是未来 PCR 技术发展中重要的突破目标。目前 PCR 的仪器、试剂等应用成本仍相对较高，在未来，随着分子生物学技术和机械工业的不断进步，PCR 技术的成本将会降低，方便程度将会进一步提升，使这项技术的应用前景更加广阔。

（二）PCR 检测的实验步骤

1. 样品制备 在 PCR 的实验过程中，需要将待检测的样品进行预处理，得到 DNA 模板，主要包括模板 DNA 变性、模板 DNA 及引物退火和引物延伸三步，连续重复这 3 个步骤后产生更多新链，这些新链在变性后用作下一个循环的模板，增加其中 DNA 的浓度，将一个基因拷贝循环 25～30 轮将使 DNA 扩增 100 万～200 万倍（图 5-1）。

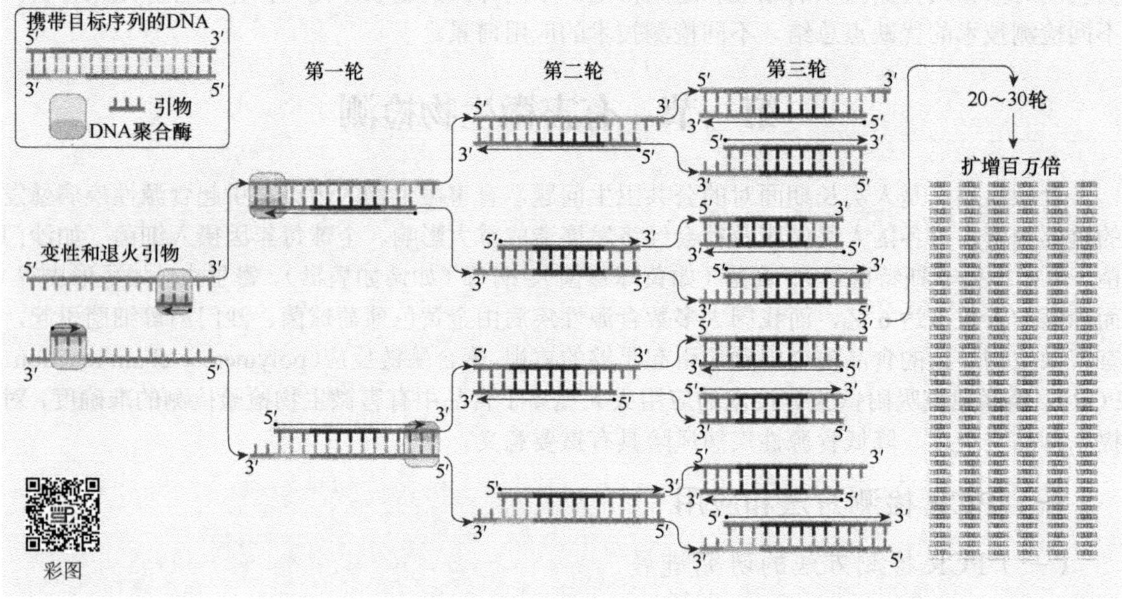

图 5-1 PCR 实验主要过程

2. 引物设计 PCR 引物设计的关键在于有效扩增目标 DNA 序列，设计的合理性直接影响实验的成功率。引物需具备特异性，与非特异性引物区别显著，同源性应低于 70%。设计中应避开二级结构区域，保证引物的长度在 15～30 个碱基对，G+C 含量在 40%～60%，以优化解链温度（T_m）。要避免引物间及引物自身的互补性，尤其在 3′端，确保引物能够有效延伸。5′端可修饰以添加功能性标签，如荧光素或生物素。

3. PCR 产物检验 PCR 产物的常规检验方法是琼脂糖凝胶电泳，因其操作相对简单且只需少量样本。其原理是通过大小不同的 DNA 分子在凝胶中的移动速度差异，将其分离为不同条带。使用溴化乙锭对 DNA 条带染色后，通过紫外光照射，DNA 会发出荧光，从而能够判断条带的大小。这一过程可有效评估 PCR 扩增产物的大小和质量。

除了直接使用 DNA 样品进行 PCR 以外，RNA 样品也可以进行 PCR 试验。RT-PCR 技术的出现使得 RNA 检测技术的准确度得到了极大的提升。RT-PCR 是一种结合了 RNA 逆转录和 PCR 的新兴技术。在实验过程中，先使用逆转录酶，将 RNA 合成为 cDNA，再将 cDNA 作为模板，使其在 DNA 聚合酶的帮助下对特定片段进行扩增合成。

（三）PCR 检测方法应用举例

随着 PCR 技术的不断完善，食品微生物检测工作也在不断的发展，PCR 技术可以在食品微生物检测中实现针对性的检测。尤其是在针对致病菌等有害微生物方面，PCR 技术有着不可替代的作用。

1. 针对大肠杆菌的检测　大肠杆菌是一种革兰氏阴性菌，其侵入人体后会导致消化系统疾病的出现，是食品微生物检测过程中的重要检测指标。在传统的食品微生物检测方法中，主要是通过血清法来进行检测和分析。但是这种方法因为工作效率较低及准确性较差而被逐渐替代。现在，借用 PCR 技术，能直观清晰地对食品中的大肠杆菌进行准确迅速的检测，从而全面提高食品安全检测工作的效率。

2. 针对沙门菌的检测　沙门菌是一种寄居在人和动物肠道中的细菌，在侵入人体后，可能会引起消化道的感染。沙门菌在动物源的食品内存在比较广泛，但同时植物性的食品也可能由于间接的因素受到沙门菌的影响。PCR 技术的完善对沙门菌的检测有着重要的帮助，与传统的检测方法相比，利用 PCR 技术进行沙门菌的检测不仅减少了检测过程中的危害，提升了检测效率，同时 PCR 技术还能避免食品加工过程中的额外影响，准确检测出沙门菌的含量。总体来说，PCR 技术的应用，为沙门菌检测的细致化和准确化提供了巨大的便利条件。

3. 针对金黄色葡萄球菌的检测　金黄色葡萄球菌一般存在于速冻类的食品之中，侵入人体内后会导致多种感染，对人类的健康有着较大的威胁，因此针对金黄色葡萄球菌的检测工作至关重要。传统的金黄色葡萄球菌检测工作主要是对其内部编码进行全面分析，然后通过 RNA 技术手段探索其中的相关数据。而随着 PCR 技术的不断完善，可以突破传统的单一化的检测方法，极大地提升了检测效率同时降低了检测成本。

4. 非致病菌的检测　除了对传统致病菌进行检测，PCR 技术在食品检测过程中对乳酸菌等非致病菌的确认也起着重要的作用。乳酸菌是一种常见的菌群种类，对促进肠道微生物菌群平衡有着重要的作用，在食物中不当的乳酸菌使用可能导致食品腐败等安全问题。因此借助 PCR 技术，限制检测食物中乳酸菌的量也是 PCR 在食品检测领域中的重要应用。

（四）其他 PCR 应用

除了传统的 PCR 技术，随着分子生物学的不断进步，也开发出了很多其他的 PCR 应用技术。

1. 多重 PCR　多重 PCR 与普通 PCR 在实际应用过程中的应用原理相似，不同之处是多重 PCR 在反应体系内设置了一对或以上的特异性引物，并构建了和各个引物互补的特异性模板，因此可以在相同的环境下扩增多条 DNA 片段。这项技术不仅保留了常规 PCR 技术中特异性和敏感性的优势，同时也简化了实验步骤，提升了实验效率，在一次检测中对多种微生物进行扩增检测。但同时这项技术也存在较大的提升空间，相比于常规 PCR，多重 PCR 扩增处理的效率较低，缺乏一定的敏感性，同时在扩增的过程中需要摸索条件，因为不同的引物之间可能存在相互干扰。

2. 实时荧光定量 PCR　相较于传统的 PCR 技术，实时荧光定量 PCR 在常规 PCR 的基础上加上了荧光信号，通过荧光信号监测扩增产物的生成过程，从而实现定量和定性的分析。利用该技术对食品微生物进行检测分析可以避免在检测过程中发生交叉污染，同时将荧光染色的步骤与 PCR 的步骤合二为一，因此效率更高，特异性更强。

3. 基于 PCR 的基因芯片检测技术　基因芯片是一种新兴的高通量核酸分子杂交技术。通过原位合成和显微打印技术，将核酸分子探针按计划顺序固定在固相介质芯片表面，是一种从中提取核酸分子的技术。PCR 扩增后，将样品与带有高密度寡核苷酸阵列的芯片上的探针杂交，并通过荧光扫描等技术检测杂交信号，以确定样品中特定微生物的存在。与传统 PCR 相比，基因芯片有高通量、自动化程度高等优点，可以在各种复杂的食品环境中进行检测，但目前在食品微生物领域的应用水平还不高，还有很大的发展空间。

二、ELISA 检测方法和应用

（一）ELISA 检测方法的原理及研究进展

1．ELISA 的发展历史 酶联免疫吸附试验（enzyme linked immunosorbent assay，ELISA）是一种以免疫学为基础的检测技术。它是利用酶标记抗原与抗体特异性结合、显色后，通过比较颜色的深浅来测定微量成分的一种现代分析技术。ELISA 的起源要追溯到 20 世纪 60 年代，为了检测内源血浆中的胰岛素水平，美国科学家 Yalow 和 Berson 使用了碘标记的放射免疫分析（radioimmunoassay），由于其放射性太高，难以进行大面积的推广应用，于是一些科学家将目光放在了生物酶上，来代替放射性标记，然而由于酶与抗体或抗原连接会影响彼此的生物活性，这项技术一直没有突破。直到 1971 年，瑞典斯德哥尔摩大学的 Perlmann 教授发表了以碱性磷酸酶为标记的 ELISA 论文，同年，来自荷兰的 Schuurs 教授也报道了使用辣根过氧化物酶连接丙二醛作为标记物的 ELISA 研究，自此 ELISA 方法正式问世。后来随着实验方法的不断改进，实验器材也从刚开始的纤维素和聚苯乙烯试管作为固相载体去吸附抗原、抗体逐渐改进为板式反应孔来进行 ELISA，这极大地提升了实验通量，提升了实验效率。

2．ELISA 的反应原理 ELISA 的反应原理是基于抗原和抗体能够吸附在固相载体表面并保持免疫活性，从而使特异性的酶分子与它们共价结合，同时这种共价结合并不会改变原抗体或抗体的免疫学特性和酶分子的生物学活性。在利用 ELISA 的测定过程中，用酶标记的抗体或抗原能够与固相载体表面上的抗体或抗原进行特异性的结合，同时将样品吸附到固相载体的表面，与其上的抗体或抗原进行反应。随后通过洗涤将抗原抗体的复合物同其他物质分离开。加入酶反应的底物后，酶会催化底物转化为有色产物，其颜色深浅与样品中相应抗体或抗原的含量成一定的比例关系。通过测量颜色的深浅，可以进行定性或定量分析。

（二）ELISA 的实验步骤

1．样本的采取和保藏 ELISA 的应用范围广泛，可用于食品、体液（如血清）、分泌物（如唾液）和排泄物（如尿液、粪便）等多种样本的抗体或抗原成分测定。对于某些标本，如血清和尿液，可以直接进行测定。但对于其他标本，如粪便和食品，需要经过预处理后才能进行 ELISA 检测。大部分 ELISA 以血清为样本进行检测，在以食品作为检测样本的时候需要提前对菌株的样本进行提纯。

2．加样 ELISA 的过程一般包括三个加样步骤：分别加入样本、酶联物和底物。添加样品时，注意把物质添加到 ELISA 板的孔底部，而不是添加到孔壁的顶部，以避免飞溅或气泡。通常使用微量注射器添加标本，并将指定量的样品添加到板孔中。每次加样后应更换枪头以避免交叉污染。如果加样时需要稀释，也可以在加样前先将样品稀释到合适的浓度。在添加酶联物和底物时，可使用定量多通道加液器快速完成整个加液的过程。

3. 洗涤　在 ELISA 中，洗涤步骤用于分离未结合的酶标记物和与固相抗原或抗体结合的复合物。这些洗涤步骤的目的是去除任何与固相载体非特异性结合的干扰物质，确保板孔中只存在特异性的抗原-抗体复合物。通过洗涤，可以减少非特异性吸附和背景信号，提高 ELISA 的特异性和灵敏度。聚苯乙烯等塑料对蛋白质的非特异性吸附是普遍存在的现象，在 ELISA 中会产生干扰。为了去除这些非特异性吸附的干扰物，需要使用洗涤剂进行洗涤。关于洗涤的方式，常规的方式主要分为浸泡式和流水冲洗式两种，一些特殊的 ELISA 仪器有自动洗涤仪。

4. 显色与比色　显色是 ELISA 中的最后步骤，在这个过程中，酶催化无色底物生成有色产物，反应的温度和时间是影响显色结果的主要因素。在一定时间内，阴性孔可能保持无色，而阳性孔的显色强度会随着反应时间的增加而增强。在定量测定时，应根据指示，确保添加底物后的反应温度和时间与规定一致，以保持准确性。而在定性测定中，显色通常在室温下进行，反应时间一般根据阳性和阴性对照孔的显色情况进行调节，可以根据需要缩短或延长反应时间。

比色前，先用干净的吸水纸将板底的液体擦拭干净，然后将板放置在酶标比色仪的比色架上。对于软板为载体的测定，在进行比色法之前，必须将板放置在标准的 96 孔支架中。最好在添加显色底物溶液之前修剪软板的边缘，使板完全平放在框架中。在进行比色法时，先用蒸馏水标定零点，底物孔（只加入底物溶液，未发生任何反应的孔）和空白孔（全程用生理盐水或稀释液代替样品的孔）分别读取记录结果和测试的试剂状态。然后，用空白孔的吸光度减去反应孔的吸光度，进行计算。比色结果通常使用光密度（optical density，OD）或固体吸光度（absorbance，*A*）来进行表示。

5. 结果判断　定性测定是对受检标本中是否含有待测抗原或抗体作出简单判断，用“阳性”或“阴性”表示。“阳性”表示该标本在该测定系统中有反应，“阴性”表示无反应。使用定性判断法也可以得到半定量结果，即通过滴度来表示反应的强度，尽管这种方法本质上仍属于定性试验。在半定量测定中，通过对标本进行一系列稀释并进行试验，我们可以确定呈阳性反应的最高稀释度作为滴度。根据滴度的高低，可以判断标本反应性的强弱。相较于直接观察不稀释标本的反应颜色深浅，半定量方法更具有定量意义，能更准确地衡量反应的强度。

（三）ELISA 的分类

目前，ELISA 大致可以分为以下 3 类。

1. 直接竞争法

（1）竞争法测抗体　在抗原中存在难以去除的干扰物或无法获得足够纯化的抗原时，我们可以采用该方法来检测特异性抗体。该方法的原理是样品中的抗体与一定量的酶标抗体竞争结合固相抗原。当样品中的抗体含量较高时，酶标抗体与固相抗原的结合就会减少，因此阳性反应比阴性反应温和。如果抗原纯度高，可以直接包被到固相上。抗原中含有干扰物质，直接包被固相抗原会变得困难。因此，我们可以采用捕获包被法，先包被固相抗原对应的抗体，再加入抗原形成固相抗原复合物。接着，通过洗涤去除抗原中的杂质，然后加入样品和酶标抗体进行竞争性结合反应。竞争法检测抗体的方式有多种选择。样品和酶标抗体可以通过竞争性结合与固相抗原发生反应。这种方法在抗-HBc ELISA 中常被采用。另一种方式是将样品和抗原加入固相抗体中，通过竞争结合来洗涤后，再加入酶标抗体与固相结合的抗原反应，这种方法一般用于抗-HBe 的检测。

（2）竞争法测抗原　由于抗原或小分子半抗原缺少两个或两个以上可作为夹心法的位点，因此，在该情况下不能采用双抗体夹心法进行检测，而可以采用竞争法模式。该方法的原理是样品中的抗原与一定量的酶标抗原竞争结合固相抗体。样品含有的抗原越多，与固相结合的酶标抗原越少，最终颜色越浅。该方法常用于 ELISA 法测定小分子激素和药物。

2．双抗体夹心法　该方法是最常用的 ELISA 方法。其步骤包括将特异性抗体与固相支持物相结合，形成固相抗体。随后进行洗涤，以去除未结合的抗体和杂质。最后，加入待测样品并进行反应保温。样品中的抗原与固相抗体结合，形成固相抗原抗体复合物。随后，添加酶标抗体并进行反应孵育，使固相免疫复合物上的抗原与酶标抗体发生特异性结合。随后，仔细洗涤以去除未结合的酶标记抗体。在这一步骤中，固相支持物上的酶标记量与样品中检测的抗原量密切相关。添加显色底物，固相上的酶将底物催化成有色产物。通过比色法，可以测量得到样品中的抗原量。

双抗体夹心法适用于各种大分子抗原的检测，如 HBsAg、HBeAg、AFP、hCG 等。其原理是通过使用一对特异性抗体（一个抗体用于固相包被，另一个抗体与酶结合）检测这种夹心法具有高度特异性，使得待测样品与酶标抗体可同时孵育，实现一步检测。在一步检测中，当样品中的被测抗原含量较高时，多余的抗原将与固相抗体和酶标抗体分别结合。这种方法为高灵敏度抗原检测提供了可靠的解决方案。

双抗原夹心法的反应方案与双抗体夹心法相似。通过将特异性抗原包被在固相载体上并制备酶结合物，实现对相应抗体的检测。与间接抗体测定法的区别在于用酶标抗原代替酶标抗体。该方法中被测样品无需稀释，可直接用于测定，所以其灵敏度相对间接法要高。该方法常用于检测乙肝标志物中的抗-HBs。该方法的关键是酶标抗原的制备，必须根据不同的抗原结构寻找合适的标记方法。

3．间接竞争法　间接竞争法是一种广泛应用于抗体检测的方法。其原理是通过将酶标记的抗体（通常是抗人免疫球蛋白抗体）与待测样品中的特定抗体结合，再将该复合物加入固相抗原包被的板孔中。将特异性抗原与固相支持物结合，形成固相抗原。然后通过洗涤步骤去除未结合的抗原和杂质。接下来，将稀释后的测试血清加入孔中，进行反应孵育。在血清中的特异性抗体与固相抗原结合的过程中，形成固相抗原抗体复合物。经过洗涤，固相支持物上只有特异性抗体保留，其他血清成分被去除。然后加入酶标抗体，其中酶标抗人 IgG 适用于总抗体检测，而酶标抗人 IgM/IgA（或其他特定亚型抗体）可用于特定类别的抗体检测。固相免疫复合物中的抗体与酶标抗体结合，以间接标记了酶的存在。洗涤后，固相支持物上的酶量与样品中检测的抗体量呈正相关。添加显色底物，反应后显色，该方法主要用于致病性抗体的检测和传染病的诊断。间接法的优点在于只需改变包被抗原就能使用同一种酶标抗体建立检测相应抗体的方法。然而，间接竞争法的成功与否关键在于抗原的纯度。尽管有时使用粗抗原包被也能获得有效结果，但应尽可能纯化抗原，以提高检测的特异性。

（四）ELISA 检测的应用

ELISA 检测微生物具有操作方便、省时省力、灵敏度高等特点，应用在食品检测的多个领域（表 5-1）。目前，有研究采用 ELISA 检测了番茄酱中 3 种霉菌（*Alternaria alternaria*、*Geotrichumcandidun*、*Rhizorus stolonifer*）的含量，结果表明该方法可检测番茄酱中 1μg/g 干霉菌样品，比化学法灵敏。研究结果表明，ELISA 可以更灵敏、快速地检测大肠埃希菌内毒素。除此之外，应用 ELISA 对沙门杆菌进行检测也有报道，当细菌含量在一定范围内时，样品中细菌检出率可达到 90%，检测限可达到 0.16cfu/g，检测沙门杆菌的特异性为 100%，可以满足大部分样品对沙门杆菌的测定要求。此外，采用 pH 响应比色 ELISA 检测牛奶中的猪霍乱沙门杆菌，当菌液浓度在一定范围内时，可以进行定量检测，加标试验回收率稳定，相对标准偏差较小，因此可以快速、灵敏地测定牛奶中不同浓度的猪霍乱沙门杆菌，同时还可独立测定其中的金黄色葡萄球菌、大肠杆菌无交叉反应。荧光 ELISA 检测金黄色葡萄球菌的方法也有报道，在最佳试验条件（盐离子浓度为 0.01mol/L、pH 6.0）时，金黄色葡萄球菌的检测灵敏度为 1×10^4cfu/mL，而且与其他致病菌无交叉反应。相比于传统方法，ELISA 和经典培养方法检测大肠杆菌 O157 时，ELISA 检出限为 0.04cfu/g，与非大肠杆菌 O157 的菌株未发生交叉反应现象，特异性为 100%，操作过程仅需要 1.5h，比经典培养方法节省了 24h 的平板培养时间和 24～48h 的生化鉴定时间。总体来说，该方法更加简便、快速、高效、准确。

表 5-1　ELISA 在食品检测中的应用

应用领域	检测目标	ELISA 的优势	示例
农药残留检测	有机磷农药、氨基甲酸酯等	灵敏度高、快速检测	蔬菜、水果中的农药残留检测
抗生素残留检测	青霉素、四环素、链霉素等	灵敏度高、特异性强	牛奶、肉类中的抗生素残留检测
毒素检测	黄曲霉毒素、赭曲霉毒素等	定量分析、可靠性高	花生、谷物中的黄曲霉毒素检测
过敏原检测	花生、牛奶、蛋白质等过敏原	精确度高、可避免过敏风险	食品加工中的过敏原监控
转基因成分检测	转基因蛋白	针对性强、快速筛查	食品中转基因成分检测
致病菌检测	沙门菌、李斯特菌、弯曲菌等	特异性强、样本处理简单	肉类、乳制品中的致病菌检测

除了致病菌以外，ELISA 的检测同时也应用到了食品中农药残留的检测及真菌毒素的检测等方向。ELISA 由于具有操作方便、灵敏度高等特点，应用范围也在不断扩大，在食品行业中除了用于检测食品中的农药、兽药等药物残留外，还可以应用于其他污染物、重金属及一些蛋白质的测定。总体来说，ELISA 是一种以免疫为基础的检测方法，在食品、医药等行业中应用广泛，在此基础上建立了检测各成分的试剂盒，使得检测操作简便、灵敏度高、速度快，而且这种方法既可以检测抗原，也可以检测抗体，检测范围不断扩大，可以应用于现场检测；但在使用中仍然存在很多不足，如对试剂的选择性高，对一些结构类似的反应物交叉反应率较高，不能同时分析多种成分等。由于食品成分复杂，分析过程中容易受到干扰，在很多成分的检测中 ELISA 发挥了自身检测的优势：操作简便、无需大型仪器设备、检测时间短等，可以大大缩短检测周期、降低检测成本。随着界面化学的进步、新功能材料和新标记技术的发展、新的固相处理技术的应用、多克隆抗体技术的成熟以及试剂盒的开发利用，ELISA 能够克服其缺点，在现场检测及复杂样品检测方面具有广阔的发展前景，并且朝着自动化、智能化、微型化方向发展。

三、基因芯片检测方法和应用

（一）基因芯片检测方法的原理及研究进展

随着微生物在食品安全学、生物学、环境学扮演的角色越来越重要，高度信息化、快捷化的现代社会对于微生物的检测要求也越来越高，具有高通量、微型化、自动化和信息化技术特点的基因芯片顺应时代的发展，成为微生物检测中一个有效的手段。该技术可以对遗传信息进行定性、定量分析，成为应用于医疗、食品和环境中微生物的检测和鉴别的重要技术。由于芯片技术的迅猛发展，目前在食品安全学中，基因芯片是检测食源性细菌、食源性病毒、转基因食品的高效检测手段，同时在环境生态学、生物学等各个领域近几年都有所突破。基因芯片是20世纪90年代初发展起来的一种全新的微量分析技术，通过设计不同的探针阵列，并将其固定在微小特殊的芯片上，采用显微扫描技术对杂交进行实时监测，具有很高的应用价值。基因芯片技术在应用过程中，由于其自身具有良好的操作性能常用于食品微生物的检测中，大大提高了我国食品微生物检测工作的效率。

基因芯片技术应用到食品微生物检测过程中可一次性检测出所有潜在的致病微生物，也可以利用同一基因芯片对某一个病原性微生物的整体结构、整体功能、整体指标进行仔细的检测与分析，该技术在应用过程中具有非常高的灵敏度与特异性。基因芯片技术可应用到食品微生物各类检测工作中，准确地分析出食品腐败的原因，同时也能够准确找到腐败食品中其他方法无法检测出来的微生物，及时反映出食品当前的状态情况。相对于目前的基因检测技术发展而言，基因芯片技术属于一种新兴技术，具有快速、准确、灵敏等优点，同时在外界条件一致的情况下，可以进行大批量的检测，保证检测结果的准确度，能够有效提高食品微生物检测工作效率。但该项技术在目前发展过程中仍然存在很多问题：①该技术在使用过程中需要昂贵的设备仪器作为支撑，也就导致该项技术在目前很难广泛地推广使用；②该技术在开展过程中操作复杂，需要专业性特别强的人才，限制了该技术的适用范围；③在样品选取的过程中可能会造成样品污染，影响到最终检测的准确度；④样品标记与制备具有非常强的复杂性与随机性，每一个工作人员都可能会产生不同的结果。以上提到的这些问题都大大影响了基因芯片技术在食品微生物检测中的应用效果。要解决上述问题，相应的部门机构应该简化操作方法与手段，多进行人才培养，提供更全面的技术保障，研制开发出新型检测设备，降低操作难度，减少失误率。

（二）基因芯片检测的实验步骤

1．芯片制备 根据芯片上点制的核酸的来源不同，芯片可以分为以下几种类型。

（1）*寡核苷酸芯片* 寡核苷酸芯片上的探针主要为寡聚核苷酸序列，包括短寡聚核苷酸序列和长寡聚核苷酸序列。寡核苷酸探针一般是根据已有的基因序列数据库信息人工合成的，成本较高，适用于基因数目较少的情况。短寡聚核苷酸通常长度为15～25nt，主要用于单核苷酸多态性的研究等，因为短寡聚核苷酸序列互补稳定性对序列间的错配更敏感。长寡聚核苷酸靶标长度为50～70nt，具有高度的特异性，能产生很强的杂交信号。

（2）*PCR产物芯片* PCR产物芯片是利用PCR技术扩增特异性的目的片段作为探针固定在载体上。PCR制备探针的优势就是进行微阵列前不需要知道探针的序列，只需扩增出片段，将扩增产物点到载体上并和样品杂交。PCR 制备探针是一种常规实验室就可以采用的实验技术，不需要寡聚核苷酸合成仪。利用 PCR 制备探针的缺点就是 PCR 产物为双链核酸，点制前需要变性处理；另一个缺点是探针长度过长，比较容易发生非特异性杂交。

（3）基因组芯片　基因组芯片是直接提取微生物的基因组点制到玻片上，通常用于生物群落的检测。群落基因组芯片（CGA）就是用纯培养微生物的整个基因组 DNA 构建的，根据可培养的微生物来研究环境微生物群落。CGA 避开了对特异序列信息的需要，该类芯片按照可培养的成分来研究微生物群落，因此不能用于鉴定难培养的微生物。

（4）RNA 芯片　RNA 芯片是直接提取微生物的 RNA 点制到玻片上。RNA/RNA 或 RNA/DNA 杂交体比 DNA/DNA 杂交体更稳定，杂交反应可在更严格的条件下进行，因而杂交的特异性更高，结果更可靠。

2. 样品制备

（1）PCR 扩增样品　利用 PCR 或 RT-PCR 对样品进行体外扩增。由于基因芯片检测的灵敏度主要由 PCR 和显色方法的灵敏度所决定，环境中直接提取的样品通常较少，因此 PCR 的扩增显得尤为重要。

（2）不对称 PCR　为了提高杂交效率，引入了不对称 PCR 来制备更多的单链。通常不对称 PCR 是指用不等量的一对引物，PCR 扩增后得到大量的单链 DNA。

（3）逆转录制备样品　一种方法是从样品中提取 RNA，然后利用特异性引物进行逆转录，反应体系中加入一种荧光标记 dNTP，新合成的 cDNA 中就随机插入了荧光标记的核酸。另一种方法是采用末端标记法，即在引物的一端进行标记，新合成的链中就会含有荧光素。

（4）DNA 样品　直接提取微生物的基因组，用染料试剂盒标记，或者使用随机引物标记后即可用来和芯片杂交。

（5）RNA 样品　直接提取 RNA 并进行标记后和芯片杂交，无需进行 PCR 扩增，这一个明显的技术优势。通过与预先制备好的基因组芯片杂交，可以有效研究食品中的微生物群落。

（三）基因芯片在食品有害微生物领域的应用

1. 在食品安全检测中的应用　食源性致病微生物和转基因食品是两大突出的食品安全问题。食源性致病微生物中包含细菌、病毒和真菌，传统食源性微生物的检测方法比较单一，相对独立、费时费力且无法进行高通量检测，食源性病毒的常规检测有电镜观察、细胞培养、核酸杂交和 ELISA，其中电镜观察、ELISA 及以 PCR 为主的杂交检测由于其低灵敏度而无法用于单独检测。而基因芯片技术，以其高灵敏度、高通量、高特异性的特点，可以一次性检测多种致病菌，并且结果通过自动化分析，对于建立高效、灵敏的食品检测体系有着传统方法无可替代的优势。含有外源基因或外源基因产物的转基因食品自问世以来就备受争议，转基因食品的检测和标识也变得越来越重要，而目前国际上还没有统一的标准检测方法，常用的方法主要有化学成分检测、ELISA 及以 PCR 为主的核酸检测法，由于其外源基因种类繁多及产物的复杂性，使得这些方法只能针对单一检测目标进行检测，而基因芯片则刚好弥补了这方面的不足，因此受到了越来越多国家的重视。

2. 在食源性细菌检测中的应用　大肠杆菌属、李斯特菌属、金黄色葡萄球菌属、沙门菌属及副溶血弧菌属是食源性细菌中最主要的致病菌。Song 等研究了以抗体固定化毛细管反应器和 ELISA 阵列为基础的缩微基因芯片系统对于大肠杆菌 O157∶H7 多元化的检测，大肠杆菌 O157∶H7 的最低检测限为 3 个细胞单位，对于跟踪和识别 O157 菌具有重要意义。Borucki 等成功构建了一种可准确鉴别 24 种近缘单核增多李斯特菌微阵列基因组芯片，与脉冲电泳分离结果保持一致。饶宝等通过 16S rRNA 基因序列设计特异性探针，制备的基因芯片能够在相同条件下同时检测并区分沙门菌、金黄色葡萄球菌和大肠杆菌。陆琳等基于遗传算法的单核苷酸多态性（SNP）位点提出了一种自动选择方法，可以快速确定食源性微生物的 SNP 位点组合，缩短了国境口岸致病微生物的检测时限。黎昊雁等利用可见光基因芯片技术，设计靶细菌 16S rDNA 和 23S rDNA 的通用引物，反向引物 5′端标记生物素，建立的基因芯片方法可同时检测志贺菌、沙门菌等 12 种食源性致病菌，具有很高的应用价值。唐晓敏等利用基因芯片技术对 20 株细菌进行了杂交实验，并用传统方法对这些菌株进行了鉴定，两者的结果一致性为 95%，同时可以在 4h 内完成一个未知菌种的判定。李禾等建立一种运用多重 PCR 和基因芯片技术检测和鉴定伤寒沙门菌和单核细胞增生季斯特菌的方法，可以为这两种致病菌的快速检测提供新的检测方法。

3．在食源性病毒检测中的应用 食品微生物污染主要由食源性致病微生物引起，而人类腹泻性传染病大多源于食源性病毒感染。张捷等通过分子马达生物传感器技术联合基因芯片技术建立一种特异、便捷、快速的食源性轮状病毒检测方法，可在 1h 内迅速检测出食源性轮状病毒。Lee 等建立了一种基因芯片检测技术可同时检测 7 种奶牛乳房炎常见病原微生物（金黄色葡萄球菌、乳房链球菌、牛棒状杆菌、牛支原体、牛链球菌、停乳链球菌和无乳链球菌），该基因芯片能在 6h 内完成整个检测过程，且灵敏度高，目前已成功应用于临床。陈广全建立了检测 5 种食源性病毒（诺如病毒、轮状病毒、甲肝病毒、星状病毒和脊髓灰质炎病毒）的基因芯片，其灵敏度与荧光 PCR 方法基本一致。

（四）基因芯片技术应用前景及存在的问题

1．应用前景 纵观当前国内外基因芯片技术的发展现状，笔者发现，该项技术在国外也是刚进入平台操作阶段，在国内更是处于刚起步状态，相信随着科技的不断发展，研究团队对该项技术不断深入研究，可以更好地保证技术本身的实用性，大大提高该技术的使用效率，使该项技术能够全面推广到我国的食品微生物检测工作中。基因芯片是一种利用尖端技术反映基因表性特征的成熟检测技术，除了本文提及的应用路径外，在其他多个食品检测领域中均能起到提高检测效率与检测精度的作用。因此需要食品检测行业通过技术研发拓展基因芯片的应用潜力，从食品原料检测及致病微生物菌类检测两个方面着手，更好地保障食品生产加工安全。

2．存在的问题 基因芯片技术是 20 世纪 90 年代早期发展起来的一项革命性的新技术，它具有并行性、微型化和自动化的特点。但它还没有大量地转化为商品使用，因为仍存在一些技术问题：①由于样品的制备仍与传统样品制备一样，依赖于各种生物、物理和化学手段实现，这就阻碍了基因芯片向微型化、集成化、自动化发展，而成为基因芯片技术发展的“瓶颈”。②基因芯片技术所需的寡核苷酸合成仪、点样仪和扫描仪等仪器价格昂贵，导致成本过高。目前芯片检测的重复性不是很稳定，有一定程度的假阳性，这与影响杂交的各种因素有关，必须充分研究了各种因素对杂交的动力学的影响，才能提高芯片的特异性。③由于不同实验室、不同实验人员对芯片检测的结果判断没有统一的标准，造成了芯片检测在国际上没有标准化。④还需要丰富的微生物基因组库，进一步提高信号检测的灵敏度。

四、蛋白质芯片检测方法和应用

（一）蛋白质芯片检测方法的原理

蛋白质芯片又称蛋白质微阵列，是按使用目的的不同将大量的蛋白质、蛋白质检测试剂或检测探针以预先设计的方式固定在玻片、硅片及纤维膜等固定载体上组成密集的阵列，并将待测蛋白质与该芯片进行孵育反应。当荧光标记的靶分子与芯片上的分子结合后，可通过激光扫描系统或电荷偶联照相系统对荧光信号的强度进行检测，在扫描仪上读出荧光强弱，用计算机分析出样本结果。蛋白质芯片能够高通量地测定蛋白质的生物活性，以及蛋白质与大分子和小分子的相互作用，或者用于高通量定性和定量检测蛋白质。蛋白质芯片分析本质上就是利用蛋白质之间的相互作用对样本中存在的特定蛋白质进行检测。

（二）蛋白质芯片检测的实验步骤

1．蛋白质芯片及其制作方式的分类　蛋白质芯片可分为无活性和有活性两种形式。无活性芯片是将已合成好的蛋白质点印在芯片上；有活性芯片则是在芯片上点印生物体（如细菌），在芯片上原位表达蛋白质。活性芯片可以提供模拟的机体内环境，对于蛋白质功能分析更有利。按固相支持物进行分类，目前主要分为两种类型生物蛋白质芯片：一种为在固相支持物表面高密集排列的探针蛋白质点阵；另一种为微型化凝胶电泳板，即样品的待测蛋白质在电场作用下通过芯片上的微孔道进行分离，然后经喷射进入质谱仪中来检测待测蛋白质的分子质量及种类。

蛋白质芯片按密度还可分为三类：①低密度（几十到几百个点），适合小规模检测，如临床诊断，成本低、操作简单；②中密度（几百到一万点），用于中等通量研究，如信号通路分析；③高密度（超一万点），覆盖全蛋白质组，适合大规模筛选，但需高精度检测和复杂数据分析。密度的高低将决定芯片的技术难易、价格高低、应用范围及商业化普及的程度等。

蛋白质芯片的制作过程为：蛋白质芯片载体表面的化学处理—蛋白质的预处理—芯片的点印—配基的固定—芯片的封阻—检测过程—分析结果。

2．载体表面的化学处理　用含乙醛的硅烷处理载玻片，使载玻片表面的醛基与蛋白质的氨基反应，形成席夫碱，对蛋白质进行固定。对于固定较小的蛋白质分子或肽，则用活化脂修饰牛血清白蛋白（BSA-NHS）修饰载玻片，具体方法为：先在载玻片上吸附一层牛血清白蛋白（bovine serum albumin，BSA）分子，然后用 *N,N'*-二琥珀酰亚胺基碳酸酯（*N,N*-disuccinimidyl carbonate，DSC）激活 BSA 分子，使 BSA 上活化的 Lys、Asp、Glu 与待固定蛋白质氨基或醛基发生反应，形成共价连接。

3．蛋白质的预处理　制备芯片的蛋白质需要具有较高的纯度和完好的生物活性，点样前需要选择合适的缓冲液，一般是采用含 40% Gly 的 PBS 缓冲液，这可以防止溶液蒸发，使蛋白质在芯片的整个制作过程中保持水合状态，防止蛋白质变性。

4．芯片的点印　目前点印蛋白质芯片采用的方法是利用机械带动点样头进行，点样头为不锈钢针头，与 DNA 芯片的点样仪相似。为了防止芯片表面水分蒸发，造成点印不均匀或使蛋白质变性，点样应处于密闭且保持一定湿度的空间中进行。

5．配基的固定 以乙醛基修饰的载玻片为载体的芯片，其固定原理在载体的表面处理中已说明。需说明的是蛋白质的固定技术影响着蛋白质芯片的发展速度，因为蛋白质有着比核酸更为复杂的化学性质。被固定蛋白质分子的衍生是蛋白质芯片制作中尚未解决的问题。

6．芯片的封阻 蛋白质固定后要将载体上其他无蛋白质样品区域封阻，以防止待测样品中的蛋白质与之结合，形成假阳性，封阻所用的试剂主要有BSA和Gly两种。封阻后，用磷酸盐缓冲液（PBST，含0.1% Tween-20）反复洗涤芯片，将多余的封阻剂洗去。

7．检测及分析 根据样品是否与载体上固定的配基进行特异性反应，可以检测出样品中是否含有与配基特异相互作用的分子，并能鉴定其组分。目标蛋白质可在芯片表面直接检测，也可从芯片上洗脱后间接检测。直接检测法包括：检测折射指数变化的表面等离子体共振法、固相激光激发时间分辨荧光光谱法、增强化学发光法、表面增强激光解吸/离子化质谱法、荧光偏振光导向技术。间接检测法多数是将蛋白质芯片与电喷雾离子化、基质辅助激光解吸/离子化质谱联用。在每个芯片的制作过程中应设计有阴阳性对照反应，或已在多次实验中找到一个判断阴阳性结果的界值，作为判断结果的根据。

（三）蛋白质芯片在食品有害微生物领域的应用

由于缺乏合适的检测方法，有些致病菌即使偶尔出现在食品中，也不能及时被检测出来，对人类健康造成一定的威胁。食品微生物的检验是确保食品质量和安全的重要手段，因此加强对有害病菌的筛选与检测，可有效地防止食品被各种微生物，特别是致病菌污染和各种传染病的蔓延。研究者建立了一种基于荧光免疫检测方法的抗体芯片。其基本原理是将针对抗原的特异性识别抗体点布于片基上用于捕获样品中的待测抗原，制备抗体芯片，与待测的样品中的抗原结合后，用荧光标记的抗体对捕获抗原进行定量检测。

蛋白质芯片对致病微生物的检测就是对生物毒素的检测。生物毒素蛋白质芯片是利用抗原抗体的特异性反应原理进行检测的。检测食品致病菌的蛋白质芯片所固定的配基是单克隆抗体，因此，制备芯片的原料就是常见的所有可能的致病菌（甚至包括其不同种、菌株）所分泌的特定毒素的单抗。单抗的制备途径以金黄色葡萄球菌肠毒素B为例。首先，培养能够产生B型肠毒素的金黄色葡萄球菌，收集其培养上清液。接着，通过阳离子交换纤维素CM-32和葡聚糖凝胶G-75层析技术对上清液中的肠毒素进行初步和进一步纯化，获得高纯度的肠毒素B。随后，使用6～7周龄的Balb/c雌性小鼠进行免疫。免疫完成后，取小鼠脾细胞并与骨髓瘤细胞融合，生成杂交瘤细胞。经过选育后，培养杂交瘤细胞并最终制备单克隆抗体。

（四）蛋白质芯片技术的应用前景及存在的问题

1．应用前景 蛋白质芯片技术是一项还不完全成熟的技术，正处于不断研究改进的阶段，存在的问题集中在芯片的制作技术上。芯片制作中，须确保固定蛋白质的活性，此过程最为关键的因素就是适合大多数蛋白质的载体的选择及载体表面处理修饰技术。但随着其他相关学科如纳米技术、材料科学和表面科学的发展，这些问题终将得到解决。相信随着蛋白质芯片技术的不断完善，蛋白质芯片技术定会在包括食品卫生检测在内的多领域发挥着越来越重要的独特作用。

2．存在的问题 蛋白质芯片的研究尽管在某些技术和应用中取得了许多进展，但该项目研究刚刚起步，与基因芯片相比较，还有很多的不足。主要有以下几方面问题。

1）检测灵敏度低是限制蛋白质芯片广泛应用的一个瓶颈。因为大部分病原微生物分子含量很低，必须经过信号放大才能检测到，目前常用的信号放大技术是 PCR，但如果单独采用 PCR 技术又不能够体现生物芯片的高通量特点，所以新的信号放大技术是蛋白质芯片能够被广泛应用亟待解决的问题。

2）蛋白质芯片技术的准确性在一定程度上受限于所选择的抗原或抗体的来源、纯度与特异性，使蛋白质芯片技术的优势得不到充分发挥。

3）目前制备高密度芯片的方法主要是光蚀刻合成技术，限制了蛋白质芯片的普遍采用，因此发展新的高密度合成技术势在必行。

第二节　农药和天然毒素检测

一、食品中的农药和天然毒素

（一）食品中的农药残留物概述

农药在农业生产中主要用于除草、杀虫、杀菌及促进植物生长，具有高效、便宜、快捷的特点。全球目前具有 500 多种农药，其中 100 种被广泛使用。我国每年农药使用量超过 23 万吨，改善了超过 50 亿亩[①]的农作物，挽回了 500 多亿的经济损失。因此，农药的使用既增加了农产品的产量，又提高了广大农民的收入。

农药的大量使用使得农药的残留问题逐渐凸显。农药残留物指喷洒农药后存留在食品、药材、农产品等中的农药或其代谢物。农药残留量是指农药和其代谢物的残留量的总和，具有不同程度的毒性。当残留的农药在食品中达到一定的量后，若人类长期食用这些食品，残留的农药就会在人体内累积，最终会引起慢性中毒。影响农药残留的因素包括农药的用量、品类、施用方式、喷洒时间、环境、农作物种类、喷洒部位等。残留农药会影响土壤、大气和水资源，进而影响自然界中的动物，造成种群减少；也会对肉制品、乳制品、农副产品等造成影响，通过饮水、食物等进入人体，长期积累会导致人体器官等产生病变。人类食用含有农药残留的食品后，如果量较小时会引起恶心、无力、头昏、头痛等症状；当摄入的农药量过大时，会出现心慌、腹泻、呕吐等，甚至会出现心衰、昏迷或死亡。

另外，残留的农药可以在人体不断累积，因此长期使用少量的残留农药也会造成不良的影响。农药残留或有毒代谢成分长期摄入会在人体的器官中累积，被称为农药的蓄积性毒性。某些农药在喷洒后，其有毒成分、降解物、代谢物等会在环境中残留，造成长期污染，也会对人体健康构成重大威胁。农药残留物及有毒降解物对人体的蓄积性毒性包括：破坏免疫系统、引起神经系统失调、干扰发育、影响儿童脑发育、致突变、致畸、致癌等。食物中农药残留物主要包括有机氯、氨基甲酸酯、有机磷、拟除虫菊酯等。

1．食品中的有机氯农药残留物　具有杀虫活性的氯代烃被称为有机氯农药。这类农药包括六六六、DDT 及其类似物。这类农药价格便宜，持续时间长，加工方法简单，毒性低，因此受到了广泛的应用。DDT 主要影响神经系统，而六六六和其他机氯农药主要影响中枢神

---

① 1 亩≈666.7m^2

经系统，促进乙酰胆碱释放，造成麻痹，甚至是死亡。有机氯农药比较稳定，长期使用会引起严重的残留污染。

DDT是一种长效杀虫剂，具有胃毒作用。虽然DDT急性毒性较低，大鼠30%致死剂量（LD_{30}）为250～500mg/kg，但DDT及其降解物极易聚集于动物脂肪组织。毒杀芬是莰烯氯代混合物，具有胃毒作用，是一种触杀药剂，能够在人体脂肪中累积，但毒性较小（大鼠LD_{30}为40～120mg/kg）。氯丹是一种无内吸的杀虫剂，具有胃毒作用，有慢性和累积毒性，可在人体脂肪内储存（大鼠LD_{20}为283～590mg/kg）。七氯是一个广谱的触杀药剂，具有胃毒作用，可在人体脂肪内储存（大鼠LD_{30}为90～135mg/kg）。

2．食品中的氨基甲酸酯农药残留物 氨基甲酸酯是一种广泛使用的农药，由于有机氯农药的毒害性较大，因此，20世纪80年代以来逐渐被氨基甲酸酯类农药代替。氨基甲酸酯是氨基甲酸的衍生物，后者本身是不稳定的游离酸，容易分解为CO_2和H_2O，但氨基甲酸酯是稳定的。氨基甲酸酯根据结构可分为*N*-酰基-*N*-甲基氨基甲酸酯、*N*-甲氨基甲酸肟酯、*N*-甲基氨基甲酸芳基酯、*N*, *N'*-二甲基氨基甲酸酯等。多数氨基甲酸酯农药难溶于水，但是溶于有机溶剂，没有腐蚀性，稳定性较好，遇到碱性或高温容易分解。氨基甲酸酯类农药的作用方式主要是抑制乙酰胆碱酯酶。它的优点是在农作物中停留短暂的时间就会被降解掉，而降解物只在与母体化合物结合时才有较强的活性。

甲萘威是广谱的杀虫剂，具有胃毒性、内吸性、触杀作用。对人体的毒性较低，不会在人体内累积，是一种较为安全的农药。混杀威不溶于水，微溶于有机溶剂，残留时间短。速灭威是一种内吸性的农药，药效重，残效长，会在人体残留，毒性较强。残杀威是一种触杀、非内吸的农药，具有胃毒，残效长，击倒快，毒性较强。呋喃丹是一种具有极强内吸性的广谱杀虫农药，具有触杀和胃毒，残效时间较长。抗蚜威是一种具有较强触杀、内吸、熏蒸作用的农药，杀虫效果较好，残效时间短，相对安全，对人体毒性较小。灭多威是一种广谱、内吸、具有胃部触杀作用的农药。氨基甲酸酯农药在使用的过程中自身降解和生物降解作用较快，因此残留量较小，但是某些氨基甲酸酯农药的代谢物比原药的毒性更大，持续时间更久，值得注意。

3．食品中的有机磷农药残留物 磷是对人体健康起重要作用的元素。人工合成的有机磷化合物在医药领域和农药领域具有广泛的应用。有机磷农药大多难溶于水，易溶于有机溶剂，酸性和中性条件稳定，碱性条件会水解失去效果。有机磷农药毒性较强，接触和食用都会造成严重的毒性。有机磷农药发挥作用的方式主要是抑制胆碱酯酶的酶活。有机磷农药中毒最明显的影响是视野变窄和瞳孔缩小。有机磷农药能由消化道吸收进入人体，也可以通过人体的皮肤或黏膜等吸收而引发毒性。有机磷农药的优点是可通过改变磷原子上的基团可形成多种具有药效的农药，药效较强，容易被吸收降解，残留量极小。正是由于这些优点，有机磷农药得到了广泛的发展，现今有140多种化合物被制成农药使用。有机磷农药的缺点是存在抗性问题，某些有机磷农药存在较强的急性毒性和神经毒性。

敌敌畏（DDV）是一种具有胃毒性和触杀性的农药，同时也有渗透和熏蒸作用，不易残留，在人体内较快降解（大鼠LD_{30}为80mg/kg）。二溴磷是一种黄色、难溶于水、微辣的液体农药。其对人体的毒性较小（大鼠LD_{50}为430mg/kg），具有胃毒性，熏蒸作用，无内吸性。久效磷是一种固体农药，能溶于水和极性溶剂，碱性时溶解较快，具有内吸性和触杀性，起效快，毒性强（大鼠LD_{50}为21mg/kg）。磷胺是一种油状的淡黄色农药，溶于有机溶剂，具有较强内吸性和较弱的触杀性，具有较强的毒性（大鼠口服急性毒性为20mg/kg）。杀螟威是一种油状的无色农药，溶于有机溶剂，对水等稳定，杀虫效果较好，毒性较强（大鼠LD_{50}为56mg/kg）。杀虫畏对温血动物毒性较低（大鼠LD_{50}为4000mg/kg）。对硫磷是一种浅黄色液体农药，易溶于有机溶剂，具有很强的触杀性和胃毒作用，毒性极强（大鼠LD_{50}为7mg/kg），已被限制使用。甲基对硫磷与对硫磷类似，毒性小一些（大鼠LD_{50}为25～50mg/kg）。倍硫磷是一种具有较强胃毒性和触杀性的农药，稳定，渗透性强，作用持久，具有低挥发性，具有一定毒性（大鼠LD_{30}为215mg/kg）。

4．食品中的拟除虫菊酯农药残留物 拟除虫菊酯是合成类的农药，具有低毒、广谱、高效且易于降解的特点。1973年，第一种拟除虫菊酯农药开发出来以后，截至目前已经有40多种拟除虫菊酯农药被开发出来。由于氨基甲酸酯和有机磷农药出现抗药性，因此拟除虫菊酯农药的优点更为明显，其用量和产量得到了极大的提升。拟除虫菊酯农药大多具有低毒性、广谱等优点，但由于分子质量较大和强的亲脂性，其缺乏内吸性。

拟除虫菊酯在结构上具有数个不对称的碳原子，且包含光学异构体，这导致了不同的活性产生不同的效果。因此，在拟除虫菊酯农药的生产和检测中应该提供快速且精确的测定样品中总酯和具有生物活性异构体含量的方法。生物烯丙菊酯是广谱的杀虫剂，效果较低，毒性较低（大鼠LD_{50}为680～1000mg/kg）。胺菊酯是一种具有较好稳定性，易溶于有机溶剂的农药，活性较强，毒性低（大鼠LD_{50}为4640mg/kg）。苯醚菊酯是一种对光稳定，溶于有机溶剂的农药，活性较高，毒性较低（大鼠LD_{30}为5000mg/kg），而甲醚菊酯的毒性较高（大鼠LD_{50}为404mg/kg）。二氯苯醚菊酯具有较好的稳定性，在体内代谢较快，触杀性较强，毒性较低（大鼠LD_{50}为1300mg/kg）。氯氰菊酯具有较好的稳定性，具有较强的药效和毒性（大鼠LD_{50}为300mg/kg）。甲氰菊酯是可溶于有机溶剂的农药，毒性较强（大鼠LD_{30}为54mg/kg）。

5．食品中的沙蚕毒类农药残留物 沙蚕毒是一种与沙蚕毒素具有类似生物活性和作用机制的有机合成农药。它在生物体内能够代谢为二氢沙蚕毒素或沙蚕毒素，主要作用神经节胆碱能突触受体，能阻碍昆虫中枢神经系统的突触传递，最终引起昆虫的死亡。沙蚕毒类农药有7种，即多噻烷、杀虫丁、杀虫单、杀虫双、杀虫磺、杀虫环和杀螟丹。其中，多噻烷、杀虫丁、杀虫单、杀虫双为我国自主研发，在沙蚕毒类农药的研发方面可谓独树一帜。

6．食品中农药残留物的检测 在农药检测领域，经典且使用最广泛的技术是气相色谱法（定量准确、分离效果好、灵敏度高等特点）。但是当待分析的成分复杂时，干扰物和待测物在色谱中的保留时间相同时，容易造成假阳性结果。此外，气相色谱-质谱（gas chromatography-mass spectrometry，GC-MS）是在气相色谱保留时间定性的基础上加入了质谱分析，检测限提升了10倍。当合理优化电子能量、离子化温度、反应气等参数后，美国国家癌症研究所-质谱（national cancer institute-mass spectrometry，NCI-MS）方法能够定量分析微克量的有机物，该方法已被广泛应用于检测食品中农药残留物的含量。

（二）食品中的天然毒素概述

天然毒素是指食品中天然存在的致癌物质、毒性物质、致过敏物质和非食品天然有毒物质的统称。食品原料中存在着很多天然毒素，按来源可分为植物性天然毒素、动物性天然毒素和微生物毒素，多数毒素都具有较强的毒性。

生物碱是指以负氧化态氮原子存在于生物有机体内的环状化合物。常见的有毒性的生物碱主要包括颠茄碱、黄连碱、麻黄碱、罂粟碱、吗啡碱、烟碱、秋水仙碱、茄碱等，主要分布于夹竹桃科、豆科、毛茛科、茄科等。有毒的生物碱食用后轻度中毒时会出现腹泻、呕吐、恶心等症状，而重度中毒会危及生命。

某些蛋白质被人体食用后可产生各种毒性反应。植物中的刺玫毒素、巴豆毒素、蓖麻毒素、胰蛋白酶抑制剂等均属于有毒蛋白，如果处理不善会对人体造成严重的危害。

1. 食品中的真菌毒素 真菌毒素是真菌产生的有毒的二级代谢产物，会引起农作物、饲料及食品的污染。如果误食真菌毒素污染的食物，则会导致中毒甚至产生慢性疾病和癌症。时至今日，已发现超过300种的真菌毒素，其中被分离和鉴定出来的约25种。真菌毒素对人体具有严重的危害。目前发现的真菌霉素主要有伏马毒素、棒曲霉素、展青霉素、橘霉素、赭曲霉毒素、黄曲霉毒素等。其中对人体危害较大的有麦角类生物碱、伏马毒素、单端孢霉烯族毒素、玉米赤霉烯酮、黄曲霉毒素等。据联合国粮食及农业组织估计，有25%的谷物受到了真菌毒素的污染。真菌毒素存在危害严重、种类多样、污染普遍等特点。直接危害是引发慢性或急性疾病，如抗病能力下降、免疫力降低、生长减慢等。而且对真菌毒素的敏感程度与营养状况、性别、年龄等有关。日常食品，如内脏组织、禽蛋、牛奶等也可能存在真菌毒素残留物和代谢物。

2. 食品中的细菌毒素 近些年来，食品安全事件频发，影响恶劣，而致病细菌污染是食源性疾病最重要的因素之一。细菌产生的危害因子包括细菌毒素，还包括病菌对细胞的侵入、穿透和黏附等。致病的细菌既可造成内源性污染（污染食品原料），也能导致外部污染（加工运输中的污染）。当有害细菌达到一定数量时会对人体产生危害。细菌毒素指由细菌分泌产生存在于细胞内或细胞外的致病性物质，分为外毒素和内毒素两种。常见的细菌毒素有肉毒毒素、肠毒素等。

产生外毒素的细菌主要是金黄色葡萄球菌、产气荚膜梭菌、破伤风梭菌、白喉杆菌、肉毒梭菌等革兰氏阳性菌。而铜绿假单胞菌、霍乱弧菌、鼠疫耶氏菌、肠产毒素型大肠埃希菌、痢疾志贺菌等革兰氏阴性菌也能产生外毒素。多数外毒素都是胞内合成分泌到胞外，也有菌体裂解释放的，如肠产毒素型大肠埃希菌和痢疾志贺菌的外毒素。外毒素毒性极强，几微克就能致死。具有生物学活性的内毒素（脂多糖）对机体免疫系统具有重要的影响（局部反应、发热、致死性休克）。

不同的细菌会产生不同的细菌毒素，导致不同的疾病，如李氏杆菌溶血素引起脑膜脑炎、魏氏梭菌肠毒素引起腹泻、支原体毒素引起败血肺炎、葡萄球菌肠毒素引起肠炎、志贺样毒素引起出血性结肠炎和尿毒综合征、产毒素大肠杆菌肠毒素引起仔猪黄白痢、大肠杆菌致死肿胀毒素引起仔猪水肿病、肠凝聚性大肠杆菌毒素引起肠炎。其产生机制、对机体的影响、防范等都需要进一步的研究。细菌毒素的检测方法主要包括生物传感器法、超抗原法、PCR技术、免疫学方法、生物检测技术等。

3. 食品中的其他毒素

（1）*食品中的河鲀毒素* 河鲀毒素是一种海洋生物毒素，存在于河鲀和其他海洋动物体内，毒性极强，0.5～1.0mg即可致人死亡。河鲀毒素化学性质稳定，烹饪难以破坏，中毒后难以补救。虽然禁止销售豚毒鱼类，但食用其中毒的事件却时有发生，且病死率高达60%，无特效抗毒药。目前，河鲀毒素检测方法包括高效液相色谱法及薄层色谱法，这些方法存在一些缺点，如价格贵、灵敏度低、样品前处理复杂。河鲀的种类繁多，不同器官的毒性不同，由小到大依次为：精巢、皮、鳃、血筋、脾脏、肝脏、卵巢等。目前检测河鲀毒素的方法包括化学检测法、生物检测法、免疫检测法、气相色谱法、液相色谱法、色谱质谱联用法等。

（2）*食品中的龙葵素* 龙葵素别称龙葵碱、龙葵苷、马铃薯毒素等，是一种有异味和毒性的甾类生物碱，毒性成分是茄碱，具有溶血性和腐蚀性，溶于水，遇酸分解，高热丧失毒性，对呼吸、运动中枢有麻痹作用。茄科植物，如茄子、番茄、马铃薯等都含有龙葵素。研究表明龙葵素主要通过抑制胆碱酯酶活性，抑制乙酰胆碱被水解成胆碱和乙酸盐，引起神经兴奋、胃肠肌肉痉挛等，进而导致肾脏、心肌、肝、肺、脑等水肿。

（3）*食品中的生物胺* 根据结构可以将生物胺分成脂肪族（亚精胺、尸胺、精胺、腐胺等，是生物活性细胞的必需成分）、芳香族（苯乙胺、酪胺等）、杂环胺（色胺、组胺等）。根据组成成分可将生物胺分成单胺（色胺、组胺、苯乙胺、尸胺、腐胺、酪胺等，对大脑皮层和精神活动有调节作用）和多胺（亚精胺、精胺，能促进蛋白质、DNA 合成，改善生长发育）。微量生物胺是人体的活性成分，具有重要生理功能，但人体摄入过量时会引起呼吸紊乱、血压变化、心悸、恶心、头痛等症状，甚至危及生命。生物胺多存在发酵食品中（如肉类、水产品、调味品、发酵香肠、米酒、啤酒、葡萄酒、奶酪等）。目前，生物胺检测的方法包括电泳法、高效液相色谱法、酶生物传感器法等。

4. 食品中天然毒素的检测 目前，天然毒素的检测经历了色谱技术、免疫分析、现代集成技术 3 个阶段。目前的天然毒素检测方法具有国际化、规范化、在线化、简便化、精确化等特点，同时又引入了物理技术、数控技术、化学技术、计算机技术、尖端生物技术等，集成了各种前处理、分离、测定、分析等一体化系统。

二、活体生物测定法和应用

（一）活体生物测定法概述

活体生物测定法是指将活体生物与食品放置到同一个空间，根据生物与农药的互相作用，通过变化情况实现对农药的具体位置及数量进行测定。活体生物测定法可以在短时间对其进行分辨，对于特定种类的食品检测来说具有一定的高效性，但其精确性较差，无法判定农药的类型。

（二）活体生物测定法用于食品中肉毒毒素的检测

1. 检测原理 肉毒毒素与其抗毒素混合发生特异性结合后，毒素毒性被抗毒素中和从而失去毒力。将含有肉毒毒素的培养物或食品的提取液注射到小鼠的腹腔内，且肉毒毒素的含量大于 1 只小鼠最小致死量，肉毒中毒症状出现后，小鼠将于 96h 内死亡。相应的抗毒素能够通过中和肉毒毒素，避免小鼠出现中毒症状，其他抗毒素则不能避免小鼠出现中毒症状。

2. 适用范围 本方法适用于食物中毒样品和各类食品中肉毒毒素的检验。

3. 试剂材料和仪器设备

1）试剂材料：胰酶、肉毒分型抗毒诊断血清。

2）仪器设备：12～15g 小鼠、恒温培养箱、冰箱、离心机、天平、灭菌吸管、灭菌注射器、灭菌锥形瓶、90mm 灭菌平皿等。

4. 检测方法 肉毒毒素检验液体试样离心（若试样为半流动状态或者固体，则需要加入适量磷酸盐缓冲液后进行浸泡、研碎及离心），吸取上清液，待测。另取部分上清液，调 pH 至 6.2，加入 10%的胰酶，然后搅拌混匀，37℃反应 60min，待测。

向 3 只小鼠分别腹腔注射上清液和胰酶处理液（0.5mL/只），观察 4d。若存在肉毒毒素，则小鼠 24h 内会发病，出现竖毛、腰部凹陷、宛若蜂腰、四肢瘫软、呼吸困难、呼吸垒风箱式等症状，最终会因呼吸麻痹导致死亡。如果小鼠猝死无法观测症状时，适当稀释注射液，再次进行实验。

致小鼠发病、死亡的实验组继续进行验证性实验。取其上清液或胰酶处理液分为 3 份；一份加多型肉毒抗毒诊断的血清，37℃反应 30min；一份加等量的明胶磷酸盐缓冲液（煮沸 10min）；一份加等量明胶磷酸盐缓冲液，混匀，不做其他处理。3 份混合液分别注射给实验的小鼠（0.5mL/只），继续观察 4d。若只有注射加诊断血清与明胶磷酸盐缓冲液煮沸的 2 份混合液样品的小鼠存活，注射不处理组的混合液的小鼠中毒死亡，那么就可判定试样中存在肉毒毒素。

取含肉毒毒素的试样上清液，分别用明胶磷酸盐缓冲液对其进行稀释（5 倍、50 倍、500 倍和 5000 倍），分别腹腔注射小鼠各 2 只（0.5mL/只），之后观察 4d。然后依据动物的情况对样品的肉毒素毒力进行计算分析。当注射 500 倍、50 倍和 5 倍稀释液都能使小鼠死亡，而 5000 倍稀释液无法使小鼠死亡时，可以大致认定样品中毒素毒力为 1000～10 000MLD/mL。

将上清液稀释到毒力为 10～1000MLD/mL 内，然后将其与肉毒素抗诊断血清等量混匀，37℃反应 30min，分别腹腔注射小鼠各 2 只（0.5mL/只），将明胶磷酸盐缓冲液及稀释毒素液等量混合作为对照，观察 4d。免于发病、死亡的小鼠，其诊断血清型为试样中肉毒毒素型别。

三、气相色谱法和应用

（一）气相色谱法概述

气相色谱法（gas chromatography，GC）是色谱分析领域中应用最广泛的一种技术。气相色谱技术在固体、易挥发液体、气体混合物的检测中适用性较好，在复杂的混合物的分离和检测方面也具有显著的效果。气相色谱由进样系统、载气系统、分离系统、检测系统和数据分析处理系统组成。气相色谱载气系统具容易取得、纯度高并有化学惰性等特性。气相色谱进样类型包括顶空进样、手动进样、阀进样、自动进样、热解吸进样、热裂解器进样等方式。气相色谱柱分为毛细管色谱柱和填充色谱柱。

气相色谱的原理为待检测样品中的各个组分在气体流动相带动下进到色谱柱，由于组分与固定相的作用反应不同，在固定相中所滞留的时间也不同，因此能将各组分进行有效的分离，并且分离组分同流动相一起依次进入检测器并进行非电量的转换，获得与组分浓度成比例的电信号，然后记录、绘图、计算，并最终生成检测分析的结果。

气相色谱的特点主要包括分离效率高、灵敏性突出、检测分析快速、选择性突出等。基于气相色谱分析的特点，其适用于拟除虫菊酯类农药、氨基甲酸酯类农药、有机磷类农药、有机氯类农药等易于挥发且热稳定的有机化合物的测定和分析。

（二）气相色谱法用于食品中有机磷农药的检测

1. 适用范围 该方法可以对谷类作物、蔬菜、水果等中的机磷农药，如杀螟硫磷、对硫磷、喹硫磷、乐果、乙硫磷、克线磷、甲喹硫磷、稻丰散、氧化喹硫磷、水胺硫磷、稻瘟净、甲基对硫磷、甲基嘧啶硫磷、乙嘧硫磷、二嗪农、巴胺磷、甲拌磷、久效磷、速灭磷、敌敌畏等进行测定和分析。

2. 检测原理 富含有机磷的样品在富氢火焰上燃烧，然后以碎片的形式放射出526nm波长的光，这种光经过滤光片选择后经过光电倍增管接收并转换成为电信号，然后经过微电流放大器放大，最后被记录下来。可将样品的峰高或峰面积与标准品的峰高或峰面积进行比较和定量。

3. 主要仪器 气相色谱仪火焰光度检测器、旋转蒸发仪、粉碎机、组织捣碎机。

4. 检测方法

1）样品制备。取粮食类的样品，利用粉碎机粉碎，然后过20目筛得到待测样品。取蔬菜、水果样品洗干净，晾晒干净然后去掉非食用的部分制成待分析样品。

2）样品的提取。① 蔬菜水果样品提取：称取蔬菜或水果样品50g，加到300mL的烧杯中，然后向其中加入100mL丙酮和50mL水（总提取液体积为150mL），然后用组织捣碎机进行捣碎，大约2min，将匀浆液分别经过两层滤纸和布氏漏斗减压抽滤，从得到的滤液中吸取100mL加入到500mL的分液漏斗中，得到备用样液。② 谷物样品提取。称取25g谷物样品到300mL的烧杯中，然后加入100mL丙酮和50mL水，其余的操作步骤和蔬菜水果的提取方法一样，得到备用样液。

3）样品净化。向样液中加入氯化钠（10～15g），使其达到饱和的状态，猛烈地振摇3min后静置10min，让丙酮从水相中盐析出来。然后向水相中加入二氯甲烷50mL继续振摇2min，让其静置分层。将两次的提取液合并后经过装有无水硫酸钠（20～30g）的玻璃漏斗脱水并滤入到250mL的圆底烧瓶中，再用40mL的二氯甲烷分多次洗涤无水硫酸钠和容器得到洗涤液并并入到烧瓶中，之后用旋转蒸发器浓缩到约2mL，转移到25mL容量瓶，用二氯甲烷定容，备用。

4）气相色谱测定。色谱柱的气体速度为空气50mL/min、氢气100mL/min、氮气50mL/min。色谱柱温度为检测器270℃、汽化室260℃、柱温240℃。吸取2～5μL样品净化液或混合标准液注入到色谱仪中，通过保留时间来定性，以试样的峰高或峰面积与标准液比较进行定量分析。

（三）气相色谱法用于食品中有机氯农药的检测

1. 有机氯农药的提取 依据食品中残留的有机氯农药的基体不同可选择不同的提取方法，可以使用混合溶剂或单一溶剂进行提取。目前报道的方法多用于检测艾氏剂、狄氏剂、六六六、DDT等有机氯农药。常用的提取方法有微波提取、超声波仪超声提取、振荡提取、加速溶剂提取、索氏提取等。而对于只测定六六六、DDT等酸稳定的有机氯农药可采用高氯酸消解法。

2. 有机氯农药净化 六六六、DDT等酸稳定的有机氯农药，最常用的净化方法是利用浓硫酸磺化法，而当同时需要测定艾氏剂、狄氏剂等有机氯农药的时候，一般都会采取柱色谱法，最为常见的是使用弗罗里硅土柱色谱法。

对于需要测定多种有机氯农药，可以根据所测的农药来选择不同的洗脱剂，比如官方分析化学家协会（association of official analytical chemists，AOAC）方法，可以使用正己烷-乙醚洗脱七氯环氧化物、七氯、艾氏剂、六六六、DDT 等，然后用正己烷-乙醚洗脱异狄氏剂和狄氏剂。此外，也有实验采用硅胶柱和氧化铝的净化方法。

3. 有机氯农药分析及测定 目前有机氯农药的测定多数采用的是毛细管色谱法，使用的毛细管柱为非极性和至弱极性，如 DB-608、DB-5、SE-54、OV-1701 等，其中 OV-1701 的分离效果最好，但是分析所需要的时间较长。气相色谱-电子捕获检测器的分离效果好、定量准确、灵敏度较高，因此受到了广泛应用。

（四）气相色谱法用于食品中菊酯类农药的检测

1. 适用范围 该方法适用于蛋类及肉类中的溴氰菊酯、氯氰菊酯、氯菊酯、环氧七氯、七氯、杀螨酯、除虾酯、狄氏剂、艾氏剂、五氯硝基苯等多种拟除虫菊酯农药和有机氯农药的多组分残留的分析。

2. 检测原理 待测的样品经过提取、净化、浓缩、定容后，利用毛细管柱分离，用电子捕获检测器检测，通过保留时间进行定性，利用外标法进行定量。出峰的顺序依次为五氯硝基苯、艾氏剂、除螨酯、杀螨酯、狄氏剂、氯菊酯、氯氰菊酯和溴氰菊酯等。

3. 主要仪器 毛细管色谱柱、旋转蒸发仪、气相色谱仪（装有电子捕获检测器）、凝胶净化柱等。

4. 检测方法

1）样品的制备。乳品混匀；肉类制品去筋，切小块，制作成肉糜；蛋类去壳，搅拌成匀浆备用。

2）样品的提取。

a. 蛋类样品提取。称取 20g 的蛋类样品到 100mL 三角瓶中，加入一定量的水，使样品中的总水量约 20g，接着加入 40mL 丙酮振摇 30min，然后加入 6g 氯化钠，充分摇匀后加入 30mL 石油醚继续振荡 30min，吸取 35mL 上清液通过无水硫酸钠滤于旋转蒸发瓶中使其浓缩至约 1mL，继续加入 2mL 环己烷-乙酸乙酯（1∶1）溶液后再浓缩。反复进行 3 次，浓缩到 1mL 为止。

b. 肉类样品提取。准确称取 20g 肉类样品，加入 6mL 水，按照蛋类样品的提取方法进行菊酯类农药的提取。

c. 乳类样品提取。准确称取 20g 乳类样品（鲜奶不加水，可以直接加丙酮进行提取），按照蛋类样品的提取方法进行菊酯类农药的提取。

3）样品净化。制备凝胶净化柱，柱子底部垫少量的玻璃棉，用洗脱剂环己烷-乙酸乙酯（1∶1）进行浸泡凝胶并且以湿法装入柱中，柱床高度约为 26cm，要保证胶床一直在洗脱剂中。然后将浓缩液通过凝胶柱以乙酸乙酯-环己烷（1∶1）进行洗脱，弃掉开始的 35mL，收集 35～70mL 的馏分，再进行旋蒸直到 1mL 为止，用氮气吹干，用石油醚定容到 1mL，备用。

4）气相色谱分析条件。石英弹性毛细管柱 OV-101（30m×0.32mm×0.25μm），程序升温为 60℃，进样口温度为 270℃，检测器和电子捕获检测器温度为 300℃，氮气流速为 1mL/min，尾吹速度为 50mL/min。

5）测定和分析。分别取待测样品和混合标准液注射到气相色谱仪中，以保留时间定性，以试样和标准的峰高和峰面积进行定量。

（五）气相色谱法用于食品中氨基甲酸酯类农药的检测

1. 适用范围 该方法适用于蔬菜和粮食中的甲萘威、抗蚜威、克百威、残杀威、异丙威、速灭威等残留物的分析，其检测限分别为0.10mg/kg、0.05mg/kg、0.03mg/kg、0.02mg/kg等。

2. 检测原理 含氮的有机化合物被色谱柱分离后，可以在加热的碱金属片表面热分解形并成氰自由基，并从被加热的碱金属表面放出的原子状态的碱金属接受电子变成氰根离子（CN^-）再与氢原子结合，放出电子的碱金属变成正离子。然后由收集器进行收集，并且作为信号电流（其中被测定电流信号的大小与含氮化合物的含量成正比），通过峰面积或峰高比进行定量分析。

3. 主要仪器 减压浓缩装置、恒温水浴锅、粮食粉碎机、组织捣碎机、电动振荡器、气相色谱仪（含有火焰热离子检测器）等。

4. 检测方法

1）样品的制备。收取粮食经粮食粉碎机进行充分的粉碎，然后过20目筛得到初步的待测样品。取蔬菜（去掉非食用的部分）剁碎或经组织捣碎机充分地捣碎制成蔬菜待测样品。

2）样品的提取。

a. 粮食样品的提取：称取粮食样品约40g，放置于250mL的锥形瓶中，加入无水硫酸钠20～40g（视试样的水分而确定），继续加入无水甲醇100mL，塞紧，大力地摇匀，然后置于电动振荡器上持续振荡30min，利用快速滤纸过滤到量筒中，收集50mL滤液转入到250mL的分液漏斗中，再用50g/L氯化钠溶液50mL充分洗涤量筒，并入到分液漏斗中。

b. 蔬菜样品的提取：充分称取蔬菜样品20g，放置于250mL的锥形瓶中，加入到抽滤瓶中，用50mL的无水甲醇分次洗涤提取瓶和滤器，将滤液转入到500mL的分液漏斗中，用50g/L氯化钠水溶液（100mL）分次洗涤滤器并加入到分液漏斗中。

3）样品净化。根据待检样品的不同，可以采取不同的净化方法。

a. 粮食样品的净化：在盛有粮食试样滤液的250mL分液漏斗中加入石油醚50mL，振荡1min使其静置分层，然后将下层（氯化钠溶液-甲醇）放入到另一个新的250mL分液漏斗中，加入甲醇-氯化钠溶液25mL于石油醚层中，继续振荡30s使其静置分层，将下层并入到甲醇-氯化钠溶液中，备用。

b. 蔬菜样品的净化：在盛有蔬菜试样滤液的250mL分液漏斗中加入石油醚50mL，振荡1min使其静置分层，然后将下层（氯化钠溶液-甲醇）放入到另一个新的500mL分液漏斗中，并加入50mL石油醚继续振荡1min，静置使其分层，将下层放入第3个500mL分液漏斗中，之后用甲醇-氯化钠溶液25mL进行洗涤，并加洗涤液转入到第3个分液漏斗中。

浓缩于盛有试样净化液的分液漏斗中，用二氯甲烷（50mL和25mL）依次提取3次，每次振摇约1min，静置使其分层后将二氯甲烷层经铺有无水硫酸钠的漏斗过滤于250mL蒸馏瓶中，再用少量的二氯甲烷充分洗涤漏斗，并加入蒸馏瓶中。然后将蒸馏瓶接到减压浓缩装置上，于50℃水浴的条件下减压浓缩至1mL左右后取下蒸馏瓶。将残余物转到10mL刻度离心管中，用二氯甲烷充分洗涤蒸馏瓶并转到离心管中。然后用氮吹除掉二氯甲烷溶剂，用丙酮溶解残渣并定容至2.0mL，供气相色谱分析用。

4）色谱条件。色谱柱为玻璃柱；气体速度为氢气 3.2mL/min、空气 150mL/min、氮气 65mL/min；柱温控制为 190℃；进样口或检测温度控制为 240℃。

5）数据分析。取上述浓缩步骤中的样液和标准液各 1μL 注射到气相色谱仪中，进行分析。根据组分在两根色谱柱上的出峰时间与标准液比较进行定性分析；用外标法进行定量分析。

四、液相色谱法和应用

（一）液相色谱法概述

液相色谱是一种重要的分离分析技术，在色谱法中存在固定相和流动相，当流动相为液体时，便形成了液相色谱。它分为气-液色谱、气-固色谱、液-固色谱、液-液色谱等。高效液相色谱是在气相色谱和经典色谱的基础上发展起来的，具有分析速度快、分离效能高、自动化等特点，被称为高压、高速、高效或现代液相色谱法。其关键部件包括高压输液泵、色谱柱、检测器等，有的仪器还有梯度洗脱装置、在线脱气机等。现代高效液相色谱仪还有微机控制系统，制备型高效液相色谱仪还备有自动馏分收集装置。

（二）液相色谱用于食品中黄曲霉毒素的检测

1. 检测原理 将免疫亲和柱净化技术和高效液相色谱荧光测定结合，简化了样品的净化步骤，提高了方法的精密度和准确性。

2. 适用范围 适用于对食品中的黄曲霉毒素进行检测。

3. 试剂和材料 乙醇（色谱纯）、甲醇（色谱纯）、待测的大米样品。

4. 检测的仪器和设备 电子天平、微孔滤膜、移液枪、超纯水仪、氮吹仪、UVE™柱后衍生、分散机、AflaCLEAN™免疫亲和柱、色谱柱、高效液相色谱仪（含荧光检测器）及其他常规仪器。

5. 检测方法

1）样品提取。称取粉碎的样品 20g，加入水-甲醇（20∶80）溶液 100mL，高速均质约 5min，过滤后收集样液 14mL，加入到 100mL 容量瓶中，然后加入 1mmol/L 的 PBS 缓冲溶液 86mL，混匀后备用。

2）样品净化。过滤上述滤液，吸取 20mL 过 AflaCLEAN™免疫亲和柱，流速控制在 1～2 滴/s。当空气完全通过免疫亲和柱时，以 3～4 滴/s 的速度用清水清洗免疫亲和柱，直到空气完全通过免疫亲和柱。重复 2 次，用甲醇洗脱柱子，流速控制在 1～2 滴/s，将待测组分洗脱下来后，用氩气吹干，再用乙醇-甲醇-水（1∶2∶4）定容到 1mL，备用。

3）色谱条件及色谱柱。AgilentXDB-C 色谱柱（150mm×4.6mm×5μm），乙腈-甲醇-水（15∶30∶60）为流动相，流速为 1mL/min，柱温为 35℃，荧光检测器的激发波长为 365nm，发射波长为 460nm，进样量为 10μL。

4）标准曲线绘制。吸取适量的黄曲霉毒素 B、黄曲霉毒素 G 混合标准储备液，配制为 0.25ng/mL、1.0ng/mL、4.0ng/mL、10ng/mL、20ng/mL 的梯度浓度的系列标准工作液，进样 10μL。依据浓度同峰面积的关系绘制标准曲线。

5）分析及评价。本方法重现性好、灵敏度高、准确而且快速，适合测定粮食中的黄曲霉毒素。

（三）液相色谱法用于食品中展青霉素的检测

1. 检测原理　乙腈将苹果清汁稀释即可进行固相萃取和净化；山楂片、番茄酱、苹果浊汁等样品可先用果胶酶进行水解，然后利用乙酸乙酯提取样品中的展青霉素，吹干后进行固相萃取和净化，高效液相色谱仪测定，外标法定量。

2. 适用范围　主要适用于饮料中展青霉素的检测和分析。

3. 试剂和材料　水系微孔滤膜（0.45μm）、Mycosep228 净化柱、展青霉素的标准品、pH4.0 水溶液、果胶酶溶液（酶活 1400U/g）、乙酸乙酯溶液、冰醋酸（色谱纯）、乙腈（色谱纯）、配二极管阵列或紫外检测器的高效液相色谱仪、粉碎机、pH 计、氮气吹干仪、高速离心机、涡旋混匀器、精密天平等。

1）标准储备液配制。称取 10mg 展青霉素标准品，利用乙酸乙酯溶解定容到 100mL（浓度为 100μg/mL），－18℃保存可稳定 6 个月。

2）标准中间液配制。量取标准储备溶液 1.0mL，氮气吹干溶于 pH4.0 的水中，定容到 100mL（浓度为 10μg/mL），0～4℃保存可稳定 3 个月。

4. 检测方法

1）样品制备。①苹果清汁的处理：称取待测样品 2g 加入到试管中，然后向其中加入乙腈 6.0mL，涡旋混匀 2min，以 4000r/min 的转速离心 5min，收集上清，备用。②其他样品处理：准确称取山楂片、番茄酱或苹果浊汁 5g 到具塞试管中，然后向其中加入 150μL 果胶酶和 20mL 水进行混匀。避光的情况下室温过夜，之后加入乙酸乙酯 20mL，涡旋 3min，以 4000r/min 的转速离心 5min，转移上层溶液，继续加入乙酸乙酯 20mL 重复提取一次。合并两次的提取液，混匀后加乙酸乙酯 16mL 并氮吹浓缩至干，然后用乙酸溶液溶解残渣，加入乙腈 6.0mL 混匀，备用。

2）样品净化。净化柱 Mycosep228 放置于试管正上方，缓慢将柱体向下推到试管的底部，使得样品提取液以 1.0mL/min 的速度通过柱体，得到净化液。吸取净化液 4.0mL 在水浴中（40℃）氮吹浓缩至干，加入 pH 4.0 的水溶液将残渣溶解，然后利用 0.45μm 滤膜进行过滤，滤液备用。

3）样品测定。PhenomenexLUNA C18 液相色谱柱（250mm×4.6mm×5μm）；水-甲醇（90∶10）作为流动相；流速控制在 1.0mL/min；柱温控制在 30℃；检测波长设置为 276nm；进样量控制为 20μL。

液相色谱检测主要依据样品中展青霉素浓度来选定峰面积相近的标准工作液，其响应值均应在仪器的检测范围内。对样液和标准工作液等体积进样测定，空白实验不加试样。该方法可用于检测分析蔬菜、水果等样品中的展青霉素浓度，该方法灵敏度高、重现性好、精密度高、结果准确可靠、操作性较强。

（四）液相色谱法用于食品中伏马毒素的检测

1. 检测原理　将样品置于免疫亲和柱进行用免疫亲和反应净化；以邻苯二甲醛柱前衍生的伏马毒素作为荧光化合物，利用反相高效液相色谱进行样品的分离、检测，外标法定量。

2. 适用范围　该方法可用于测定和分析玉米制品中的伏马毒素（浓度最好大于 1ng/g）。

3. 试剂、材料和仪器设备 2-巯基乙醇溶液、邻苯二甲醛、磷酸、浓盐酸、氯化钾、磷酸二氢钾、氯化钠、四硼酸钠、磷酸二氢钠、乙腈（色谱级）、甲醇（色谱级）、伏马毒素B、伏马毒素B2的标准品、磷酸盐缓冲液、流动相、新鲜玉米、超纯水，其他试剂为分析纯。

1）伏马毒素标准储备液的配制。称取适量伏马毒素B2和伏马毒素B标准品，用溶液配制伏马毒素B2（50μg/mL）和伏马毒素B（100μg/mL）的混标溶液。吸取500μL的该混标溶液于5mL容量瓶中，用乙腈＋水定容，摇匀配成储备液（伏马毒素B2的浓度为5ng/μL，伏马毒素B的浓度为10ng/μL）。

2）伏马毒素标准工作液的配制。吸取上述的伏马毒素储备液2500μL、1000μL、500μL、250μL、125μL分别加入到5个5mL的容量瓶中用乙腈-水定容，即可得到5种不同浓度的伏马毒素工作液。工作液中，伏马毒素B2的浓度分别为2.50ng/μL、1.00ng/μL、0.500ng/μL、0.250ng/μL和0.125ng/μL；伏马毒素B的浓度分别为5.00ng/mL、2.00ng/mL、1.0ng/mL、0.500ng/mL和0.250ng/mL。

3）仪器设备。微孔滤膜（0.45μm）、高速振荡器、氮气吹干仪、微量注射器、玻璃注射器（1mL、5mL、10mL）、玻璃微纤维滤纸、高速离心机、塑料带盖离心管、谷物粉碎机、分析天平等。

4）免疫亲和柱。能对伏马毒素B2和伏马毒素B产生100%的交叉反应，并且对伏马毒素B2和伏马毒素B的总吸附量不低于5μg，对于甲醇PBS中含1μg伏马毒素的回收率不低于90%。

4. 检测方法

1）样品提取。利用谷物粉碎机将待测样品磨碎直到能通过1mm孔径的筛子，称取粉碎的样品20g，放置于250mL离心管中，加入50mL提取液，振荡器上水平振荡20min，然后在离心机上以25 000r/min的转速离心10min，利用滤纸过滤上清液，去掉残渣。再次在残渣中加入提取液50mL，重复提取一次，合并两次的滤液，混匀后吸取10mL加入到100mL的烧杯中，继续加入40mL PBS缓冲液，混合均匀，然后利用玻璃微纤维滤纸过滤，免疫亲和柱对滤液进行净化。

2）样品净化。将玻璃注射器下端与免疫亲和柱连接起来，移取10mL滤液到玻璃注射器中，将空气压力泵与注射器上端进行连接并加压，控制滤液的流速为1～2滴/s通过亲和柱，丢弃流出液。然后利用甲醇（1.5mL）将亲和柱中的伏马毒素进行洗脱，洗脱的流速控制为1滴/s，所有的洗脱液都收集到玻璃试管中。然后在60℃条件下用氮吹仪吹干，残留物放在4℃备用。测定前可用乙腈-水400μL溶解。

3）样品衍生化。取上面的标准工作液和得到的净化液各50μL，加到两个1mL的试管中，然后向试管中加入邻苯二甲醛衍生液50μL，涡流混合约30s，室温下静置约3min，最后吸取20μL衍生液备用。

4）液相色谱的参考条件。Cs色谱柱（150mm×4.6mm×5μm），甲醇-0.1mol/L磷酸二氢钠溶液（77∶23）作为流动相，流速为1.0mL/min；荧光检测器的激发波长为335nm，发射波长为440nm，柱温为室温即可。

5）标准曲线绘制。在参考条件下，分别吸取20μL衍生液和各标准液进样进行分析，然后以衍生液衍生前的伏马毒素B2和伏马毒素B的色谱峰峰面积对标准液的浓度进行绘图，制作伏马毒素B2和伏马毒素B的标准曲线。

6）样品测定。精确吸取衍生液和样液各 20μL 进行分析，对比样液和标准液的色谱图。首先依据保留时间进行定性，然后根据伏马毒素 B2 或伏马毒素 B 的峰面积查标准曲线，得到净化液中伏马毒素 B2 或伏马毒素 B 的浓度。

7）方法总结。该方法具有较好的再现性、重复性、精确性。

（五）液相色谱法用于食品中河鲀毒素的检测

1. 检测原理 首先采用酸性甲醇提取样品中的河鲀毒素，将提取液浓缩后，通过固相萃取柱进行净化。净化液采用液相色谱-柱后衍生荧光法进行测定，并通过液相色谱-串联质谱法确证。最后采用外标法进行定量。

2. 适用范围 适用于水产品，如鱿鱼、花蛤、牡蛎、虾、河鲀等中的河鲀毒素的检测。

3. 试剂、材料和仪器设备

1）实验试剂。河鲀毒素标准物质（纯度大于 98%）、庚烷磺酸钠溶液、氢氧化钠、乙酸铵、甲酸（色谱级别）、乙酸（色谱级别）、甲醇（色谱级别）、0.2μm 的滤膜、离心超滤管（能截留相对分子质量为 3000 的物质）、Cu 固相萃取柱（使用之前需要用 3mL 甲醇、3mL 1%乙酸溶液活化，保持柱体湿润）。

2）标准储备液（100mg/L）的配制。称取 10mg 的河鲀毒素，加入少量水进行溶解，然后用甲醇定容到 100mL，置 4℃冰箱中保存备用。

3）标准工作液的配制。根据需要吸取适量的标准储备液，以 0.1%甲酸水溶液-甲醇（9∶1）稀释到适合的浓度，配成适合的标准工作液，现配现用。

4）仪器设备。浓缩瓶（100mL、215mL 的样式），冷冻高速离心机（可制冷，转速能达到 18 000r/min），普通离心机，微量注射器（100～1000μL、1～5mL），真空泵（真空度可达 80kPa），分析天平，固相萃取装置，减压浓缩的装置，超声波发生器，旋涡振荡器，组织捣碎机，液相色谱仪（带有柱后衍生装置和荧光检测器）等。

5）样品的制备及保存。在样品的操作过程中要防止受到污染，防止残留物发生改变。此外，河鲀毒素为剧毒物质，应该放置在安全的位置，避免接触和误食造成不良后果。装河鲀毒素产品的器具和器皿都应该进行严格的消毒处理。

从待测的全部样品或者有代表性的样品中取到可食用的部分 500g，切成小块，放入捣碎机里面进行均质，然后装入清洁容器中。混匀的样品于 18℃以下保存，而冷冻或者新鲜的样品可在 2～6℃存放 72h。

4. 检测方法

1）样品提取。称取匀浆样品 5g 放入 50mL 的聚丙烯离心管中，加入 1%乙酸-甲醇溶液 20mL，进行旋涡振荡 2min，以 4000r/min 的转速离心 5min。收取上清，在残流中加入 1%乙酸甲醇溶液 20mL，重复以上的步骤两次并合并两次的上清液。将上清液过滤到 KD 浓缩瓶（100mL）中，在 60℃条件下旋转蒸发至近干，然后加入 1%乙酸溶液 2mL，多次振荡洗涤后，转移到聚丙烯离心管（10mL）中，并于 4℃ 18 000r/min 离心 10min，取上清液待净化。

2）样品净化。将提取得到的样品上清液以 1mL/min 的流速流过色谱柱，接着用 1%乙酸溶液（约 10mL）洗脱，将流出液及洗脱液合并，加到 KD 浓缩瓶（25mL）中。在 60℃条件下减压并浓缩至近干，利用 1%乙酸溶液定容，然后吸取 1mL 过 0.25μm 的滤膜，备用。最后进行液相色谱串联质谱确证，将样液装入离心超滤管，以 13 000r/min 的转速离心 15min，吸取滤液备用。

3）空白基质溶液的制备。准确称取 5g 阴性样品，按照步骤 1）和 2）进行样品的提取和净化操作。

4）测定条件。Purospher Star RP-18e Cs 色谱柱（250mm×4.6mm×5μm），柱温为 30℃，乙酸铵缓冲液-乙腈（19∶1）作为流动相，流速为 1mL/min，激发波长为 385nm，发射波长为 505nm，进样量为 40μL。

5）柱后衍生参考条件。4mol/L 氢氧化钠溶液作为衍生液，衍生液流速为 0.5mL/min，衍生管的温度为 110℃。

6）色谱测定。依据样品中被测物的含量选取响应值合适的标准工作液进行分析。待测样品溶液中河鲀毒素和标准工作液的响应值应在仪器线性响应范围。待测样液与标准工作液等体积进样。该条件下，河鲀毒素的参考保留时间为 10.3min。可根据标液色谱峰的保留时间及峰面积，对样液进行定性和定量分析。

7）确证方法。采用液相色谱串联质谱色谱柱 Waters Atlantis HLIC Silica（150mm×2.1mm×3μm），0.1%甲酸溶液-乙醇（8∶17）为流动相，柱温为 30℃，流速 200μL/min，使用电喷雾源 ESI 和正离子模式的离子源，进样量设置为 10μL，使用多反应监测的扫描方式，离子源的温度控制在 500℃。

仪器工作所需电压应优化到最优灵敏度，具体参数见表 5-2。

表 5-2 定性离子对、定量离子对、碰撞气能量和碰撞池电压表（引自陈波，2016）

化合物名称	定性离子对（*m/z*）	定量离子对（*m/z*）	碰撞气能量（eV）	碰撞池出口电压（V）
河鲀毒素	320/302	320/162	30	60
	320/162		30	60

8）平行试验的设置：依据上面的步骤对同一样品进行多次的平行试验。

9）方法的总结：该方法具有良好的再现性、重复性、精确性。

五、毛细管电泳技术和应用

（一）毛细管电泳技术概述

毛细管电泳（capillary electrophoresis，CE）是以高压电场作为驱动力，根据样品各组分分配行为的差异，通过毛细管实现分离的一种液相分配技术，是现代微柱分离技术和经典电泳技术的结合。毛细管电泳的基本装置包括缓冲液储瓶、检测器、毛细管及高压直流电源。

毛细管电泳综合了高效液相色谱（HPLC）的高选择性和高效毛细管电泳（HPCE）高效的优势，通过柱内填充固定相的选择梯度洗脱技术、毛细管电色谱-质谱（CEC-MS）联用技术等，能将更加复杂的化学成分分离与测定。保健食品中有害因素，如农药、重金属离子等都适宜于使用毛细管电泳进行检测和分析。

（二）毛细管电泳技术用于食品中黄曲霉毒素的检测

HPLC 法测定黄曲霉毒素 B1 灵敏度低，要对黄曲霉毒素 B1 进行衍生，检测过程中需用的大量有机溶剂，不仅污染环境还对操作人员有害。毛细管电泳技术在荧光检测中引入激光，实现激光诱导荧光检测，大大提高了检测的灵敏度。

1. 检测原理　利用胶束电动毛细管电泳分离黄曲霉毒素B1，利用LIF检测，利用375nm激光激发，440nm波长检测，利用外标法进行定量。

2. 样品处理步骤

1）花生、小麦、玉米、大米等样品的处理。称取磨细的样品25g置于250mL锥形瓶中，加入5g氯化钠和125mL水-甲醇（3∶7），高速均质机搅拌2min。然后利用定量的滤纸过滤，吸取滤液15mL，加入30mL水，过滤至滤液澄清，备用。

2）植物油脂样品处理。称取25g样品置于250mL锥形瓶中，加入5g氯化钠和125mL水-甲醇（3∶7），高速均质机搅拌2min。然后利用定量的滤纸过滤，吸取滤液15mL，加入水30mL，过滤至滤液澄清，备用。

3）分离及净化步骤。利用1mL甲醇（色谱纯）对亲和柱上富集的黄曲霉毒素进行洗脱和收集，50℃氮吹仪吹干，然后加入5μL乙腈进行振荡溶解，用缓冲液定容至100μL，振荡混匀，以12 000r/min的转速冷冻离心10min后备用。

3. 毛细管电泳条件　电压为15kV，电流为104μA，激光器激发波长为375nm，发射波长为440nm。进样前用0.1mol/L NaOH、水、电泳缓冲液依次进行冲洗大约2min，低压进样，然后运行10min。

六、薄层色谱法和应用

（一）薄层色谱法的概述

薄层色谱法（thin layer chromatography，TLC）又叫平面色谱法，是一种在平面上进行分离的方法。通常将固定相均匀地涂抹在洁净的金属板、塑料或玻璃上形成薄层，制成薄板，然后进行样品的分离。薄层色谱的优势包括显色方便、简便、选择性高、用量小、分离快速等。

薄层色谱的优势较多，在分析中得到了广泛的应用，包括摸索HPLC的条件、监控反应的历程、鉴别反应的程度、药品含量的检测、少量化合物的分离、化合物的鉴别等。薄层色谱是一种快速检测的技术，适用于多种因素的半定量和定量的检测，如真菌毒素。

（二）薄层色谱法用于食品中真菌毒素的检测

作为一种经济、高效、简便、快速、广泛应用的方法，薄层色谱已被用于真菌毒素的半定量、定量检测。我国现行标准中采用薄层色谱法检测黄曲霉毒素G2和B2的检测限为2.5μg/kg，食品中黄曲霉毒素Gi和Br的检测限为5.0μg/kg，谷物和大豆中赭曲霉毒素A的检测限为10μg/kg。采用二次展开薄层色谱法可对药材进行玉米赤霉烯酮和黄曲霉毒素的检测，采用不同的显色反应对其进行毒素确证。采用薄层色谱法对玉米、小麦、大麦中的镰刀菌烯酮、雪腐镰刀菌烯醇、脱氧雪腐镰刀菌烯醇等检测时，利用水-乙腈（16∶84）作为提取剂，利用乙酸铅进行沉淀和纯化，经过C18柱分离后利用薄层色谱进行定量，展开剂为正丙醇-丙酮-三氯甲烷（15∶15∶70）；检测玉米粉中的玉米赤霉烯酮时，可以采取薄层色谱定性和高效液相定量检测相结合，展开剂为冰醋酸-乙醚-石油醚（2∶28∶70）。薄层色谱法也有明显的缺点，如重复性较差、灵敏度较低等，而且用于天然真菌毒素检测时容易受到干扰，因此该方法的应用受到了一定的限制。

七、气相色谱-质谱法和应用

（一）气相色谱-质谱法概述

气相色谱法是色谱法中的一种。气相色谱中流动相常使用气体作为载气。常用的载气包括氦气、氢气、氮气等，从安全和经济的角度来看氮气是最适合的。气相色谱的固定相有两种：用涂有固定液的载体作固定相的为气-液色谱，而用固体吸附剂作固定相的为气-固色谱。气相色谱既能将混合有机物中的各成分进行分离，而且能进行定性和定量的分析。气相色谱虽然在定性分析方面不如其他分析技术，但在定量分析方面远优于其他分析方法。与液相色谱相比，气相色谱的分析对象限于易挥发的有机化合物，因此适用的范围较为狭窄。在保健食品危害因素中农药类大部分都是容易挥发的化合物，因此适合于采用气相色谱分析，如有机氯类农药、有机磷类农药、氨基甲酸酯类农药、拟除虫菊酯类农药等。

质谱法分析速度快、灵敏度高、样品用量少、可精确测定相对分子质量、分析范围广，可与色谱等技术进行联用。在技术性能上，质谱法可以分辨具有相似质量的物质，提供准确的分析结果，有助于区分结构和质量相近的化合物。此外，质谱法不仅可以提供分子质量信息，还能得到结构信息、碎片信息等。由于质谱法高灵敏度，能够检测到微量的物质，可在溶剂残留检测、毒物分析等领域发挥重要作用。

气相色谱-质谱法（GC-MS）是一种将气相色谱和质谱相结合的分析技术，它综合了两种方法的优点，凭借其高分离性能、高灵敏度、高选择性、快速分析和广泛应用等特点成为现代分析化学中不可或缺的重要工具。气相色谱-质谱法能对化合物产生特征碎片离子，利用质量数与电荷比（m/z）进行尺寸分离，通过检测器响应获得质谱图，从而实现对化合物的准确定性分析。此外，气相色谱-质谱法在检测灵敏度和抗干扰能力方面表现出色，能够在短时间内完成高灵敏度的检测。例如，在农产品农药残留检测中，气相色谱-质谱法可以检测出蔬菜水果中的多种农药残留，包括有机磷、有机氯和氨基甲酸酯等。

（二）气相色谱-质谱法用于食品中有机氯类农药的检测

1．检测原理 利用石油醚提取样品中的有机氯类农药残留物，经浓硫酸净化和浓缩后，采用毛细管气相色谱法对样品进行分离，外标法进行定量。

2．样品处理步骤

1）固体样品的前处理。称取 5g 样品粉末置于锥形瓶中，加入 50mL 石油醚振荡 30min 并过滤，用石油醚洗涤滤渣，浓缩到 5mL，向其中加入 0.5mL 浓硫酸净化，振摇 0.5min，并以 3000r/min 的转速离心 15min。反复多次，直到充分净化。

2）液体样品的前处理。称取 2g 样品置于 10mL 试管中，加入石油醚溶解和定容。然后加入浓硫酸 1mL 进行净化，振摇约 1min 然后以 3000r/min 的转速离心 15min。反复多次，直到充分净化。

3．气相色谱条件 电子捕获检测器 Ni-ECD 和 DM-5 弹性石英毛细管柱（30m×0.32mm×0.25μm），高纯氮气为载气，柱流量为 1.0mL/min，进样口的温度为 230℃，检测器的温度为 300℃，尾吹气的流量为 30mL/min，程序升温至 150℃，以 10℃/min 的速率将温度升高至 250℃并保持 5min。

4．检测结果 利用该方法能将有机氯农药很好地分离。该方法可用于检测保健食品中六六六、滴滴涕农药残留，为保健食品的质量控制提供了依据。

（三）气相色谱-质谱用于食品中有机磷农药的检测

1．检测原理 待测样品经过乙腈振荡和匀浆提取后，使用氯化钠和无水硫酸镁进行盐析，使用无水硫酸镁、C18 和 PSA 进行净化和除水，离心取得上清后，加入保护剂古洛糖酸内酯。利用石英毛细管柱 DB-1701 分离样品，然后测定，依据保留时间定性，外标法定量。

2．样品处理步骤 称取 5g 待测样品加到 100mL 离心管中，向离管中加入 25mL 水并振摇 1h，继续加入乙腈 25mL，利用速分散机进行匀浆约 2min，加入 1g 氯化钠和 10g 无水硫酸镁再次匀浆 1min，接着以 3500r/min 转速离心 3min，使得水相和乙腈分层。然后吸取上层的乙腈溶液 4mL 加到 15mL 的离心管中，并向其中加入无水硫酸镁（1200mg）、C18（100mg）、乙二胺-*N*-丙基硅烷（ethylenediamine-*N*-propylsilane，PSA）（100mg）用旋涡振荡器混合 1min，再以 3500r/min 的转速离心 3min。吸取上层乙腈溶液 0.8mL 于进样瓶，并加入 0.08mL 分析保护剂古洛糖酸内酯溶液，备用。

3．气相色谱条件 火焰光度检测器（flame photometric detector，FPD）和石英毛细管柱 DB-1701（30m×0.25mm×0.25μm）。柱温由 90℃开始，由 25℃/min 的速率将温度升高到 270℃并保持 3min。进样口温度为 250℃，FPD 温度为 200℃，空气流速为 60mL/min，H_2 的流速控制在 60mL/min，尾吹气的流速为 60mL/min，载气的流速为 1mL/min，进样量为 1μL。

4．结果分析 有机磷类农药利用该方法能得到较好的分离和检测。本方法检测有机磷类农药残留准确性高、快捷、操作简单，具有很好的实用性。

（四）气相色谱-质谱法用于食品中拟除虫菊酯农药的检测

1．毛细管气相色谱法检测

1）检测原理。利用丙酮-石油醚混合溶剂提取样品后，毛细管气相色谱法测定样品中的溴氰菊酯、氰戊菊酯和氯氰菊酯的残留量，最后外标法定量。

2）样品处理步骤。样品粉末过 40 目筛后精确称取约 1g 到 100mL 的具塞三角瓶中，加入丙酮-石油醚混合液 50mL，浸泡过夜后超声处理 15min，然后吸取上清到 100mL 三角瓶中，利用无水硫酸钠进行脱水。再吸取 25mL 到旋转蒸发瓶中 45℃水浴浓缩近干，接着用 3～4mL 石油醚替换并浓缩近干，重复 3～4 次，直到将样品中的丙酮全部除去，最后用石油醚将干样品溶解转移到 5mL 量瓶中，备用。

3）气相色谱条件。电子捕获检测器和弹性石英毛细管柱 PE-5（30m×0.32mm×0.25μm），进样口温度为 270℃，检测器温度为 320℃。柱的初始温度 160℃保持 1min，以 10℃/min 的速率升温到 240℃并保持 0.5min，最后以 5℃/min 的速率升温到 270℃并保持 15min。高纯氮作为载气，140kPa 的柱前压。采取不分流的进样，时间为 3min，3min 过后开始以 1∶20 分流比进行分流。样品的进样量为 1μL。

4）结果分析。该方法可以将溴氰菊酯、氰戊菊酯和氯氰菊酯进行较好的分离。该方法灵敏度高、分离效果好、操作简便、选择性强。

2．气相色谱-燃烧化学发光检测（gas chromatography-combustion chemiluminescence detection，GC-BCD）

1）测定原理。乙腈提取样品，石墨炭黑氨基串联柱净化样品，石英毛细管柱分离样品，GC-BCD 测定，外标法定量。

2）样品提取。将 20g 处理好的样品置于 250mL 烧杯中，加入 80mL 乙腈，利用匀浆机进行高速匀浆 3min。利用布氏漏斗减压抽滤提取液，滤液吸取到 100mL 的具塞量筒（装有 8g 氯化钠）中，剧烈振荡 1min 后再静置 1min，再次振荡 1min，然后在室温下静置 1h，使水相和乙腈相得到充分的分层，吸取上层样液备用。

3）样品净化。吸取 20mL 提取液到旋转蒸发仪上 40℃浓缩近干，氮气吹干后，加入 2mL 甲苯和乙腈（1∶3，*V*/*V*）的混合液定容，待用。用 5mL 淋洗液预淋洗石墨炭黑氨基串联柱，去掉淋洗液。溶剂液面到达上层筛板表面后倒入样品溶液，用 2mL 混合液溶解并上样，然后利用 25mL 混合液淋洗，收集全部液体，并置于旋转蒸发仪上在 40℃下浓缩近干，氮气吹干，最后用 2mL 正己烷定容，备用。

4）气相色谱条件。利用气相色谱霍尔电导检测器（Hall-electrolytic conductivity detector，H-ECD）和石英毛细管柱 DB-1701（30m×0.25mm×0.25μm），进样口温度设置为 280℃，检测器温度设置为 280℃。1.0mL/min 的载气流速，氮气为载气。程序升温：保持 100℃的初始温度 1min，然后以 25℃/min 的速率将温度升到 180℃并保持 5min，再以 10℃/min 的速率将温度升高到 260℃并保持 10min，最后以 10℃/min 的速率将温度升高到 280℃并且保持 10min。尾吹气流量保持在 60mL/min，进样的体积为 1μL，进样方式为脉冲不分流。

5）结果分析。利用本方法可以将三氟氯氰菊酯、甲氰菊酯、溴氰菊酯、氰戊菊酯、氟氯氰菊酯、联苯菊酯、氯菊酯等大部分拟除虫菊酯类农药进行分离和检测，相对标准偏差在 3.5%～9.6%，检出限在 0.0007～0.032mg/kg。该方法净化效果好、快速、简便。

（五）气相色谱-质谱法用于食品中氨基甲酸酯农药的检测

1．检测原理　利用丙酮-正己烷混合溶剂提取样品后，经柱层析净化，毛细管柱作为分离柱。再用火焰热离子检测器对样品中氨基甲酸酯类农药（甲霜灵、西维因、呋喃丹等）的残留量进行测定。

2．样品处理步骤

1）样品提取。精确称取 5g 粉碎后的黄芪样品，过 3 目筛后置于 100mL 的锥形瓶中，并加入体积比 1∶1 的丙酮-正己烷 50mL，过夜放置。然后超声振荡器振荡 20min 后，用丙酮-正己烷混合溶剂多次洗涤锥形瓶并转移到 100mL 离心管中，用玻璃棒搅拌均匀，再以 2000r/min 的转速离心 20min，吸取上清到圆底烧瓶中，置于旋转蒸发器上浓缩到大约 3mL，备用。

2）样品净化。层析柱由上至下装柱顺序为无水硫酸钠（2cm 厚）、弗罗里硅土（8g）、酸性氧化铝（5g）。然后正己烷预淋，如果柱内有空气可在柱顶用洗耳球加压排除空气，之后将浓缩液加到柱中，用 50mL 丙酮-正己烷（1∶3）和 50mL 丙酮-正己烷（1∶5）洗脱，将初始收集的洗脱液 10mL 弃去，最后收集剩余的 90mL 洗脱液进行浓缩后定容至 2mL，备用。

3．气相色谱条件　火焰热离子检测器和弹性石英毛细管柱 SE-30（25m×0.32mm×

0.25μm），3mL/min 氦气作为载气，3.8mL/min 氢气作为燃烧气，160mL/min 空气作为助燃气，检测器温度为 285℃，进样口温度为 190℃。

操作流程为：柱温从 120℃开始以 2.5℃/min 速率升温 20min。

4．结果分析　甲霜灵、西维因和呋喃丹等氨基甲酸酯类农药能在该方法的前处理条件下得到良好的分离和检测。

八、液相色谱-质谱法和应用

（一）液相色谱-质谱法概述

液相色谱（liquid chromatography，LC）的流动相为液体，适用于强极性、大分子、高沸点的化合物分析。液相色谱中应用最广泛的为高效液相色谱（HPLC），其主要采取高压输液系统将不同比例的混合溶剂、缓冲液或不同极性的溶剂等泵入色谱柱（装有固定相），然后在柱内将各种成分分离，最后进入检测器进行检测，从而实现对样品的分析。高效液相色谱具有自动化、分离效能高、分析速度快等特点。液相色谱分离系统主要由流动相和固定相组成。根据分离机制不同，液相色谱可分为尺寸排阻色谱、离子交换色谱、液-液分配色谱、液-固吸附色谱等。

液相色谱-质谱法（LC-MS）是一种结合了液相色谱和质谱技术的分析方法，具有高分离效率、高检测灵敏度和高分辨率的优点。LC-MS 能实现复杂样品的高效分离，特别适用于药物代谢研究中的代谢产物鉴定和定量。其检测灵敏度高，可以检测到极低浓度的化合物，这对于微量分析尤为重要。它还具有高分辨率，能够区分结构相似的化合物，这对复杂样品的分析非常有利。LC-MS 不仅可以用于化合物的定性和定量分析，还可用于研究化合物的结构和代谢途径，在药物代谢研究、环境污染监测、食品安全检测等领域都有广泛应用。

（二）液相色谱-质谱法用于食品中拟除虫菊酯农药的检测

1．检测原理　待测样品用石油醚提取后，利用 CARB/NH2 商品柱净化，二氯甲烷-乙腈（95∶5）洗脱，高效液相色谱二极管阵列检测法（high performance liquid chromatography-diode array detector，HPLC-DAD）检测。

2．样品处理　以桔梗药材为例，样品粉碎后过 3 号筛，称取 1.0g 粉末样品到具塞三角瓶，加入 5mL 石油醚混匀，超声（功率 300W）处理 15min，静置后取上层液到 15mL 的离心管，以 3200r/min 的转速离心分离 10min，药渣用此方法反复提取两次，合并提取液，然后在旋转蒸发仪上利用 45℃水浴浓缩至干。残渣用 1mL 的二氯甲烷溶解后加到经过预处理的 CARB/NH2 萃取柱，先用 5mL 二氯甲烷和 3mL 二氯甲烷-乙腈（95∶5）预淋洗柱，之后利用 1mL 二氯甲烷洗涤容器，将洗涤液加到柱子上，当柱上的液面达到柱吸附层表面时，用二氯甲烷-乙腈（95∶5）淋洗，收集 6mL 流出液，再用旋转蒸发仪 45℃水浴浓缩至干，残渣用 1.0mL 乙腈进行溶解。

3．液相色谱条件　Hypersil BDS C1（250mm×4.6mm×5μm）色谱柱，水-乙腈（30∶70）为流动相，1mL/min 的流速，230nm 的检测波长，25℃的柱温，样品进样量为 25μL。

4．结果分析　不同的拟除虫菊酯类能在该条件下得到较好的峰形，符合分析的要求。该方法净化效果好、快速、操作简单、选择性强、灵敏度高。

（三）液相色谱-质谱法用于食品中展青霉素的检测

1．检测原理 乙腈将苹果清汁稀释后可进行固相萃取和净化；山楂片、番茄酱、苹果浊汁等样品用果胶酶进行水解，用乙酸乙酯提取，浓缩后固相萃取和净化，然后利用液相色谱-质谱检测，外标法定量分析。

2．检测试剂及材料 果胶酶（1400U/g）、乙酸乙酯、冰醋酸（色谱级）、pH4.0 的水溶液、1%的乙酸溶液、展青霉素标准品（纯度大于 99.5%）、净化柱 MycosepR228、水系 0.45μm 微孔滤膜等。

1）标准储备液。称取 10mg 展青霉素，利用乙酸乙酯溶解定容至 100mL（100μg/mL），于 18℃以下储存。

2）标准中间溶液。称取标准储液 1.0mL，利用氮气吹干后溶于水（pH 4.0）中，定容到 100mL（浓度约 1.0μg/mL），0～4℃保存（3 个月）。

3）标准工作液。根据需要将标准的中间溶液稀释成适当浓度的工作液，应该现配现用。

3．检测仪器设备 粉碎机、pH 计、氮吹仪、高速离心机、涡旋混匀仪、毫克级分析天平、电喷雾离子源、液相色谱串联四极杆质谱仪等。

4．样品提取

1）苹果清汁样品提取。准确称取 2g 苹果清汁到试管中，加入乙腈 6.0mL 进行 2min 的涡旋混匀，之后以 4000r/min 的转速离心 5min，将全部上清转移到干净试管中。

2）其他样品提取。准确称取 5g 待测样品（山楂片、番茄酱或苹果浊汁）到试管中，加入 150μL 果胶酶和 20mL 水的混合溶液，室温避光过夜，然后向酶解的溶液中加入 20mL 乙酸乙酯并涡旋提取 3min，以 4000r/min 的转速离心 5min 后，将上层提取液转移，再用 20mL 乙酸乙酯二次提取。将两次的提取液混合均匀后取 16mL 于 40℃水浴中进行氮吹浓缩至干，之后用 1%的乙酸溶液溶解残渣，加入 6.0mL 的乙腈混匀，最后转移到一干净的试管中备用。

5．样品净化 将专用的净化柱放到试管的正上方，缓慢地将柱体推到试管底部，然后将样品液以 1.0mL/min 的流速通过柱体。吸取净化液 4.0mL 到 40℃水浴中氮吹浓缩至干，加入 pH 4.0 的水溶液 1.0mL 溶解残渣，利用 0.45μm 滤膜过滤，备用。

6．样品检测

1）条件及参数。Atlantis 色谱柱（150mm×2.1mm×3.0μm），流动相为水-乙腈（90∶10，*V/V*），流动相流速为 0.2mL/min，柱子温度为 30℃，样品进样量为 10μL，电喷雾电离负离子模式。

2）定量测定方法。依据待测样液中展青霉素的浓度大小，选取峰面积相近的标准工作液，响应值均应当在仪器的检测线内，待测样液和标准工作液等体积测定。此方法下，展青霉素参考的保留时间大约为 6.63min。

3）定性测定的方法。按照上述方法测定标准工作液和待测样液的浓度，如样液和标准溶液色谱峰的保留时间在 2.5%范围内，可判断样品中存在相应的被测物。空白实验（不加试样）的其他步骤同待测样液一样，本方法测定的最低浓度为 5μg/kg。

（四）液相色谱-质谱法用于食品中黄曲霉毒素的检测

1．检测原理 分析黄曲霉毒素 B 时容易受到异补骨脂素和补骨脂素的影响，由于它们和黄曲霉毒素同为香豆素类化合物，具有较为相似的结构，净化时会和黄曲霉毒素一同被免疫亲和柱吸附，同时在HPLC分离时，由于它们和黄曲霉毒素具有极为相似的保留特性，因此容易被干扰。研究发现，甲醇-乙腈-水（8∶18∶74）等度洗脱方法可使不同的黄曲霉毒素之间的分离度增加，同时排除其他物质的影响，有利于排除假阳性结果。

2．样品处理　收集2号筛的粉末状样品，精确称取5g，向其中加入50mL甲醇溶液，超声（53kHz，150W）30min，然后以3000r/min的转速离心5min，收集上清，精密吸取上清5mL到50mL量瓶中，加入5mL的70%甲醇溶液，混合均匀，用水稀释至刻度线，摇匀，过滤。量取25mL续滤液，以固定流速（2mL/min）通过免疫亲和柱，加5mL蒸馏水进行洗脱，用空气压出其中残留的蒸馏水，然后用1.5mL甲醇洗脱，吸取洗脱液到2mL量瓶中，加水到刻度线摇匀。称取黄曲霉毒素混合物，70%甲醇溶液配制不同浓度的混合标品。

3．液相色谱的条件

1）条件1：荧光检测器，ZORBAX SB-C18色谱柱（250mm×4.6mm×5μm），流动相为乙腈-甲醇-水。采用梯度洗脱，分为0～20min（乙腈由17%升到20%，甲醇由17%升到20%，水由66%减到60%）、20～25min（乙腈由20%降到17%，甲醇由20%降到17%，水由60%升到66%）。1.0mL/min的流速，30℃的柱温，柱后衍生波长254nm，荧光激发波长360nm，发射波长450nm。

2）条件2：SHIMAZU Shimpack VP-ODS色谱柱（4.6mm×150mm×5μm），其余条件同条件1。

3）条件3：流动相为甲醇-乙腈-水（8∶18∶74），等梯度洗脱，使用1.0mL/min的流速，30℃的柱温，柱后的衍生波长254nm，荧光激发波长360nm，发射波长450nm。

4．结果分析　不同的色谱柱对黄曲霉毒素的保留基本上是一致的，而使用条件3，分析时间延长到35min时，黄曲霉毒素B1、黄曲霉毒素B2、黄曲霉毒素G1和黄曲霉毒素G2之间的分离度都大于4。从分析的效率上看来，条件3不是最佳选择，但该方法的有效性高，黄曲霉毒素B1、黄曲霉毒素B2、黄曲霉毒素G1和黄曲霉毒素G2能很好地分离开，也有利于排除假阳性结果。因此，该方法是一种准确、快捷、简单的测定黄曲霉毒素的方法。

第三节　有害金属检测

随着工业和农业的不断发展，蓄电池、农药、化肥的使用日益广泛，这在一定程度上导致了环境中有害金属污染问题的产生。环境中铅（Pb）、镉（Cd）、汞（Hg）、砷（As）、锡（Sn）、镍（Ni）、铬（Cr）等有害金属进入生态系后，在植物、动物中蓄积并通过食物链传递至食品，此外，不规范的食品加工也会将有害金属带入食品，提高了有害金属的人群暴露风险。体内有害金属蓄积到一定浓度时影响人体正常生理功能，危害人体健康，因此，食品中的有害金属残留水平引起了社会的广泛关注，《食品安全国家标准　食品中污染物限量》（GB 2762—2022）列出了对公众健康构成较大风险的有害金属污染物并制定了限量值。精准迅速检测技术对识别食品中有害金属残留量，降低人体暴露风险具有重要意义。

一、原子荧光光谱法和应用

（一）原子荧光光谱法的原理及研究进展

1. 原子荧光光谱法概述 原子荧光光谱法（atomic fluorescence spectrometry，AFS）是一种基于光致激发的光谱分析技术，用于定量分析特定元素的方法。在原子荧光光谱法中，通过激发态原子在去激发过程中发射特定波长的荧光，实现了对元素浓度的测定。通过不断的研究和改进，原子荧光光谱法逐渐成为一种可靠、灵敏且具有高选择性的定量分析方法，被广泛应用于环境监测、食品检测、地质化学和无机分析等领域。

2. 原子荧光光谱法的原理 原子荧光光谱法是基于气相原子光发射的分析方法，气相原子通过吸收辐射被激发到更高的能级。首先，高强度单色光照射到样品上，光子将能量传递给原子，使原子处于激发状态；然后，激发的电子吸收能量，处于一个更高的水平。这是一个不稳定的状态，电子会回到正常状态，以光子的形式发射能量。在此过程中发出的电磁能量是使用分光镜测量的，从而提供了一种测量物质中特定成分浓度的方法。这个过程称为原子荧光光谱，该工艺主要用于检测金属。

3. 原子荧光光谱的分类

1）共振荧光。原子被激发后，在返回到低能态时发出与光源波长相同的光，这是最常用于分析的荧光类型。

2）斯托克斯直线荧光。当样品返回到中间激发状态时会发出辐射，从而释放出不同波长的光，然后它返回基态而不再发射。这种方法不受干扰，因此是测量浓度的最好方法。

3）阶跃线荧光。一种多级激发荧光技术，用于分析复杂有机物的结构和性质。阶跃线荧光采用多个波长的激发光源，每个波长都能与样品中的特定分子结构或功能基团相互作用，并导致不同的荧光反应。通过分析这些荧光反应的强度和光谱特点，可以推断出样品中存在的特定结构或功能基团。

4）热荧光。与传统的荧光现象不同，热荧光是一种通过热激活的机制产生的延迟发光。热荧光的特点之一是高发光效率，它能够将电荷载流子的能量转换为光能的比例较高。另外，热荧光还具有发射光谱可调性的特点，这意味着通过调整材料的化学结构和能级布局，可以实现不同颜色范围内的发光。这为显示技术和照明应用提供了更大的灵活性。

5）敏化荧光。通过使用荧光染料或化合物作为光敏剂来增强和改变样品的荧光信号。这种技术利用能量转移的原理，将吸收光能的化合物（通常称为荧光素）与样品中的目标分子之间建立能量传递过程，从而使目标分子产生荧光信号。

（二）原子荧光光谱法的检测

1. 样品预处理 样品需要经过处理以减少干扰，干扰主要分为光谱干扰和化学干扰两种类型。光谱干扰是指具有相似波长的金属（如钴和汞）发出荧光，干扰输出。化学干扰是因为化学反应会去除一些目标分析物。因此，通常采用稀释的方法对分析的样品进行预处理，以去除污染物。但也可能会涉及更复杂的过程，如微波消解。样品将通过火焰、石墨炉或金属氢化物生成这 3 种主要工艺之一进行雾化。原子荧光光谱仪分析的对象必须是水溶液或能溶于酸的样品，因此，固体样品常需要经过溶解或消解处理，以将目标元素溶解在适合的溶剂中，形成稳定的样品溶液。

2. 仪器配置

1）光源。光源是用于激发样品中的原子荧光的能量源。光源通常是惰性气体放电灯，如氩灯、氙灯等。这些光源通过激发原子使其跃迁至高能级，产生荧光信号。

2）光路系统。光路系统的作用是引导激发的原子荧光信号，并将其收集并传输到探测器进行测量。光路系统通常包括透镜、滤光片、光栅等光学元件，以确保光线的准确传输和衍射。

3）进样系统。进样系统用于将待分析样品引入到仪器中。进样系统通常包括样品进样器、样品池和样品输送管路。样品可能会经过预处理（如消解或稀释）后，通过自动或手动方式放入样品池。

4）原子化系统。原子化系统负责将样品中的元素原子化，并使其处于激发状态。这通常通过火焰、电感耦合等离子体或石英管等原子化技术来实现。原子化系统的选择取决于样品和待分析元素的性质。

5）探测器。探测器用于测量收集到的原子荧光信号强度。常用的探测器包括光电倍增管（photomultiplier tube，PMT）和光电二极管（photodiode）。这些探测器能够将光信号转换为电信号，并进行放大和检测。

6）控制和数据处理系统。控制和数据处理系统用于控制仪器的操作及处理和分析收集到的数据，包括调节仪器参数、实时监测荧光信号、记录数据、数据分析和生成分析报告的软件和计算机系统。

7）标准物质。标准物质用于标准仪器和进行定量分析。通过使用已知浓度的标准物质建立浓度与信号强度之间的标准曲线，可以确定待分析样品中目标元素的浓度。

（三）原子荧光光谱法检测的应用举例

原子荧光光谱法通常比吸附技术对金属的分析更加敏感，并且不易受到干扰，非常适合检测某些金属，如铅、镉、铊、汞、砷、锑、硒、碲等。原子荧光光谱法可用于分析固体、液体或气体样品。原子荧光光谱法仪器灵敏度较高，校正曲线的线性范围较宽，并且相对便宜，通量较高。

近些年来，随着我国各个领域的发展逐步加快，同时居民生活水平也在不断提高，基于此，人们对于食品安全意识逐步提高。在食品加工过程中可能会有部分不法商家添加铬、镉、铅、汞等重金属的情况，这些重金属元素一旦进入人体会伤害到人的呼吸系统和神经系统等，因此加强对食品中重金属的检测尤为重要，进行有机污染物中各种化合物的形态分析已成为一种发展趋势。原子荧光光谱法具有简单易操作、高灵敏度、良好的选择性和特异性，以及低背景干扰等优点，将该方法应用于食品重金属检测能够大大提升检测的精准度。

1. 金属镉和铅元素分析　镉和铅是对人体危害较大的两种重金属。镉是广泛存在于自然环境的有毒物质，被国际癌症机构归为第一类人体致癌物质。铅属于一种神经毒性的重金属元素，在高浓度下对大脑产生损伤。膳食摄入是非吸烟人群慢性镉和铅暴露的最主要途径。原子荧光光谱法适用于食品中微量镉的检测，杨捷等利用 HNO_3-$HClO_4$ 混合酸消解样品，采用氢化物发生-原子荧光光谱法测定牡蛎中镉的含量。黎超等建立了一种微波消解-原子荧光光谱法定量分析铬铁矿中铅含量的方法，并对该方法进行了标准样品分析对比和多实验室验证，确保满足食品中微量铅的标准化定量分析要求。

2．金属汞元素分析 汞是食品中可能存在的重金属元素，研究表明汞和烷基汞具有潜在神经毒性，且对肾脏和胃肠道有毒害作用，其中甲基汞和乙基汞的毒性极强。原子吸收光谱法以其高灵敏度、优良的精确度、高选择性和多元素测定等特点，在食品微量重金属测定中得到了广泛应用。在水产品中汞元素形态的测定中，通过冷蒸气发生原子荧光法对鱼肉、牡蛎等样品中的汞元素形态进行检测，实现了对甲基汞、乙基汞和无机汞的特异性分离。而在大米中微量汞的测定中，采用氢化物发生-原子荧光光谱法进行测定，最佳实验条件下，荧光强度与汞浓度在 0.0478～100ng/mL 范围内呈线性关系，检测限达到 0.0235ng/mL。对 6 种大米中汞测定，相对标准偏差小于 2.1，回收率为 92.6%～108.6%。

3．金属铬元素分析 重金属铬在自然界中广泛存在，其主要存在形式为三价铬和六价铬。三价铬是人体微量生理元素，对促进机体的糖代谢和脂代谢具有积极作用。而六价铬具有强烈的毒性，在人体中过量积累可能致癌，并且被确认为一种强烈的致癌和致突变物质，其相较于三价铬更容易被机体吸收。通过流行病学调查发现，在从事铬矿石加工生产重铬酸盐的工人中，肺癌发病率显著升高，俗称为“铬肺癌”。谭芳维等采用了微波消解处理样品，并建立了氢化物发生原子荧光光谱法用于牛奶中铬的测定。该方法对各种实验条件和影响因素进行了详细探讨，具备操作简单、精密度高、准确度优良、线性范围宽广及仪器设备价格经济实惠等优点，能够满足对牛奶中铬的准确测量要求。

4．金属锑元素分析 锑及其化合物可通过呼吸道、消化道或皮肤等途径进入人体，引发锑中毒，因此已被许多国家列为重要的污染物。研究者王书舟建立了一种使用氢化物发生-原子荧光光谱法测定食品包装材料中锑溶出含量的方法。该方法操作简便、环保，具有高灵敏度和高准确度，适用于食品包装材料中锑的溶出检测。王志嘉采用微波消解-原子荧光光谱法快速测定果汁饮料中的痕量锑，该方法操作简便、准确度高且具有高灵敏度。此外，Lima 等开发了一种利用氢化物生成和原子荧光光谱直接测定葡萄汁中总锑的快速自动化方法，该方法具有较高的精度和小的误差范围。

5．金属锰元素分析 锰是人体必需的微量元素，对维持人体正常的生命活动具有重要作用。然而，过量摄入锰会对机体产生不良影响，并对人体的神经、生殖、呼吸等系统造成不同程度的损害。范宝磊等采用微波消解联合火焰原子吸收光谱和原子荧光光谱法，对藤茶中的铁、钠、锌等 16 种微量元素进行了分析测定。

二、原子吸收光谱法和应用

（一）原子吸收光谱法的原理及研究进展

1．原子吸收光谱法概述 原子吸收光谱法（atomic absorption spectrometry，AAS）是一种广泛应用于分析化学领域的定量分析技术。它基于原子吸收物质在特定波长下吸收光的特性，通过测量被样品中原子或离子吸收的光强度，来确定样品中目标元素的浓度。原子吸收光谱法指的是自由状态的气体原子能够对同类原子进行吸收，从而呈现出相应的辐射特征谱线。而在食品检测中，运用这种方法的关键就是让光辐射得到全面吸收，使气态原子的电子能够顺利实现跃迁至激发态。在原子吸收过程中，电子的能量级别具有较大的差异，不同的原子会选择性吸收不同波长的辐射光。

2. 原子吸收光谱法的原理　原子吸收光谱法的原理就是借助光辐射的功能，改变原子中外层电子的状态，使其能够从基态向激发态转变。由于电子具有不同的能级，因此可以根据能级选择性共振吸收相应波长的辐射光。并且共振吸收的波长与原子受激发之后产生的光谱波长类似，其能够作为元素定性，根据朗伯-比尔定律，对吸收辐射的强度等进行计算或者定量分析，是超痕量元素检测的主要方式，能够对元素进行有效测定。

3. 原子吸收光谱法的分类

1）火焰原子吸收光谱法（flame atomic absorption spectroscopy，FAAS）。该方法是应用最广的分析技术，可用于分析 60 多种元素，包括钠、钾、钙、镁、锌和铁。此方法利用火焰中的加热原子蒸气来进行分析。样品被加热到高温，使目标元素原子或离子转化为气态，并利用特定波长的光源测量吸收。

2）石墨炉原子吸收光谱法（graphite furnace atomic absorption spectroscopy，GFAAS）。该方法将样品放置在石墨炉中，然后通过加热石墨炉，将样品蒸发和脱水，最后形成目标元素原子或离子，再用特定波长的光源进行测量。

3）空心阴极灯原子吸收光谱法（hollow cathode lamp atomic absorption spectroscopy，HCL-AAS）。使用空心阴极灯作为光源，特定元素的阴极材料被通电激发发生电子跃迁。这种方法通常用于特定元素的分析和定量，灵敏度较高。

（二）原子吸收光谱法的检测

1. 样品预处理

1）酸溶解或消解。对于固体样品或有机物样品，常使用酸溶解或消解来将样品转化为溶液态，以便进行后续分析。此过程通常涉及使用适当的酸（如盐酸、硝酸或硫酸）和加热将样品完全溶解。

2）氧化还原或气体转化。某些样品中的目标元素可能以不同的氧化态存在，需要通过氧化还原反应将其转化为特定的氧化态或气体形式，以方便后续的原子吸收光谱分析。常见的方法包括还原剂的加入或氧化剂的作用。

3）稀释。对于过浓缩样品，如高浓度的溶液，可能需要进行适当的稀释以获得合适的浓度范围进行测量。稀释通常使用纯水或特定的溶剂进行，确保目标元素浓度在仪器可以识别和测量的范围内。

4）富集或浓缩。对于痕量元素的分析，样品中的目标元素浓度可能非常低，此时可以使用富集或浓缩技术提高灵敏度。常用的方法包括固相萃取、液液萃取或其他化学富集技术。

2. 仪器配置

1）光源。常见的光源是空心阴极灯（hollow cathode lamp，HCL），其中的阴极材料是待测元素或离子的金属。当通电时，光源产生特定波长的谱线，用于激发样品中目标元素的原子或离子。

2）光路。光源发出的光经过一系列光学元件，如反射镜和透镜，被聚焦到样品和检测器上。光路的设计旨在最大限度地保留辐射能，并将其聚焦在最佳位置。

3）试样室。在原子吸收光谱仪中，有一个专门的试样室用于容纳样品。样品可以是液体、固体或气体形式，具体取决于分析的要求。

4）火焰系统。用于火焰原子吸收光谱的仪器还包括火焰系统，用于将样品转化为气态，在火焰中生成目标元素的原子蒸气。火焰系统由燃料气体、氧气和流量控制器组成。

5）检测器。原子吸收光谱仪使用检测器来测量样品中目标元素原子或离子吸收的光强度。常见的检测器包括光电倍增管（photomultiplier tube，PMT）、固态检测器和光电二极管。

6）信号处理系统。光强度测量结果通过信号处理系统转换为可读取的数据。这些数据可以用来计算样品中目标元素的浓度，通常使用计算机或数据记录仪。

（三）原子吸收光谱法检测的应用举例

原子吸收光谱法以其选择性好、灵敏度高、精密度良好、抗干扰能力强、仪器简单、操作方便等优点，几乎能够测定元素周期表中的所有金属元素和非金属元素。该方法基于基态的自由原子对特定波长的光的吸收现象，利用其特异性和检测限，实现了高度特异的元素分析。每种元素具有独特的吸收波长，不受其他元素的干扰。原子吸收光谱法在食品领域广泛应用，其优势使其成为重金属含量检测的可靠方法，受到业界广泛认可。

食品安全问题的日益重视使得食品工业的生产、加工、运输、储存、销售等方面的污染问题变得至关重要。食品中有害微量元素的污染对消费者的健康造成严重损害。近年来，微量元素检测和检验的分析方法已经取得较为成熟的发展，并在样品处理和数据处理方面有了显著进展。已有研究表明，微量元素，如汞、铅、镉、砷等金属元素，在摄入量较少的情况下对人体健康产生明显的毒性作用。这些有毒微量元素具有蓄积性和生物富集性，潜在地对人体造成慢性中毒等危害。因此，微量元素污染已成为严重的食品安全问题。

作为一种有前途的食品安全检测技术，原子吸收光谱法在食品中有害金属元素检测中得到广泛应用。其能力准确且可靠地检测食品中的有害金属元素，兼容性广泛，可在各个学科领域和国民经济部门广泛应用。

1. 金属镉和铅元素分析 Leal 等使用乳化破碎诱导和高分辨连续源石墨炉原子吸收光谱法（HR-CS GFAAS）测定油性膳食补充剂中的镉和铅。结果表明，镉的检测限为 1.51μg/kg，铅的检测限为 3.32μg/kg。样品中镉的浓度为 8.81～9.35μg/kg，铅的最高浓度为 19.91μg/kg。Andrade 等通过浆液取样电热原子吸收光谱法直接测定了蜂蜜中的镉和铅。Perelonia 等通过微波辅助消化，利用石墨炉原子吸收光谱法对镉和铅进行定量分析，验证了原子吸收光谱法在鱼类重金属测定中的有效性。

2. 金属汞元素分析 应用氢化物发生-高分辨连续光源原子吸收光谱法对谷类、蔬菜、饮品、水产品和乳制品这 5 类食品中 22 种常见食品进行了汞含量的检测。建立样品预处理和连续光源原子吸收光谱法的定量分析方法，并得出如下结论：全麦面、咖啡及 4 种海鲜类样品中汞的含量偏高。这些发现对食品安全和健康具有重要意义。

3. 金属铬元素分析 刁玉华通过采用微波消解-石墨炉原子吸收光谱法，成功建立了一种测定大米中重金属铬含量的方法。该方法具有快速、简便和准确的特点，可用于测定大米样品中的铬含量。另外，贾欣利用石墨炉原子吸收光谱法，成功建立了检测食品中铬含量的方法，并经过了方法学验证。该方法具有高灵敏度、准确度和精密度，适用于食品风险监测中对铬元素的测定。这些研究为食品中铬含量的测定提供了可靠和准确的方法，为保障食品安全和食品质量控制提供了重要的技术支持。

4. 金属锑元素分析 陈伊凡等采用了吡咯烷二硫代氨基甲酸铵（APDC）作为络合剂，

在 pH 5.0 的乙酸-乙酸钠缓冲溶液中，利用 APDC 与痕量锑形成络合物的特性，结合表面活性剂 TritonX-114 进行浊点萃取和富集样品中的痕量锑。随后，部分表面活性剂相与 0.1mol/L 硝酸甲醇溶液溶解，得到的溶液直接通过石墨炉原子吸收光谱法进行测定。该研究团队还对影响浊点萃取及共存离子的干扰等因素进行了实验，并对方法进行了优化。该方法的检测限为 0.37pg/L。团队应用该方法成功测定了食品包装材料陶瓷样品中锑的含量，并通过标准加入法进行了方法的回收试验，结果显示回收率为 99.3%。这项研究提出的方法在痕量锑的分析中具有良好的准确性和可靠性，为相关领域的分析和检测工作提供了有益的参考。

5. 金属铊元素分析 铊是一种稀有但广泛存在的剧毒高危重金属元素。它的外观类似于锡，容易与空气中的氧化物发生反应。铊在医药卫生、电子通信和化工催化材料等领域得到广泛应用。然而，铊及其化合物具有很高的毒性和溶解性，可以通过皮肤吸收或通过呼吸道黏膜和毛囊进入人体。铊在人体内有较强的蓄积性，对肝、肾等器官造成慢性损害，其毒性远超过铅、砷、汞、镉等其他重金属元素。刘康书等采用石墨炉原子吸收光谱法测定了薏苡仁、白菜和蓝莓中铊的含量。他们加入硝酸-高氯酸（4∶1）混合酸进行湿法消解样品，然后使用石墨炉原子吸收光谱法进行测定。他们还利用芹菜、大葱、菠菜等标准物质进行了方法的验证，测定结果与标准值一致，并且相对标准偏差（$n=7$）为 1.38%～4.71%。这项研究提供了一种可靠的方法来测定食品样品中铊的含量。利用石墨炉原子吸收光谱法进行分析，可以准确地确定铊的含量，并且测定结果的稳定性和重复性均得到了验证。

6. 金属锰元素分析 蒋晓凤等开发了一种密闭微波消解-石墨炉原子吸收光谱法，用于测定奶粉中铜和锰的质量分数。这种方法具有简便快速和高灵敏度的特点，回收率范围为 91.2%～104.1%，相对标准偏差为 1.91%～4.93%。该方法能够满足奶粉中铜和锰含量的测定要求。方成等主要研究了石墨炉原子吸收光谱法在测定不锈钢食具容器中锰溶出量方面的应用。他们重点研究了基体改进剂和酸度对测定结果的影响，并确定了石墨炉最佳灰化温度和原子化温度。通过系统试验研究，建立了石墨炉原子吸收光谱法用于测定不锈钢食具容器中锰溶出量的有效而准确的方法。这些研究提供了可靠的方法和技术支持，用于奶粉和不锈钢食具容器中铜和锰含量的测定。采用石墨炉原子吸收光谱法进行分析，具有较高的准确性和可行性，对于食品和食具安全的监测和控制具有重要意义。这些结果对于相关领域的研究和实践具有实际应用价值。

7. 其他金属元素分析 Ojeda 等采用石墨炉原子吸收光谱法对食品和饮料中的铂进行测定，该方法采用了在线预浓缩铂的方法，已被用于测定食品和饮料样品中的铂，对一系列添加的食品，回收率为 93%～110%，范围为 0.5～50mg/kg，对饮料的加标量为 4ng/mL，回收率为 100%～102%。Adu 等利用原子吸收光谱法研究研磨板对玉米产品中金属污染水平的影响。首先通过浓硝酸对样品进行完全消解，然后使用原子吸收光谱法测定每个面粉样品的微量元素含量。研究结果显示，虽然检测到钠、铁、锌、锰、镁、钙和铝，但砷、镉、铜、铬、铅和镍要么不存在，要么低于检测限。

原子荧光光谱法与原子吸收光谱法，在食品重金属检测领域发挥着不可替代的重要作用。原子荧光光谱法凭借灵敏度高、谱线简单且能多元素同时测定的优势，精准识别食品中的汞、砷等重金属；原子吸收光谱法则以其良好的选择性、高准确度，对食品内各类重金属进行定性、定量分析（表 5-3）。在实际操作中，前者适用于痕量重金属的检测，后者则对各类含量的多种重金属皆可分析。这两种方法相互补充，为保障食品安全、严格把控食品重金属含量筑牢根基，广泛应用于各类食品检测场景之中。

表 5-3 原子荧光光谱法与原子吸收光谱法的对比

	原子荧光光谱法（AFS）	原子吸收光谱法（AAS）
原理	原子在激发态返回基态时发射特征荧光辐射	原子在基态吸收特定波长的光辐射
光源	通常使用氢化物发生器或其他激发光源	通常使用空心阴极灯或电极放电灯
原子化器	火焰、石墨炉或氢化物发生器	火焰、石墨炉或冷蒸气技术
单色器	用于选择特定的荧光发射波长	用于选择特定的吸收波长
检测器	光电倍增管或其他适合检测微弱光信号的设备	光电倍增管或其他适合检测光吸收的设备
灵敏度	高，适合检测极低浓度的元素	较高，但对某些元素相对较低
干扰	易受化学干扰和光谱干扰影响	受光谱干扰和化学干扰影响，但通常有校正措施
应用	痕量金属和半金属元素检测，如汞、砷、硒	广泛用于金属元素的定量分析，如钙、镁、铅、铜等
样品要求	需要复杂的样品前处理，尤其是对气态氢化物的生成	样品前处理相对简单，适合多种形态的样品
优点	灵敏度高，适合痕量分析	分析速度快，适用范围广，设备相对成熟
缺点	对样品前处理要求高，设备复杂，操作难度较大	对某些元素的检测灵敏度较低，可能需要校正干扰
成本	通常较高，因其需要特定的激发光源和检测器	相对较低，因设备和技术应用广泛

三、电感耦合等离子体原子发射光谱法和应用

（一）电感耦合等离子体原子发射光谱法的原理及研究进展

电感耦合等离子体原子发射光谱法（ICP-AES）的历史最早可以追溯到 1884 年，Hittorf 通过实验发现了当感应线圈有高频电流通过时出现辉光。进入 20 世纪中叶，Reed 研究出了以氩气作为冷却气的高频放电装置，并提出三层同心石英管结构的炬管，这为后来的 ICP-AES 的出现奠定了基础。随后，Fassel 小组发表了把 ICP 装置用于 AES 的研究成果，从而开创了电感耦合等离子体在原子光谱分析上应用的历史。1975 年，第一台 ICP-AES 在美国诞生；北京第二光学仪器厂于 1984 年也成功研制出中国第一台 ICP 多道光电直读光谱仪。近年来，双向观测技术、平板等离子体技术先后被应用到 ICP-AES 上，标志着 ICP-AES 的分析性能进入了一个新的阶段。

人们把电离度大于 1/1000 被电离的气体称为电感耦合等离子体，它主要利用电磁感应原理产生光源。电流经高频发生器发出，经过矩管时会在其中产生一个磁场，随着交变磁场的迅速变化会产生热量，当温度达到电离温度时，管内的气体就会电离，产生的电子和离子被激发从而发光，经过分光系统将其分解成按一定顺序排列的光谱，通过检测系统测定特定元素的波长和强度来进行定性或定量分析。

电感耦合等离子体原子发射光谱法主要分析特点如下。

1）能够对多元素进行同时测定。以往文献报道，通过使用电感耦合等离子体光谱仪分析方法能够分析高达 78 种自然界中存在的元素。值得注意的是，在现实应用的情况下，并非所有元素都适合用此方法进行分析。例如，有一些元素虽然采用其他方法进行测定，但是电感耦合等离子体光谱仪分析法依旧是对元素分析最有效的方法。

2）可分析的线性范围宽。一般来说，电感耦合等离子体光谱仪分析的测定范围比较宽，在不超过上下阈值浓度的范围内，它的工作曲线可以达到5～6个数量级。其不仅仅可以测定高浓度的元素成分，同时对低浓度的元素分析也具有良好的测定能力。

3）受到的外界干扰较小。由于具备比较高的激发能力和蒸发原子化能力，因此相较于其他分析方法，电感耦合等离子体光谱仪分析受到的干扰比较低。

4）不受样品状态影响。针对固体样品，其需要的预处理步骤较少，液体样品则可以直接进行分析。能够提供不同的波长进行样品测定，也因此适用于常量到超微量元素成分的分析。

5）具有较高的分析精密度。中间通道类似于一个静电屏蔽区，被分析物质由载气带入后进行一系列步骤，包括原子化、电离、激发，因此不会受到等离子体能量的变化影响，确保了分析精密度。

（二）电感耦合等离子体原子发射光谱法的检测

1．样品预处理 目前，常见的样品预处理方法有湿式消解法、灰化法和微波消解法。

（1）湿式消解法 湿法消解法是目前元素分析方面最高效、最直接、最经济的一种样品前处理的方法。根据实际样品的不同性质，在常压下向样品中加入一种或者几种混合无机强酸或强氧化剂来破坏或氧化其中的有机物或者硅酸盐成分，从而对其进行分解，将待测样品转化为可测定形态的处理方法就是湿式消解法。

（2）灰化法 实际样品在高温下加热，利用高的温度来破坏分解其中的有机物使其熔融，难分解时，加入一些灰化助剂来促进分解，将待测样品转化为可溶态的处理方法被称为灰化法。

（3）微波消解法 通过分子极化和离子导电这两个效应对实际样品直接加热，促使其固体表面迅速破裂，从而产生新的表面与溶剂进行作用，使得数分钟内完全分解样品的处理方法被称为微波消解法。

2．仪器测试条件的选择

（1）待测元素特征谱线的选择 在ICP-OES的分析过程中，每种元素都有着几条灵敏度较高的特征谱线，对于定性分析来说，确定特征波长就可以；但是对于定量分析，则需要根据仪器及元素的状态选择出一条更加合适的特征谱线来进行定量分析。

（2）仪器工作参数的选择 作为精密分析仪器，ICP-OES所涉及的工作参数非常多，对不同浓度的不同样品中的不同待测元素及不同的仪器状态来说，其工作参数都要经过优化和重新调整。工作条件参数设定的正确与否直接影响到测定的精密度和准确度，甚至会影响测定结果的正误。

3．标准曲线的绘制和计算结果 标准曲线是测量仪器响应值与待测物质浓度的函数关系，好的标准曲线是测定结果准确的基础保证。通常根据测量仪器的测定范围会配制不同浓度的标准溶液，系列的点应该大于5个标准曲线的测量应该按照样品测定的相同操作步骤进行。用线性回归方程计算结果时，要求$r \geqslant 0.999$计算出的结局和斜率应该符合标准方法中的要求。将离子数代入标准曲线$y=ax+b$，计算样品溶液中的浓度C，$C=(y-b)/a$。其中，y是目标物质离子数强度。

（三）电感耦合等离子体原子发射光谱法检测的应用举例

食品的质量安全问题一直以来受到全社会的重点关注，同时各国政府也非常重视食品的质量安全问题。目前包括中国、欧洲、美国等国内外各食品安全标准都发布了关于重金属含量的限制标准，测定食品中重金属含量是食品检测的最主要检测项目。由于食品中重金属测定结果是判定食品是否合格的重要依据之一，其结果的准确性显得尤为重要，如果测量结果不准确或出现错误，发生误判，将造成严重的国家和企业经济利益受损或危害人体健康等严重后果。因此，保证测试结果的准确性不仅是检测实验室的重要内容，也是其不可推卸的义务。

食品添加剂是食品生产工业中不可缺少的一部分，食品添加剂磷酸主要用于食品生产工业中的酸味剂、酵母的营养剂等，与人体健康息息相关。因此，食品添加剂的检测越来越重要。我国生产的食品添加剂磷酸按照标准《食品安全国家标准　食品添加剂　磷酸》（GB 1886.15—2015）中要求的项目检验，进出口食品添加剂磷酸按照标准《进出口食品级磷酸中铜、镍、铅、锰、镉、钛的测定　电感耦合等离子体原子发射光谱法》（SN/T 2049—2008）中要求的项目检验外，还要求检测铬元素的含量，因此，建立一种同时、快速、准确的检测食品添加剂磷酸中镍、锰、铬、铅、铜、钛含量的方法，尤为重要，电感耦合等离子体发射光谱仪具有检出限低、灵敏度高、耗时少、干扰小、多元素同时测定等优点，在分析测试样品中，电感耦合等离子体发射光谱法已广泛应用在各个行业。

在食品工业中，硫酸铝钾、硫酸铝铵作为传统的食品改良剂和膨松剂，被大量用做面制品、膨化食品、粉丝等食品加工中的添加剂。然而，铝离子的过量摄入会严重威胁人体健康。因此，国家标准对硫酸铝钾、硫酸铝铵的使用限量有明确的规定。《食品安全国家标准　食品添加剂使用标准》（GB 2760—2024）中对硫酸铝钾、硫酸铝铵的使用限量规定为100mg/kg。铝的常用测定方法参照《食品安全国家标准　食品中铝的测定》（GB 5009.182—2017），但是其中的铬天青-s分光光度计法有一定局限性，环境条件的变化、样品消化的差异都对其有很大的影响。显色反应后，测出的标准曲线线性不好，试样结果偏差较大，很难做到精确测定样品中的铝含量。而电感耦合等离子体发射光谱法可以通过采用铝的最佳特征谱线，提高检测的灵敏度及准确性。

四、X射线荧光光谱法和应用

（一）X射线荧光光谱法的原理及研究进展

德国物理学家伦琴在1895年发现了X射线。X射线是一种电磁辐射，由高能量粒子轰击原子所产生的，具有波粒二象性。X射线的波长为0.01～10nm，在X射线荧光光谱法中，常用波长为0.01～2.5nm。法国物理学家乔治在1896年发现X射线荧光，一般用X射线管辐照样品来获得荧光X射线。原子与一束高能粒子相互作用时，如果高能粒子的能量大于等于原子某一轨道电子的结合能，原子的电子会脱离轨道并形成一个空穴。当原子发生电离时，电子的能量分布失衡，会自发地由能量高的状态过渡到能量低的状态，当外层电子进入内层空位时所释放的能量会辐射出来，称为特征X射线，即X射线荧光。当原子的K层空缺时，外层中任一电子跃迁至K层填充空穴，所产生的一系列谱线称为K系谱线。同样当L层电子空缺时，电子跃迁至 L 层也会产生 Lα 线和 Lβ 线。利用 X 射线荧光光谱法进行分析时通常采用 K 系和 L 系的荧光。

（二）X 射线荧光光谱法检测的工作原理及实验步骤

1. X 射线荧光光谱仪的工作原理　X 射线荧光光谱仪主要由以下几个系统组成。

（1）X 射线发生系统　包括 X 射线高压发生器和 X 射线管两部分。其中 X 射线高压发生器是为 X 射线管提供高压和电流并保持电压和电流稳定的装置。X 射线管本质上是一个高压真空二极管。它是由在高压下发射热电子的灯丝阴极和接收电子的阳极靶组成。X 射线管作为激发源是 X 射线荧光光谱仪的关键部件，分为端窗型和侧窗型。端窗型具有环状灯丝阴极，灯丝一端接地，灯丝近于零电位；阳极靶处于正高电位，几乎无电子轰击窗口，窗口受热很少，窗膜可以做得较薄，X 射线的光通量较大。侧窗型可以使阴极和阳极间有更高的电位，甚至可以达到 100kV。由于阳极接地，阳极为零电压，阳极处于负高压，其结构造成散射电子对窗口的溅射而连续加热，侧窗型 X 射线管的窗膜一般比端窗型厚很多。

（2）冷却系统　X 射线管工作时，灯丝发出的热电子在高压加速下所获得的能量只有极少数转成 X 射线，绝大部分能量在与阳极碰撞时生成热能损失并造成阳极发热，温度升高，所以阳极靶必须得到充分冷却，不然在短时间内就会被烧坏。因此在实际工作中需要使用提供流动冷却水的装置。对于端窗型 X 射线管，一般是阴极接地，阳极为正高压，冷却水必须是电导率很低的去离子水，所以使用的是循环去离子型热交换器，其中去离子水的电导率要求小于 2μs/cm。由于热量的交换，去离子水的温度升高，由外部冷却装置冷却内循环去离子水。外循环可以用空气冷却，也可以用水冷却。侧窗型由于是阳极接地，为零电压，只需普通水冷却靶面。

（3）分光检测系统　分光检测系统包括一次 X 射线滤光片、X 射线光路、限制光栏、衰减器、准直器、分光晶体等，而探测系统则为探测器。

1）一次 X 射线滤光片。是一种能够选择性地吸收某波长或波带的金属薄膜，既能吸收靶线，也能吸收连续谱线的散射线，所以可用来消除或减弱干扰分析线的靶材特征谱线、杂质线、连续谱线的散射背景等引起的干扰。

2）X 射线光路。X 射线波长越长，被透物质原子序数越大，则吸收系数越大，一般使用真空或氦气光路。对于待测元素，任何真空度的变化都会给分析结果带来很大的影响；对于超轻元素，不仅要有好的真空度，并且必须保持真空度的稳定性，因此设备都带有自动真空控制装置。

3）限制光栏。是一种栏光器，分析时用于限制样品的探测面积，防止样品盒面罩元素被探测。扫描型仪器位于样品和初级准直器之间。

4）衰减器。在不改变激发条件的情况下，用某种吸收材料吸收或减少光通量的办法衰减进入探测器的 X 射线强度，以保持计数率和 X 射线强度成线性。

5）准直器。又称为索拉狭缝，由平行的金属箔片组成，是对 X 射线起准直作用，能滤掉发散的 X 射线，使来自样品的 X 射线成为基本平行的光束，还能剔除来自样品之外的无用的散射线，分为初级准直器（入射狭缝）和次级准直器（接收狭缝）。

a. 初级准直器。位于样品和晶体之间。分粗、标准和细三种。采用细狭缝可以提高谱线分辨率，减少谱线重叠干扰，但强度也会因此降低。对超轻元素，如碳、硼等的分析，一般采用粗准直器，得到较高的光通量，从而提高实际工作的灵敏度。

b．次级准直器。位于晶体和探测器之间，大部分扫描型谱仪的次级准直器随探测器移动。次级准直器除了起准直效果外，它还能减少晶体的二次发射和来自晶体其他衍射面的伪反射。另外，次级准直器常和流气正比计数器窗口保持紧密接触，对计数器在真空中使用起一定的支撑保护作用，降低窗膜破裂的可能性。

6）分光晶体。是分光系统中最关键的部件。按照布拉格衍射原理，分光晶体对待测样品中各种元素的特征谱线进行分光，在特定的布拉格角对被测元素进行探测。大部分分光晶体为无机或有机盐类单晶，近年来，轻元素和超轻元素色散常用人造多层膜晶体。

2．实验步骤

1）建立分析方法。根据未知样品的分析要求，在背景含量方面选择相应的国家一级标准物质，用确定的最佳测量条件，测量各组分样品的荧光强度，代入仪器软件提供的经验标准曲线方程和基体校正方程。对每个元素回归计算出一套标准曲线系数和基体校正、谱线重叠校正系数。

2）选择测量条件。根据待测样品中各个需要分析元素的性质和含量背景，充分利用X射线荧光光谱仪的相关性能，坚持以提高荧光强度和分辨率，保证稳定性并降低噪声为原则，选用不同的标准样品进行反复试验，综合分析并确定各项最佳工作条件。

3）样品制备。粉末压片法制备样品的步骤分为干燥、焙烧、混合、研磨、压片五步。

4）标准曲线绘制、基体效应校正及谱线重叠校正。

（三）X射线荧光光谱法检测在食品领域中的应用

X射线荧光光谱法在食品领域中的应用主要集中在对元素的定性和定量分析。该技术通过分析样品中原子发射的特征X射线来确定其元素组成，具备快速、非破坏性和高灵敏度等优势。

1）重金属检测。X射线荧光光谱常用于检测食品中的重金属元素，如铅、镉、汞和砷等。这些元素对人体有害，尤其是婴幼儿食品和饮用水中的重金属含量受严格监管。X射线荧光光谱能够快速、准确地对这些有毒金属进行筛查。

2）营养元素检测。X射线荧光光谱可以检测食品中的多种营养元素，如钙、铁、锌和镁等。通过这种技术，可以有效控制食品的营养成分质量，确保符合营养标签要求。

3）添加剂和污染物分析。X射线荧光光谱可用于检测食品中的特定添加剂和污染物，包括氯化钠含量、硫含量及其他潜在污染物。它能快速识别出非法添加的化学物质或原材料中的杂质。

4）食品包装材料检测。食品包装材料中的重金属迁移或污染是食品安全中的一个重要问题。X射线荧光光谱能帮助分析食品包装材料中的有害元素，如铅、镉等，从而防止其迁移到食品中。

5）农产品质量监控。在农产品的生产和加工中，X射线荧光光谱可以用于检测土壤中元素含量，分析农产品中矿物质含量，以及监控肥料和农药中的有害元素。这样能够确保生产出安全、健康的农产品。

6）原产地溯源。X射线荧光光谱技术能够帮助分析食品中的微量元素组成，这些元素的种类和含量常常与食品的地理产地相关。通过这种方式，可以辅助进行食品原产地的溯源，防止假冒伪劣产品。

Alvarez 等利用能量色散 X 射线荧光光谱仪测奶粉中钾和钙元素，得到钾和钙的检出限分别为 0.011%和 0.007%；2005 年，Neslihan 等利用能量色散 X 射线荧光光谱仪检测人乳中的钙元素含量。目前，我国检测食品中的金属元素含量的方法较少使用 X 射线荧光光谱仪。2000 年季桂娟等利用 X 射线荧光光谱法直接检测茶叶中的 22 种元素，试验采用直接压片法测量，并且评价了结果的准确度和精密度；2012 年，梅燕等利用 X 射线荧光光谱法检测 6 种花瓣粉末中的成分，结果发现同一种花瓣中元素的种类大致相同而元素含量存在差异。

X 射线荧光光谱法在食品分析中的其他应用如表 5-4 所示。

表 5-4　X 射线荧光光谱法在食品分析中的应用

样本	设备	分析元素	样品准备
奶粉	台式 X 射线荧光光谱仪	硫、磷、氯、钾、钙、铁、锌	压缩颗粒
大米	基于同步加速器的 X 射线荧光成像仪	砷	70μm 切片
玉米、大豆和小麦	便携式 X 射线荧光光谱仪	钙、钴、铬、铁、钾、锰、镍、磷、硫、硅、锌	研磨颗粒
水稻种子	基于同步加速器的 X 射线荧光成像仪	磷、钾、铁、锌、铜	200μm 碎片
苹果、梨	便携式 X 射线荧光光谱仪	钙、钾	整体
黄瓜根	基于同步加速器的 X 射线荧光成像仪	钛	30μm 薄片

除此之外，目前食品包装塑料材料中重金属元素含量常用检测方法包括分光光度法、原子吸收光谱法（火焰与石墨炉）、原子荧光光谱法等。这些方法各自有其优点，但制样和分析流程长，很难满足现代快速分析、操作简便的要求，其中分光光度法存在实验过程冗长、复杂、灵敏度不高、实验中常需用到危害人体健康和造成环境污染的有机试剂等缺陷；原子吸收光谱法尤其是石墨炉原子吸收光谱法虽具有较高的灵敏度，但检测速度比较慢，更适用于单元素的分析，不能适应大样品量的需要；原子荧光光谱法则对介质的要求苛刻。X 射线荧光光谱仪可一次进样同时分析多种元素，且分析速度快、精确度和准确度高，能满足食品包装塑料中重金属元素含量的分析要求。

主要参考文献

陈波．2016．保健食品安全与检测．北京：科学出版社．

陈亨业，邓高琼，付海燕，等．2020．农产品中内吸性农药残留检测技术与研究进展．化学试剂，42（10）：1139-1147.

陈俊华，潘家峰，邓芳．2022．一种高灵敏检测真菌毒素玉米赤霉烯酮的生物传感器：CN114606304A.

陈新坤．1987．电感耦合等离子体光谱法原理和应用．天津：南开大学出版社．

陈伊凡，吕宏伟，黎厚斌．2010．浊点萃取-石墨炉原子吸收光谱法测定食品包装材料中锑．理化检验．化学分册，46（3）：238-240，243.

程化鹏，陈泉，张慧，等．2016．ICP-OES 法测定食品添加剂磷酸中铬、铜、镍、铅、锰、镉、钛．广州化工，44（14）：133-134，164.

迪丽霍玛尔·吾尔开希，刘丽英．2018．基因芯片技术在病原性食品微生物检测中的应用．现代食品，（19）：155-157.

刁玉华．2016．微波消解-石墨炉原子吸收光谱法测定大米中铬．中国酿造，35（1）：149-151.

范孝英，李芳．2021．酶联免疫吸附（ELISA）法在食品微生物检测中的应用分析．食品安全导刊，（9）：152-154.

冯丁月，林巧．2022．PCR 技术在食品微生物检测中的应用探索．食品安全导刊，（6）：181-183.

符斌，方明渭，周杰，等．2002．用于 X 射线荧光光谱分析的凝胶制样法．冶金分析，5：6-9.

付华．2016．生物芯片技术及其在食品检测中的应用．现代食品，（16）：14-15.

高欢，魏孟辉，张俊霞．2021．食品中农药残留检测技术研究进展．粮食流通技术，（17）：110-114．
葛宇．2015．食品安全检测技术概论．北京：中国标准出版社．
耿建暖．2021．酶联免疫法及其在食品中的应用研究进展．黑龙江畜牧兽医，（19）：40-44．
黄加栋，汪世华，于京华，等．2009．一种检测细菌毒素的糖基功能化分子印迹膜电极：CN201522474U．
黄加栋，于京华，裴梅山，等．2009．检测细菌毒素的糖基功能化分子印迹膜电极的制备方法及应用：CN101666774B．
黄潇航，施远妮，符云芳，等．2020．基因芯片技术在动物疫病检测中的应用研究进展．贵州畜牧兽医，44（4）：49-51．
季桂娟，刘女幸．2000．X 射线荧光光谱法直接测定茶叶中 22 种元素．冶金分析，20（2）：60-61．
季兰芳，陈灵娟．2016．膳食营养与食品安全．北京：化学工业出版社．
金翔鹰，贾文超，胡克梅，等．2022．一种快速检测水体中农药残留的方法：CN114088685A．
李丹．2008．EDiX-III型 X 光管在能量色散 X 荧光分析中的应用研究．成都：成都理工大学硕士学位论文．
李向梅，刘志威，陈晓敏，等．2020．食品安全免疫层析检测技术研究进展．食品安全质量检测学报，11（15）：4939-4955．
林峰，奚星林，陈捷．2015．食品安全分析检测技术．北京：化学工业出版社．
刘康书．2015．石墨炉原子吸收光谱法测定农产品中铊的含量．食品研究与开发，36（6）：71-73．
刘璐．2022．PCR 技术在食品微生物检测中的应用：评《食品微生物检验学》．中国油脂，47（6）：153．
陆安祥，王纪华，潘立刚，等．2010．便携式 X 射线荧光光谱测定土壤中 Cr，Cu，Zn，Pb 和 As 的研究．光谱学与光谱分析，30（10）：2848-2852．
梅燕，马密霞，聂祚仁．2012．X 射线荧光光谱压片法测定六种花瓣粉末的成分．光谱学与光谱分析，7：1969-1971．
孟庆辉，唐桂华．2022．PCR 技术在食品微生物检测中的作用分析．食品界，（6）：97-99．
任婷，曹珺，赵丽娇，等．2014．氢化物发生-高分辨连续光源原子吸收光谱法测定食品中的汞和砷．食品科学，35（8）：62-66．
佘灵顺．2018．基因芯片技术及其在食品检测中的应用．现代食品，（7）：91-93．
孙树兵．2020．微生物检测技术在食品安全检测中的应用．化工管理，28：161-162．
滕威，李倩，柳亦博，等．2012．食品中微生物危害控制与风险评估．北京：化学工业出版社．
王雷钧．2022．PCR 技术在食品微生物检测中的应用．食品安全导刊，（16）：142-144．
王硕，王俊平．2016．食品安全检测技术．北京：化学工业出版社．
王喜梅．2019．酶联免疫吸附法在食品微生物检测中的应用分析．食品安全导刊，（21）：138．
王忠桂．2022．PCR 技术在食品微生物检测中的运用．食品安全导刊，（8）：155-157．
肖钢军，林兆盛．2016．酶联免疫吸附（ELISA）法在食品微生物检测中的应用．食品安全导刊，（18）：106-107．
薛丽，王尚君，田雨超，等．2021．食品中农药最大残留限量标准进展分析．食品安全质量检测学报，12（22）：7．
杨冠池．2006．莫塞莱与原子序数规律．黑龙江工业学院学报（综合版），6：44-45．
张琳，金玉娥，汪国权．2021．食物中毒常见天然毒素及其检测技术．环境与职业医学，38（3）：7．
张欣．2014．食品生产加工过程危害因素分析综合教程．北京：科学出版社．
张妍．2016．食品安全检测技术．北京：化学工业出版社．
赵雪，王涛，蒋灿．2018．一种食品中农药残留物的快速检测方法：CN108414639A．
郑国经．2014．电感耦合等离子体原子发射光谱分析仪器与方法的新进展．冶金分析，34（11）：10．
周建斌．2008．低原子序数元素能量色散 X 荧光仪的研制．成都：成都理工大学博士学位论文．
周宇晨，耿思缘，宋春璐，等．2022．食品微生物检测中 PCR 技术的应用探索．食品安全导刊，（20）：187-189．
周振杰．2022．PCR 技术在食品微生物检测中的应用．现代食品，28（11）：174-176．
朱坚，汪国权，陈正夫．2003．食品中危害残留物的现代分析技术．上海：同济大学出版社．
Adu J K, Fafanyo D, Orman E, et al. 2020. Assessing metal contaminants in milled maize products available on the Ghanaian market with atomic absorption spectrometry and instrumental neutron activation analyser techniques. Food Control, 109: 106912.
Al-Omari S. 2011. Determination of essential and toxic trace elements in ten herbal medicines using energy-dispersive XRF analysis. X-ray Spectrometry, 40(1): 31-36.
Beans C. 2017. Inner Workings: Companies seek food safety using a microbiome approach. Proc Natl Acad Sci U S A，114(51): 13306-13308.
Büssow K, Cahill D, Nietfeld W, et al. 1998. A method for global protein expression and antibody screening on high-density filters of an arrayed cDNA library. Nucleic Acids Res, 26(21): 5007-5008.
Gygi S P, Rochon Y, Franza B R, et al. 1999. Correlation between protein and mRNA abundance in yeast. Mol Cell Biol, 19(3): 1720-1730.
Howell S W, Inerowicz H D, Regnier F E, et al. 2003. Patterned protein microarrays for bacterial detection. Langmuir, 19(2): 436-439.
Khudzari J M, Wagiran H, Hossain I, et al. 2013. Screening heavy metals levels in hair of sanitation workers by X-ray fluorescence analysis.

J Environ Radioact, 115: 1-5.

Leal G C, Rovasi F, Maziero M, et al. 2022. Emulsion breaking-induced extraction of Cd and Pb from oily dietary supplements followed by graphite furnace atomic absorption spectrometry detection. Journal of Food Composition and Analysis, 112: 104651.

Lima E A, Cunha F A S, Oliveira M J, et al. 2022. Fast automated method for the direct determination of total antimony in grape juice samples by hydride generation and atomic fluorescence spectrometric detection without external pretreatment. Food Chemistry, 381: 132194.

Nougadère A, Sirot V, Cravedi J P, et al. 2020. Dietary exposure to pesticide residues and associated health risks in infants and young children - Results of the French infant total diet study. Environ Int, 137: 105529.

Ojeda C B, Rojas F S, Pavon J M C. 2006. Determination of platinum by graphite furnace atomic absorption spectrometry in foods and beverages using an automated on-line separation-preconcentration system. Food Control, 17(5): 365-369.

Perelonia K B S, Benitez K C D, Banicod R J S, et al. 2021. Validation of an analytical method for the determination of cadmium, lead and mercury in fish and fishery resources by graphite furnace and Cold Vapor Atomic Absorption Spectrometry. Food Control, 130: 108363.

Tüdős A J, Lucas-Van Den Bos E R, Stigter E C. 2003. Rapid surface plasmon resonance-based inhibition assay of deoxynivalenol. J Agric Food Chem, 51(20): 5843-5848.

Uetz P, Giot L, Cagney G, et al. 2000. A comprehensive analysis of protein-protein interactions in *Saccharomyces cerevisiae*. Nature, 403(6770): 623-627.

Zhu H, Bilgin M, Bangham R, et al. 2001. Global analysis of protein activities using proteome chips. Science, 293(5537): 2101-2105.

第六章　食品科学研究的新方法

随着食品科学技术的发展，在基础理论知识不断被更新、完善甚至颠覆的同时，一些新技术和新方法不断涌现。这些新方法包括从计算机领域开始兴起，近年来被平移应用到食品领域的大数据分析和挖掘，以及在此基础上借助算法等进一步升级的人工智能；为了实现高效可控可监测目标，应运而生的体外模拟消化系统模型；以及包括 3D 打印在内的增材减材制造技术。这些新方法和新技术在食品加工、食品检测、食品营养、食品安全等方面发挥着传统方法无法比拟的重要作用，尤其为个性化营养和健康提供了强有力的科学指导。

第一节　大数据分析与挖掘

21 世纪以来，互联网和信息技术飞速发展，信息革命的浪潮席卷了整个经济体系和社会生活，数据是互联网应用的必然产物。“万能”的互联网已经深入经济社会的方方面面，对数据的研究与运用逐渐受到人们的关注与重视。大数据产业成为“十三五”规划、“十四五”规划以及即将启动的“十五五”规划建设中的重要领域。随着社会的发展，科学技术水平不断提升，人们的物质生活水平也获得了提升，人们对自身生活提出了更高的要求，绝不仅是满足于温饱，人们对食品安全、营养健康等食品行业关键问题更加重视。信息时代已经全面到来，大数据正是信息时代的产物，如果将大数据有效地应用到食品营养健康领域中，那么食品行业的相关研究工作将得到有力促进和飞速发展，也将为人民的身体健康提供更完善的服务。

一、大数据研究在食品领域的发展概况

（一）大数据的内涵

“大数据”（big data）一词，早在 1980 年就被 Alvin Toffler 在 *The Third Wave* 中提出。但由于大数据本身的抽象性，学术界对于大数据的概念并没有统一的定义。大数据原是用于形容企业、政府、高校等单位面临的数据无法存储、无法计算的状态。随着信息时代的发展，大数据越来越受到研究人员的关注，META Group 的分析师 Doug Laney 将数据增长的挑战和机遇定义为三维方式，即总量、速度和多样性。*Nature* 在其专刊中定义大数据为“由于数据规模巨大，无法使用现有的技术和方法进行处理的数据”。Kusnetzky 认为大数据是指传统数据处理应用软件不足以处理的大或复杂的数据集的术语。麦肯锡在研究报告中将大数据定义为“无法使用现有的典型数据处理软件进行获取、存储和处理分析的数据集”，是大小超出常规的数据库工具获取、存储、管理和分析能力的数据集。美国国家标准和技术研究院（National Institute of Standards and Technology，NIST）认为，大数据是在数据容量、数据处理及数据表示等方面，无法使用传统方法进行数据处理，需要对原有方法或技术进行扩展，从而提高效率。在我国，孟小峰等对大数据的基本概念和内涵进行了更深入的剖析，认为我们不能从字面意思理解大数据的定义。张引等认为，大数据是无法使用传统数据处理软硬件设施在有限

的时间内进行处理和分析的数据集。彭宇等指出，大数据归根结底是一种数据集。以上这些关于大数据定义的角度及侧重点不同，但它们所传递的基本信息是一致的，即大数据的关键是种类繁多、数量庞大，在有限时间内无法用传统数据处理工具收集、存储、处理和分析。可以看出，大数据并不是一种新的产品，也不是一种新的技术，而是互联网应用后的必然结果，是一种新现象。随着大数据研究的深入，其被赋予了更多内涵。

国际商业机器公司（International Business Machines Corporation，IBM）提出 5 个大数据的特征：Volume、Velocity、Variety、Veracity、Value，构成了“5V”，即规模性、高速性、多样性、真实准确性及价值性。规模性是大数据中的数据量爆炸性地增长；高速性是大数据相对传统数据挖掘，对于处理数据的响应速度有更严格的要求；多样性是数据来源、数据类型的多样；真实准确性表明只有真实而准确的数据才能使对数据的管控和治理真正有意义；价值性是大数据背后隐藏着巨大的潜在价值。“5V”特征表明，大数据不仅是数据量达到新的高度，而是在数据处理的难易程度、处理速度及处理效果方面，都有全方面的发展和提高。对于传统数据的处理方式而言，大数据将对其产生颠覆式的影响，尤其是在传统数据的获取、处理方法等方面。大数据的核心作用是数据价值化，简单地说，大数据让数据产生各种“价值”，这个数据价值化的过程就是大数据要做的主要事情。大数据做的是：记录一切、描述一切、预测一切。

（二）大数据产业的兴起

自从计算机发明以来，大量数据以飞快的速度产生。在互联网时代开始时真正得以呈现。移动设备、数字传感器、通信、计算和存储的进步提供了收集数据的手段（图 6-1）。大数据的出现是当前和未来研究前沿的关键动力，它作为一个新术语，源于 Yahoo、Google 等大公司分析大量数据的需求，从原来的“3V”发展到“4V”，乃至今天的“5V”来定义大数据。黄永勤对 Web of Science 数据库中收录的关于大数据的相关文献进行梳理后认为，2000 年以来，遗传算法、神经网络算法等相关成果的出现为大数据的发展奠定了基础。大数据在我国引起关注最早可以追溯到 2003 年，代芯瑜和张雯曦对 2003～2012 年发表在 CNKI 上的与大数据领域相关的研究文献进行了定量分析，指出 2012 年是大数据相关主题研究浪潮开始的一年。2012 年，随着对大数据研究的人员增多和研究范围的扩大，研究成果与实践深度融合，促进了大数据应用的产生和发展。大数据的发展促使当时的资本市场集中于“数据”价值挖掘的同时，也注重大数据与技术的融合，加速了大数据与大数据技术的发展和大数据应用的产生。崔小委和吴新年以 Google 公司为例，分析了数据应用如何促进大数据产业的落地。2000 年，Google 公司为应对庞大的信息检索而建立的覆盖数十亿网页的索引库成为大数据应用的起点。随后，相继出现的智能翻译系统、电子商务自动推荐系统、用户位置分析等大数据应用，都使大数据逐渐向传统产业延伸并与之结合形成大数据产业。例如，在学术界，*Nature* 和 *Science* 相继出版了针对大数据研究的专刊，从多个方面介绍大数据对经济社会的重要性与挑战。2012 年，美国政府将“大数据战略”提升至国家战略，斥巨资扶持其发展。而我国也于 2015 年发布关键性文件《促进大数据发展行动纲要》，助力大数据产业的发展。

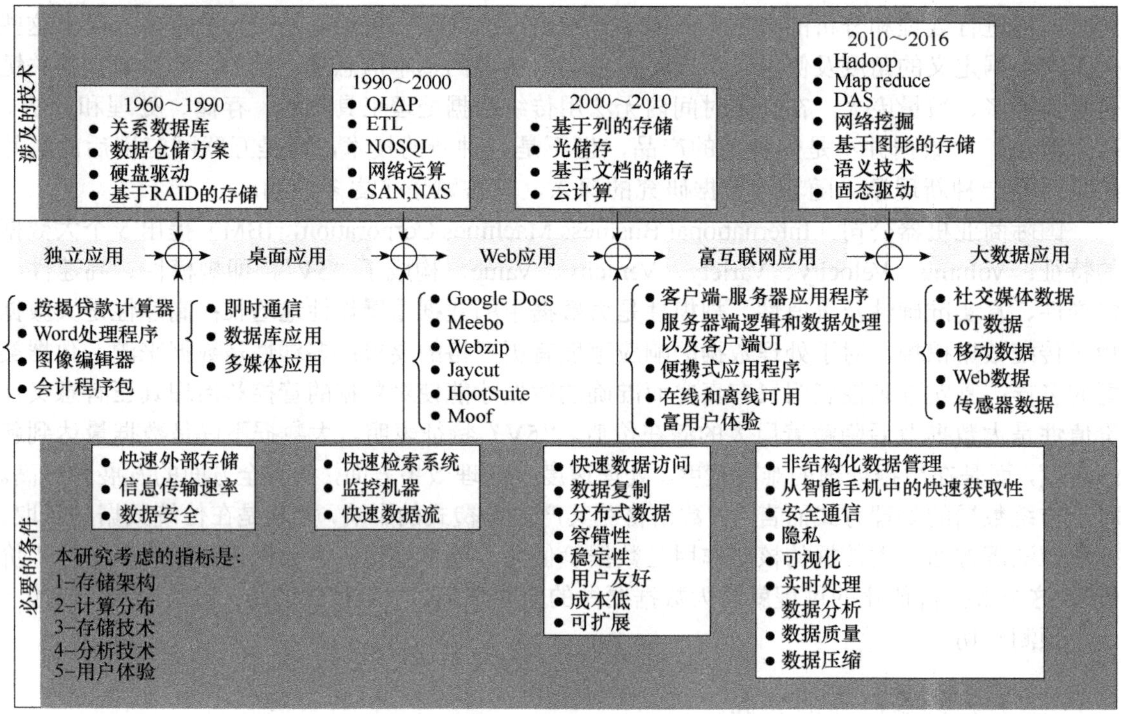

图 6-1 大数据应用程序的发展（引自 Yaqoob et al.，2016）

（三）大数据研究在食品领域的发展

1．总体发展现状 以现代信息技术为标志的第 4 次工业革命正快速并深刻地影响着食品产业。德国“工业 4.0”战略引领全球食品工业发展，加速工业机器人、智能化控制等新技术、新装备与物性重构、柔性制造等食品加工技术的深度交叉融合，推动食品产业向自动化、信息化和智能化方向转变。欧美国家利用数字化设计和制造技术，结合感知物联和智能控制技术，开发食品智能装备与生产线、智慧工厂，实现从食品产品设计、工艺优化到装备制造及食品制造全过程的智能控制，有效保障了食品制造过程的精确、高效、低耗，进而在资源开发、技术创新、产品研制和市场拓展等方面引领和主导了全球食品产业的发展。食品产业国际化竞争态势日趋强烈，对我国未来食品发展提出诸多新的挑战。

2015～2024 年，食品大数据技术的论文发表数量和专利申请数量分别达到 7959 篇和 2402 项，是食品研究未来的热点研究方向。目前，我国食品安全管理制度尚不完善，食品智能装备制造业尚处于机械化、电气化、自动化、数字化并存，不同地区、不同行业、不同企业发展极不平衡的阶段。食品安全管理尚未建立起完善的全产业安全信息监测系统，且中式菜肴、传统酿造、特种农产品加工、调理食品等传统食品制造业，由于品种多、工艺复杂，大多还处于手工及半手工的状态，没有国外经验与技术可借鉴，更缺少配套智能装备，必须依靠自主研发，更新智能化工艺和装备。因此，急需充分利用互联网技术、数据库技术、嵌入式技术、无线传感器网络、机器学习等多种技术融合实现完善的安全管理、制造业智能化、远程化测控，通过人、设备与产品实现实时连通、相互识别和有效交流，从而构建一个高度灵活的个性化和数字化的智能制造模式（图 6-2），保障食品行业管理和加工的安全、高效、低碳和优质。

2．研究热点及发展趋势　大数据时代的到来将大量的生产信息以数字化的形式赋予到食品产业本身，食品大数据技术是目前食品科学与工程领域的研究热点之一。通过对2015～2024年大数据在食品领域发表的研究论文和申请的专利数量的分别统计，发现大数据技术在食品行业的研究热点主要集中在膳食营养与健康、食品安全管理、食品智能制造三大领域上，十年间三大领域的论文发表及专利申请数量分别为3439篇、2215篇、2728篇（其中423篇论文涉及多个领域）和1164项、818项、420项。

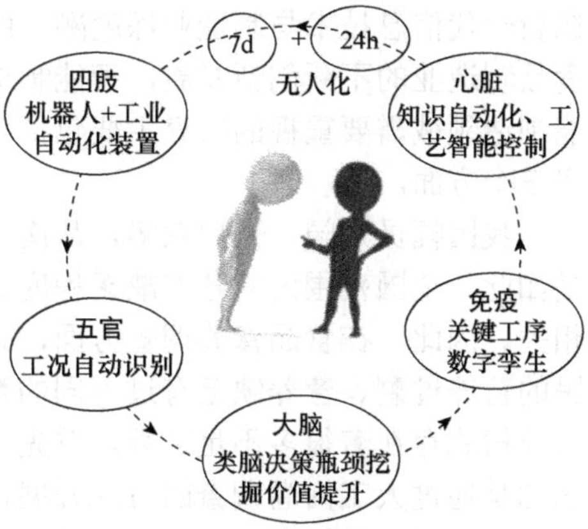

图6-2　食品制造全系统智能化示意图
（引自李兆丰等，2022）

大数据背景下营养健康管理与食品安全的发展趋势主要有两个方面，分别是构建营养信息监测与调研的信息共享系统和创建预防食品安全风险的数据信息评估体系。中国权威营养膳食参考资料为公众整理了一系列相关的营养膳食健康管理信息数据，但是当这些数据颁布出来时，与实际调查研究时间已经存在一定距离，其数据的时效性、准确性也存在不同程度的不确定性。营养信息监测与调研的信息共享系统的建立不仅有利于促进相关信息检测与调研管控模型的进一步优化，同时还可最大程度保证信息的准确性。而且营养健康管理的相关数据除了涉及社会调研具体实验所得信息之外，疾病种类、膳食构造、营养摄取设计等相关信息也与其有着极大联系，因此受众的职业、年龄、经济基础等因素都需要被纳入健康信息管理中，如此才可最大效率实现科学有效的健康信息管理。除此之外，通过大数据技术，还可根据数据库进行管理模式的对比实验，为不同受众提供合理的建议。而且大数据还可实现最大范围的信息搜集，并在此基础上完善营养膳食反馈系统，进而补充原有数据管理系统的全面信息，强化中国营养健康管理与信息监测的有效性与准确性，促进我国健康管理体制的进一步成熟。另外，近年来，消费者非常关注食品安全问题，人们所食用的果蔬产品是否存在农药残留，所食用的肉蛋类食品是否达到安全指标，都是大数据时代必须解决的食品安全问题。利用大数据技术，可以将底层数据信息汇总并进行深度分析与统计，为食品安全监管提供可靠的信息评估基础数据类型。首先，在农科实验室将大量当季果蔬样品的研究结果进行总结；其次，将相关研究结果与企业数据、市场数据、网络数据、现场调研数据汇总，利用网络公布；最后，在用户满意度、产品合格率、信息传播模式中深度挖掘数据信息类型。将食品安全的评价体系建立在专业化、信息化、流程化的实践维度中，并充分结合用户所需，提供食品安全信息，才能够以食品安全的评价体系，支持大数据时代步入高速发展的信息交互阶段。在此阶段中，通过新媒体与自媒体不断补充食品安全信息的数据类型，才能进一步完善营运健康管理，支持网络化与大数据技术的合理运用，提高食品安全质量，降低食品质量风。

在食品智能制造方面，以现代信息技术为标志的第四次工业革命正影响食品制造业，其突出特点是“互联网＋智能制造”。食品智能制造系统的核心在于柔性加工、数字集成、感知物联和智能控制，通过在一般信息系统中增加感知、认知及学习功能，可以掌握人工难以感知的动态变化运行状况，认知人工难以及时处理的多类信息，决策人工难以实现的全局优化。

在新一代信息技术与制造业深度融合的发展主线下，食品装备智能化和食品智能生产将引领食品制造业的不断创新发展，智能制造可能成为食品工业转型升级的关键途径。未来食品智能制造领域需要重视的研究主要包括食品工业机器人、食品智能制造加工系统和智慧工业厨房三个方面。

我国幅员辽阔、人口众多，从南至北都有着不同的文化特征和民族习惯，在饮食方面也是如此。全国范围内的营养缺乏程度、饮食习惯、居民膳食纤维摄入量等与营养和疾病息息相关。因此，在食品营养调查方面，我国也曾经做出多项研究和举措，尤其是对部分地区居民的营养过剩、营养缺乏有过不同的数据统计，但以往的工作更多地依靠人工进行，这样的统计模式存在着很多不足之处。首先，我国营养调查的相关经验不足；其次，传统的调查方法都是通过人工问卷调查的方式开展，因此数据的准确性不足；最后，调查问卷的数据需要精细化整理，并且需要结合现代食品营养的技术手段，但是从数据的统计分析显示，最后的总结和统计还缺乏一定的精准性和预测性。运用大数据技术进行营养及食品调查，在大大节约人力、资本、时间等成本的同时，有效地提高调查的效率，而且在数据分析和数据比对方面相较于传统形式更加具有科学性和可信度，使用大数据进行营养调查分析可以将很多疾病与人们的饮食习惯建立起数据联系，并能得到以往所得不到的客观数据链条，以达到食品及营养调查的真正目的。因此，大数据技术可以在国人饮食习惯和饮食品质中，针对某些疾病进行预防和提出建议，既为研究人员提供技术支持和数据支持，也为人们的饮食调整提供预防措施，是未来发展的重要方向。

二、大数据分析与挖掘在食品研究中的应用

随着我国社会主义市场经济的繁荣发展，互联网渗入到社会的方方面面，并成为人们生活及工作的重要工具，随之而来大量的数据蕴含着极高的利用价值。大数据的诸多益处引起了食品研究人员的兴趣，因此在食品技术发展中最典型的食品安全管理、食品智能制造、膳食营养与健康三大领域中发挥着重要的作用。

（一）食品安全管理

近些年来，食品安全问题屡次发生，每次事件的曝光都意味着大批消费者已经深受其害，食品安全直接关系到民生安全，食品安全标准的制定及风险预警也逐渐成为社会关注的焦点。若要减少食品安全事件，必须建立完善的食品安全标准和风险预警制度，采取一系列的辅助手段，而大数据就是我们可以利用的重要工具。大数据技术实现了对食品“从土壤到餐桌”全产业链中的数据信息进行研究管理，从而发掘数据的潜在规律和动向，以实现食品安全品质信息的实时获取、及时监管，以及重大食品安全风险的防范、预警与溯源。食品安全管理目前也已取得了一定的研究及应用成果。例如，美国的 openFDA 项目，通过建立基于用户利益的食品大数据共享平台，促进了食品安全信息的开放融通与共享互鉴，从而有效推进了学术研究、产业创新及监管效能的提升。此外，该技术在欧盟食品饲料快速预警系统和我国“食品安全云”系统中也有着广泛应用，为构建完善的食品安全社会共同治理模式提供了强力助推。

1. 食品安全标准制定 目前，大数据技术已成为科技、经济和政治等领域的重要部分，具有海量数据采集、分析作用，可为管理主体提供更精准的参考数据，方便相关人员做

出最精准的决策。在食品安全标准制定方面，可融入大数据思维，让食品安全标准更详细、缜密，为食品安全监督管理工作提供强大的执法依据，让食品行业获得更有效的监督、监控。

通过采集各大门户网站新闻和行业官方微信、微博等新媒体平台上大量的食品安全问题信息和数据，与目前的食品安全标准进行核对，从而发现是否有未记录和未进入标准的危险成分。利用大数据进行信息追踪、反馈，优化食品安全标准的制定。面向广大网友征集某个目标食品产品的线索，可了解销售范围、消费者食用后的表现等。通过网络搜索引擎分析大众对食品安全标准的关心领域，在食品安全标准公布以后，将被人们集中关注的项目数据纳入进来，并对该标准进行动态观察。或者就食品安全标准的新项目进行民意采集，观测该项目的社会关注度，以优化食品安全标准的制定，并获得反馈信息。

目前，国家食品安全标准制定由国务院行政部门制定和负责公布，国家标准编号是由国务院标准化行政部门提供，原卫生部（现国家卫生健康委员会）负责将现行食用农产品质量安全标准、食品卫生标准及质量标准统一整合为食品安全国家标准。同时制定这些标准时还需要参考国际标准，需听取经营者及消费者意见，这就导致食品安全标准制定涉及太多部门和主体。为了提高沟通效率及整合沟通数据，需将大数据融入进来，保证各方、各部门的充分沟通，保障所有数据都能为决策者所用。

总的来说，在食品安全标准制定中融入大数据思维，是给予食品安全标准合法依据，确认某个食品是否违规的一种科学态度，同时也是保证食品安全标准得以动态更新的关键。

2．全链式食品安全信息监测、风险预警及质量溯源 食品安全是人对食物的基本要求，是人们正常生活的基本保证。大数据技术不仅可以在食品营养成分上进行调查分析，还可以为食品安全管理提供重要的数据支持和保证，在我国食品加工行业中运用数据收集、数据采集、数据分析、数据处理及食材溯源等技术，为食品的安全提供保障。

食品安全追溯系统是确保食品安全、为食品供应链组件创造收益的关键，传统的追溯系统通过射频识别（radio frequency identification devices，RFID）技术追溯货物的来源，该方法高昂的成本一直制约着 RFID 的普及和应用。目前出现了功能更强大的新型智能追溯系统，利用先进的互联网和大数据技术，以二维码为载体，作为每件货物的“身份证”，实现了一物一码，并在北京、天津、河北等地进行了检测试验。

1976 年，世界卫生组织（WHO）构建的全球环境监测系统（GEMS/Food），由各参与机构提交食品污染物浓度数据组建数据中心，结合数据处理与分析技术，帮助各国政府、食品法典委员会等机构评估食品污染物污染等级与发展趋势，是各国用于评估与管理食源性风险的重要工具。2015 年，WHO 整合农业、食品、公共卫生和经济指数等领域多元化数据构建食品安全大数据服务平台 FOSCOLLAB，通过增强采集数据源维度提升对食品安全风险监控效果。Badia-Melis 等提出食品追溯本体应用（FTTO）模型，基于语义分析对异构数据库数据进行整合建立归一化的知识体系，基于唯一标识原则对整合后数据进行统一编码处理，为溯源数据的电子交换提供一个国际、非专属性统一标准。

美国的食品安全监管体系的建设较早，且较为稳定，其食品安全的监管主体主要包括美国农业部（USDA）和美国食品药品监督管理局（FDA），且各个州和联邦均建设了独有的食品安全监管体系。虽然美国各级政府与各地区的监管体系相互独立，但可进行数据共享，并且建立了统一的食品安全数据库，各级政府、各地区的系统均可兼容和共享数据。主要依靠食品不良反应报告系统和在地方和联邦均建立的食品安全监管网络。不良反应报告系统

（CAERS）是隶属于 FDA，主要涉及食品、药品信息，涵盖了消费者和食品、药品专业人员提供的报告信息、行业协会提供的数据以及来自膳食补充剂行业的强制性报告。FDA 根据这些不良反应信息开展食品安全问题“未雨绸缪”的工作，并且使得日常的监管工作更具有针对性和高效性。消费者可以通过系统向 FDA 或食品企业提交投诉，在食品企业收到投诉后，依照法律企业必须向 FDA 提交相关的报告。不仅如此，CAERS 无偿对民众开放，可在其官方网站下载各种不良事件的数据信息。另外，美国在地方和联邦均建立了食品安全监管网络，各个机构相互协调进行监管。但是，联邦政府并不依赖于地方政府进行食品安全的监管工作，而是设立了多个检测中心和实验室。2011 年，美国建立了食品安全检测实验室网络的联合体系（ICLN）（图 6-3），其主要由 5 个实验室网络构成：美国疾病预防控制中心（CDC）实验室应急网络系统、FDA-FSIS 食品应急反应网络、农业部国家动物健康实验室网络、国家植物诊断网络和环保部环境实验室响应网络。

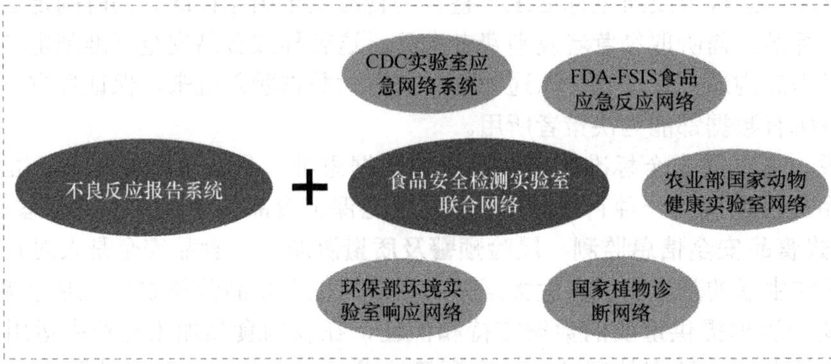

图 6-3 美国食品安全监管体系（引自姜惟刚，2019）

在我国，陶光灿等在 2013 年搭建的“食安云”大数据平台构建研发了食品安全智慧监管体系（政用）、“互联网＋”检验检测云服务体系（商用）、食品安全质量追溯认定云服务体系（民用）和食品安全大数据平台于一体的“三体系一平台”综合架构（图 6-4）。将大数据应用于食品早期安全预警，为消费者和生产者搭建了溯源平台，实现食品防伪验证、安全风险监测与预警。通过手机扫描产品上的条形码即可进入生产端、流通端、餐饮端的轨迹追踪，让消费者直接可以看到餐盘中农产品的进货日期、在田间的生长状态、星级认证等。但食品追溯系统中存在的数据关联性弱、数据记录不准确等问题，给食品召回与追溯问题源头带来挑战。

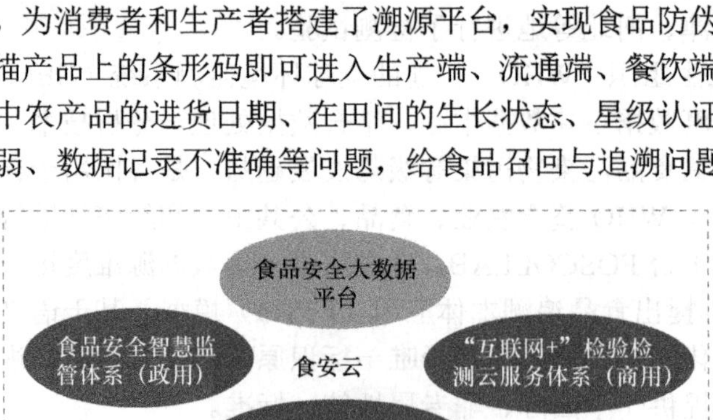

图 6-4 中国“食安云”大数据平台

3．冷链保鲜 在当今激烈的产品竞争环境中，食品的生命周期是消费者选择产品的主要驱动因素之一，也是食品安全保障的关键一环。在食品安全和质量领域中对关于冷链的研发和改善工作进行了广泛的讨论。并已有研究将大数据雾计算应用于冷链保鲜的研究中。大数据在冷链保鲜方面的应用还主要体现在其能最优化路径调度，实现产品信息的实时反馈，使得后台能及时准确地进行运营策略的调整。

4. 品质检测　食物是生物的主要能量来源，因此在整个人类历史上，食品质量和安全一直是最高的要求。物联网大数据是一种不受时间和空间限制连接任何物品的技术。在食品供应链（FSC）中利用物联网被认为可以通过跟踪食品状况以及与消费者或FSC主管实时共享获得的数据来提高生活质量。目前，物联网在FSC的全面应用仍处于发展阶段，还存在较大改进空间。但已有研究表明，物联网技术具有应用于农业以跟踪食品质量安全并进行品质检测的可能性。用于食品新鲜度调查的移动应用程序被成功开发，消费者可通过移动摄像头测试食品的新鲜度，并通过应用物联网技术与所有消费者和管理者共享这些信息。

5. 农产品供应链　粮食安全是另一种意义上的食品安全，农业供应链（ASC）的“健康”与否和粮食安全息息相关。在以往的研究中，农业部门在实现可持续增长方面受到人们的高度重视，其中包括农业实践、利益相关者的社会福祉和环境保护等。ASC面临着来自各种消费者组织、社会、农业公司和政策制定者要求实现可持续发展的严峻压力。解决ASC的工业化水平低、供应链管理效率低下、缺乏管理技能和分散的信息共享等问题刻不容缓。在信息时代的飞速发展下，互联网、物联网和云计算等新兴技术正在支持供应链中的决策，从而提高绩效。这些技术正在帮助ASC管理供需变化，满足严格的食品安全规范和其他可持续性要求。基于大数据的区块链（BT）技术有望成为ASC的重要贡献者，通过保持所有供应链中的合作伙伴信息权力对称性，对ASC在问责制、透明度和可追溯性方面带来实质性的改进。ASC中基于区块链的数据管理系统可以显著推动该行业管理整个ASC中的土地和使用记录，购买细节和农场设备、种子、农药，可追溯性和金融交易。这将有助于ASC减少产品掺假和欺诈案件，从而提高其可持续性。区块链可以作为中介提供有关农产品来源并提高来源的可靠和可信度的信息。

（二）食品智能制造

食品智能制造指的是收集、统计、整合食品企业在生产加工过程等各环节中的数据信息，建立数字化食品企业模型，通过大数据分析处理技术，对用户的需求做出智能化分析、推理与决策，实时调整生产方式与策略，以实现自动化、智能化、个性化的食品生产加工。自2016年以来，逐渐出现与3D打印、增材制造等主题相关的论文与专利，但就数据方面来看，全球在该方面的研究处于起步阶段，尚未观察到具有突破性意义的研究进展。

1. 3D打印食品　增材制造（additive manufacturing，AM），俗称“3D打印”，已得到较为广泛的扩展应用，被应用于机械工程和航空、设计科学、生物医学工程、制药行业、生物技术、食品等多个领域中，为设计、制造和创新提供了巨大的自由。关于3D打印技术的研究正在蓬勃发展，增材制造的巨大前景和潜在应用令许多研究者甚至开始谈论新的工业革命。基于增材制造、数控加工和热熔挤出材料等技术的3D打印食品技术，在近3～4年来得到了比较广泛的重视。该技术通过定量化、配方化的食品打印方式，模拟动植物肉质组织，改善食物结构与机制，并利用大数据满足消费者个性化的口味偏好，为具有特殊饮食需求的人群提供了便利。3D打印技术结合大数据作为工具，在食品产业的应用在未来甚至有望走出工厂，以自主售货机等独特形式，为精确化的膳食营养管理带来了契机。

2. 食品分拣和包装 原料供应不规范是食品加工业面临的最大挑战之一，依靠人工对原料进行分拣和分类任务量庞大，导致效率下降、成本增加。通过使用人工智能，可实现食品分拣的完全自动化，使用相机、激光和机器学习相结合，提高食品分类效率、降低出错率。例如，通过部署基于光学传感器的人工智能进行分拣，可以消除对原材料进行排序的耗时过程，从而提高生产效率，并减少浪费。要开发基于人工智能的分拣和包装系统，需要大量数据，以便系统经过适当的训练后以高效的方式执行任务。基于人工智能的智能决策系统由多种工具和方法组成，即高分辨率摄像机、激光技术、X 射线和红外光谱，这些工具和技术用于分析食品原料的各项参数，如水果和蔬菜的表面与内部特征。研究人员设计了不同的系统，其中比较有名的是 TOMRA 分拣系统，它能够以非常高效的方式执行分拣任务，精确度达到 90%以上，大大提高了工作效率。

3. 食品自动售货终端和应用 在决定商品和营销策略后，食品销售公司需要建立一个可靠的人工智能系统，为人们在线提供服务。在大数据背景下，人工智能为人们重塑食品交付方式的愿景得以实现。例如，在线食品商店、无人超市和在线个性化定制食品商店，根据顾客的订购模式和食品偏好产生大量的数据。此时，可以利用人工智能创建更简单、经济、省时的食品交付方法，如构建一个在线网站，可以提供快速订购和建议的移动电子应用程序，这些应用程序通过向客户提供相关食品加工的原辅料及其加工特点，帮助客户进行选购。这些应用程序现在正被逐步采用，这项技术也帮助食品商解决了人力短缺和订单不准确等问题。

4. 食品工业的机器人技术 随着大数据和人工智能的发展，在食品工业中应用机器人技术已逐渐成熟，尽管它可能尚未被大规模采用，但是由于在食品工业中引进这些技术的成本低于雇用人力的费用，因此其在食品工业的各个领域均已得到应用，如食品运输中的无人机和食品加工中的机械臂。全球食品自动化行业的价值稳定增长，预计在未来几年内翻一番，达到 25 亿美元。机器人主要应用于食品制造的初级加工阶段和深度加工阶段。在对生鲜产品进行清洗、分类、运输和混合的初级加工阶段，机器人的应用包括屠宰、水果和蔬菜分拣。在通过烹饪、烘焙、冷藏等方式将配料组合成新的食品的深度加工阶段，机器人的应用包括产品分类、缺陷去除和混合。大数据更多地应用于食品工业的深度加工阶段，具体包括通过大量数据对缺陷品识别的机器学习和基于大数据的食品配方组合。

5. 食品物流中的人工智能 人工智能领域的机器学习可以帮助食品物流有效解决如原材料供应、预测食品需求及规划物流等问题。通过机器学习方法将送货人员的位置与当前或即将面临的交通情况进行优化，然后以同步方式通知他们相关的最佳路线，来解决配送路线问题。此外，通过机器学习收集的数据规模会随着时间的增加而增加，随后可以使用其他基于人工智能的算法进行分析，从而开发出更智能的系统，这种分析可以使用更先进的人工智能技术（如深度学习）进行，使这类技术更具有竞争优势。

6. 智能包装技术 智能包装是能够实现智能功能（如检测、传感、记录、追踪、沟通、应用科学逻辑）以促进决策的包装系统，如新鲜度指示包装、时间-温度传感器（TTI）、RFID 信息型包装等。智能包装主要基于其自身检测、传感和记录功能向消费者传递食品的安全和质量信息。利用智能包装可以有效延长食品货架期，提高食品的安全性，降低食品损失，同时最大限度地保持食品的风味、口感和营养价值。现阶段的食品智能包装都是根据产品成熟或腐败过程中产生的物质等做出的“被动”调整，而未来的智慧型食品包装将能够基于大数据的分析，在感知、监控食品状况的基础上，智能化地对不同状态或不同成熟度的食品做出“主动”调整。此外，结合大数据、传感器、增强现实（AR）、虚拟现实（VR）等技术的智能包装，将帮助消费者更精准地感知食品的品质与安全，对降低食物的损失和浪费具有重要作用。

（三）膳食营养与健康

大数据技术支持海量信息的发掘与传播，同时也为营养健康管理提供了数据支持。如何利用这一技术优势，为营养健康管理及食品安全提供良好的发展环境是研究重点。目前，人们对食品问题的关注度很高，但食品种类繁多，人们对食品的营养成分和安全性也有不同的见解和认识，庞大的信息量令消费者难以处理和做出合适的选择。因此，在健康管理及食品营养分析方面运用大数据技术，能让消费者对膳食营养有更加清晰的认识，也能为研究课题提供更多的数据与技术支持，大大降低传统数据统计效率低的问题，让数据更加透明，并提高产业发展潜力。另外，大数据是一种量大而又复杂的数据集，可被用来识别特殊人群的健康发展趋势，为预防疾病提出建议，开展健康促进活动，制定基于人群研究的治疗方案。

1. 食物成分数据库的管理及运用 食物成分数据库是各种食物成分含量所组成的一个数据集，是一个国家制定相关法规标准、实施有关营养政策、开展食品贸易和进行营养健康教育的基础，具有学术、经济、社会等多种价值，是一个国家和地区重要的资源，是健康管理领域中不可或缺的重要研究内容。在第十四届全国营养科学大会上，中国疾病预防控制中心营养与健康所陆颖作的题为“我国主流消费食物营养成分的监测”的报告中提到，我国通过开展具有中国特色的国家食物成分监测，建立了 1 个国家级食物成分数据库，20 个省及自治区的食物成分子数据库，构建了用于食物监测的网络平台，促进了膳食营养与健康领域的研究。2020 年，中国食物成分数据库经过系统、完善、精准等一系列监测，极大丰富了中国食物营养成分数据库，为以后有关膳食营养的研究提供了数据基础。我国不同地区、不同民族，饮食习惯存在差异，食物的摄入量也有所差异，可根据不同地区、不同民族、不同人群等建立相应的数据库，促进膳食个性化、营养精准化的发展。但现在中国食物成分数据库主要用于中国居民摄入量的依据、用于营养知识的传播，距离实现精准化、个性化膳食营养还较远。国外的食物成分数据库主要包括阿拉伯食物成分数据库、爱尔兰食物成分数据库、DietSys（巴西人口的饮食数据处理系统）、myfood24 FCDB（英国新的综合电子食品数据库）、喀里多尼亚食物成分数据库，用于居民更加准确的膳食营养指导，进行营养干预。

2. 个性化食谱推荐 食谱推荐也是食品大数据分析领域中常见的应用场景，利用消费、健康和食物大数据，针对不同人群的身体特征和饮食习惯，可以精准制造具有不同功能属性的食品，精确管理日常膳食，提供给消费者定制的营养和美味。Teng 等提出利用食谱推荐算法来确定食物成分是否在菜谱中为必需品。Grace 等结合基于案例的推理和深度学习算法来生成新的菜谱。但是，由于深度学习的不确定性，后者可能会生成“黑暗料理”。Yoshida 等则聚焦于用户食物偏好，这是因为上述设计的食物推荐系统训练数据来源于开放的食谱网站。这些食谱网站的特点是访问频繁，网站储存的大部分食谱非常大众化，部分人群则有自己的食物偏好。他们利用人们的食谱浏览和烹饪历史数据，提出了一种基于用户食物偏好的个性化食谱推荐系统，用以满足人们的食物偏好。为了让大家更关注自己餐盘里食物的营养，Kalra 等构建了一个基于大数据的营养评估系统，通过食谱分析，计算食物的营养。

针对运动员、老人等有特殊营养需求的人群，大数据的应用同样提供了个性化膳食的服务。北京 2022 年冬奥会建造的智慧食堂，针对不同训练阶段运动员的身体状况提供营养食谱，运动员仅需人脸识别便可以得到适合的个性化餐食。将大数据分析技术与食品组学技术结合，通过建立微生物组、饮食、生活方式、遗传和健康之间的相互关系，开展高精度个性化食品设计。Wolever 借助机器学习，结合血液参数、饮食习惯和肠道微生物群大数据制定的个性化饮食可以优化餐后血糖水平。此外，利用感知科学、移动互联等技术，为消费者提供专属的感官体验，也是未来食品个性化设计的发展方向。Li 等利用表面触觉技术在手机等触屏表面实现力学反馈，让消费者线上消费时可以获得触摸真实食品的直观感受。大数据、感知交互等技术与食品科学的交叉融合将使全面满足消费者对食物的个性化需求成为可能，驱动食品的精准设计。

3. 基于个人遗传因子的未来饮食推荐系统 2015 年，Zeevi 等在几天内追踪了 800 人血液中的血糖水平，令人惊讶的是，他们对于相同食物的生物化学反应差异大不相同。有些人吃了含糖冰淇淋后血糖升高，而另一些人的血糖仅随着淀粉的摄入而升高，这一观点和传统观念不符。人体对于养分的特殊处理似乎取决于基因，目前已有科学家做了针对个人 DNA 提供饮食建议的研究，这项研究已投入实际生活中，如一些公司提供所谓的“营养遗传服务”，通过测试用户的遗传信息提供适合用户的饮食建议。因为个体的差异性，所以生产个性化的饮食可能是未来食品发展的趋势，但因为可能涉及个人隐私及耗费大量的资源而在现阶段难以普及化，展望未来，随着技术的发展，有望能够解决这一系列难题。

4. 健康管理与疾病预防 另外，在食谱推荐领域，有学者专门聚焦于“食疗”。Freyne 等针对肥胖症设计食谱推荐。他们根据医学专业人士的建议和对肥胖人士的调研，设计旨在给肥胖症人群个性化推荐食物。Freyne 等编辑了一种算法，针对 512 名使用者的身体状况，给出推荐食谱，从而改善使用者的肥胖状况。

食药同源也是当下关注的焦点。其原因之一是我国人民的需求已从“吃得好”逐渐转向于“吃得健康”，二是我国人民需要自己的膳食结构，而非西方生搬硬套的膳食结构。基于我国传统饮食文化的食药同源理论，不少植物既是食材又是药材。利用大数据与人工智能技术创新食药同源网络，开发新的满足不同人群口味的药膳谱，是未来食品科学发展的一个重要方向。通过大数据技术分析不同食材的各种化学成分，依据这些成分组建食药同源网络。利用人工智能的个性化推荐技术，生成深度网络模型等，不断创新药膳谱，使其不仅能够满足人的营养需求之欲，也能预防并干预一些慢性疾病。

（四）其他方面

1992 年，厨师 Heston Blumenthal 和 Francois Benzi 认为具有相似风味的原料烹调效果会很好，于是有厨师就尝试了白巧克力和鱼子酱的风味组合。但是由于白巧克力和鱼子酱的化学性质差异大，组合后的食物味道非常特殊。随着食品科学的发展，我们现在掌握了大量的食物化学物质信息，这些物质使得不同的食物具有不同的气味和口味。基于大数据驱动的风味网络构建方面，过去十几年中，已有一些厨师和食品科学家注意到一个规律：相比不含共享风味化合物的食物搭配，共享风味化合物的搭配更受人们的欢迎。例如，外国流行把蓝纹奶酪和巧克力搭配起来，这两种食材共享风味化合物高达 73 种。为了证实以上的规律，Ahn 等对此进行了相关研究，构建了包含 381 种食材和 1021 种风味化合物的风味网络

（图 6-5）。网络中每个节点代表一种食材，节点与节点之间的连线粗细代表这两个节点所代表的食材之间共享风味化合物的数量大小。鉴于此，Garg 等开发了 FlavorDB 数据库，FlavorDB 数据库比 Ahn 等收集的食材更为丰富，广泛覆盖 25 595 种风味化合物，在数据库中列出的分子中，这些天然成分被进一步分为 34 类，并映射到 527 种不同的天然来源，但是其菜品组合网络仍然是基于 flavor network。学者 Simas 等提升了 flavor network，并将其设计的网络称之为 Food-bridging。以上方法都是基于类似化学成分组合食物，很多著名的食物搭配（如红酒和牛肉）并没有共同的化学成分或者风味化合物，但是搭配一起仍然广受人们喜爱。因此需要在更大范围内寻找食物配对，而不是仅仅基于风味化合物或者化学成分。这些风味化合物数据库的建立弥补了之前风味网络数据不完整的缺陷，使得风味网络的数据分析更加科学、精准，避免了一些因数据缺失而导致的不全面的结论，方便后续数据驱动的新风味食品开发。

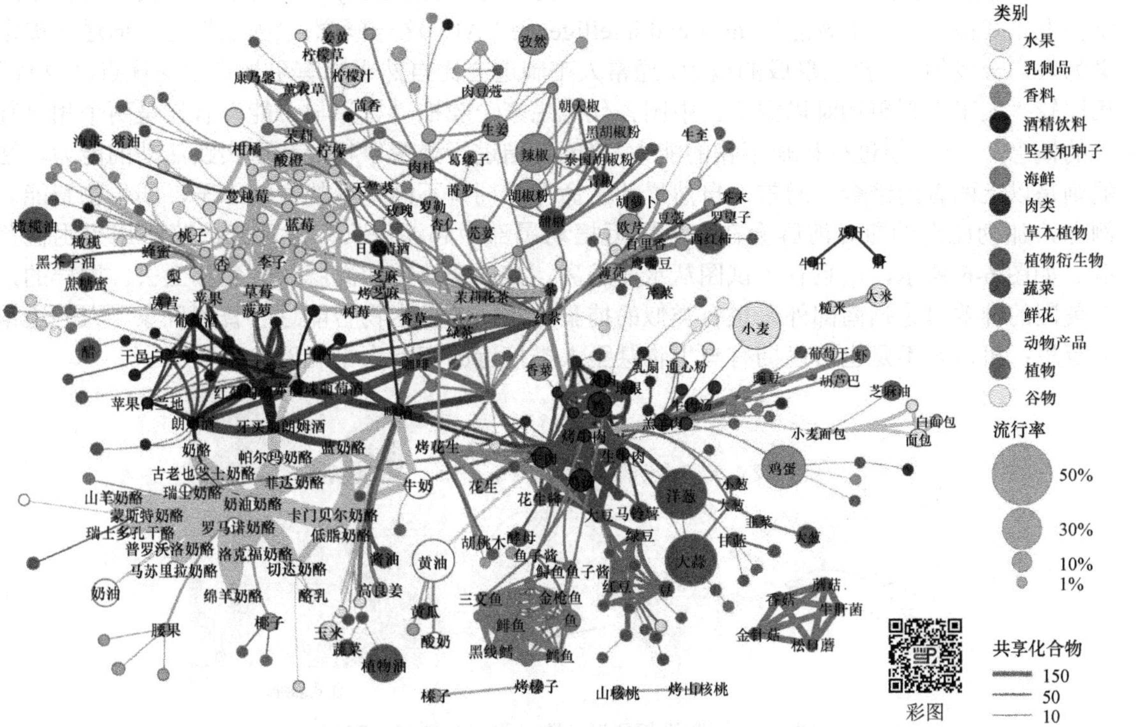

彩图

图 6-5　风味网络示意图（引自 Ahn et al.，2011）

基于风味网络的地区食物搭配模式方面，风味网络的发现给食品科学家带来了全新的分析方式，他们从这个微观的角度来观察各地区食物之间的联系。Kazama 等利用大数据来构成一个能转换国家、地区风味的神经网络，让人们更方便地品尝到异域风味的料理。印度学者 Jain 等根据风味网络调查了印度的食物配对情况，他们发现印度各地区的美食都遵循负面的食物搭配模式，即在印度美食中遵循风味共享程度越高，在烹饪中它们共同出现的频率就越小。Ozturk 等为了在马尔马拉地区创造新型菜谱，基于风味化合物网络的分析方法，根据食物材料的常见化合物数量来评估菜谱的成分，结果发现 8 种常见的化合物，它们包含了相似的风味和香气，表明风味配对理论可用于该地方的新配方。然而，Ozturk 等在大米、牛奶、干豆和无花果中发现的8种常见化合物可能难以具有代表性，应采用更多的统计数据来说明。

第二节 人工智能

一、人工智能发展概况

如同蒸汽时代的蒸汽机、电气时代的发电机、信息时代的计算机和互联网，人工智能已经成为进一步推动人类社会进入智能时代的决定性力量。通过过去数十年的发展，人工智能逐步从实验室走向产业化生产，全方位赋能于我们日常生活的衣食住行。例如，智能穿戴设备、食谱推荐、智能家电、自动驾驶等不同应用场景中各类人工智能产品层出不穷，并根据需求不断迭代更新，给人们的生活带来了极大便利。

1. 人工智能概念的出现 1956年夏，麦卡锡（McCarthy）等科学家在美国达特茅斯学会上正式提出"人工智能"（artificial intelligence，AI）这一概念。"人工"这一词通常被定义为人为合成的、非自然形成的概念，通常人工制造会比自然事物有更加突出的优点。"智能"相比较"人工"则更加难以定义。中国古代思想家一般把"智"与"能"看作是两个相对独立的概念，"智"指进行认知事物的能力，"能"指进行处置事物或从事实践活动的能力，智能则是以上两者的结合。通常，自然界的生命体都拥有不同程度的智能水平，即生物智能。例如，加勒比海的瓶鼻海豚会在海床附近摆动尾部激起泥水，形成环状的陷阱用来困住鱼群。如图6-6所示，一旦有鱼试图从水面逃离，在一旁等待的海豚就会猛扑上去。同样的，在美国的佛罗里达州南部外海也有类似的捕猎方法。鉴于生物智能这一普遍现象，人们通常会反思：机器是不是也可以拥有与生物甚至人类接近的智能水平呢？

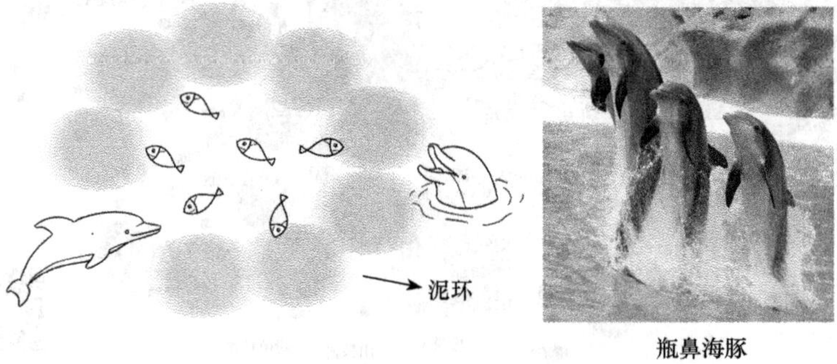

图6-6 海豚堆积环形陷阱（引自崔媛媛，2015）

2. 人工智能的定义 人工智能通常指通过计算机程序来使机器呈现人类智能的技术。美国斯坦福大学人工智能研究中心教授尼尔逊（Nilson）认为："人工智能是关于知识的学科——怎样表示知识以及怎么获得知识并使用知识的学科。"中国科学院院士谭铁牛认为："人工智能是研究开发能够模拟、延伸和拓展人类智能的理论、方法、技术及应用的一门新的技术科学。"尽管目前存在不同形式的定义，但对知识的表示或者人类智能的模拟可以被认为是人工智能的核心。

3. 人工智能的发展历程 20世纪五六十年代，人工智能处于起步发展期，并在很多领域取得了令人瞩目的成果。1957年，马丁·戴维斯（Martin Davis）发表了关于定理证明程序的论文，宣告机器定理证明这一领域的开端。1958年，弗兰克·罗森布拉特（Frank

Rosenblatt）提出的感知机模型成为人工智能领域最早的模型之一。1959 年，人工智能研究先驱阿瑟·塞缪尔（Arthur L. Samuel）用学习了跳棋棋谱的人工智能程序击败了他本人。1964 年，麻省理工学院人工智能实验室教授约瑟夫·魏泽鲍姆（Joseph Weizenbaum）开发了最早的聊天机器人艾丽莎（ELIZA）。在这一时期，人工智能领域涌现出的大批成果掀起了该领域的第一次发展高潮，也使人们对这一领域更加的关注。

早期的迅速发展使人们对人工智能抱有了更高的期望，部分研究人员开始尝试更具挑战性的任务，但却低估了它的困难性。1965 年，赫伯特·西蒙（Herbert Simon）对人工智能进行预测，认为“机器将能够在 20 年内完成人类可以完成的任何工作”。然而，在 20 世纪六七十年代，不少研究均以失败告终。1965 年，机器定理证明领域遇到了瓶颈，人工智能经过数十万步的推算后仍无法证明两个连续函数之和仍是连续函数。在对失败经验的不断反思中，人工智能得到了进一步发展。1970 年，麻省理工学院的特里·威诺格拉德（Terry Winograd）开发出了首个可以分析自然语言的人工智能程序 SHRDLU。1972 年，斯坦福国际咨询研究所（SRI International）发明了首台可以根据环境分析推理自身行为的人工智能机器人 Shakey。

随着人工智能的进一步发展，专家系统作为第一个真正的人工智能软件形式，推动了人工智能从理论走向实际。早在 1968 年，爱德华·费根鲍姆（Edward Feigenbaum）最早开发出可以通过质谱数据识别未知有机分子的专家系统 Dendral。1978 年，卡耐基梅隆大学（CMU）教授约翰·麦克德莫特（John P. McDermott）开发了可以协助选购的 R1 系统。1982 年，几位逻辑设计专家开发了首个用于大规模产品设计的专家系统 SID（synthesis of integral design）。专家系统在各个领域的成功再度吸引了人们对于人工智能的注意，也推动了人工智能走向了应用发展的高潮。

20 世纪八九十年代，人工智能在神经网络模型、专家系统等方面取得了不俗的成就。1986 年，鲁梅尔哈特（Rumelhart）等构建了反向传播学习算法（back propagation，BP），成为普遍应用的神经网络学习算法。1989 年，美国贝尔实验室的扬·勒丘恩（Yann Le Cun）等开发出拥有 6.4 万个连接的 LeNet 卷积神经网络，实现了用人工智能识别手写数字图像的任务。1992 年，在苹果任职的李开复利用统计学方法，设计了可支持连续语音识别的 Casper 语音助理（Siri 的前身）。此时，人工智能仅能够针对一些特定的目标完成具体的、有应用价值的任务，但是在解决复杂问题时却无计可施。

20 世纪 90 年代中到 21 世纪初，人工智能发展进入了一段稳步发展期并迈进实用化阶段。1997 年，IBM 开发的国际象棋机器人深蓝战胜了国际象棋冠军卡斯帕罗夫，成为首个击败国际冠军的计算机。同年两位德国科学家塞普·霍赫赖特（Sepp Hochreiter）和尤尔根·施米德胡贝（Jürgen Schmidhuber）提出了可用于语音识别的长短期记忆网络（long short-term memory，LSTM）。2006 年，杰弗里·辛顿（Geoffrey Hinton）发表了一篇深度学习文章“Learning of Multiple Layers of Representation”，奠定了当代神经网络的全新架构。同年亚马逊的 AWS 云计算平台发布，大幅提升了人工智能网络模型计算所需要的算力。2007 年，在斯坦福任教的华裔女科学家李飞飞发起并开源了 ImageNet 图像识别项目，为计算机视觉领域的人工智能模型提供了大量数据支持。2008 年，IBM 提出“智慧地球”的概念，并指出人工智能技术已经应用到了生活的各个方面。

21 世纪初至今，伴随着深度学习的连续研究突破，人工智能技术大幅度跨越了科学与应用之间的“技术鸿沟”，迎来了新的发展高潮。2011 年，IBM 公司研发的计算机问答系统

Watson 在知名智力问答节目 Jeopardy 中击败前两届冠军。2012 年，亚历克斯·克里泽夫斯基（Alex Krizhevsky）设计了具有里程碑意义的卷积神经网络 AlexNet。2014 年，4G 网络商用使得互联网数据海量增长。2015 年，谷歌推出 TensorFlow 促进了人工智能技术的快速发展。2016 年，谷歌旗下 DeepMind 公司的团队开发的围棋人工智能程序 AlphaGo 击败了人类职业围棋选手。2019 年，5G 网络商用为人工智能提供了助力。2021 年，美国人工智能实验室 OpenAI 推出的 DALL-E 模型给“人工智能生成内容”（AI generated content，AIGC）技术带来了新的希望。2022 年，OpenAI 研发的聊天机器人程序 ChatGPT 横空出世。2025 年，AI 领域的竞争愈发激烈，而来自中国的 DeepSeek 凭借其低成本、高性能的 AI 模型，正在全球掀起一场“智能革命”。目前，人工智能技术正处于“不能用”到“可以用”的拐点，但距离“用得好”还需要长远的发展（图 6-7）。

值得注意的是，近几年，人工智能技术作为一门交叉学科被广泛用于交通、医疗、教育和工业等多个领域，有效降低了劳动成本、优化了产品和服务、创造了新市场和就业机会，为人类的生产和生活带来革命性的转变。接下来，将以食品研究为关注领域，重点讨论人工智能的应用状况和前景。

二、人工智能方法概述

人工智能是一种广泛的概念，旨在使计算机系统具有类似人类智能的能力。其中，机器学习是实现人工智能的重要工具之一，它通过计算机系统从数据中发现模式和规律，使计算机能够从经验中学习，并逐渐改进自己的表现。机器学习包含众多分析方法，如回归分析、决策树、聚类等，而深度学习则是机器学习的一个重要分支，它通过构建多层神经网络，使计算机系统更好地理解和处理复杂的数据，如图像、语音和自然语言等，成为实现人工智能的重要技术手段之一。除此之外，还有一些如关联规则学习、强化学习等人工智能方法在促进数据挖掘、交互式学习等方面发挥着关键的作用。下文将对人工智能的主要方法进行详细介绍。

（一）机器学习

机器学习（machine learning）是人工智能的一个分支，它以统计学、概率论和优化理论为基础，旨在让计算机系统通过学习数据和模式识别，自动提高其性能。机器学习通常可以分为监督学习、无监督学习和半监督学习等几种主要类型。监督学习通过已标记的数据来训练模型，无监督学习则是从未标记的数据中学习模式和结构，半监督学习则结合监督和无监督学习的特点。机器学习作为一种强大的数据处理工具，能够处理大规模数据、发现隐藏的模式和规律、自动化决策过程、提高系统的智能性和适应性，在食品领域具有重要的应用意义。

1. 回归分析 机器学习中的回归分析被用来确定两种或者两种以上变量之间相互依赖的定量关系，它是一种典型的有监督机器学习方法。其中，线性回归（linear regression）是利用称为线性回归方程的最小平方函数对一个或多个自变量和因变量之间关系进行建模的一种回归分析方法。在线性回归中，对数据使用线性预测函数来建模，并通过数据来估计未知的模型参数。另外一种常见的回归分析方法是逻辑回归（logistic regression），它是基于线性回归模型和逻辑函数的组合。逻辑回归能将线性回归的结果映射到 0 到 1 之间来表示分类概率，通常用于解决二分类问题，也可扩展到多分类问题。在应用过程中，回归分析能够分

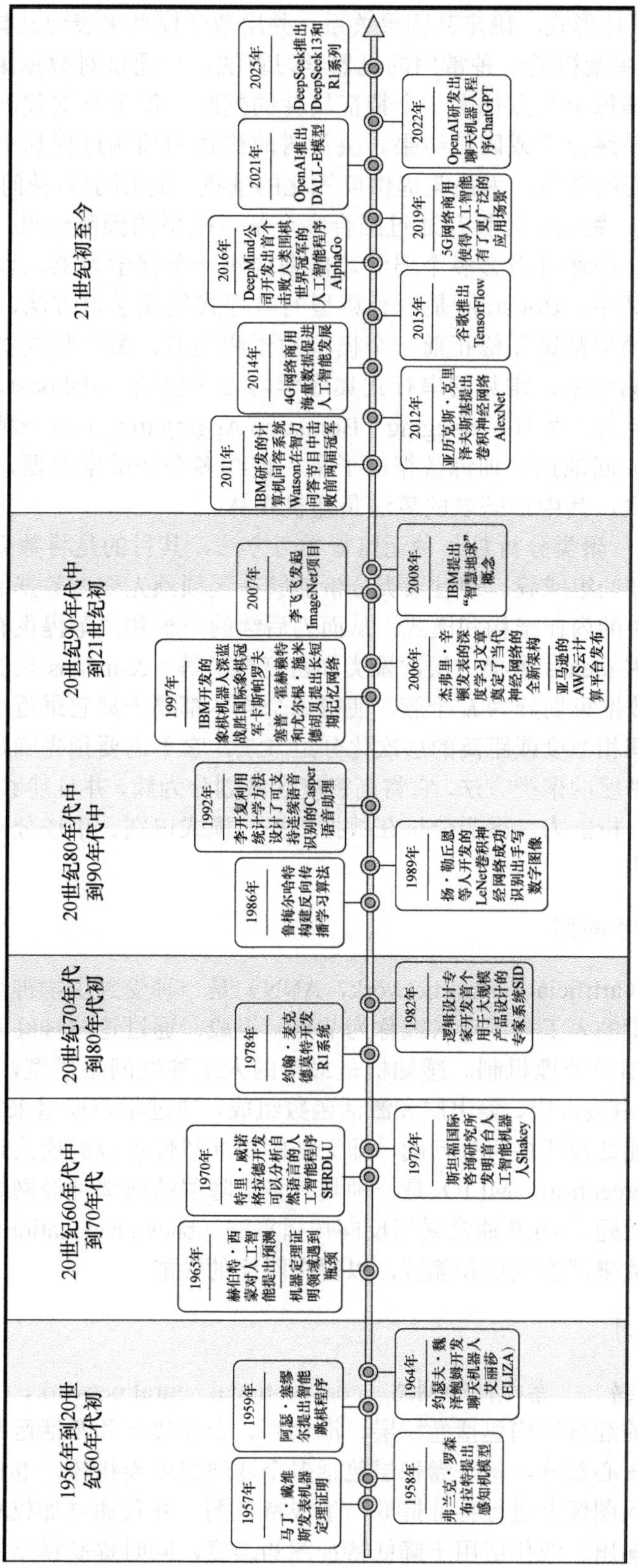

图6-7　人工智能的发展历程

析现象之间相关的具体形式，确定其因果关系，并用数学模型来表现其具体关系。

2. 决策树 决策树是一种常用的机器学习算法，它通过对数据集进行递归划分，构建一棵树状结构，其每个节点代表一个特征属性的判断，每个分支代表一个判断结果，最终的叶子节点代表最终分类或回归结果。决策树的构建和预测过程易于理解和解释，能够直观呈现出特征之间的关系，为决策提供可视化的依据，适用于多种问题的建模与预测。

3. 集成学习 集成学习旨在通过结合多个基本模型的预测结果，从而获得更加准确和稳定的整体预测。即通过组合多个弱学习器来构建一个强学习器，以提高整体的泛化能力和预测准确度。其中，Boosting 是一种典型的串行式集成学习方法，它通过迭代训练多个基学习器，每个模型都试图修正前一个模型的预测误差，最终将这些基学习器进行加权结合得到最终的预测结果，常见的串行式集成学习方法包括 Adaboost、Gradient Boosting Machine 和 XGBoost 等。另外，Bagging（Bootstrap Aggregating）是一种并行式集成学习方法，它通过随机有放回地抽取训练数据的子集，训练多个基础学习器，最终通过投票或平均的方式来进行预测，其中最著名的算法是随机森林。

4. 聚类分析 聚类分析是一种无监督学习方法，其目的是将数据集中的样本划分为若干个具有相似特征的组或簇。通过聚类分析能够在无须预先知道数据的标签或类别的情况下，自动发现数据中的内在结构和模式，从而为后续的分析和决策提供有益的信息。经典的聚类分析方法包括 *K*-means 聚类、层次聚类和密度聚类等。*K*-means 聚类是一种常用的划分式聚类方法，它将数据集划分为 *K* 个簇，使得每个样本都属于离它最近的簇。而层次聚类则是一种基于样本之间相似度或距离的层次化分组方法，它不需要预先确定簇的数量。密度聚类是一种基于样本密度的聚类方法，它将高密度区域划分为簇，并且能够发现任意形状的簇。基于其强大的数据分析能力，聚类分析在数据挖掘、模式识别、市场分析、生物信息学等领域均具有广泛的应用。

（二）人工神经网络

人工神经网络（artificial neural network，ANN）是一种受到生物神经系统启发而设计的计算模型，它由大量的人工神经元（或称为节点）组成，通过这些神经元之间的连接和信号传递来模拟人脑的信息处理机制。感知机是最早的人工神经网络模型，由 Frank Rosenblatt 在 1957 年提出。它由输入层、输出层和激活函数组成，通过学习权重来实现分类任务。感知机的局限性在于只能处理线性可分问题，即无法解决非线性可分的模式识别问题。而多层感知机（multilayer perceptron，MLP）是一种具有多个隐层的前馈神经网络，通过引入隐层可以处理非线性可分问题。MLP 通常采用反向传播算法（back propagation，BP）来训练网络，通过最小化损失函数来调整权重和偏置，以提高网络的性能。

（三）深度学习

1. 卷积神经网络 卷积神经网络（convolutional neural network，CNN）是一种基础的深度学习模型，它的经典结构包括卷积层、池化层、全连接层和激活函数 4 个部分。其中，卷积层是 CNN 的核心部分，每个卷积层包括多个滤波器或卷积核，卷积层通过卷积操作使用滑动滤波器在输入图像上进行特征提取，生成特征图，并且通过加权和偏置项进行非线性变换，得到最终的输出。池化层用于降低特征图的维度，同时提高模型的鲁棒性。常见的池化操作包括最大池化和平均池化，它们分别取特征图中每个区域的最大值或平均值作为输出。而全连接层则用于将卷积层和池化层的输出进行分类或回归，它将特征图展开成一维向量，并通过全连接层的神经元进行线性变换和非线性变换，最终输出模型的预测结果。激活函数在卷积神经网络中起到引入非线性的作用，常见的激活函数包括 ReLU 函数、Sigmoid 函数和 Tanh 函数，它们可以帮助模型学习更复杂的特征和模式。

2．循环神经网络　循环神经网络（recurrent neural network，RNN）是一种用于处理序列数据的深度学习模型，相比于传统的前馈神经网络，RNN 具有记忆功能，能处理不定长的输入序列，并且在处理时共享参数，适合对序列数据进行建模。RNN 主要包括循环体和隐藏层两个部分。循环体是 RNN 的核心，它通过对序列数据进行迭代处理，每次处理一个时间步的输入，并将上一个时间步的隐藏状态作为下一个时间步的输入，从而实现对序列数据的记忆和建模。隐藏层通过对循环体的输出进行线性变换和激活函数处理，得到 RNN 模型的输出。最常见的循环体结构是长短期记忆网络（LSTM）和门控循环单元（GRU），另外，还有一些改进的 RNN 模型，比如双向循环神经网络、注意力机制和递归神经网络等。这些改进方法在 RNN 的结构和训练方法上进行了创新，提高了模型对序列数据的建模能力和泛化能力。

3．生成对抗网络　生成对抗网络（generative adversarial network，GAN）由伊恩·古德费洛和亚伦·柯洛普在 2014 年提出，被认为是深度学习领域的重要突破。由生成器和判别器组成，通过对抗训练的方式来学习生成真实数据分布的模型。其中，生成器旨在学习生成与真实数据分布相似的数据样本，而判别器则旨在区分生成的数据样本和真实数据样本，它们在训练过程中相互对抗，不断提高自身的性能，最终达到生成逼真数据的目的。

4．图神经网络　图神经网络（graph neural network，GNN）是一种专门用于处理图数据的深度学习模型。图数据是一种常见的数据形式，用于表示各种复杂的关系和结构。图神经网络的发展可以追溯到早期的图卷积网络（GCN），它在图结构上执行卷积操作，从而可以对节点和边进行特征提取和表示学习。GCN 的核心思想是将节点的特征信息通过邻居节点的聚合操作来更新自身的特征表示，从而实现对图数据的信息传播和特征学习。除了 GCN 之外，还有许多其他类型的图神经网络模型，比如图注意力网络、图自动编码器等。

（四）其他人工智能方法

人工智能技术对于解决现实世界问题、推动科学技术进步及促进产业发展具有重要的意义。不同的人工智能方法适用于解决不同类型的问题和需求，提高解决问题的效率和准确性。深度学习方法在图像识别和语音识别等领域表现优异，而基于规则的专家系统在推理和决策方面具有优势。其中，关联规则学习方法是一种用于发现数据集中不同属性之间的关联关系的技术，它通过发现数据集中的频繁项集和关联规则实现数据的挖掘，在市场营销、销售预测、推荐系统等领域有着广泛应用。

此外，强化学习旨在通过智能体、环境和奖励信号搭建学习框架，让智能体通过与环境的交互学习来达到最大化累积奖励的目标。著名的强化学习方法包括 Q-learning 算法、REINFORCE 算法和 Actor-Critic 算法等。强化学习作为一种特殊的机器学习范式，它在处理需要与环境交互的任务时具有独特的优势，因此在机器人控制、游戏策略、自动驾驶等领域得到了广泛应用。

三、人工智能在食品研究中的应用

（一）人工智能与食品加工

食品是人类生存发展不可或缺的物质基础，随着生产力的提高，人们对食品的需求也随之提高。然而，传统的食品工业生产难以满足人们对食品“吃得好”的需求。近年来，随着人工智能技术的发展，为食品的加工生产带来了新的发展机遇，推动了食品的生产力的发展，提高了食品的资源利用率和食品行业的利润。因此，探究人工智能技术如何赋能食品工业的应用也是当下食品行业的研究重点。

1．食品质构　食品质构的复杂性阻碍了其在食品工业领域的发展，因此在对食品进行加工之前，了解食品本身的质构至关重要。它能够帮助我们更好地了解食品本身，从而能够设计出针对其质构特点的加工方法，以最大程度地保留食品的营养价值和感官评分。同时，也可以根据用户的特殊需求，为其定制有特殊质构的食品。而将人工智能技术应用到探究食品质构也是当今研究的一大热点。例如，研究人员将光学显微镜、扫描电子显微镜所采集的图像与视觉分析相结合，从而可以用结构参数定量定义不同结构水平的食物。另外，研究人员还可以利用人工智能技术设计最优食品结构的预测模型，来满足上述特殊人群的需求。

2．食品加工　随着人工智能领域的发展，人工智能技术应用到食品工业加工领域，能够打破传统食品加工的一些桎梏，提高生产的工作效率，推动食品行业的整体发展。

在食品工厂加工中，首先要做的是对食品原料进行把控，筛选不合格的原料，并对合格的原材料进行再分类，从而能够物尽其用，达到效益最大化。然而，传统的食品工厂对于食品原料的分类依赖于人工筛选，会耗费掉大量人力资源。并且就目前来看，对于很多食品工厂，即使是雇用受过训练的专业人员，想要长时间保持高效率、高准确率的筛选仍然是一个巨大挑战。而随着人工智能领域的高速发展，许多先进的人工智能算法可以与相机、激光等技术结合，实现对原材料的自动化分拣，大大提高了工作效率和准确率，同时也节约了大量的人力资源成本。并且人工智能算法并不会局限于单一的食品种类，而是可以根据食品特点，开发出专门适用于各种食品的识别分类算法。例如，对于水果，Tan 等开发了深度视觉识别系统，鉴别苹果是否有病虫害；对于蔬菜，Liu 等结合深度学习算法，能够实现对黄瓜的优劣分类；同样地，对于鱼肉，Yu 等利用机器学习算法实现了虾的新鲜程度预测。

其次，食品加工是一个复杂的、多方面的问题，往往需要大量的人力、物力来优化各种工艺参数，以最大程度地减少能源消耗并确保产品质量。而随着人工智能领域的发展，开发基于机器学习的食品加工应用方法是一个令人兴奋的创新理念。借助于机器学习可以优化工艺参数和工艺模型，减少能源消耗、加工时间并同时能够确保得到最优的产品质量。目前，人工智能已经被应用于食品加工的各个领域。例如，在食品干燥领域，Hürdoğan 等使用各种监督学习算法（包括决策树、线性回归和支持向量机）开发了基于机器学习的模型，用于预测太阳能干燥机中花生干燥的干燥动力学，能够更加高效、高品质地完成干燥花生的流程。人工智能算法还可以探究不同干燥方法对食品的影响。例如，Nadian 等利用计算机视觉系统研究了不同预处理方法对猕猴桃干燥的影响，发现热水烫预处理可以缩短干燥时间；抗坏血酸预处理可以防止干燥过程中颜色和收缩的变化，提高干燥产品的感官质量。在食品烘焙领域，由于烘烤过程受面粉质量、面团制备、烘烤温度、烘烤时间和空气流速等多种参数的影响。许多人工智能算法已被开发来应用于烘焙结果的预测，以极小的代价帮助人们获得感官、营养等方面最优的产品。例如，Isleroglu 等为了达到最优的烘焙效果，将传统的机器学习算法应用于饼干和蛋糕的烘焙过程中。除此之外，由于人工智能算法在模型预测建模中的独特优势，该方法已经被广泛应用到食品行业的各个加工领域，如食品的油炸、发酵，从而能够高效率地获得高品质的食品加工产品。

再者，当食品加工完成后对产品包装之前，要先对产品进行检验质控，去除掉不合格的产品。而由于不同食品的加工原料、加工方法不同，其最终的评价标准也各不相同。与筛选原材料方法类似，由于人工智能技术可以模仿人类的视觉感知功能、识别功能等方面，将其运用在食品加工的各个环节中，可以通过计算机整合信息实时发现食品加工中的问题，降低食品加工的隐患，而且对最终的产品也能够实现把控，降低产品的不合格率。

最后，在对最终产品进行包装时，人工智能仍能占有一席之地。对大多数食品产品而言，通过计算机技术设置专业的系统运行程序，不仅能够高效地对加工好的产品进行统一包装，而且还能够自动识别其中的残次品，为产品最终的出厂把好最后一道关卡，提高整体的生产效率、合格率。并且，在包装过程中，通过应用人工智能的算法优化不同食品的工艺参数，还可以达到将加工食品效益最大化、延长保质期的效果。例如，在罐装食品中，罐装食品的质量易受食品原料浸泡时间、加工参数（如温度和时间）、容器材料及食品材料的特性（如水分含量、pH 和热扩散率）等参数的影响。通过机器学习算法优化这些不同的工艺参数对于延长罐头食品的保质期具有重要意义。

（二）人工智能与食品安全

“民以食为天，食以安为先”，食品安全是人类健康生活的基本保障。近年来，随着我国食品安全问题不断发生，食品安全形势日益严峻。食品从原料采购、生产加工、运输、销售至家庭食品等全过程存在很多安全问题，虽然我国建立了完整的食品安全监督体系，但食品安全监管工作量日益增大、安全监管任务愈发复杂，传统的食品安全监督体系已难以适应日益复杂的食品安全监管形势。因此，通过将人工智能与食品安全结合的方法，实现对食品安全的智能监控，促进食品安全管理标准化，推动食品安全监督管理的提质增效。

1. 原料采购安全 原料采购是食品安全的第一道防线。原料采购出现问题对供应链的后续环节产生不利的影响，从而导致食品安全问题的发生。在原料采购环节，选择合适的原料供应商是十分重要的，因为合适的原料供应商能为原料质量提供一定的保障。在选择原料供应商的时候，采购方对原料供应商往往缺乏足够的信息，从而不能综合全面了解原料供应商。此外，采购方获取的信息较为混杂，难以把握其中的要点，导致不能选择合适的原料供应商。针对其中的信息获取问题，通过人工智能的智能检索技术，将原料供应商的信息汇总到信息监管平台，从而在信息监管平台查看原料供应商的信息，了解原料供应商的综合情况。利用人工智能的智能代理技术，该技术使用自动获得的模型对使用者提供的信息进行信息搜集、过滤，主动将对使用者重要的信息提交给他们，从而解决信息混杂，难以把握其中要点的问题。通过人工智能技术有利于快速选定合适的原料供应商，节约原料采购的时间，提高原料采购的安全性。

2. 生产加工安全 生产加工是确保食品安全的关键环节。许多食品企业在食品生产加工过程中违规使用食品添加剂，导致食品安全问题频发。因此，对食品生产加工过程进行安全监管具有重要意义。在食品生产加工环节，通过人工智能技术将员工行为数据和其他食品安全数据结合，预测食品安全问题的可能性，食品企业可及时采取措施降低食品污染、产品召回的风险。此外，利用人工智能技术可以对员工行为进行检测，并为员工遵守食品安全行为提供重要的见解，从而减少食品安全问题的发生。目前生产加工过程尚缺乏成熟的识别技术，对人体有害的物质难以进行有效的识别，给食品生产留下了安全隐患。生产决策贯穿于整个生产加工过程，对食品的质量有重大的影响。而生产加工过程中决策制定的主观意识较强，由此导致失误的可能性也较大。针对生产加工过程中的有效识别问题，可以考虑利用人工智能的智能识别技术。该技术是一项运用计算机模拟人的智能，使其能够按照人的思维模式进行识别的先进技术，通过该技术有利于快速辨别有害化学物质，在生产加工过程淘汰不合格食品，防止其进入之后的环节。针对生产加工环节中决策制定的主观意识问题，依托人工智能决策支持技术，在危害分析及关键控制点（hazard analysis and critical control point，HACCP）基础之上建立实现以生产安全食品为目的的智能决策支持系统，从而对食品生产加工过程实施有效监控，保障食品安全。

3．运输安全 食品运输环节是保障食品安全的必要环节。加强对食品运输的安全监管，可以降低食品的安全隐患。在食品安全方面，长期以来，我国一直把生产加工作为一个焦点，但对于食品运输的重视程度却很低。为了降低食品安全风险的危害，必须对食品运输环节进行严格的监管。在一般条件下，食物的储存寿命相对较低，其容易受到温度和环境的影响而发生腐烂。此外，在运输过程中，若将食物与其他有异味的产品混合，很容易造成串味问题。为了防止出现食用危险，必须对温度等各项硬性参数进行严格的管控，并对食物进行分级，防止食物间的混杂。为了解决上述问题，利用人工智能技术，能够实时分析食物在运输过程中所受到的环境气温的改变，以及在运输过程中食物自身特性发生的不良影响和不同食物混合情况的影响等。运用推理与规划技术，能够实时跟踪运输过程中的食物特性，保证食品在运输过程中的质量和安全性，从而有效提升食品运输过程的监管效能。

4．销售过程安全 食品销售环节是从原料到消费者的重要环节。如果这一环节没有进行有效监管，将会导致不合格的食品到达消费者手中，并由此产生食品安全风险，使得先前环节的监管毫无意义，因此有必要加强销售环节的监管。销售环节会受到周边环境的影响，周边环境恶劣容易导致食品变质。此外，在销售中直接或间接接触食品的员工，可能由于缺乏良好的食品安全意识、违规操作，导致食品污染而引发食品安全问题。对于销售环境是否符合标准的问题，利用模式识别技术来判断食品环境是否符合标准。通过人工智能技术可以解决由员工的错误引起的食品安全问题，如通过 VR 和 AR 等人工智能技术提高员工的销售食品安全培训效果。此外利用人工智能技术可以进一步实现销售环节的自动化，减少由员工失误引起的食品安全问题，保证销售环节的食品质量。

5．家庭食品安全 家庭食品安全是食品安全的最后一道保障。家庭环境中食物加工者不适当的食品处理行为与食源性疾病有关，全球关于食源性疾病暴发的大量调查显示，家庭食品处理者缺乏相关食品安全知识是导致家庭食源性疾病的重要原因。由此可见，增强对家庭食品和正确处理方法的了解是十分重要的。针对这一问题，应用人工智能的食品图像识别技术和智能检索技术，构建智能家居系统，实现对家庭食品的种类和新鲜度的识别，并实现家庭食品正确处理方法的获取，可以避免因处理不当造成的食品安全问题。例如，Hashimoto 等基于食物追踪和食品识别等设计了一种以人为中心的智慧厨房系统。

（三）人工智能与食品营养

饮食营养摄入被认为是改善生活方式和疾病预防的可调控因素之一，保持健康的饮食可有效预防营养不良、肥胖和许多非传染性疾病。随着智能手机和可穿戴设备等基于传感器的技术在现代社会的高度渗透，人工智能的发展为食品营养研究提供了新的机遇，将最新的人工智能技术与营养研究相结合，可以开发出先进的动态个性化营养监测工具，实现更加精准地管理个体的生活饮食习惯，构建膳食营养评估体系，并在精准营养研究的基础上提出更加合理的个性化健康膳食建议。

1. 食物识别与营养评估 膳食营养评估是健康饮食中不可或缺的一部分内容，然而食物营养信息的获取并没有想象中那么容易，部分原因是来源于食物数据库与食品术语之间错综复杂的联系，这在没有人工智能与自然语言处理（NLP）工具的情况是十分耗时耗力的，而且存在很大的偏差和误差。评估膳食营养的前提是对摄入的食物进行成分识别和精准监测，人工智能的最新进展，特别是计算机视觉技术，使开发自动饮食评估系统成为可能，从而可以更方便、更省时、更准确地监控日常食物的摄入情况。目前许多研究都通过构建基于人工智能的膳食营养评估系统，利用深度学习技术与图像处理方法，实现食物图像的智能分割、识别与营养素估算，使人们仅依据智能手机拍摄的食品图像即可得到食物的成分和营养素信息。闵巍庆等从识别对象、特征类型和学习方法这三个维度对现有的食品图像识别方法进行了较全面的总结，从总体上看，当前大部分工作使用卷积神经网络预测菜品类别。在食品图像识别方法自动识别食品类别后，可进一步对食品做后续的营养评估和卡路里计算。

由于传统的食品营养评估方法大多依赖于用户报告数据，不可避免地出现主观性和估计偏差，从而难以确保结果的准确性，基于此，研究者们从被动饮食监测的概念出发，基于人工智能方法，自动识别食品并执行营养成分分析。基于食品图像识别作为营养评估的第一步，许多研究借助各种便携式拍摄设备（如智能手机与智能穿戴设备）获得自动高效的饮食图片记录，Mezgec 等提出的一种饮食监管系统采用基于卷积神经网络的多标签分类器来预测一餐中含有的菜品类别，然后通过营养表查找和体积估算等后续操作预测相应的营养成分含量。除了单纯分析食品的营养成分外，当前一些智能穿戴设备还可以在此基础上发现当前饮食的合理性问题。例如，Rachakonda 等提出的 iLog-Glasses 设备，通过智能眼镜自动从现实环境中获取食品图像并对其进行识别，进而预测食品的营养成分和摄入量。

2. 精准营养与健康 利用人工智能的方法分析目标人群健康信息，并根据分析结果提供个性化的营养健康建议。基于普遍人群建立的膳食指南可能不完全适用于健康状态持续演变过程的个体，而营养学研究有必要从强调“适度”的公共营养到追求“精准”的个性化营养进行转变，由此进入精准营养新时代。与传统的膳食营养推荐方法不同，精准营养借助多组学、影像学、智能穿戴、人工智能等多种新兴技术和新理念对不同个体制定个性化饮食及生活方式的指导，通过综合考虑遗传背景信息和动态变化的因素（个体的饮食习惯、饮食行为、体力活动、微生物组和代谢组等）制定更精准灵活的营养建议。

由此可见，精准营养的实施需要依赖大量不同种类的数据，目前仍面临着数据缺乏、技术难度高等一系列挑战。已有大量研究将人工智能应用于精准营养的多个阶段以解决当前的技术难题。随着生活水平的不断提高，人们更加关注健康的饮食习惯和生活方式，根据个人偏好与健康现状推荐个性化的饮食建议越发受到人们的青睐。近年来，机器学习算法在营养与健康领域的应用频次有所增加，可能正是为了寻求更准确的预测结果，以满足专业人员在日常决策活动、治疗方法选择和降低医疗成本方面的需求。由于食物及各种成分往往不是单独食用的，其进食搭配方式千变万化，这会成倍增加食物推荐系统的复杂性。Tran 等针对此问题总结了当前的食物推荐系统的应用现状，如协同过滤推荐系统（CF）、基于内容的推荐系统（CB）、混合推荐系统（HRS）等，旨在帮助人们改变不良饮食习惯，选择更健康的食物。在此基础上，可以利用人工智能的构建模型，优化推荐系统。基于人工智能的膳食和营养补充剂在不同人群和不同疾病中都有所应用。例如，Disse 等开发并验证了一个预测肥胖受试者静息能量消耗（REE）的人工神经网络模型，可以更有效地监测营养摄入情况并优化肥胖患者的个性化护理。为降低由不良饮食和长期久坐引起的青少年罹患肥胖、糖尿病及代谢综合征的风险，Schoeppe 等系统评估了当前用于改善青少年饮食和身体活动的智能手机和平板电脑的应用程序的内容和质量，从而为用户推荐更优的健康指南应用程序。此外，精准膳食营养监测方面还诞生了新兴的食物组学研究，这需要去寻找每一种食物独有的生物标志物。目前在研究及转化方面还较为困难，但它们在监测膳食营养素摄入及精准营养干预方面有明显优势。

（四）人工智能与食品开发

从食品本身来讲，对食品进行创新的过程可以称之为“食品开发”。食品开发是对可利用的食材进行不同搭配，以开发出满足用户需求的美味、营养的食品。实际应用中，从多方面来衡量食品的开发价值，通过收集市场信息、用户反馈和专家知识来优化开发产品时的工具和方法也是食品开发中的重要一环。随着人工智能技术不断应用，食品开发也呈现出花团锦簇之景。

1. 配方开发 为了更好地搭配食材，2011 年 Ahn 等发表了基于 381 种食材和 1021 种风味化合物构建的风味网络。风味网络揭示了不同地区食品的差异，北美和西欧的食谱配方在统计学上显示出对成分共享风味化合物的食谱的显著趋势。相比之下，东亚和南欧美食避免使用其成分共享风味化合物的食谱。但是，Ahn 等提出了目前可用的食谱数据集的局限性，以及更普遍的食品制备数据分析的局限性的问题。2017 年，基于此风味网络，科学家们开发出 FlavorDB 数据库，覆盖达到 25 595 种风味化合物。FlavorDB 数据库的建立弥补了之前风味网络数据不完整的缺陷，使得风味网络的数据分析更加科学、精准，避免了一些因数据缺失而导致的不全面的结论，方便后续数据驱动的新风味食品开发。Foodpairing 公司是一家致力于开发数字化食品“地图”和算法以推荐食品和饮料组合的公司，自称拥有“世界上最大的风味数据库”。牡蛎和猕猴桃就是 Foodpairing 的搭配建议之一，并且在著名的比利时餐厅成为了一道招牌菜。

Foodpairing 的联合创始人 Bernard Lahousse 表示：“越来越多的食品公司开始采用数字化技术，并开始以数据为驱动力。”调味料生产商 McCormick 在 2019 年宣布与硅谷 IBM 的人工智能技术建立合作关系，宣传“通过 AI 从数百万个数据点收集数据来更快、更有效地探索调味品领域”。也就是说，只需要用少量的时间就可以预测配方的替代品和配料的正确比例等。加州大学戴维斯分校教师、IC3 食品研究中心负责食品信息学的食品信息学研究中心负责人 Matthew Lange 表示，越来越多的机器学习围绕风味和营养应用于配方开发中。人工智能的发展为食品创新提供了更多的可能性。

除了食材搭配以外，开发新原料食品也是食品开发的一个极具前景的方向。来自智利的 NotCo 公司是一个健康食品品牌提供商，成立于 2015 年，旨在将人工智能与食品科学相结合，通过 Giuseppe 算法等开发出植物类素食产品，主要包括蛋黄酱、酸奶、冰淇淋、人造肉等产品。2021 年，NotCo 入选 Fast Company 的“全球最具创新力公司”且 Giuseppe 算法获得专利。Giuseppe 算法使用了机器学习领域中的深度学习来自我训练，学习不同食物、味道、口感的分子组成和人们的感官评价，通过利用植物成分列表来寻找理想的组合，以重现特定的食物属性。

2．衡量开发价值　人工智能还被用于食品公司的开发决策，方便企业更好地进行产品改进，开发出满足用户需求、喜好的食品。研究表明，使用机器学习有助于降低感官评估成本，有助于决策和增强业务策略，以满足用户的需求。

近年来，线性回归、多层感知器、支持向量机和随机森林等机器学习技术在支持食品感官评估方面的应用逐渐流行，并产生了积极的结果。模糊逻辑（fuzzy logic，FL）就在食品的感官评估中发挥着重要作用，模糊逻辑通过应用相似性分析，可以深入了解客户对用槟榔叶精油（BLEO）处理过的生苹果汁（RAJ）的接受程度的变化，还发现了处理后的果汁具有更高抗氧化能力。2017 年 7 月，一家叫 IntelligentX 的初创公司推出了世界上首个利用人工智能酿造的啤酒品牌“AI”，其中包括 4 种口味的啤酒。这些啤酒利用人工智能的算法，通过社交媒体和聊天软件实时收集用户反馈，并在下一批生产中迅速调整酿造工艺以满足人们的需求。

专家系统（expert system，ES）广泛用于食品工业的决策过程。它是一种能够模仿人类专家决策能力的决定性集体计算机系统，包括知识库和推理引擎两个子系统，利用来自不同来源信息和数据的知识来解决特定领域的复杂问题。例如，使用基于模糊逻辑的专家系统，可以根据客户要求确定干磨机上的合适工艺。专家系统的主要组件是人类专家、知识工程师、知识库、推理引擎、用户界面和用户，具体的流程如图 6-8 所示。

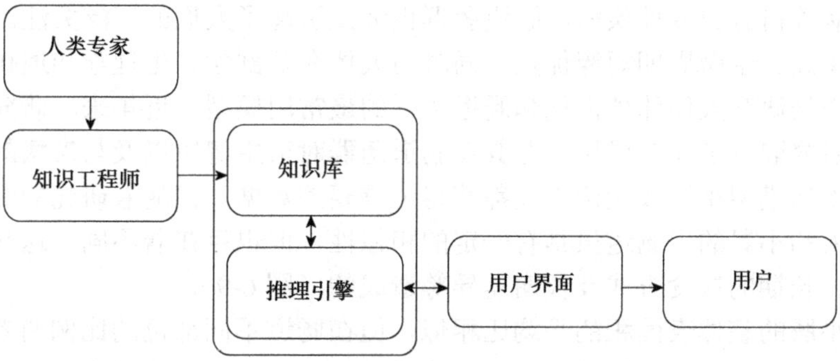

图 6-8　专家系统（引自 Mavani et al.，2022）

除了专家决策，人工智能在市场分析和预测的应用有助于企业提高自身开发优势，从而在激烈的行业竞争中不断前进。一家将人工智能技术应用于新品研发的企业 Analytical Flavor Systems（AFS）为食品和饮料生产商提供了机器学习和人工智能平台。其软件创建实时的预测性决策指标，用于开发和优化新的和现有的食品和饮料产品。AFS 通过对感官感知进行建模，以预测消费者偏好、市场趋势和产品性能。AFS 的投资者、食品技术分析师 Brita Rosenheim

表示，典型的食品开发过程很漫长，并且在很多方面都缺乏市场的明确反馈，而人工智能技术可以改进这个问题。机器学习还被证明可以预测食品行业的销售趋势。

总之，人工智能的发展不断渗透到食品行业的方方面面。随着移动应用程序开发、自动化处理、机器人技术和大数据的出现，食品行业的信息化与智能化转型有助于降低成本和优化食品生产。食品发展趋向可持续和定制的食品选择，如替代蛋白质来源、区域食品和量身定制的营养。但是人工智能在食品研究方面仍有不足，其中的可解释性、隐私和安全问题等仍是现阶段人们亟待解决的问题。伴随着技术应用安全不断牢靠，人工智能与食品领域继续深入融合，食品行业将会迎来更加全面、彻底的改变。

第三节　体外消化系统模拟仿真

人体体外消化模型是在体外选择合适的条件高度模拟人体内消化环境，最大程度地模拟食物在体内消化、吸收过程，以测定食物消化吸收过程中的营养成分含量、消化吸收率及目标成分释放率等。人体体外消化模型是基于体内消化环境而建立的，虽然无法完全模拟体内消化环境，但其能在一定程度上反映食物摄入后的消化利用情况。由于体外消化模型具有耗时短、成本低及可重复性强等优点，其在食品营养消化吸收、药物代谢以及污染物生物可及性等方面的应用也越来越受到重视。本节对近年来公开报道的人体体外消化模型的种类、模拟方法及其具体应用进行了总结。

一、外消化系统模拟仿真的发展概况

（一）动物模型研究进展

1．小鼠模型　动物模型虽然采用的是体内消化方式，但是我们仍然将之归类于模拟人体消化的模型。人体肠道菌群变化和人体的一些疾病密切相关，如肠道疾病、肥胖、过敏和哮喘及糖尿病等自身免疫性疾病，肠道菌群也因此引起了人们的广泛关注。小鼠具有饲养成本低、繁殖率高、生命周期短等优点，同时与人体在解剖学、生理学和遗传学上有着高度的相似性而被作为研究人体体外消化和肠道菌群的最常用模型。近年来，研究人员在人体肠道菌群方面的研究取得了显著成果，尤其在肠道菌群对宿主健康以及与疾病的关联方面，采用健康小鼠、疾病模型小鼠或无菌小鼠都获得了重要的数据。但随着研究的深入，发现在解剖结构方面，人和小鼠的胃肠道虽具有一定的相似性，但也存在着不同，这些不同可能是人和小鼠的体型、长期的饮食方式及代谢差异等造成的（图 6-9）。

小鼠和人小肠的整体表面积的平均比相似，但在肠道不同部位的比例两者却相差较大。比如，人的大小肠的平均长度比是 1∶7，小鼠是 1∶2.5。但在盲肠方面，小鼠则明显较大。在小鼠中，盲肠是共生微生物的集中营，这些肠道菌群参与了无法被小肠消化的膳食纤维的分解代谢。盲肠是小鼠体内短链脂肪酸（SCFA）产生的主要部位，盲肠损坏会加重远端部位炎症。人的盲肠相对较小，功能尚不明确。人有阑尾，小鼠没有。阑尾具有内分泌细胞，通常可以分泌一些生物氨。此外，阑尾还具有丰富的淋巴组织，也可以分泌一些免疫物质，因此阑尾对人体有着重要的免疫作用（图 6-10）。

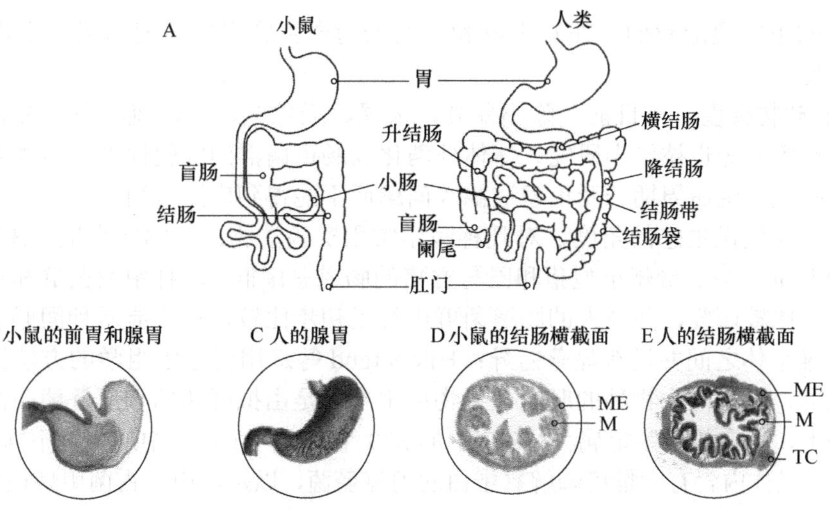

彩图

图 6-9　人和小鼠胃肠道部位的异同（引自 Nguyen et al.，2015）

ME，外肌肉层；M，黏膜；TC，结肠带

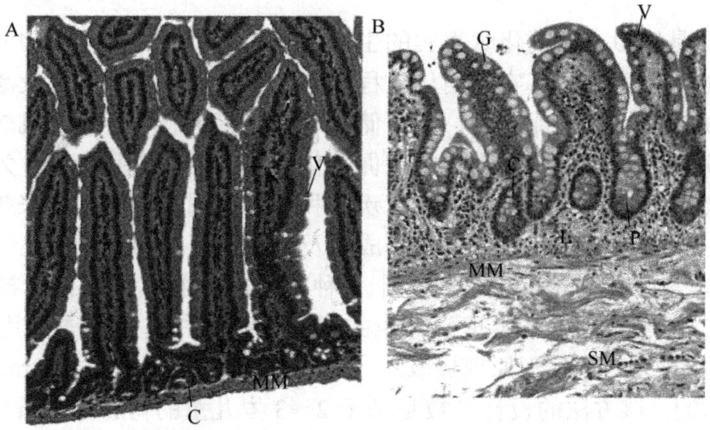

彩图

图 6-10　人和小鼠肠壁的异同（引自 Nguyen et al.，2015）

A．小鼠小肠壁部分；B．人小肠壁部分；

C，肠隐窝；G，杯状细胞；L，固有层；

MM，黏膜肌层；P，潘氏细胞；SM，黏膜下层；V，绒毛

小鼠的小肠绒毛更长，增加了其表面积，是对其缺乏黏膜皱襞的补偿。小鼠的结肠比较光滑且无分节，而人的大肠则有着独特的结构。在人体中，食物碳水化合物的分解代谢不是在阑尾或者结肠，而是在大肠部位进行的。

细胞水平上，小鼠和人也有很多不同。首先，生产黏蛋白的杯状细胞。人的盲肠到直肠的杯状细胞含量非常多，而小鼠的主要存在于小肠底层和结肠近端的表面。潘氏细胞在分泌防御肽的数量与储存方面也有不同，表明在局部免疫反应上存在的差异，有可能影响到肠道菌群的组成与多样性。

总之，不同哺乳动物种系间的消化道主要差异与饮食、体型差异等有关。按杂食动物分类，小鼠和人具有许多共性。但人在进化过程中形成了较小的盲肠与相对较长的小肠。这些组成结构上的不同提醒我们，在对小鼠和人的肠道微生物组成研究结果进行直接对比的时候，需要慎重。

2．其他动物模型 目前，除小鼠外，大鼠、天竺鼠、猪、斑马鱼、灵长类动物（如黑猩猩、猕猴等）等也被作为研究人体体外消化及肠道菌群的实验模型。但大多因其饲养成本高、繁殖率低、生命周期长及伦理道德等问题而不能得到广泛应用。

李伟等从比较微生态的角度，对几种医学常用实验动物：FVB/n 小鼠、BALB/c 小鼠、SD 大鼠、Wistar 大鼠、贵州小型猪和巴马香猪的肠道总菌群、乳杆菌属菌群和拟杆菌属菌群进行了多样性比较研究，并与人的肠道菌群进行了初步比较，结果显示种间肠道菌群存在差异，种内雌雄个体之间并没有显著差异；Hildebrand 等运用元基因组学的方法比较天竺鼠和人的肠道菌群，发现两个物种的肠道微生物群主要都是由拟杆菌门和厚壁菌门两个门组成，但在属水平上，大多数已鉴定属（376 个中的 320 个）在两个宿主中的丰度不同。例如，与人类相比，天竺鼠体内含有大量可降解黏蛋白的阿克曼菌，以及产甲烷古菌甲烷核杆菌。大多数微生物组功能类别在天竺鼠中的含量低于人类。

（二）人体体外消化模型模拟方法研究进展

体外消化模型是模拟人类消化时真实的生理条件，是研究摄入物质的变化、相互作用及营养物质可及性的有用工具。真实的消化过程十分复杂且涉及多个器官及激素、神经调节，简单来说可分为机械剪切和酶促转化，其中储存、混合、研磨和排空的机械剪切过程主要在胃阶段，大分子分解及水和营养物吸收的酶促转化过程主要在小肠阶段。为充分了解食物对健康的影响及与饮食相关的疾病，如心血管疾病和 2 型糖尿病，学者越来越多地开展对食品消化过程的研究。但体内消化有着高技术高成本及道德伦理的约束，因此学者对体外消化模拟的研究越来越丰富。目前国际上已建立十多种较为成熟的体外消化模拟方法，下面就国内外比较成熟的、基于人体胃肠生理学环境的胃肠系统体外模拟方法及其应用作一介绍。

1．生理原理提取法 生理原理提取法（the physiologically based extraction test，PBET）是由 Ruby 等提出的。该方法的设计参数是基于 2～3 岁儿童的胃肠生理条件上的，这是因为儿童对外界污染物质的抵抗力远远弱于成人。该方法是通过模拟人体胃和小肠两个消化阶段的消化环境进行体外实验，在模拟胃阶段消化条件时，在其消化液加入胃蛋白酶和有机酸；在模拟小肠阶段消化时，则加入胆汁和胰酶，使得实验条件较原始的化学浸提法更接近人体肠胃真实的生理条件。与动物活体实验比较，该方法可以较准确地预测土壤中铅的生物可利用性，目前已得到了广泛的应用。

2．体外胃肠法 体外胃肠法（*in vitro* gastrointestinal，IVG）是 Rodriguez 等提出的用来预测土壤和固体颗粒中砷的生物有效性，该方法与 PBET 法一样，都只是对人体的胃和小肠两个消化阶段进行模拟。但与 PBET 相比，该方法的胃阶段中含氯化钠，不含有机酸，且 pH 更低（胃中 pH 1.8；小肠中 pH 5.5）。为探究食物摄入对人体重金属生物可给性的影响，消化过程中加入生面团以模拟人体的进食。该模型所得土壤中砷的生物可给性与动物实验数据间有较好的线性相关性（胃阶段：R^2=0.83，小肠阶段：R^2=0.80）。

3．简化生物可及性提取法 简化生物可及性提取法（simplified bioaccessibility extraction test，SBET）是 Medlin 等发展起来专门用于研究土壤中铅的生物有效性的方法。由于铅在中性环境下即形成沉淀，而小肠环境的 pH 约为 7.0，因此 SBET 只模拟胃环境而不模拟小肠等其他消化道器官，得到的生物有效性数值较其他方法要高。该方法只有一个胃消化过程，便于大批样品的分析，且与采用动物活体实验（幼鼠和幼猪）取得的生物利用度数值相关性较好。但对于其他金属离子和有机污染物的生物有效性测定，该模拟方法则显得过于简单，且得到的生物有效性数值与动物活体实验的相关性较差，因此较少采用。

4. 荷兰国家公共卫生与环境研究院法（RIVM） RIVM 是由荷兰国家公共卫生与环境研究院开发出的一种方法，因此以该院荷兰语名称（Rijksinstituut voor Volksgezondheid en Milieu，RIVM）命名。与前面 3 种模拟方法相比，该方法增加了对口腔的模拟，并且对胃和小肠采用了更低的 pH（胃中 pH 1.1，小肠中 pH 5.5），不仅可用于土壤中金属离子的生物有效性测定，也可用于有机物污染物的测定。Oomen 等利用 Caco-2 细胞单层模拟了小肠上皮细胞对于食糜中的有效态重金属的跨膜吸收过程，结果表明释放到胃肠液中具有生物有效性的铅，只有其中的一部分可以通过小肠上皮细胞进入人体内循环；食糜中自由态的铅含量很低，而不稳定形态铅（如磷酸铅和铅的胆汁络合物）解离出的铅离子，是通过小肠上皮细胞被吸收的铅的主要来源。

RIVM 模型是适合进行体外批量消化的静态模型，广泛应用于果汁、牛奶、植物类食品中的真菌毒素，海洋动植物、淡水胃足类、水稻、婴儿食品中的重金属，食品中多溴二苯醚等食物基质中污染物的生物可给性测定中。相比于其他的静态体外消化模型，RIVM 获得的食物基质中污染物的生物可给性更接近人体内生物有效性。有研究表明，食物中富含的蛋白质、膳食纤维、果胶等有机物质会显著影响生物可给性，因此食物基质的生物可给性与土壤基质相比会有显著差异。RIVM 方法是否适用于食品中农药残留的生物可给性亟待研究。

5. 德国标准研究院法 德国标准研究院法（deutsches institute fuer mormung，DIN）最初是 Hack 等用于测定土壤中多环芳烃（polycyclic aromatic hydrocarbon，PAH）和多氯联苯（polychlorinated biphenyl，PCB）的生物有效性，现已用于土壤样品中有机物和金属离子的生物有效性测定，目前已被德国标准研究院采纳成为土壤中无机和有机污染物生物有效性测定的标准方法（DIN 19738—2004）。该方法包括了对口腔、胃和小肠的模拟，为了更接近真实的人体胃肠生理条件和饮食的情况，该方法在模拟过程中加入了有机酸和多种无机盐及奶粉等食物成分。利用该方法测得土壤样品中金属离子的生物有效性数据与动物（幼猪）活体实验数据的相关性较差，还需要进一步验证。

6. 人体肠道微生物生态模拟系统 人体肠道微生物生态模拟系统（simulator of the human intestinal microbial，SHIME）模型是由比利时根特大学 Verstraete 等建立专门用来研究化学物质在胃、小肠、升结肠、降结肠等多个消化系统中化学物质的消化行为。相关资料显示，经 SHIME 体外模型培养的肠道菌群、菌群丰度和数量可达到人体胃肠真实环境的各项指标且保持稳定。Wiele 等使用 SHIME 模型评估污染土壤中 PAH 的生物可给性，结果显示肠道中微生物作用下降低了 PAH 在肠道中的释放量。相关研究发现通过 SHIME 模型引入肠道菌后，可显著降低烹煮后的海产品中汞的生物可给性。Shi 等利用 SHIME 模型研究发现，苹果中的 5 种拟除虫菊酯生物可给性在胃消化阶段和肠消化阶段的生物可给性存在差异，分别为 13.0%～23.5%和 18.99%～31.10%。

7. 人类肠道芯片 人体肠道芯片（human gut-on-a-chip）是一种微流控培养装置，由一种透明、柔韧的硅胶聚合物组成，其大小与计算机记忆棒差不多。肠道芯片含有两条平行的通道，由一个多孔膜隔开；人肠上皮细胞在一个通道的膜顶部培养，人微血管内皮细胞在第二个通道的同一膜的对侧培养。培养基通过两个通道进行灌注，并定期对芯片内的侧腔进行抽吸，以模拟肠道的正常循环运动（蠕动）。在大约一周内，肠道芯片模拟了活肠的绒毛结构和多种功能。

肠道芯片可以调查整体细胞系统的肠道结构、功能和生理，这在体外模型中是不可能实现的。而其中，研究食物-肠道-微生物群的相互作用最有利的是，肠道芯片使人类细胞与微生物在很长一段时间内稳定地共培养成为可能。

8．TNO 肠道模型 TNO 肠道模型（TNO gastrointestinal model，TIM）由荷兰应用科学研究院营养与食品研究所开发，该方法实际是一套由计算机控制的动态胃肠道模拟装置，包括胃、十二指肠、空肠及回肠 4 个模块。每个模块均由两个套管组成，外层为玻璃材质，内层为可变形材质；内外层之间通水，一方面可控制模块操作温度，另一方面可通过对水加压使内管变形，模拟人体胃肠的蠕动。4 个功能模块通过 3 个蠕动泵连接，模拟食糜在胃肠消化道内的移动，各模块的内管分别加入相应的模拟消化液。与前面几种方法不同的是，模拟胃液和十二指肠液并非一次性加入，而是以 0.5mL/min 的速度逐渐加入，胃和十二指肠的 pH 调节也以动态方式进行，即盐酸（调节胃溶液 pH）和碳酸氢钠溶液（调节十二指肠溶液 pH）分别以 0.5mL/min 和 0.25mL/min 的速度加入到各自模块中，整个过程由计算机控制完成。该方法更为真实地模拟了人体胃肠的消化过程，采用药物进行活体实验与采用该方法实验验证，其结果一致。但此模拟方法耗时长，实验装置搭建繁杂，不易控制，不适合大批量快速测试，但可作为其他体外模拟方法的验证方法。

9．动态胃肠道模拟器 动态胃肠道模拟器（simulator of the gastrointestinal tract，SIMGI）是一种多隔室的 GI 模型，旨在模拟胃、小肠和大肠（具有上升、横向和下降结肠隔室）的消化过程。SIMGI 系统可以处理结肠菌群的增殖。

二、外消化系统模拟仿真在食品研究中的应用

体外消化模型和体内消化之间有紧密的联系，建立体外消化模型时必须以实际的体内消化情况为依据。体外消化模型已被广泛应用到食品、药品等各个领域，国内外对利用体外消化进行相关研究的认可度也越来越高，在食品营养吸收、药物代谢、污染物生物可及性、食品摄入安全评价等方面的应用越来越受到重视。

（一）体外消化模型在食品营养消化吸收方面的应用

人体对食物的消化吸收是一个非常复杂的过程，虽然各体外消化模型无法完全复刻体内的消化过程，但对于蛋白质、碳水化合物、脂肪及微量元素和植物化学物质的生物可及性分析及预测它们在体内消化的结果时还是非常有用的。

被用于蛋白质营养代谢、生理活性、过敏原检测等方面研究的体外消化模型中，主要以谷物类蛋白，奶制品中的蛋白质，以及水产品和一些果蔬中的蛋白质为研究对象。谷物类作为人们食物的主要来源，其蛋白质是主要研究对象，如对小麦蛋白、大豆蛋白、菜粕粗蛋白等都有研究。在这些体外消化模型中，所采用的消化酶主要是胃蛋白酶、胰蛋白酶和胰液素，牛奶作为膳食中蛋白质的主要来源之一也是蛋白质体外消化模型的主要研究对象，如对牛奶蛋白、山羊奶蛋白、牛乳清蛋白、瑞士干酪、β-乳球蛋白的研究。上述体外消化模型因研究

对象和目的不同，采用的消化酶组成和 pH 也不相同。例如，在研究牛乳清蛋白时，研究者首先模拟胃部消化环境，在体外采用猪胃蛋白酶、牛科动物的凝乳蛋白酶、胃蛋白酶及不同 pH 的小鼠胃液对牛乳清蛋白进行消化，结果表明在不同消化酶的作用下 α-乳白蛋白和牛血清白蛋白被水解了，而 β-乳球蛋白在不同的消化酶和不同 pH 作用下都没能水解，可见加热变性的乳清蛋白包括 β-乳球蛋白都被胃蛋白酶彻底水解了。在进行体内实验时出现了与体外实验相同的结果，天然的 β-乳球蛋白在小鼠体内未能消化但是加热变性的 β-乳球蛋白却在小鼠胃内消化了，与胃部体外模拟实验结果一致。接着，研究者在体外模型和小鼠体内分别研究蛋白质在肠中的消化，在体外用胰液素消化天然的和变性的 β-乳球蛋白，二者都被消化了，同时将在胃中不消化的天然的 β-乳球蛋白注射到小鼠胃内，这些天然的 β-乳球蛋白进入小肠后也被消化了，这与体外结果也是一致的。这个实验表明体外建立模型模拟蛋白质的消化可以较好地反映体内真实的消化状况，将其作为蛋白质消化研究的方法和工具是可行的。

糖类的消化一直是研究的重点，从已建立的糖类体外消化模型来看，大多数淀粉主要模拟在口腔、胃和小肠 3 个部位中的消化过程，口腔中唾液淀粉酶的作用时间一般选取 6min，pH（7.0±0.2）即接近中性环境，胃中胃蛋白酶的作用时间在 0.5～2.0h，pH 在 1.5～2.0，而在小肠中的消化时间就相对比较长，3h 左右，pH 大约在 5，小肠中消化糖类的酶有胰液素、淀粉转葡糖苷酶、转化酶等。一些研究针对抗性淀粉和纤维素含量较高的食物如豆科类植物还特别模拟了在大肠、回肠中的发酵过程。Jenkins 等通过临床试验首次验证了食物血糖指数与淀粉消化之间的相关性，继而修改成以 GR 曲线面积来监测淀粉的消化。Englyst 等通过体外模拟胃肠道消化，创新性地将淀粉分为快速消化淀粉、慢消化淀粉和抗性淀粉进行研究，极大推进了淀粉消化研究的进程。值得注意的是，胃的排空对血糖反应的影响较大，若采用静态模型研究淀粉的消化，可能会低估其水解量。

影响脂质消化的因素有很多，Anette Mullertz 等在体外用胰脂酶对脂质进行水解以建立体外的脂质消化模型，此模型被用于难溶性亲脂性药物在可控速率下的溶解性研究。实验中用 1mol/L 的 NaOH 调节 pH 至 6.5，温度设定 37℃，这时胰脂酶的活性最强，在消化液中加入纯水配制的胆汁盐和 Ca^{2+}溶液，研究胆汁盐、Ca^{2+}浓度及酯酶活性 3 个参数对脂质水解速率的影响，结果发现 3 个参数对脂质的初水解速率都有影响，且只有酯酶活性和 Ca^{2+}浓度影响随后的水解速率，所以通过控制 Ca^{2+}的添加浓度来控制脂质水解率从而建立一种脂质体外消化模型是可行的。脂质体外消化模型一个很重要的作用就在于对脂质制剂的筛选、评价及预测，在医药行业有很重要的应用。例如，我国的研究者根据脂质制剂肠消化吸收的特性，在体外脂解模型的基础上，引入肠吸收评价方法，建立了一种用于筛选评价脂质制剂的新型体外动态肠吸收模型，研究了葡萄糖、K^{+}、Ca^{2+}对肠道消化吸收脂质的影响。

（二）体外消化模型在药物代谢方面的应用

药物代谢研究分为体内和体外研究。体外代谢研究可以减少体内因素的干扰，直接观察药物与酶的相互作用。肝脏是药物的主要代谢场所，因此肝细胞及其亚组分，如肝微粒体、肝 S9、肝细胞溶胶成为了药物代谢研究的主要模型。

微粒体是主要的药物体外代谢模型，其存在于内质网中，包含了主要的药物代谢酶，负责了 90%的药物代谢反应，是应用最广泛的模型。口服药物经过肠道进入体内，在肠道中代谢，影响药物的生物利用度，因此肠微粒体得到了广泛的应用。对于局部应用的制剂或缓控释制剂，其在肺部停留时间较长，通常认为应当考察其在肺部的代谢情况。微粒体在体外药物代谢研究中主要应用包括种属差异研究、代谢稳定性研究、细胞色素 P450 酶系抑制研究、代谢表型研究，这些研究主要使用各种属多供体混合微粒体。遗传多态性研究则较多使用单供体微粒体。

（三）体外消化模型在污染物生物可及性及方面的应用

人体经膳食途径摄入在生产、加工、包装、储存、运输、销售，直至食用等过程中产生的或由环境污染带入的、非有意加入的化学性危害物质，可对人体造成潜在的不良健康效应，如通过食物链富集于食品的环境污染物、食品生产加工过程中生成的热加工副产物等。但是只有从食物中释放的那一部分污染物才可以发挥它们的毒性作用，毒素在胃肠道内经消化作用从基质中释放出来成为机体可吸收部分的过程即为生物可及性。生物可及性为评估化学污染物潜在健康危害的首个切入点和校正因子。虽然不同研究定义生物可及性存在细微差别，但生物可及性主要是指在胃肠道消化过程中，化学污染物从基质（如食物、土壤等）释放到胃肠液中的量与摄入总量的比值，表示基质中化学污染物可被人体吸收的相对量，也是人体可能吸收的最大量。

体外消化模型最初是应用于评估环境（如土壤）中污染物的生物可及性，之后随着不断地改进，逐渐开始应用于食品污染物暴露评估的领域。生物可及性模型主要应用于评估植物源性食品中的重金属、持久性有机污染物经过胃肠道的消化过程而从食品基质释放的可被吸收的浓度水平，部分生物毒素、农药残留及加工过程中产生的污染物（如丙烯酰胺等）的研究近年来也有陆续报道。在植物源性食品污染物生物可及性的研究中，主要使用 PBET、RIVM、SHIME 和 TIM 等体外消化模型和基于 Caco-2 细胞模型的肠道吸收模型。Mnisi 等采用 PBET 模型的研究结果则表明，烹调方式可显著降低蔬菜中重金属的生物可及性。然而，通过 SHIME 模型引入肠道微生物，则发现蔬菜中铁的生物可及性可提高 1.3～1.8 倍，而锰、铜和锌的生物可及性出现不同程度的降低，范围在 3.7%～100%。利用不同模型所测得的生物可及性结果也会有所不同，如利用 PBET 模型获得大米中镉的生物可及性为 30%～50%，略低于 RIVM 模型所获得结果（74%～83%和 90.04%～100.70%）。

不同种类动物源性食品中的重金属生物可及性研究也是研究的热点之一。Peng 等利用 RIVM 模型评估了我国不同省份市售小龙虾中重金属元素的生物可及性，其范围在 70%～110%。西班牙市售海产品中砷的生物可及性也有相似的结果，而汞和甲基汞的生物可及性则为 17%～77%。烹调方式可降低海产品中重金属汞和镉的生物可及性，而且通过 SHIME 模型引入肠道微生物评估烹调方式对海产品中汞和砷的生物可及性。研究结果表明，肠道微生物可进一步降低汞的生物可及性，而烹调方式则能显著提高砷酸盐的生物可及性，结果与植物源性食品生物可及性的研究结果相似。Torres-Escribano 等使用 TIM 模型测定龙虾肝胰腺和海藻中的砷、镉、铅和汞生物可及性，结果显示动物源性食品中 4 种重金属的生物可及性略高于植物源性食品。此外，PBET、SHIME 等消化模型也应用于研究海产品中重金属形态与生物可及性之间的相关性。

目前，国内外在建立污染物的生物可及性和生物利用度模型方面已取得一定的成效，包括建立了较为成熟的静态模型，将结肠和肠道微生物引入模型，以及开发了新型的动态模型等，但仍存在尚待解决的问题：①国际上还未出现标准化的方法或权威的效果评价手段可供使用。不同的生物可及性及利用度模型在相同的样本上使用显示出相似的趋势，但每次测试的不同操作条件又使不同方法之间产生较大范围的结果值，导致无法确定究竟哪种方法更为准确；②不同污染物的易感人群不同，而不同人群（如婴儿和老年人）胃肠道内酶浓度等参数也有很大的不同，静态模型在此方面的应用上有较大的局限性。例如，为了更准确地模拟体内情况，应使用动态模型，可动态模型的复杂性同样限制了该模型应用推广；③虽已将结肠和肠道微生物引入模型，但肠道微生物对有毒金属吸收的影响研究及对宿主和肠道微生物间的相互作用方面考虑较少，相关的模型也较为复杂，操作困难，还需进一步探索；④不同的污染物常常有可能同时存在，并且在消化吸收的过程中相互影响，现有的研究大多数是侧重于单个污染物的研究，所以还需进一步探索这种相互作用，为暴露评估提供更多有用的信息。

（四）体外消化模型在食品安全风险评估方面的应用

对于食品安全的风险评估是基于食物中有毒物质的生物可及性研究等结果而进行的深入研究，食品中的污染物从食品中释放后进入消化液，由上皮细胞转入静脉，然后到达靶器官发挥毒性作用。

通过体外模拟消化系统可以测定食品中重金属元素及真菌毒素等有毒有害物质的经口生物利用率，以此来对食品摄入安全进行评价。以水稻为例，由于水稻通常是在淹水条件下种植的，有人担心有毒金属可能会被其根部吸收，并在其谷粒中积累。此外，以往的研究表明，与其他谷类作物相比，水稻能够从土壤和水中吸收更多的有毒金属，如铅、砷和镉等。因此对大米中有毒有害物质的生物可及性测定显得尤为重要。

李筱薇等通过建立体外消化模型对大米中无机砷的生物可利用度进行测定。运用3%三氟乙酸溶液提取消化糜中的无机砷，采用液相-原子荧光（liquid chromatography-atomic fluorescence spectrometry，LC-AFS）方法测定。研究表明，不同浓度的加标大米样品中无机砷的生物可给性随着加标浓度的上升而下降；现场采集的不同大米样品经过消化后无机砷含量相近（实验结果有待进一步证实，缺少样品）。秦静等建立了基于体外消化模型的食品中4种邻苯二甲酸酯（PAE）的生物有效性测定方法，对于利用常规监测方法获得的数据进行人体暴露风险评估具有十分重要的意义。

第四节 计算机模拟仿真

计算机模拟仿真是一种利用计算机软件和算法来模拟现实或理论模型的技术。随着计算能力的增强和算法的优化，这一技术在多个领域得到了广泛应用。仿真技术能够提供对复杂系统的深入理解，预测系统行为，并优化设计，因此具有显著的优势。然而，在食品科学领域，尽管仿真技术展现出巨大潜力，由于食品组分的复杂性也面临着一定的挑战。本节内容将概述计算机模拟仿真的发展，探讨其在食品科学中的应用前景和挑战，并进一步对计算机模拟仿真在食品研究中的应用进行简要总结。

一、计算机模拟仿真的发展概况

（一）计算机仿真的概念与发展

计算机仿真技术是以多种学科和理论为基础，以计算机及其相应的软件为工具，通过虚拟试验的方法来分析和解决问题的一门综合性技术。计算机仿真早期称为蒙特卡罗方法，是一门利用随机数实验求解随机问题的方法。其原理可追溯到1773年法国自然学家布丰（G. L. L. Buffon）估计圆周率值所进行的物理实验。根据仿真过程中所采用计算机类型的不同，计算机仿真大致经历了模拟机仿真、模拟数字混合机仿真和数字机仿真三个大的阶段。20世纪50年代计算机仿真主要采用模拟机；60年代后串行处理数字机逐渐应用到仿真之中，但难以满足航天、化工等大规模复杂系统对仿真时限的要求；到了70年代模拟-数字混合机曾一度应用于飞行仿真、卫星仿真和核反应堆仿真等众多高技术研究领域；80年代后由于并行处理技术的发展，数字机才最终成为计算机仿真的主流。

仿真技术从简单到复杂、从理论到实践，逐渐形成一门交叉型的科学技术。融合发展了计算机技术、网络技术、图形图像技术多媒体技术等相关技术与理论。仿真技术最早是应用于我国的军事领域，在航天器和航海模拟等重要领域发挥重要作用，随着我国国民经济的发展，仿真技术在国民经济的各个领域得到迅速发展，是系统工程最有力的工具。计算机仿真技术是一门综合性的信息技术，通过专门的软件以及整合图像、声音和动画等将三维的现实环境和物体等形式进行计算机的仿真，再通过数字作为载体传播给人们，给人们身临其境的感觉，人们在任意角度和任意范围内选择观看视角。计算机仿真是系统仿真技术的一个分支学科，通常系统仿真指的就是计算机仿真，计算机仿真技术的发展与系统工程和计算机工程有着密切的联系，呈现相辅相成的关系，系统工程的发展促进仿真技术的广泛应用，计算机及计算机技术的发展，给仿真技术的发展提供坚强的后盾，同时计算机仿真技术在节约经费、缩短工程周期、提高产品的质量等方面发挥着重要作用。

（二）计算机仿真模拟的优点

作为新兴的技术方法，与传统的物理实验相比较，计算机仿真有着许多无可替代的优点。

1．模拟时间的可伸缩性 由于计算机仿真受人的控制，整个过程可控性比较强，仿真的时间可以进行人为设定，因此时间上有着很强的伸缩性，也可以节约实验时间，提高实验效率。

2．模拟运行的可控性 由于计算机仿真以计算机为载体，整个实验过程由计算机指令控制进程，所以可以进行人为的设定和修改，这个实验模拟过程有较强的可控性。

3．模拟实验的优化性 由于计算机仿真技术可以重复进行无限次模拟实验，因此可以得出不同的结果，各种结果相互比较，就能找到一个更理想的解决方案，作为优化实验，选择相应的方案。

（三）计算机仿真在食品领域的挑战

计算机仿真面临的挑战涉及食品成分的生物来源，包括食品组分的复杂性及结构的内在可变性。食品成分和结构在加工过程中也会发生显著变化。食品加工涉及复杂的、通常是强耦合的物理加工组合，从最简单的传导到电磁（红外、微波和射频）加热、毛细管和膨胀压力驱动的流体流动、冷冻和蒸发中的相变以及大变形、由水分损失和/或蒸发产生的气压驱动的固体力学（收缩和膨胀）。此外，高压、脉冲电场和紫外线处理等过程会使情况变得更加复杂。表征食品和加工过程所需的模型复杂性可能是导致食品行业历来在采用计算机仿真技术方面滞后的原因。食品行业的产品生产周期相对较短，与其他加工业相比，食品加工的实验成本较低，因此计算机仿真的潜力难以充分发挥。然而，在过去的20年中，计算机仿真技术在食品领域的研究中已经取得了重大进展。计算机仿真的早期行业应用涉及使用计算流体动力学进行设备设计。近期的仿真案例不仅展示了更广泛的行业应用，还展示出计算仿真技术通过多物理场预测成品特性（过程-产品相互作用）的高级应用，如威化饼和巧克力的仿真，以及调味过程和土豆去皮过程的建模等。

随着软件和硬件的发展，用于工程分析的商业软件提供了强大的物理场耦合能力，但仍然存在许多瓶颈阻碍了计算机仿真模型在食品加工过程中的使用。总的来说，以下所述的这些瓶颈不会出现在其他材料加工模型中，因此需要在食品行业的理论、实验和计算方面不断创新。

1. 食品的复杂性　食品由数千种（生物）化学成分组成，它们在生产、加工、分配和储存过程中发生物理和化学作用。例如，在咖啡香气中已鉴定出近1000种挥发性有机化合物，而美拉德化学产生的面包风味可能涉及数百种风味化合物。除了大量的化学物质外，我们所感知到的食物颜色、质地、风味和味道的复杂感官属性通常是化学物质与口腔加工之间的相互作用所导致的。例如，对于基于机械模型的方法来说，需要从化学计量和反应速率常数不太清楚的复杂反应中获得颜色结果。

虽然一些食品（如饮料）由均质材料组成，但其他食品（如泡沫和乳液）是非均质的，具有多尺度结构特征。在不同空间尺度上含有气孔的多孔食品尤为重要。植物和动物来源的食物由包括细胞在内的多种组织构成，如具有复杂结构的细胞壁。这些微结构或纳米结构特征影响热和水传输、机械变形和电磁波传播等过程，与钢铁和塑料等材料形成鲜明对比，这些材料表现出更均匀和一致的特性，使它们在最相关的空间尺度上被视为均质。食品的多尺度结构需要新的多尺度建模范式；例如，如果在微观或纳米尺度上使用连续尺度，则需要消耗巨大的计算机资源，现有的计算方法难以实现。复杂的结构导致复杂的传输模式和驱动力，如毛细作用、渗透流、膨胀压力驱动流和气体压力驱动的多相流，对于这种情况，驱动力（膨胀压力等）和参数（毛细管扩散率、渗透率）都很难测量，并且通常不可用。计算机仿真在食品领域的应用必须在充分考虑食品复杂性与可变性的基础上进行开发。

2. 食品在加工过程中的变化　在加工过程中，结构和成分的复杂性会发生很大变化，从而改变了描述计算模型的物理、化学和生物参数。例如，当面团在烘焙过程中变成面包时，其物理、化学和生物特性会发生显著变化。即使在简单的储藏过程中，食物材料也会发生根本性变化，水果只有在采后储藏过程中通过合成代谢和分解代谢等生化反应途径才能产生其特有的风味。一个能够反映食品加工特征的精确模型必须涵盖这些复杂的（生物）化学反应，因为感官系统（如鼻子、舌头）可以区分细微的差异。这些变化随食物中的位置和时间而变化。对于计算机仿真建模来说，食品材料具有鲜明的个体差异性，获取各类食品材料初始和加工过程中的典型特征是提高模型准确率的重要步骤，同时，将这些典型特征充分以数学或物理语言表达到仿真模型中也同样具有挑战性。

3．多物理场耦合在计算过程中的挑战性 食品加工过程通常伴随着多种物理变化过程，即便是最简单的固态食品干燥过程也涉及了多种物理场，其中温度、含水量和收缩率会随位置和时间而变化。因此，模拟空气干燥需要求解多个偏微分方程（对应于多个物理场），以及各种传热传质方程，包括温度的能量守恒方程、水和蒸汽的质量守恒方程、蒸发的相变动力学及收缩的静态平衡方程等。新兴的食品加工过程进一步增加了物理场耦合的数量和难度，微波和射频加热需要求解麦克斯韦电磁学方程，超声波加工需要求解声波方程等。多物理场仿真模型是计算资源密集型的模拟方法之一，需要研究人员具备在所有相关物理学科的专业知识，这种跨学科的学习和见解仍然有待发展。例如，模拟微波干燥过程需要3个不同工程领域（化学、电气和机械）的专业知识。物理场之间的耦合使得相关的模型计算更加复杂，而获得其数值解并提高模型的收敛性也为食品加工领域的计算机仿真发展提出了重要挑战。

4．多学科研究领域的人力资源缺乏 食品加工领域的计算机仿真技术在工程和食品科学的交叉下快速发展。由于材料和工艺的复杂性，高效、真实的模拟需要以先进的工程学科知识作为背景。然而，那些受过此类高级工程（非食品）培训的研究人员往往会选择回避食品应用场景，因为模型所需的工程参数往往较难获取，并且需要花费大量时间进行食品材料性质的表征。另外，食品科学学科通常没有提供计算机工程领域的培训。在任何一所大学里，只有少数学生和教师对食物建模感兴趣。因此，食品工程领域计算仿真所需的人力资源培养是该行业发展的限制性因素之一。

（四）食品加工计算机仿真软件的发展

早期的食品计算模型使用解析解来控制具有简单初始和边界条件的微分方程。食品加工过程的开创性数值模型通常基于自定义代码，这一趋势在日渐复杂的多物理场研究工作中（如面包烘焙）更加明显。已经发展较为成熟的计算固体力学、计算流体力学和计算电磁学软件使计算机仿真在非食品工业设计和制造中应用十分普遍。食品加工中涉及的物理场和相关的耦合方法仍然有待开发，并且通过商业化的软件平台可以更便捷地实现多个物理场之间的相互耦合。如微波食品加工工作，随着可以实现多物理场仿真软件平台（如COMSOL Multiphysics、ANSYS Multiphysics）的出现，以及物理场之间耦合的简化，产品级建模研究激增。然而，现阶段的商业化软件平台仍然缺乏与食品相关的内置设定。用于食品的多物理计算软件的例子包括射频、超声波和高压处理。在这些商业平台上创建的代码可以共享。公共领域软件（如OpenFOAM）的使用较少，这个过程可能受限于较长的模型开发时间及在求解强耦合方程组时的数值求解难题。考虑到多物理场的多学科性质，用于食品加工的计算机仿真软件必须开发包括所有物理知识在内的专业用户使用指南，以提高研究人员在处理多学科领域问题时的能力。然而，这类人力资源的发掘与栽培比软件开发更具挑战性。

二、计算机模拟仿真在食品研究中的应用

随着计算机技术的发展，食品工业生产逐步向智能化工业的新纪元迈进，通过计算机模拟技术对食品中相关加工参数的设计和验证，可以清楚地了解食品加工过程中的关键控制点和最优参数，在最大程度上提高能源转化率与利用率，以及设备的性能及可靠性，为实现食品工业精准分工、优化生产、协同配合、高效产出的智能化生产奠定了基础。

模型的研究和发展应用有助于识别食品加工过程中不同影响因素之间的相互复杂关系，以及明确阐述相关的物理过程、生物化学和生物学变化。通过建模，进一步进行数值仿真及优化，可以改善食品加工过程中的传热传质、营养品质、货架寿命，有助于缩短设计周期，适应食品产业快速更新换代的需求，实现全场和全程的精确生产控制，节约能源和提高效益，是食品产业实现智能化控制和制造的基础。

（一）计算机模拟仿真与传热传质

模型研究的目的是根据现有基本理论对食品加工过程中的化学变化或物理现象作出解释，通过可测量的时间依赖性参数，建立复杂食品体系或者加工过程中基质分子相互关联的特征相关性模型。食品加工过程建模和仿真应实现将热量、密度、动量、能量平衡等表征参数与食品的纳米结构、微观结构到宏观结构，产品质构的理化反应相互连通。为此，食品加工过程典型的建模过程，首先，根据已有研究和数据基础，通过假说、机制、状态变量和参数构建初始模型，之后通过设计实验加以校验和修正，从而获得经验和理论相契合的模型，以及可通过实际应用检验的模型，最终才能应用于实际生产的感知和决策控制。

1．干燥　干燥是食品加工过程中常见的工艺。干燥建模方法包括多物理场建模、多尺度建模、多相建模等。热风干燥、真空干燥、红外干燥、微波干燥等技术也不断开发出来，根据不同的干燥方法运用计算机数值模拟技术建立了微波干燥模型、红外干燥模型、真空干燥模型和热风干燥模型等干燥数值模型，如将水果在干燥过程中的湿热历史模型耦合到水果质量模型中，为优化干燥过程提供了新方法。另外，通过建立用于食品间歇式微波对流干燥的多相多孔介质模型，模型中将食品分为气相、液相（水相）和固相，采用质量守恒方程分析气相和液相的饱和度的变化，并认为固相在蒸发过程中不发生任何变化。该模型通过比较实验湿度和温度数据进行了验证，除了开始时的温度差异之外，这些数据表现出模拟和实验良好的一致性。

在一些研究中，对于一些刚性材料，没有考虑到材料的收缩，这虽然大大减少了计算的复杂程度和时间，但对于收缩的材料而言，没有考虑收缩会使得空气占据了水分流失的部位，而实际上是固体材料占了这一部位（材料收缩了），因此没有考虑收缩的材料的平均介电常数会偏低，最后影响了微波干燥的预测准确性。在 COMSOL 中耦合结构力学模块选择合适的固体力学方程来模拟食品的机械变形；以马铃薯的温度、水分及收缩和变形作为指标建立有限元模型，并利用 FEMAP 软件动态直观地模拟马铃薯的干燥过程。

2．杀菌　食品的加热和杀菌模型研究受到特别关注，因为它关系到食品的品质和安全，并最终与风险评估模型相结合。目前，对于食品杀菌使用了很多新技术，如紫外杀菌、微波辐射、臭氧等能对包装食品进行杀菌。通过对不同内装物、不同运动形式、不同包装类型的罐头热杀菌过程进行仿真研究，不仅显示了温度场在杀菌过程中的变化，还揭示了杀菌后微生物与热敏性营养素维生素 C 含量的场分布等信息。有研究人员开发了一种模型来模拟微波辅助巴氏灭菌过程食品内部的温度分布，采用蒙特卡罗模型分析牛肉丸中肉毒梭菌 B 型的灭活及鲑鱼片中 E 型孢子的灭活情况，以减少 6 个对数期为目标，结果表明，模拟结果与实验结果高度一致且能够达到预期灭菌的效果。

在传热传质模型基础上，大量研究不断地优化热处理过程，实现食品质量的提升。例如，基于计算流体动力学（CFD）对热致蛋白质局部变性机制进行模拟，对超短巴氏杀菌和高温灭菌进行工艺优化。采用神经网络和遗传算法对金枪鱼罐头的变温热杀菌进行优化，大幅度提高了食品品质及热敏性营养素保留，基于传递函数方法建立了便捷冷点温度预测数学模型，在此基础上开发了智能杀菌控制系统，解决了以往单一用实时 F 值（在基准温度中杀死一定数量对象菌所需要热处理的时间，即该菌的杀菌值）控制而忽略冷却段杀菌效果带来的过度杀菌问题。

3．解冻 食品的解冻过程是发生在一定的温度内的复杂相变过程。密度、比热容、热导率、介电性等热物性参数会随温度发生变化。边界条件、初始条件、食品的形状和成分等都是影响食品解冻过程的关键因素。

虽然传统解冻方法（空气解冻法、水解冻法）存在解冻时间长、品质下降较严重、易受微生物污染等缺点，但由于其具有操作简单方便、设备要求低等优点，依然有着广泛的应用。传统解冻方法的数值模拟所用到的控制方程、各项参数、初始及边界条件、潜热处理、离散方式等内容与冷冻过程的数值模拟类似。通过研究美国军用口粮早餐盒中 5 种不同冷冻食品在常温下的自然空气解冻过程，建立了一个预测食品常温自然解冻时间和解冻温度范围的有限元数值模型，预测值与实验值的平均偏差在 2～5℃。将该模型获得的温度变化曲线与微生物或化学动力学相结合，可以用来评价冷冻食品自然解冻后的质量和安全性。

现行的新型解冻方法中，微波解冻和射频解冻由于具有解冻速度快、效率高、汁液流失少、微生物污染小、解冻设备使用寿命长等优点，使得微波和射频解冻技术得到了很快的发展和推广。但同时，它们也存在加热均匀性等问题。利用数值模拟软件建立导热与电磁场的三维耦合模型，对比研究功率放大器射频系统和功率振荡器射频系统在解冻过程中的电场和温度分布情况，并通过不同大小和不同摆放位置的食品进行了实验验证，模拟值与实验值误差都在 2℃以内。实验还将静止空气解冻与功率振荡器射频解冻的解冻时间作了对比，射频解冻时间是静止空气解冻的 1/3。此外，研究人员还建立了一种适用于均质食品的非耦合微波解冻有限元数值模型（图 6-11）。一般的微波解冻都是建立电磁方程与导热方程耦合的数学模型，热源项随着每次旋转时食品介电系数的改变而改变，结果较为准确可靠。通过解冻 −20℃的土豆泥进行实验验证，非耦合模型的 6 个分散点的瞬态温度的模拟值与实验值的平均标准差为 6.6℃，耦合模型的平均标准差为 6.0℃，但是非耦合模型的计算耗时相较耦合模型缩短了 93%，说明非耦合模型对温度的影响较小，大大节省了计算时间，更适于工程应用。

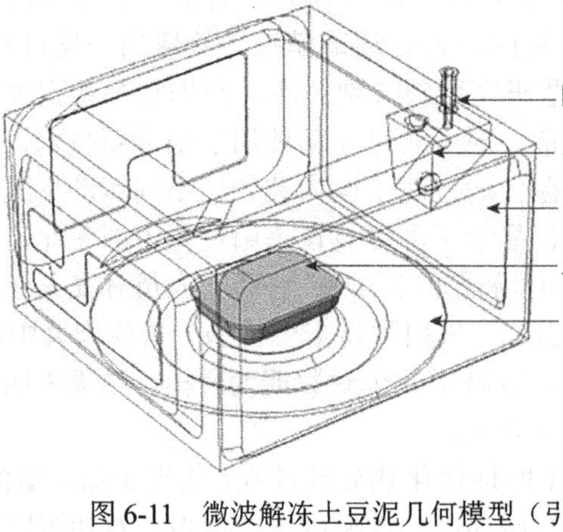

图 6-11 微波解冻土豆泥几何模型（引自 Chen et al.，2015）

通过求解冷冻食品解冻时间和温度分布，可以在现实中优化改进冷冻食品的物流运输过程。例如，根据数值计算得到食品内部温度随时间的变化情况，指导冷藏车制冷机组的启停，在保证冷冻食品正常温度的情况下减少机组工作时间，降低能耗。还可以将数值模拟得到的解冻曲线与解冻过程中的微生物生长曲线相结合，对食品中微生物的腐败行为进行预测，得到冷冻食品暴露在外部温度下的最大安全时间。

4. 脱水 脱水是在人工控制条件下促使食品中水分蒸发的工艺过程。目前食品脱水技术的发展强烈依赖于最终产品质量属性与被加工原料物理化学特性的个性化发展阶段，在食品脱水加工的节能方面有巨大提升空间。基于细胞膜传质和不同物种在细胞间隙扩散的渗透扩散模型，能够对渗透脱水和冷冻联合过程中质量和传热进行模拟。基于COMSOL软件结合分形理论构建果糖脱水转化为5-羟甲基糠醛（HMF）复杂体系多孔介质内伴随着催化放热化学反应的多组分流动耦合传热传质的微尺度数学物理模型，发现流场与温度场和浓度场存在协同作用，具体体现在低孔隙率和方形催化剂条件下出口生成物浓度更高。随着流速的增大，进出口温差先增后减，这是体系从扩散为主转化为对流控制导致的结果。采用离散场-流场的多相流耦合技术，对茶鲜叶离心脱水过程进行数值仿真模拟，对影响茶鲜叶脱水效果的因素进行研究，发现在确定送风方向的基础上，发现在由离心筒内向外送风的情况下，离心筒与螺旋推进器驱动轴的旋转速度差对脱水效果的影响最大，离心筒转速对脱水效果影响次之，风速对脱水效果影响相对较小。

（二）计算机模拟仿真与技术开发

食品智能制造即围绕智能制造的感知、决策、控制及执行一体化特征，结合食品制造特点及技术瓶颈，以食品制造数据服务为中心，从食品智能设计、生产智能管控、制造装备智能化等方面全面突破食品智能制造技术的研究与应用，从而实现管控全面信息化、作业高度自动化、决策智能化。

1. 食品加工技术 食品数字化设计即根据食品加工过程的物理、化学和生物变化的基本理论，建立复杂食品体系或者加工过程中组分、结构、品质与加工工艺参量之间相互关联的模型，主要包括食品品质和食品结构的表达模型、食品加工过程的模拟仿真及优化等。食品数字化设计可以将加工过程的热量、动量、能量平衡等工艺参数与食品从微观到宏观的结构、产品质构和理化特性相互连通，从而更精准地表征食品品质和加工变化的过程，为食品加工过程的精准控制提供基础。

关于食品中有效成分分离，为了获得特定蛋白质、氨基酸、活性肽及其他功能活性物质，在食品加工中，酶的利用和酶解工艺是很重要的环节。朱蕴菡等建立了快速筛选酶解物中活性肽的方法，即利用计算机分子对接技术，辅助筛选杂色蛤酶解物中血管紧张素转化酶抑制活性多肽，确定多肽与血管紧张素转化酶的作用位点，精准制备了血管紧张素转化酶抑制活性肽。由计算机软件得出的模型兼具机制与统计学的优点，准确度高且易实行，在计算机模拟技术的辅助下，食品中有效成分的分离过程能够快速准确地被预测，有效地提高了工作效率。

食品储藏中货架期是指食品从生产出厂的当天起，在储运过程中保持质量和营养价值不变的一段时间。目前食品的货架期预测模型的主要构建方法有微生物学法、物理化学动力学方法、反向传播（BP）神经网络方法、威布尔危害分析法和Q_{10}模型。其中，微生物学法和BP神经网络法是当前在食品货架期预测中最常用的方法。

随着数字化技术的发展，数字孪生（Digital Twin，DT）技术作为综合利用物理模型、传感器更新、运行历史等数据，集成多学科、多物理量、多尺度、多概率的仿真过程，在虚拟空间中完成映射的数字化手段，已在汽车、轮船、航空航天、精密装备制造等领域开展原型、工艺、工程等方面的数字化设计实践。未来在食品制造领域，利用数字孪生技术打造映射物理空间的虚拟食品车间、食品数字工厂，推动物理实体与数字虚体之间数据双向动态交互，根据赛博空间的变化及时调整食品加工制造工艺、优化生产参数，提高生产效率。

2．食品检测技术 食品感官评价是描述和判断食品质量最直观的指标，是一门用于制定、测量、分析和说明人类通过视觉、嗅觉、味觉、触觉和听觉而感知感觉的学科。通过计算机模拟技术，开发了电子舌、电子鼻、电子眼等可用于食品感官评价的设备，更加准确、定量和定性地评价食品。

电子舌技术对于食品品质的保证。味道是发现食品是否安全的关键因素，人的味觉系统能够直接反映出食品的品质，但是如果依靠人的味觉功能来监测食品问题是非常不科学的，所以在实际应用中，使用电子舌技术可以很好地完成食品安全检监测，所以电子舌技术被广泛使用。传感技术是电子舌技术的发展核心，样品预处理及信号处理模式识别。它可以将食品进行抽取，作为电子信号，就好比人的味觉感官器，味觉传感器阵列能够获得处理器发出的信号，将信号保存到系统中进行处理，最后信号处理能够识别系统同时接收信号，相当于人的大脑在控制神经。当前电子舌技术主要在肉类酒类和饮料中广泛使用，它能针对产品的具体情况进行质量监控。①在酒品中，电子舌技术可以发现一些很小的变化，检查出假劣产品；②在果蔬产品中，以芦笋为例子，可以检测出芦笋的主要成分，来判断芦笋的味道，近几年电子舌技术在不同的果蔬产品中被广泛使用；③在肉类中，电子舌技术可以快速确定肉类的品质及种类，包括对肉质变化原因的分析。由此可以看出，电子舌技术在肉类产品检验中有着非常重要的作用。所以电子舌技术对于人类的健康发展有一定的保障。

在计算机嗅觉技术方面，通过建立金属卟啉与挥发性气体反应前后的分子模型，开发了可以用于鳊新鲜度检测的嗅觉可视化传感器计算机嗅觉与味觉联用技术。在计算机视觉技术方面，将由计算机视觉系统采集的挤压食品的颜色信息和由质构分析仪而获取的质构特征值，借助线性拟合模型对挤压食品的质构特征进行相关性分析，通过建立的人工神经网络模型，直接以视觉系统采集的颜色信息来快速预测挤压食品的质构特征。研究者通过对披萨图像信息处理，阐明了披萨品质与图像品质间的关系，建立了披萨产品质量与安全的自动检测技术，实现对披萨品质的无损快速检测。

另外，计算机模拟技术大大提高食品药物残留检测的精密度和准确性。例如，利用计算机视觉技术，建立一种利用食品微生物快速检测系统，实现蜡样芽孢杆菌的快速检测。

3．食品智能化监管 生产智能管控指对产品生产流程进行集成管理和控制，实现生产过程高度自动化，主要包括智能单元排产及调度、生产过程智能管控、实时监控、智能数据采集等关键技术，集中表现就是具有自感知、自组织、自决策的智能控制系统。

食品HACCP自动控制软件的开发，是应用计算机信息技术对食品加工过程实时监控，通过分析食品加工过程中各环节中可能存在的危害因素，建立关键控制点，通过生产过程记录所有关键点控制的情况，保留监测结果，并对出现的问题及时进行自动纠正。另外，通过构造某类食品生产的模型、收集数据、转换模型、验证和执行之后，对结果进行分析，获得最佳的某类食品生产方案，同时利用这个仿真系统监控该类食品生产过程中存在的风险，出现问题及时做出调整。

专家系统是一种具有特定领域内大量知识与经验的程序系统，可执行一系列不同复杂程度的感知、解释、推理、学习、沟通和决策等，以便为给定问题找到解决方案。研究者提出了一种针对老年人营养需求的专家系统，用于评估老年人长期和短期的自我饮食习惯，以识别不良饮食模式，检测营养不良的早期状态。该专家系统提供个性化干预计划，可针对老年人特定营养需求、健康状况和食物偏爱提供特定的营养教育、饮食处方和食物订购。智能决策支持系统（intelligent decision support system，IDSS）是决策支持系统（decision support system，DSS）与专家系统的结合，其将定量计算功能进行有效分析，进而向决策人员提供有效帮助，以及决策服务相关智能化决策方案的制定。利用机器视觉系统和数据挖掘技术成功实现了无花果干质量的智能分级，具有快速、准确、可靠等优点。研究者首先使用彩色 CCD 相机获得了 5 种不同类别的图像，利用基于相关性的特征选择确定了最佳的无花果干分级特征（图 6-12）。之后，结合决策树-模糊逻辑技术，对无花果干进行了分类。

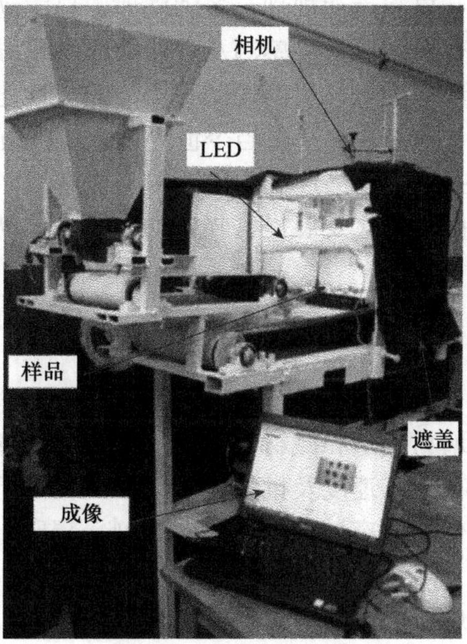

图 6-12 图像采集设备

（引自 Banakar et al.，2017）

整体设备效能（overall equipment effectiveness，OEE）可用于评估制造业运行的效能，即可用性、性能和质量效率，现发展为衡量制造业生产力的黄金标准。目前，OEE 已成为半导体制造中的必需定量工具。鉴于其优势，其他行业也纷纷采用 OEE 来提高资产利用率，并定制适合其特定行业特征和要求的程序。如针对一家行业领先饮料企业的饮料装瓶生产线进行研究，从公司的需求出发，确定生产线的关键控制点并评估其对 OEE 的影响。通过应用成本绩效指数（cost performance indicator，CPI）进行饮料行业详细微观停机时间数据收集和统计分析，并将其用于构建支持改进活动的模拟模型。该研究揭示了自动化生产系统中减少停机时间对减低 OEE 的重要性，其所开发的统计分析方法还可进一步用于研究特定机器的可靠性与整个生产线的可靠性之间的关系。

（三）计算机模拟仿真与装备研制

智能制造装备是指具有感知、分析、推理、决策、控制功能的制造装备，它是先进制造技术、信息技术和智能技术的集成和深度融合。

基于工业物联网（industrial internet of thing，IIoT）技术可以实现在装备中融入具有感知、监控能力的传感器和控制器，继而实时采集数据，并智能分析、移动通信以实现装备的智能化转变。德国克朗斯公司的 ReadyKit 系统采用自身传感器，可将与控制系统无关的包装生产线无损连接到 IIoT 中。北美的罗克韦尔公司帮助乳制品加工企业安格普实施了一个集成的控制和信息系统，可访问实时生产数据，从而消除了手动数据收集并改善了设备综合效率。

智能执行终端如工业机器人（industrial robot，IR），是面向工业领域的多关节机械手或多自由度的机器装置，集精密化、柔性化、智能化、软件应用开发等先进制造技术于一体，通过对过程实施检测、控制、优化、调度、管理和决策，实现增加产量、提高质量、降低成本、减少资源消耗和环境污染，是工业自动化水平的最高体现。ABB FlexPicker 机器人被用于 Honeytop 特色食品有限公司的 Honeytop 煎饼拣选自动化，每分钟可以拣选和堆叠 110 个煎饼，并准确放置在传送带上，安装在每个机器人前面的以太网摄像机可将每个煎饼的位置定位在下方移动的传送带上。厨师机器人适用于任何环境，如可将其放在温度为 800℃的比萨烤箱前。

未来随着仿生技术、传感技术、微电子技术、人工智能技术等发展，多技术集成，且具有自我运动规划、多轴联动、自主动作执行的新一代食品柔性制造系统值得进一步探索。此外，通过自主感测及可伸缩的纳米导电材料，创制柔软、可伸缩、可随意变形、可感知外在环境因子、肌肉运动等优势的柔性化机器人，更能适应食品加工不同工序的需要。

总之，随着当今世界进入工业互联网时代，以及“中国制造 2025”的实施，计算机模拟技术在食品产业中的应用将更普及。加深对计算机信息技术的研究与推广，为中国食品工业向智能化发展提供强大动力，为推动民族食品工业发展提供必需的技术支撑。

第五节　增材减材制造

依据待加工物体成型过程中材料是被叠加还是被切除，目前的物体形状加工方式被分为增材制造和减材制造。增材制造具备复杂形貌成型、个性化定制、节约原材料等特点，但是在生产速度及批量化生产层面相对于某些减材制造方式不具优势。食品原料及产品种类繁多，传统生产过程中多采取雕刻、辊印、包馅等减材方式进行生产。随着增材制造技术的发展，食品 3D 打印技术逐渐走进大众视野，由于其在原料种类及产品属性上的包容性，使其具备更广阔的发展和应用前景。本节将针对增材减材制造技术及其在食品领域的应用进行介绍，尤其针对食品 3D 打印技术的应用及发展特点做了详细阐述。

一、增材减材制造的发展概况

（一）增材制造

增材制造（additive manufacturing，AM）俗称 3D 打印，是一种将三维图形处理、快速成型制造、精密数控等过程集于一体的增材制造技术，广泛应用于医学、航天航空、材料工程等领域。增材制造技术是指基于离散-堆积原理，由零件三维数据驱动直接制造零件的科学技术体系。基于不同的分类原则和理解方式，增材制造技术还有快速原型、快速成形、快速制造等多种称谓。增材制造技术最早可追溯到 1859 年，法国雕塑家弗朗索瓦·威廉姆（François Willème）申请到了多照相机实体雕塑（photosculpture）的专利，首次设计出一种多角度成像的方法来获取物体三维图像。在 20 世纪中后期，增材制造技术快速发展，诞生了基于直写型、光固化、激光烧结等多种高精度的成型制造技术。

直写型 3D 打印技术主要由挤出部件、料筒、喷嘴和打印平台等组件构成，打印材料预先熔融或溶解制成浆状，利用打印材料的流动性，通过压力将料筒内浆料由喷嘴挤出形成挤出丝，根据切片指令预设的挤出方案和移动轨迹使挤出丝在打印平台上排列堆积成目标造型。

直写型 3D 打印机的挤出方案大体包括活塞挤出、空气挤出和螺杆挤出。其中，活塞挤出型 3D 打印机适用于高黏度流体物料，打印产品兼具机械强度和精度，能够形成复杂结构。空气挤出型 3D 打印机适合黏度较低的液体或者流动性较强的物料，恒定的挤出压力易使打印速度在打印过程中发生波动。螺杆挤出型 3D 打印机适用于黏度和机械强度较低的物料，拆卸和清洗较为困难，挤出速度受螺杆转速制约，但相较于空气和螺杆挤出此方案能实现连续性进料，打印效率较高。

光固化 3D 打印技术是市场的主流，而 FDM 3D 打印模式是最早、最成熟的技术。1986 年，美国查克·赫尔（Chales Hull）发明了第一台光固化 3D 打印机。光固化 3D 打印的基本原理是利用材料的累积成形，将三维物体的形状分成若干平面层，用一定波长的光束扫描液体感光树脂，使每一层液体光敏树脂固化成型。并且没有被光束照射的部位仍有液体，最后每一层最终形成了所要求的目标部分，材料利用率可接近 100%。但这几年来，虽然光固化 3D 打印机技术在精度和速度上都在提高，但从整体上看，仍有许多因素制约着其发展。光固化 3D 打印机的主要材料是光敏树脂，现在光固化 3D 打印机所用的光敏剂必须是低挥发性、低黏度、稳定、固化快、收缩率高、固化后具有良好的机械性能和热稳定性。印刷时，它的模型产品应该是无毒、无刺激性的气味。因此，光敏树脂的发展已成为光固化 3D 打印机未来发展的核心问题之一。

激光烧结主要利用打印材料的热熔性质，实现材料在打印过程中由粉末态到液态的转变，实现打印材料的增材制造。该技术采用铺粉将一层粉末材料平铺在已成型零件的表面上，并加热至恰好低于该粉末烧结点的某一温度，控制系统控制激光束按照该层的截面轮廓在粉层上扫描，使粉末的温度升到熔化点，进行烧结并与下面已成型的部分实现黏结。一层完成后，工作台下降一层厚度，铺料辊在上面铺上一层均匀密实粉末，进行新一层截面的烧结，直至完成整个模型。成形材料多样性是选择性激光烧结最显著的特点，理论上凡经激光加热后能在粉末间形成原子连接的粉末材料都可作为选择性激光烧结成形材料。目前已商业化的材料主要有塑料粉、蜡粉、覆膜金属粉、表面涂有黏结剂的陶瓷粉、覆膜沙等。

与传统的减材制造（如机加工）和等材制造（如铸锻焊）相比，增材制造技术在复杂结构件的制造领域具有不可替代的优势。一是可成形零件的结构复杂、提升零部件的设计空间。通过增材制造技术，可以成形出传统方法无法实现的结构。通过拓扑优化设计，可以实现零件的减重、节约材料。同样的性能和功能，所需要的工艺更少。二是可以一体化成型，减少零件数量。零部件数量可以由多件减少至 1 件，成本降低约 30%，重量减少 20%以上，部件寿命提升 5 倍以上。三是制造小批量、多品种产品。可满足产品定制化需求，小批量零部件成形时无须开模，节省大量的时间和模具费用。四是材料利用率高、减少材料浪费。产品一次成型，材料利用率达到 90%以上。五是力学性能优异。在增材制造过程中，由于熔池冷却速率高、组织结构可控性好及使用专用粉末材料等原因，因此可以达到静强度提升、疲劳强度提升和表面硬度提升等效果，提升零件的性能。

（二）减材制造

减材制造是相对“增材制造”而言，它是将原材料装夹固定于设备上，通过切削工具（刀具、磨具和磨料）把坯料或工件上多余的材料层切去成为切屑，使工件获得规定的几何形状、尺寸和表面质量的加工方法，也可以叫作切削加工。切削加工是机械制造中最主要的加工方法。虽然毛坯制造精度不断提高，精铸、精锻、挤压、粉末冶金等加工工艺应用日益增加，但由于切削加工的适应范围广，且能达到很高的精度和很低的表面粗糙度，在机械制造工艺中仍占有重要地位。

数控机床是计算机数字控制机床（computer numerical control，CNC）的简称，一种由程序控制、装有程序控制系统的自动化机床。该控制系统能够逻辑地处理具有控制编码或其他符号指令规定的程序，并将其译码，用代码化的数字表示，通过信息载体输入数控装置。经运算处理由数控装置发出各种控制信号，控制机床的动作，按图纸要求的形状和尺寸，自动地将零件加工出来。数控机床较好地解决了复杂、精密、小批量、多品种的零件加工问题，是一种柔性的、高效能的自动化机床，代表了现代机床控制技术的发展方向，是一种典型的机电一体化产品。

二、增材减材制造在食品研究中的应用

（一）减材制造在食品中的应用

食品生产成型的方式大致可分为以下两种：一种是在加工过程中成型，包括模具成型、机械成型等，此种成型方式需要制造对应形状的模具和食品机械，且成型后食品的形状无法更改。另一种是在食品熟化后，对食品进行切割雕刻等艺术加工以使成品成型。此种成型方式，可根据食品的需求而形成图案式、几何式、象形式、点缀装饰式等不同形状的食品。但往往需要较为复杂的后加工过程，且后加工过程会伴随着食品材料的大量浪费。根据食品物化特性的不同，工业上选择的加工方式也不同，大致可分为以下几类。

1．挤压成型 挤压是将食品原料放入挤压机，通过螺杆对食品原料进行挤压剪切，并在加热和加压的条件下，得到特定形状的食品。包括挤压膨化、挤压组织化。其原理是将食品原料置于装有螺杆的机筒内，随着螺杆的回转，推动物料向前移动，在螺杆产生的压缩力和剪切力的联合作用下，使机械能变为热能和物料的变形能，同时由于机筒外围设有预热器（电加热或蒸汽加热），更增加了机筒内物料的温度，又因为物料处于密封状态，由此产生的机筒内压力很高。在高温和高压作用下，食物发生淀粉糊化和蛋白质变性等一系列的理化反应，然后通过出料口瞬时降压，使物料中的过热水分急剧汽化喷射出来，物料失水膨胀，体积增大若干倍，产品内部组织出现许多小的喷口，像多孔的海绵体，然后被旋转的刀片切割成所需的长度。

2．冲印、辊印、辊切成型 辊压切割成型通常指物料在一对或几对相向旋转的辊子挤压下变形，成为面带或面条的操作过程。如糖果加工中的辊压切条、饼干生产中的坯料压片、实心面条和方便面生产中的压片成型都要用到辊压和切割成型机械。辊切成型与辊印成型的不同点在于，其成型过程包括印花和切断两个工步，辊切成型是依靠印花辊和切块辊在橡胶脱模辊上的同步转动来实现的。印花辊先在饼干生坯上压印出花纹，接着由切块辊切出生坯，脱模辊借助帆布脱模带实现脱模，然后成型的生坯由水平输送带送至烤炉，而余料则由倾斜输送带送回重新压片。

3．包馅成型 如包子、饺子、鱼丸等的制作。包馅成型的基本原理和方式可分为回转式、灌肠式、注入式、剪切式和折叠式等几种包馅方式。

1）先将外层原料制成凹型，再将馅料放入其中。然后由一对半径逐渐增大的圆盘状回

转成型器将其搓制、封口、再成型。

2）灌肠式：外层原料和馅料分别从双层筒中挤出，达到一定的长度时被切断，封口成型。

3）注入式样：馅料由喷管注入外层原料，然后封口，切断。

4）剪断式：压延后的外层原料从两侧连续供送，进入一对表面有凹穴的辊式成型器，与此同时，先制成球形的馅料也从中间管道落入两层原料之间，然后封口，剪断。

5）折叠式：馅料落入外层原料后，一对辊筒回转折叠，封口成型。

（二）食品 3D 打印技术的应用

传统的食品加工工艺需要对原材料经过多道工序的加工，且由于模具形状的限制，难以实现食品的个性化制造。与传统加工方式相比，使用 3D 打印制作食物可以大幅缩减从原材料到成品的环节，从而避免食物加工、运输、包装等环节的不利影响和食品原料的浪费，最大程度地保持食品原料的真实形状和味道。液化的食品原材料能很好地保存，从而节约空间。3D 打印可以研制个性菜品，满足挑剔食客的口味需求，随时创造个性化的食品样式，且能配比特定营养素，制作具备特殊物理特性的食品，解决吞咽困难症等问题。

3D 打印技术由康奈尔大学的研究人员于 2007 年引入食品领域，在近几年逐渐兴起，通过逐层打印、层层堆叠的成型方式，实现食品物料的定制化造型和快速化制造。近 5 年，在食品 3D 打印设备及工艺流程开发、打印浆料性质调整等方面的文献量增长快速，累计 243 篇；并且食品 3D 打印相关专利申请数达 829 项。其中，我国的专利申请数量占世界总量的 70.60%，主要来源于广东、江苏、浙江和安徽等地。市场调研公司 M&M 预测，世界范围内食品 3D 打印的市场规模将在 2025 年达到 29.3 亿元人民币，且具有 54.75%的年复合增长率。目前，已通过熔融挤出、黏结剂喷射、选择性激光烧结、喷墨打印等技术，实现了巧克力、糖浆、果蔬、谷物及肉制品等食品物料的 3D 打印。其中，挤出型 3D 打印技术的研究较为成熟且应用广泛（图 6-13）。

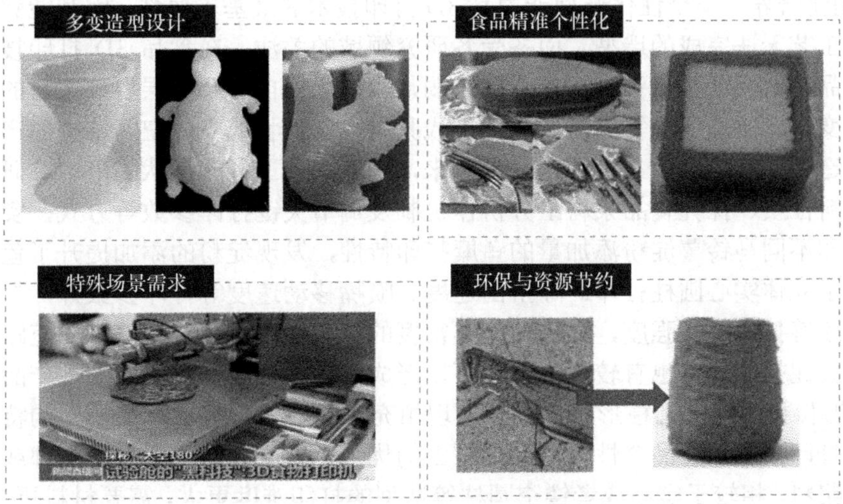

彩图

图 6-13　食品 3D 打印技术的应用场景

1. 个性化成型　食品 3D 打印技术以定制化和精准化制造的特点，很好地满足了消费者对食品外形、口味口感及营养的多元化需求，具有开拓餐饮服务市场，定义未来食品加工方式的潜力。食品 3D 打印技术通过营养素定量打印和个性化补充的方式，在精准营养食品制造中具有独特的优势，能够针对性提供人体所需营养量，达到增强体质、预防疾病的目的，有助于“健康中国 2030”战略的实施。在打印浆料中添加益生菌、微量元素、膳食纤维等成分可大大丰富打印产品的营养及功能特性。益生菌谷物复合浆料的打印特性主要受面团水分含量、面粉类型和酪蛋白含量的影响，并且表面积的提升有助于益生菌在焙烤过程中的存活率，“蜂窝”结构在 145℃下焙烤 6min 后活菌数可维持在 10^6CFU/g，达到益生菌食品的标准。除营养补充剂的添加外，以高质量营养食材作为打印载体，也有助于推进 3D 打印个性化营养的发展。通过热处理手段显著提升了蛋黄的可打印性，蛋黄富磷脂、蛋白剂维生素等多种营养物质，是一种理想的打印载体及营养补充剂。土豆泥作为一种营养健康食品，营养素含量丰富，配比合理，且具有良好的流变性能，特别适用于 3D 打印过程，诸多研究也将土豆泥作为载体，实现了果汁、花青素等成分的 3D 打印。此外，双挤出头或多挤出头打印设备的开发，有助于实现不同材料在同产品中打印，结合按需添加、定量挤出的方式可满足不同个体的个性化需求。

随着信息化技术及生物技术的发展，食品加工制造也正在逐步进入大数据时代。中国农业科学院基于物联网与基因检测技术，为特殊人群针对性建立了膳食食材及食谱，并设计了 3D 打印设备及控制系统，已为高血压、糖尿病等患者设计了 20 余种 3D 打印食品。随着老龄化进程的愈发严重，吞咽困难成为了亟需解决的重大社会问题。欧盟在 2012 年启动了“PERFORMANCE”项目，使用 3D 打印机为老年人设计了能够保持食物原有感官特性的易吞咽食品，并且结合特定营养素的添加，进一步满足营养需求。使用黄原胶和果胶复配胶体，可以显著提升土豆泥和紫薯泥的嫩滑感及结构松软性，降低产品硬度，使产品更易吞咽。随着生活质量的提升，人们越来越注重饮食健康和营养均衡，食品 3D 打印技术能够很好应对这些日益增长的社会需求，实现营养的个性化定制。

2. 定制化营养 个性化造型能力是 3D 打印技术的最基本属性，因其能够制造传统车床、雕刻等工艺无法完成的造型，而备受各研究领域的关注。在食品 3D 打印技术研究的初期，由于食品浆料流动性较强、机械强度较弱，难以承受自身及上层堆叠浆料的重力，打印后存在扭曲变形、流淌崩塌等问题，无法制成具有特殊形状或立体空间结构的产品，仅能打印简单平面造型或实心堆叠立体结构。近年来，为了突破了打印形状的限制，研究者通过对调整食品浆料性质、探究食品浆料组分协作机制及调节关键打印参数等方式，实现了复杂空间结构的打印不同马铃薯淀粉添加量的鱼糜打印特性，发现淀粉的添加提升了鱼糜的类固体性质，完成了立体实心圆柱打印。除挤出速度、喷嘴移动速度等打印参数外，打印填充模式的调整也是改善打印产品强度，提升造型丰富度的重要手段。填充密度、填充路径及产品外壁厚度对土豆泥打印特性也有较大影响，可以形成不同内部镂空形式的圆柱产品，填充度在 10%时仍能够保持良好的圆柱形状，并且发现填充模式显著影响了产品的质构特性。为进一步凸显 3D 打印技术在食品个性化造型定制上的优势，无支撑镂空造型的内部或者非镂空处无充足支撑浆料，相较于实心或者镂空圆柱等造型的打印难度更大，需要材料更具机械强度。通过调整乳清蛋白、淀粉及油脂的混合水相体系浆料内各成分的比例，可以实现空心花瓶结构的打印，并且发现影响产品抗形变能力的关键组分是淀粉。通过调整菠菜粉的粒径，并以黄原胶为强度增效剂，也可以实现空心曲形柱状产品的 3D 打印，并且随着菠菜粒径的提升，产品的机械强度也随之增加。随着食品浆料流动特性研究及 3D 打印增效技术的发展，根据材料性质针对性选择打印技术，确保浆料能够流畅挤出并保持堆叠过程中的高机械强度，使产品能够抵御自身重力及后处理过程中的形变因素，可实现 3D 打印食品更高程度的个性化造型定制。

3．特殊场景应用　食品 3D 打印技术因其设备集成程度高，操作过程自动化，打印原料储存模式方便且可长时间保存等优势，在航空航天、部队作战及航海等特殊场景中展现出极大的应用潜力。并且其个性化食品营养及造型等优势，为特殊场景中的工作人员提供了高质量的食品供应源。美国航空航天局（NASA）早在 2013 年就已经投入大量研发资金开发 3D 打印设备，力求实现披萨在太空环境中的打印。但食品原料配比较为复杂，并且失重环境中的食品浆料的流动机制尚不明确，极大限制了太空 3D 打印食品的发展。相较于太空中的复杂环境，在陆地及海洋等重力环境中实现特殊场景的食品 3D 打印就更为容易。在 2012 年，美国陆军开始使用 3D 打印技术制造军队所需设备，并且已经开始进行战场上 3D 打印食品、复合材料等相关研究。非传统食材 3D 打印技术的研究，有利于极端环境下获得食品补充，推进特殊场景 3D 打印技术的发展。Severini 等使用昆虫蛋白为营养强化剂，提升了 3D 打印谷物食品的营养价值，验证了非传统食材打印的可行性。此外，推进食品 3D 打印设备的进一步轻便化、智能化、稳定化，并进一步集成打印浆料的混合制备、精准上料、即时熟化等工艺，加大太空等特殊场景中食品物化性质变化的研究投入，有助于攻克特殊场景食品 3D 打印的瓶颈问题，为空间站任务、战场恶劣环境等场景提供新型的食品加工制造手段。

（三）3D 打印食品成型质量的强化方式

个性化造型能力是 3D 打印技术的最基本属性，因其能够制造传统车床、雕刻等工艺无法完成的造型，而备受各研究领域的关注。在食品 3D 打印技术研究的初期，由于食品浆料流动性较强，机械强度较弱，难以承受自身及上层堆叠浆料的重力，打印后存在扭曲变形、流淌崩塌等问题，无法制成具有特殊形状或立体空间结构的产品，仅能打印简单平面造型或实心堆叠立体结构。近年来，为了突破了打印形状的限制，研究者通过对调整食品浆料性质、探究食品浆料组分协作机制及调节关键打印参数等方式，实现了复杂空间结构的打印。提升打印浆料的类固体特性或者实现打印浆料的成型固化，是提升 3D 打印食品的成型质量的重要手段。浆料的类固体特性是指流动态浆料展现出的机械强度，即在堆叠过程中形状的保持能力。浆料的类固体性质越强，堆叠的浆料承受自身及上层浆料重力的能力越强，产品成型质量越高。除堆叠过程外，食品 3D 打印过程还包含了流体浆料的挤压流出过程，需要浆料具有良好的流动特性。

1．可打印性　食品浆料的类固体性质要与流动特性协调匹配，以确保浆料具有良好的可打印性。然而，类固体性质的提升很难实现复杂无支撑镂空造型的打印，实现浆料在打印过程中由流动态到固态的转变才是关键。挤出过程中，浆料黏度要适中，黏度太高的浆料难以挤出，黏度太低的浆料会在无压力时滴落。在堆积成型过程中，浆料需要具备良好的黏结性和机械强度，确保逐层精准结合且兼具成型质量。然而，浆料的黏度与机械强度往往呈现正相关，两者的恰好搭配难度较高。假塑性流体以黏度的动态变化，实现了黏度与机械强度的完美适配。其在挤出过程中因剪切力的作用黏度降低，挤出后剪切力消失黏度上升。

淀粉类食品是食品 3D 打印中研究较多的一类原料，不同来源的淀粉在晶型、类型、颗粒大小等方面有较大差异，水溶后浆料的黏度特性和机械强度差别较大。米粉种类与可打印性有较大关系，研究发现支链淀粉含量较高的糯稻可打印性较好，但蒸制后形变较大，而直链淀粉含量较高的粳稻和籼稻在蒸制后表现出较好的形状保持能力。对于马铃薯、小麦和玉米淀粉而言，直链淀粉含量较低的小麦淀粉具有较低的黏度，挤出性良好且产品精度高，与模型的尺寸更加接近。陈玲等研究也发现淀粉浆料的打印性与淀粉内直连和支链淀粉的比例有关。淀粉水溶液在加热过程中，颗粒逐渐溶胀，淀粉链溶出并交联，形成具有良好黏度和机械强度的淀粉糊。淀粉的糊化温度对淀粉的流动特性和类固体性质影响显著。糊化温度较低（10～30℃）时，淀粉并不能充分糊化，但随着温度的提升淀粉的黏度和机械强度会随之提升，可打印性也会随之改变；当温度高于65℃时，淀粉颗粒会完全糊化，形成三维网状结构，可打印性得到改善；但当温度高于80℃时，淀粉链交联成的网状结构不均匀，淀粉凝胶的类固体性质过高，可打印性降低。此外，浆料内淀粉的含量也会显著影响其可打印性，随着面团内淀粉含量的降低，浆料流动性能增强，产品形变现象愈发显著，高度逐渐偏离模型预设高度。除淀粉自身性质外，外源添加剂的种类及添加量也对淀粉浆料的可打印性有较大影响。目前，明胶、卡拉胶、海藻酸钠等亲水胶体由于自身优异的保水能力及特殊的流变学性质，常被用于淀粉浆料可打印性的改善过程中。卡拉胶和黄原胶可以改善土豆泥的可打印性，并使其适用于打印不同填充形式的圆柱产品。海藻酸钠能够与淀粉分子形成氢键，使淀粉分子之间的结合更加紧密，形成的网络结构更加均匀，改善浆料的剪切变稀性质，也会使可打印性提升。

蛋白质类食品能够制成兼具流动特性及机械强度的浆料，具有较好的3D打印属性。蛋白质分子质量的大小显著影响其物化和功能特性，大豆蛋白质分子质量适中，浆料具有良好的剪切变稀特性与类固体性质，是理想的植物源蛋白质类物料。其在加热的条件下会逐渐展开，并发生交联，分子间作用力增强。利用此特点通过微波预处理的方式改善了大豆蛋白质浆料内的水分分布，增强了大豆蛋白质的类固体性质，并使其保持了良好的假塑性，打印产品的精度与机械强度得到双重提升。此外，亲水胶体的加入会显著改变大豆蛋白质的颗粒结构，提升浆料的可打印性。乳蛋白及肌肉纤维蛋白是目前3D打印最常用的动物源材料。乳蛋白分子质量小，结构紧密，蛋白质之间交联性较低，水溶后流动性较强，难以实现高质量的3D打印。刘曜伟等使用甘油作为保水剂，以黄原胶作为增稠剂，并在牛奶浓缩蛋白中添加乳清蛋白降低了体系的表观黏度和弹性模量，增强了浆料的可打印性。牛奶浓缩蛋白质含量越多，浆料内蛋白质的交联程度越高，需要进行合理调整，使浆料的黏度及模量停留在适合打印的区间。制备乳蛋白乳液也能够调整体系的流动性及机械强度，提升浆料可打印性。肌肉纤维蛋白的分子质量较高，蛋白质结构较为舒展，蛋白质之间的交联程度较高，浆料具有较好的类固体性质。然而，较高的类固体性质也会降低打印产品表面的光滑度，使产品表面出现毛糙。需要对蛋白质浆料的水分含量及盐浓度进行调整，提升浆料的流动性，改善其可打印性。此外，亲水胶体等增稠剂及谷氨酰胺转氨酶（TG酶）等促蛋白质凝胶剂，也常被用来改善浆料的流动性及机械强度，提升可打印性（图6-14）。

2. 固化成型性 虽然调整浆料组分、对浆料进行预处理等方式改变了体系的物化性质，显著提升了浆料的可打印性。但是挤出成型的产品仍然为流动态，存在变形、坍塌的风险。光固化、激光烧结等发展较为成熟的3D打印技术，均可将粉状或者液体状的流动态材料转化为固态产品，产品成型质量得到明显提升。在食品3D打印领域，利用材料的相变特

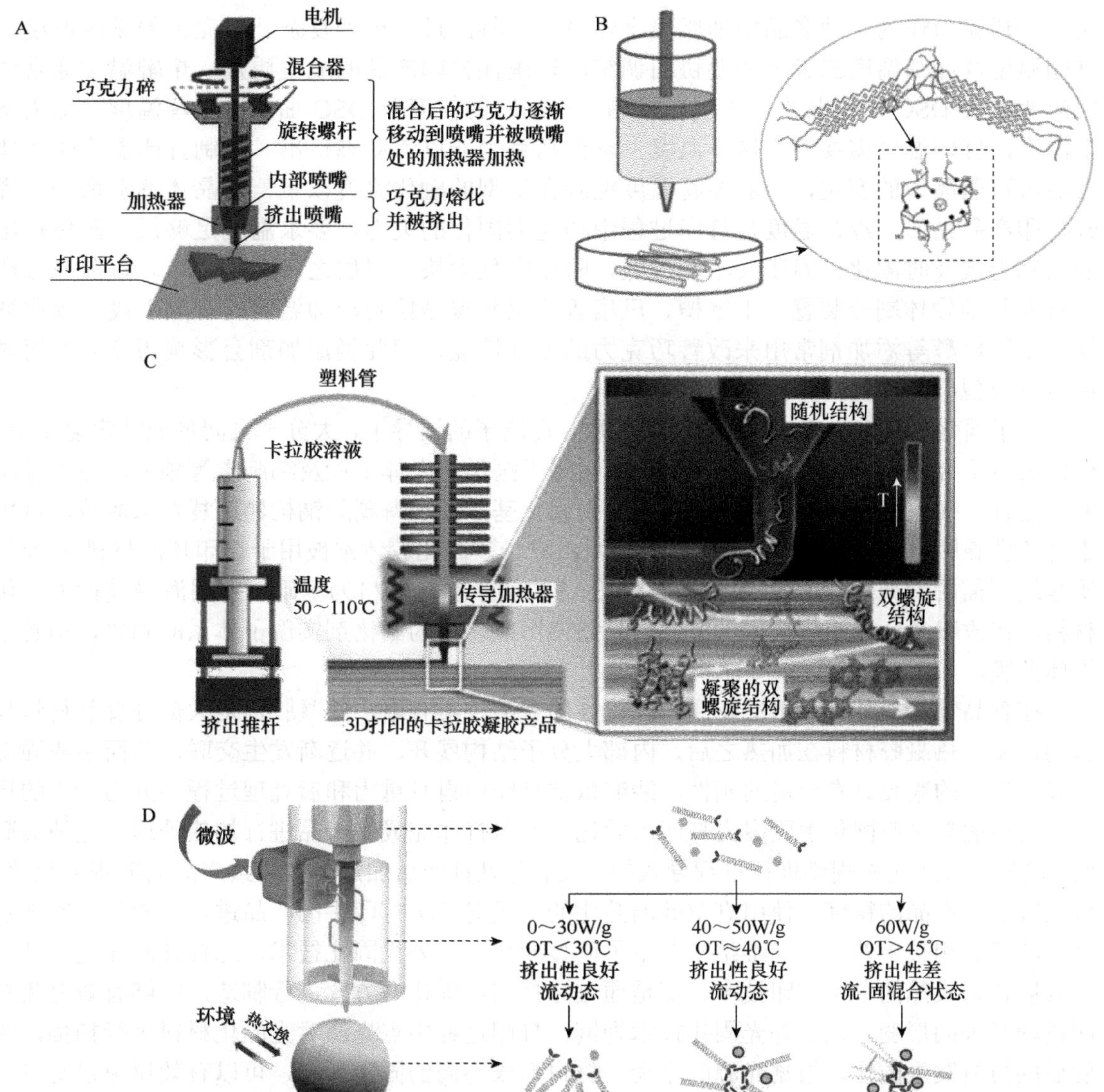

图 6-14　3D 打印技术在不同固化成型材料中的应用（范大明等，2021）

A．巧克力；B．海藻酸钠；C．卡拉胶；D．鱼糜

性实现浆料的固化成型也是近几年的研究热点，巧克力、糖浆等食品材料具有高温熔化、低温凝固的特性，可以在打印过程中控制温度实现流动态到固态的转变。流动态的浆料被注入到料筒中，通过压力挤出到温度较低的载物板上实现浆料的凝固。在此过程中，除常规打印参数外，温度的调控十分重要。例如，在研究微流控 3D 打印冰的可行性时，在打印频率不变的基础上，通过调节环境温度及载物台温度，实现了打印产品在高度和形状上的

突破。巧克力作为一种多晶型油脂混合体系，其凝固过程更为复杂。巧克力的熔融温度、打印温度及冷却温度三者之间要协同调整，以确保打印产品的成型质量。熔融温度通常使用流变或者 DSC 测试获得，表观黏度趋于平衡时的温度及 DSC 曲线的出峰温度，即为熔融温度，打印温度需要高于这个温度，确保巧克力能以流动态挤出。控制打印温度时还要考虑可可脂晶型的变化，一般要将温度控制在Ⅴ型的融化温度以下，使晶体逐渐增长，提升打印产品品质。冷却温度是打印过程中巧克力固化的关键，要求温度足够低，确保挤出的巧克力被及时固化；温度又不能过低，防止固化太快，层层之间无法结合。目前在打印平台安装半导体制冷装置、干冰槽、风扇等降温装置是控制冷却温度的有效手段。硬脂酸镁、植物甾醇等添加剂常用来改善巧克力的流动性能，但此类添加剂会影响巧克力的熔融温度及成型质量，需要合理添加。

离子固化材料多为多糖、蛋白质类物质，在离子的诱导下，大分子之间形成特定化学键，促使浆料聚合生成固态凝胶。此类材料多被用于医学、人体工程及细胞学等领域，用于打印人体器官、细胞培养器等产品。如以明胶为固化基，添加海藻酸钠构建了复合水凝胶，可用于打印乳腺肿瘤模型。在食品 3D 打印领域，离子型固化胶体常被用于打印功能材料/营养物质包埋所需的骨架。以明胶/丁香精油/氧化锌的纳米复合材料为基础，使用海藻酸钠为固化材料，在改善复合体系可打印性的同时，还使用氯化钙为固化剂实现了体系的固化，构建了固体薄膜。

在食品领域，具有热熔性及离子固化性的食品种类有限，热凝胶性是大部分食品材料具有的性质。热凝胶材料在加热之后，内部大分子结构展开，并逐渐发生交联，从而生成固态凝胶。生成的凝胶具有一定的刚性，能够抵抗打印中自身重力和后处理过程中外力带来的形变。目前的热凝胶固化手段多为打印后固化，即对打印完成的产品进行加热处理，促使其凝胶。但是此方式无法规避堆积过程导致的形变，并且打印后加热也会导致产品的膨胀或收缩，极大降低了产品的精度。使用真空低温熟化的手段对 3D 打印牛肉产品进行了固化，发现熟化后的产品相较于熟化前三维结构发生了明显变化。紫外光固化技术、选择性激光烧结技术等发展较为成熟的 3D 打印技术，都是通过边打印边固化的方式进行制造，能够有效避免打印过程带来的形变。以紫外光固化技术为例，打印过程中点光源对光固化材料进行扫描，照射后的材料发生固化，根据光源的路径，材料形成不同的固体形状，可以有效避免自身重力及上层重量带来的形变，产品具有更高的成型质量。

因此，开发即时热凝胶固化技术，根据打印机各部位浆料流动特点合理设置热源，使热凝胶浆料挤出后发生即时固化，能够有效避免上述问题。挤出型 3D 打印机的料筒是承装浆料的容器，常为圆柱形，顶端连接活塞接收挤出压力，下端连接挤出头释放浆料。此种方式需要浆料在料筒内充分平衡受热，以使浆料状态达到稳定状态。但料筒直径相对较大，流动缓慢，易存在浆料内外受热不均匀的现象。并且，浆料固化后若无法快速挤出，很容易使挤出头发生堵塞。打印平台位于挤出头下方，用于装载打印产品，并常伴随三维运动。张慜等开发一种微波协同 3D 打印装置，在打印平台下方设置微波源，并使用柔性微波屏蔽装置包围打印平台与料筒之间的开阔空间，使微波对打印过程中的产品进行加热。但物料与打印平台的接触时间持续整个打印过程，底层物料受热时间更长，新挤出物料受热时间短，易存在加热不均匀的现象。挤出头通常为变径流道，一端连接料筒为浆料进口，一端直接暴露于空气为浆料出口，流动过程较为复杂。研究者通过在挤出头处设置热源，实现了卡拉胶在打印过程中原位热固化 3D 打印，并获得了与常规制备方法相似的凝胶性质。与物料筒相比，挤出装置的挤出速度相对较快，能够将热物料快速挤出，避免堵塞的发生，且每单位长度的物料受热时间相同，是理想的热源输出位置。因此，基于微波的非接触式加热的特性，能够实现对挤出头进行靶向加热的微波 3D 打印技术被开发，并实现了多种动物源及植物源蛋白质体系的即时成型固化。

总之，随着跨学科研究的深入，以及人类对营养健康需求的增加，增材减材制造在食品研究中表现出较好的应用潜力。这一技术的发展，需要食品安全、食品科学、机械工程、市场营销等多学科的交叉融合，最终为改善人类营养、服务太空任务等提供全新途径。

主要参考文献

崔晓晖，李伟，顾诚淳．2021．食品科学大数据与人工智能技术．中国食品学报，2：1-8.

崔媛媛．2015．海豚真的聪明吗?．大自然探索，12：50-58.

滑涛．2016．计算机仿真技术的发展及应用探析．山东工业技术，(18)：115.

姜惟刚．2019．基于大数据视角的食品安全监管研究．石家庄：河北经贸大学硕士学位论文.

李薇，云洪霄，尚晓虹，等．2010．大米中无机砷的生物可给性体外消化评价模型介绍．食品安全质量检测学报，27（1）：7-11.

李兆丰，孔昊存，刘延峰，等．2022．未来食品：机遇与挑战．中国食品学报，22（4）：1-13.

刘东红，周建伟，吕瑞玲，等．2020．食品智能制造技术研究进展．食品与生物技术学报，39（7）：1-6.

刘晶璟．2018．人工智能技术在食品安全监管领域应用研究．微型电脑应用，34（6）：40-43.

骆靖阳，陆柏益．2021．基于文献计量学的食品大数据技术研究分析．食品科学，42（5）：278-287.

牛怡君．2020．基于大数据背景下健康管理的食品营养运用研究．现代食品，(14)：129-131.

裴秀琴．2018．计算机仿真技术的探究．电子世界，(2)：2.

谭铁牛．2019．人工智能的历史，现状和未来．求是，4：39-46.

闫博文，赵子龙，杨化宇，等．2021．挤出型食品 3D 打印技术研究进展．未来食品科学，1（1）：1-12.

Ahmed J, Mulla M, Joseph A, et al. 2020. Zinc oxide/clove essential oil incorporated type B gelatin nanocomposite formulations: A proof-of-concept study for 3D printing applications. Food Hydrocolloids, 98: 105256.

Ahn Y Y, Ahnert S E, Bagrow J P, et al. 2011. Flavor network and the principles of food pairing. Scientific Reports, 1: 196.

Ahumada O, Villalobos J R. 2009. Application of planning models in the agri-food supply chain: A review. European Journal of Operational Research, 196(1): 1-20.

Banakar A, Zareiforoush H, Baigvand M, et al. 2017. Combined application of decision tree and fuzzy logic techniques for intelligent grading of dried figs. Journal of Food Process Engineering, 40(3): e12456.

Bhat Z F, Morton J D, Kumar S, et al. 2021. 3D printing: Development of animal products and special foods. Trends in Food Science & Technology, 118: 87-105.

Bohn T, Carriere F, Day L, et al. 2018. Correlation between *in vitro* and *in vivo* data on food digestion. What can we predict with static in vitro digestion models?. Critical Reviews in Food Science and Nutrition, 58(13): 2239-2261.

Chen J, Pitchai K, Jones D, et al. 2015. Effect of decoupling electromagnetics from heat transfer analysis on prediction accuracy and computation time in modeling microwave heating of frozen and fresh mashed potato. Journal of Food Engineering, 144: 45-57.

Dankar I, Haddarah A, Omar F E L, et al. 2018. 3D printing technology: The new era for food customization and elaboration. Trends in Food Science & Technology, 75: 231-242.

Derossi A, Husain A, Caporizzi R, et al. 2020. Manufacturing personalized food for people uniqueness. An overview from traditional to emerging technologies. Critical Reviews in Food Science and Nutrition, 60(7): 1141-1159.

Disse E, Ledoux S, Bétry C, et al. 2018. An artificial neural network to predict resting energy expenditure in obesity. Clinical Nutrition, 37(5): 1661-1669.

Emerald F M E, Pushpadass H A, Manjunatha M, et al. 2020. Modelling approaches for predicting moisture transfer during baking of chhana podo (milk cake) incorporated with tikhur (*Curcuma angustifolia*) starch. Journal of Food Measurement and Characterization, 14: 2981-2997.

Gandomi A, Haider M. 2015. Beyond the hype: big data concepts, methods, and analytics. International Journal of Information Management, 35(2): 137-144.

Garg N, Sethupathy A, Tuwani R, et al. 2018. FlavorDB: a database of flavor molecules. Nucleic Acids Research, 46(D1): D1210-D1216.

Goula A M, Lazarides H N. 2012. Modeling of mass and heat transfer during combined processes of osmotic dehydration and freezing (Osmo-Dehydro-Freezing). Chemical Engineering Science, 82: 52-61.

Hao L, Mellor S, Seaman O, et al. 2010. Material characterisation and process development for chocolate additive layer manufacturing. Virtual and Physical Prototyping, 5(2): 57-64.

Hong Y, Huang L, Yoon W B, et al. 2016. Mathematical modeling and Monte Carlo simulation of thermal inactivation of non-proteolytic *Clostridium botulinum* spores during continuous microwave-assisted pasteurization. Journal of Food Engineering, 190: 61-71.

Hürdoğan E, Çerçi K N, Saydam D B, et al. 2022. Experimental and modeling study of peanut drying in a solar dryer with a novel type of a drying chamber. Energy Sources, Part A: Recovery, Utilization, and Environmental Effects, 44(2): 5586-5609.

Isleroglu H, Beyhan S. 2020. Prediction of baking quality using machine learning based intelligent models. Heat and Mass Transfer, 56(7): 2045-2055.

Khan M I H, Sablani S S, Nayak R, et al. 2022. Machine learning-based modeling in food processing applications: State of the art. Compr Rev Food Sci F, 21(2): 1409-1438.

Liu Y, Liu D, Wei G, et al. 2018. 3D printed milk protein food simulant: Improving the printing performance of milk protein concentration by incorporating whey protein isolate. Innovative Food Science & Emerging Technologies, 49: 116-126.

Liu Z, He Y, Cen H, et al. 2018. Deep feature representation with stacked sparse auto-encoder and convolutional neural network for hyperspectral imaging-based detection of cucumber defects. Transactions of the ASABE, 61(2): 425-436.

Mavani N R, Ali J M, Othman S, et al. 2022. Application of artificial intelligence in food industry: a guideline. Food Engineering Reviews, 14(1): 134-175.

Mengyan Q, Donghong L, Xinhui Z, et al. 2021. A review of active packaging in bakery products: applications and future trends. Trends in Food Science & Technology, 114: 459-471.

Mezgec S, Eftimov T, Bucher T, et al. 2019. Mixed deep learning and natural language processing method for fake-food image recognition and standardization to help automated dietary assessment. Public Health Nutrition, 22(7): 1193-1202.

Nadian M H, Abbaspour-Fard M H, Sadrnia H, et al. 2016. Optimal pretreatment determination of kiwifruit drying via online monitoring. Journal of the Science of Food and Agriculture, 96(14): 4785-4796.

Nguyen T L A, Vieira-Silva S, Liston A, et al. 2015. How informative is the mouse for human gut microbiota research?. Disease Models & Mechanisms, 8(1): 1-16.

Okajima K, Ueda J, Spence C. 2013. Effects of visual texture on food perception. Journal of Vision, 13: 1078.

Oomen A G, Hack A, Minekus M, et al. 2022. Comparison of five *in vitro* digestion models to study the bioaccessibility of soil contaminants. Environmental Science & Technology, 36(15): 3326-3334.

Psannis K E, Stergiou C, Gupta B B. 2019. Advanced media-based smart big data on intelligent cloud systems. Ieee Transactions on Sustainable Computing, 4(1): 77-87.

Rachakonda L, Mohanty S P, Kougianos E. 2020. iLog: An intelligent device for automatic food intake monitoring and stress detection in the IoMT. IEEE Transactions on Consumer Electronics, 66(2): 115-124.

Reynaud Y, Couvent A, Manach A, et al. 2021. Food-dependent set-up of the DiDGI (R) dynamic *in vitro* system: correlation with the porcine model for protein digestion of soya-based food. Food Chemistry, 341: 128276.

Schoeppe S, Alley S, Rebar A L, et al. 2017. Apps to improve diet, physical activity and sedentary behaviour in children and adolescents: A review of quality, features and behaviour change techniques. International Journal of Behavioral Nutrition and Physical Activity, 14: 1-10.

Schwartz J J, Boydston A J. 2019. Multimaterial actinic spatial control 3D and 4D printing. Nature Communications, 10(1): 791.

Sun S, Gan X, Wang Z, et al. 2020. Dynamic healable polyurethane for selective laser sintering. Additive Manufacturing, 33: 101176.

Tan W, Zhao C, Wu H. 2016. Intelligent alerting for fruit-melon lesion image based on momentum deep learning. Multimedia Tools and Applications, 75: 16741-16761.

Tao D D, Yang P K, Feng H. 2020. Utilization of text mining as a big data analysis tool for food science and nutrition. Comprehensive Reviews in Food Science and Food Safety, 19(2): 875-894.

Trang Tran T N, Atas M, Felfernig A, et al. 2018. An overview of recommender systems in the healthy food domain. Journal of Intelligent Information Systems, 50: 501-526.

Wang B, Tao F, Fang X, et al. 2021. Smart manufacturing and intelligent manufacturing: A comparative review. Engineering, 7(6): 738-757.

Wang J, Yue H L. 2017. Food safety pre-warning system based on data mining for a sustainable food supply chain. Food Control, 73: 223-229.

Wos-Oxley M, Bleich A, Oxley A P, et al. 2012. Comparative evaluation of establishing a human gut microbial community within rodent models. Gut Microbes, 3(3): 234-249.

Xu X J, Fang S, Li Y H, et al. 2019. Effects of low acyl and high acyl gellan gum on the thermal stability of purple sweet potato anthocyanins in the presence of ascorbic acid. Food Hydrocolloids, 86: 116-123.

Yaqoob I, Hashem I A T, Gani A, et al. 2016. Big data: from beginning to future. International Journal of Information Management, 36(6): 1231-1247.

Yu X, Tang L, Wu X, et al. 2018. Nondestructive freshness discriminating of shrimp using visible/near-infrared hyperspectral imaging technique and deep learning algorithm. Food Analytical Methods, 11: 768-780.

Zhang Y, Yang H, Yan B, et al. 2021. Continuous flow microwave system with helical tubes for liquid food heating. Journal of Food Engineering, 294: 110409.

Zhu J, Zhang Q, Yang T, et al. 2020. 3D printing of multi-scalable structures via high penetration near-infrared photopolymerization. Nature Communications, 11(1): 1-7.

